国家卫生健康委员会“十四五”规划教材
全国高等中医药教育教材
供中药学类专业用

无机化学

第3版

主　编　吴巧凤　李　伟

副主编　杨　婕　徐　飞　黄　莺　张浩波　卞金辉　关　君

编　委　（以姓氏笔画为序）

卞金辉（成都中医药大学）
史　锐（辽宁中医药大学）
付　强（贵州中医药大学）
朱　敏（南京中医药大学翰林学院）
朱　鑫（河南中医药大学）
关　君（北京中医药大学）
杜中玉（济宁医学院）
李　伟（山东中医药大学）
李德慧（长春中医药大学）
杨　婕（江西中医药大学）
杨爱红（天津中医药大学）
吴巧凤（浙江中医药大学）
邹淑君（黑龙江中医药大学）
张凤玲（浙江中医药大学）
张爱平（山西医科大学）
张浩波（甘肃中医药大学）
武世奎（内蒙古医科大学）
林　舒（福建中医药大学）
罗　黎（山东中医药大学）
庞维荣（山西中医药大学）
姚　军（新疆医科大学）
姚　远（黑龙江中医药大学佳木斯学院）
姚华刚（广东药科大学）
姚惠琴（宁夏医科大学）
倪　佳（安徽中医药大学）
徐　飞（南京中医药大学）
郭　惠（陕西中医药大学）
黄　莺（湖南中医药大学）
曹　莉（湖北中医药大学）
曹秀莲（河北中医学院）
崔　波（上海中医药大学）
黎勇坤（云南中医药大学）
戴　航（广西中医药大学）

人民卫生出版社
·北　京·

图书在版编目（CIP）数据

无机化学/吴巧凤，李伟主编．—3版．—北京：人民卫生出版社，2021.8（2023.4重印）

ISBN 978-7-117-31632-3

Ⅰ.①无… Ⅱ.①吴…②李… Ⅲ.①无机化学-高等学校-教材 Ⅳ.①061

中国版本图书馆CIP数据核字(2021)第144721号

无 机 化 学

Wuji Huaxue

第3版

主　　编：吴巧凤　李　伟
出版发行：人民卫生出版社（中继线 010-59780011）
地　　址：北京市朝阳区潘家园南里19号
邮　　编：100021
E - mail：pmph @ pmph.com
购书热线：010-59787592　010-59787584　010-65264830
印　　刷：北京市艺辉印刷有限公司
经　　销：新华书店
开　　本：850×1168　1/16　**印张：**18　**插页：**1
字　　数：472千字
版　　次：2012年6月第1版　2021年8月第3版
印　　次：2023年4月第3次印刷
标准书号：ISBN 978-7-117-31632-3
定　　价：75.00元

数字增值服务编委会

主　编　吴巧凤　李　伟

副主编　杨　婕　贾力维　林　舒　曹秀莲　朱　鑫　武世奎

编　委　（以姓氏笔画为序）

卞金辉（成都中医药大学）
方德宇（辽宁中医药大学）
付　强（贵州中医药大学）
朱　敏（南京中医药大学翰林学院）
朱　鑫（河南中医药大学）
齐学洁（天津中医药大学）
关　君（北京中医药大学）
杜中玉（济宁医学院）
李　伟（山东中医药大学）
李德慧（长春中医药大学）
杨　婕（江西中医药大学）
吴巧凤（浙江中医药大学）
张　强（广西中医药大学）
张凤玲（浙江中医药大学）
张晓青（湖南中医药大学）
张爱平（山西医科大学）
张浩波（甘肃中医药大学）
武世奎（内蒙古医科大学）
林　舒（福建中医药大学）
罗　黎（山东中医药大学）
庞维荣（山西中医药大学）
姚　军（新疆医科大学）
姚　远（黑龙江中医药大学佳木斯学院）
姚华刚（广东药科大学）
姚惠琴（宁夏医科大学）
贾力维（黑龙江中医药大学）
倪　佳（安徽中医药大学）
徐　飞（南京中医药大学）
郭　惠（陕西中医药大学）
曹　莉（湖北中医药大学）
曹秀莲（河北中医学院）
崔　波（上海中医药大学）
黎勇坤（云南中医药大学）

修订说明

为了更好地贯彻落实《中医药发展战略规划纲要(2016—2030年)》《中共中央国务院关于促进中医药传承创新发展的意见》《教育部 国家卫生健康委 国家中医药管理局关于深化医教协同进一步推动中医药教育改革与高质量发展的实施意见》《关于加快中医药特色发展的若干政策措施》和新时代全国高等学校本科教育工作会议精神,做好第四轮全国高等中医药教育教材建设工作,人民卫生出版社在教育部、国家卫生健康委员会、国家中医药管理局的领导下,在上一轮教材建设的基础上,组织和规划了全国高等中医药教育本科国家卫生健康委员会"十四五"规划教材的编写和修订工作。

为做好新一轮教材的出版工作,人民卫生出版社在教育部高等学校中医学类专业教学指导委员会、中药学类专业教学指导委员会和第三届全国高等中医药教育教材建设指导委员会的大力支持下,先后成立了第四届全国高等中医药教育教材建设指导委员会和相应的教材评审委员会,以指导和组织教材的遴选、评审和修订工作,确保教材编写质量。

根据"十四五"期间高等中医药教育教学改革和高等中医药人才培养目标,在上述工作的基础上,人民卫生出版社规划、确定了第一批中医学、针灸推拿学、中医骨伤科学、中药学、护理学5个专业100种国家卫生健康委员会"十四五"规划教材。教材主编、副主编和编委的遴选按照公开、公平、公正的原则进行。在全国50余所高等院校2 400余位专家和学者申报的基础上,2 000余位申报者经教材建设指导委员会、教材评审委员会审定批准,聘任为主编、副主编、编委。

本套教材的主要特色如下:

1. 立德树人,思政教育　坚持以文化人,以文载道,以德育人,以德为先。将立德树人深化到各学科、各领域,加强学生理想信念教育,厚植爱国主义情怀,把社会主义核心价值观融入教育教学全过程。根据不同专业人才培养特点和专业能力素质要求,科学合理地设计思政教育内容。教材中有机融入中医药文化元素和思想政治教育元素,形成专业课教学与思政理论教育、课程思政与专业思政紧密结合的教材建设格局。

2. 准确定位,联系实际　教材的深度和广度符合各专业教学大纲的要求和特定学制、特定对象、特定层次的培养目标,紧扣教学活动和知识结构。以解决目前各院校教材使用中的突出问题为出发点和落脚点,对人才培养体系、课程体系、教材体系进行充分调研和论证,使之更加符合教改实际、适应中医药人才培养要求和社会需求。

3. 夯实基础,整体优化　以科学严谨的治学态度,对教材体系进行科学设计、整体优化,体现中医药基本理论、基本知识、基本思维、基本技能;教材编写综合考虑学科的分化、交叉,既充分体现不同学科自身特点,又注意各学科之间有机衔接;确保理论体系完善,知识点结合完备,内容精练、完整,概念准确,切合教学实际。

4. 注重衔接,合理区分　严格界定本科教材与职业教育教材、研究生教材、毕业后教育教材的知识范畴,认真总结、详细讨论现阶段中医药本科各课程的知识和理论框架,使其在教材中得以凸显,既要相互联系,又要在编写思路、框架设计、内容取舍等方面有一定的区分度。

5. 体现传承，突出特色 本套教材是培养复合型、创新型中医药人才的重要工具，是中医药文明传承的重要载体。传统的中医药文化是国家软实力的重要体现。因此，教材必须遵循中医药传承发展规律，既要反映原汁原味的中医药知识，培养学生的中医思维，又要使学生中西医学融会贯通，既要传承经典，又要创新发挥，体现新版教材"传承精华、守正创新"的特点。

6. 与时俱进，纸数融合 本套教材新增中医抗疫知识，培养学生的探索精神、创新精神，强化中医药防疫人才培养。同时，教材编写充分体现与时代融合、与现代科技融合、与现代医学融合的特色和理念，将移动互联、网络增值、慕课、翻转课堂等新的教学理念和教学技术、学习方式融入教材建设之中。书中设有随文二维码，通过扫码，学生可对教材的数字增值服务内容进行自主学习。

7. 创新形式，提高效用 教材在形式上仍将传承上版模块化编写的设计思路，图文并茂、版式精美；内容方面注重提高效用，同时应用问题导入、案例教学、探究教学等教材编写理念，以提高学生的学习兴趣和学习效果。

8. 突出实用，注重技能 增设技能教材、实验实训内容及相关栏目，适当增加实践教学学时数，增强学生综合运用所学知识的能力和动手能力，体现医学生早临床、多临床、反复临床的特点，使学生好学、临床好用、教师好教。

9. 立足精品，树立标准 始终坚持具有中国特色的教材建设机制和模式，编委会精心编写，出版社精心审校，全程全员坚持质量控制体系，把打造精品教材作为崇高的历史使命，严把各个环节质量关，力保教材的精品属性，使精品和金课互相促进，通过教材建设推动和深化高等中医药教育教学改革，力争打造国内外高等中医药教育标准化教材。

10. 三点兼顾，有机结合 以基本知识点作为主体内容，适度增加新进展、新技术、新方法，并与相关部门制订的职业技能鉴定规范和国家执业医师（药师）资格考试有效衔接，使知识点、创新点、执业点三点结合；紧密联系临床和科研实际情况，避免理论与实践脱节、教学与临床脱节。

本轮教材的修订编写，教育部、国家卫生健康委员会、国家中医药管理局有关领导和教育部高等学校中医学类专业教学指导委员会、中药学类专业教学指导委员会等相关专家给予了大力支持和指导，得到了全国各医药卫生院校和部分医院、科研机构领导、专家和教师的积极支持和参与，在此，对有关单位和个人表示衷心的感谢！希望各院校在教学使用中，以及在探索课程体系、课程标准和教材建设与改革的进程中，及时提出宝贵意见或建议，以便不断修订和完善，为下一轮教材的修订工作奠定坚实的基础。

人民卫生出版社

2021年3月

前　言

无机化学是高等院校中医药类专业新生的一门先行专业基础课程，起着承上启下的作用。本教材以无机化学课程教学大纲为依据，以实现中药学等相关专业培养目标为宗旨，自2012年第1版出版以来，2016年进行第2版修订，经过20多所高等医药院校9年的教学使用，得到同行们的认可。本版教材在上版教材的基础上修订而成，对有争议的内容进行了修改，并对上版中的不足之处进行了完善。

同时，本版教材在第2版的基础上，增加了思政元素，进一步完善了多媒体融合数字内容，一些青年教师做了大量工作，除分配的编写章节内容外，也为其他章节数字内容编写提供资料及进行素材制作。教材的编写分工如下：绪论，史锐、杜中玉；第一章，张浩波、姚军；第二章，庞维荣、曹秀莲；第三章，杨婕、朱鑫、倪佳；第四章，李伟、李德慧、罗黎；第五章，徐飞、张爱平、朱敏；第六章，关君、邹淑君、姚慧琴、姚远；第七章，黄莺、姚华刚、张凤玲；第八章，吴巧凤、戴航、杨爱红、崔波；第九章，武世奎、卞金辉、曹莉；第十章，黎勇坤、郭惠、付强、林舒。数字增值内容的编写分工如下：绪论，史锐、杜中玉；第一章，张浩波、姚军；第二章，庞维荣、曹秀莲、方德宇；第三章，杨婕、朱鑫、倪佳；第四章，李伟、李德慧、罗黎；第五章，徐飞、张爱平、朱敏；第六章，关君、邹淑君、贾力维、姚慧琴、姚远；第七章，黄莺、姚华刚、张凤玲、张晓青；第八章，吴巧凤、戴航、杨爱红、崔波、张强；第九章，武世奎、卞金辉、曹莉；第十章，黎勇坤、郭惠、付强、林舒。

在教材的编写过程中，许多老师参与了交叉审稿，在此，向所有付出辛苦劳动的参编老师表示衷心的感谢。

由于编者水平所限，本教材疏漏和不足之处在所难免，敬请各院校师生在使用过程中提出宝贵意见和建议，以便及时更正。

编者

2021年3月

目　　录

绪　论

PPT 课件

学习目标

1. 了解化学与药学的密切关系及其在医药上的重要地位。
2. 熟悉化学的定义、研究对象及发展史。
3. 熟悉无机化学课程的内容。
4. 掌握无机化学的学习方法。

目前，人们把客观存在的物质划分为实物和场两种基本形态。实物是指以间断形式存在的物质形态，具有静止质量、体积、占有空间的物体，如分子、原子和电子等。场是指以连续形式存在的物质形态，没有静止的质量和体积，如电场、磁场、声等。化学研究的对象是实物，而场不属于化学研究的范畴。化学(chemistry)主要是在原子、分子层次上研究物质的组成、结构、性质及其变化规律的科学，它是一门历史悠久而又富有活力的学科。无机化学(inorganic chemistry)是化学的一门分支学科，研究对象包括所有元素及其单质、化合物(碳的大部分化合物除外)。

第一节　无机化学的发展历史

化学和其他科学的发展一样，是人类实践活动的产物。根据化学发展的特征，可分为古代化学(17 世纪以前)、近代化学(从 17 世纪中叶到 19 世纪末，涉及元素概念的提出、燃烧的氧化理论、原子学说、元素周期律、无机化学等化学分支学科的形成等)和现代化学(19 世纪末开始，涉及微观粒子运动规律、原子和分子结构本质的揭示、形成交叉学科等)。

无机化学是化学学科中发展最早的分支学科。由于最初化学所研究的多为无机物，自 18 世纪后半叶到 19 世纪初期，在无机化学形成一门独立的化学分支学科前，可以说化学发展史也就是无机化学发展史。

人类自古以来就开始了制陶、炼铜、冶铁等与无机化学相关的活动。例如，至少在公元前 6000 年，中国古人即知烧黏土制陶器，并逐渐发展为彩陶、白陶、釉陶和瓷器。公元前 5000 年左右，人类发现天然铜性质坚韧，用作器具不易破损。后又观察到，铜矿石如孔雀石(碱式碳酸铜)与燃炽的木炭接触而被分解为氧化铜，进而被还原为金属铜。经过反复观察和试验，古人终于掌握以木炭还原铜矿石的炼铜技术，而从安阳殷墟发掘出来的殷代青铜器就证明了这点。随后又陆续掌握了冶炼锡、锌、镍等技术。中国在春秋战国时期即掌握了从铁矿冶铁和由铁炼钢的技术，公元前 2 世纪发现铁能与铜化合物溶液反应产生铜，这个反应成为后来生产铜的方法之一。由此可见，在化学科学建立前，人类已掌握了大量无机化学的知识和技术。

笔记栏

思政元素

古代中国人的化学智慧——青铜器和瓷器

青铜是人类历史上一项伟大发明。它是红铜和锡、铅的合金，也是金属冶铸史上最早的合金。Cu+Sn→青铜合金。中国青铜器开始于马家窑文化至秦汉时期。商中期，青铜器品种已很丰富，并出现了铭文和精细的花纹；商晚期至西周早期，是青铜器发展的鼎盛时期，器型多种多样，浑厚凝重，铭文逐渐加长，花纹繁缛富丽。随后，青铜器胎体开始变薄，纹饰逐渐简化。春秋晚期至战国，由于铁器的推广使用，铜制工具越来越少。秦汉时期，随着陶器和漆器进入日常生活，铜制容器品种逐渐减少。

瓷器是由瓷石、高岭土、石英石、莫来石等烧制而成，外表施有玻璃质釉或彩绘的器物。瓷器需要在窑内经过高温（约 1 280～1 400℃）烧制。瓷器表面的釉色会因为温度的不同而发生各种化学变化。中国是瓷器的故乡，瓷器的发明是中华民族对世界文明的伟大贡献，英文中“瓷器（china）”与“中国（China）”为同一词。没有中国古代化学工作者在釉色上的不断努力创新，就没有中国辉煌的陶瓷艺术！

古代的炼丹术是化学科学的先驱。炼丹术就是企图将丹砂（硫化汞）之类的物质变成黄金，并炼制出长生不老之丹的方术。中国炼丹术始于秦汉时期。东晋的葛洪（284—364）即为炼丹家的代表，经反复研究，总结出物质可以相互转化的规律，并记入其著作《抱朴子》：“丹砂烧之成水银，积变又还成丹砂”。即丹砂加热可炼出水银，水银和硫黄化合又变成丹砂。而阿拉伯的炼丹术比中国晚了 500 年左右。约在 8 世纪，欧洲炼丹术兴起，后来欧洲的炼丹术逐渐演进为近代的化学科学，而中国的炼丹术则未能进一步演进。炼丹家关于无机物变化的知识主要从实验中得来，他们设计制造了加热炉、反应室、蒸馏器、研磨器等实验用具。炼丹家所追求的目标虽属荒诞，但所使用的操作方法和积累的感性知识，却成为化学科学的先驱。

近代无机化学的建立伴随着近代化学的创始。相关的主要研究工作可概述如下：英国化学家玻意耳（Boyle，1627—1691）在化学方面进行过很多实验，如磷、氢的制备，金属在酸中的溶解以及硫、氢等物质的燃烧。他从实验结果阐述了元素和化合物的区别，提出元素是一种不能分出其他物质的物质。这些新概念和新观点，把化学研究引入正确的路线，对建立近代化学作出了卓越的贡献。法国化学家拉瓦锡（Lavoisier，1743—1794）采用天平作为研究物质变化的工具，进行了硫、磷的燃烧，锡、汞等金属在空气中加热的定量实验，确立了物质的燃烧是氧化作用的正确概念，推翻了盛行百年之久的燃素说。拉瓦锡在大量定量实验的基础上，于 1774 年提出质量守恒定律，即在化学变化中，物质的质量不变。1789 年，他提出第一个化学元素分类表和新的化学命名法，并运用定量观点，叙述当时的化学知识，从而奠定了近代化学的基础。1803 年，英国化学家道尔顿（Dalton，1766—1844）提出原子学说，阐述一切元素都是由不能再分割、不能毁灭的称为原子的微粒所组成，并从这个学说引申出倍比定律，即如果两种元素化合成几种不同的化合物，则在这些化合物中，与一定重量的甲元素化合的乙元素的重量必互成简单的整数比。这个推论得到定量实验结果的充分印证。原子学说建立后，化学这门科学开始宣告建立。

19 世纪 30 年代，已知的元素已达 60 多种。俄国化学家门捷列夫（Mendeleev，1834—1907）研究了这些元素的性质，在 1869 年提出元素周期律：元素的性质随着元素原子量的增加呈周期性的变化。这个定律揭示了化学元素的自然系统分类。元素周期表就是根据周期

律将化学元素按周期和族排列的。根据周期律，门捷列夫曾预言当时尚未发现的元素的存在和性质。周期律还指导了对元素及其化合物性质的系统研究，成为现代物质结构理论发展的基础，对无机化学的研究及应用起了重要的作用。

19 世纪末的一系列重大发现，开创了现代无机化学：1895 年，伦琴（Röntgen）发现 X 射线；1896 年，贝克勒尔（Becquerel）发现铀的放射性；1897 年，汤姆孙（Thomson）发现电子；1898 年，居里（Curie）夫妇发现钋和镭的放射性。20 世纪初，卢瑟福（Rutherford）和玻尔（Bohr）提出原子是由原子核和电子所组成的结构模型，改变了道尔顿原子学说的原子不可再分的观念。1913 年，亨利·莫塞莱（Henry Gwyn Jeffreys Moseley）以原子序数代替原子量制作了新的元素周期表，提出电价键理论；美国的路易斯（Lewis）提出共价键理论，较好地解释了元素的原子价和化合物的结构等问题。1924 年，法国的德布罗意（de Broglie）提出电子等物质微粒具有波粒二象性的理论；1926 年，奥地利物理学家薛定谔（Schrödinger）建立了微粒运动的波动方程；次年，英国化学家海特勒（Heitler）和德国化学家伦敦（London）应用量子力学处理氢分子，证明在氢分子中的 2 个氢核间，电子概率密度有显著的集中，从而提出了化学键的现代观点。此后，经过几方面的工作，发展成为化学键的价键理论、分子轨道理论和配位场理论，奠定了现代无机化学的理论基础。

近几十年来，由于研究对象、内容的变化以及方法、手段的改进，现代无机化学又被划分为许多分支，如配位化学、元素化学、无机合成化学、无机超分子化学等。同时，无机化学突破传统研究范围，与其他学科结合、渗透产生了许多交叉、边缘学科，如生物无机化学、无机药物化学、无机材料化学、物理无机化学等。

第二节 无机化学与中药学的关系

帕拉塞尔苏斯简介

医药化学运动的始祖帕拉塞尔苏斯（Paracelsus）认为，“化学的目的并不是为了制造金子和银子，而是为了制造药剂”。随着科技的发展和医疗水平的提高，中药学已经发展到利用现代化学技术对中药进行系统、深入研究，涉及内容广泛，包括药物的成分、理化性质、质量标准、炮制方法、配伍和剂型以及中药的药效物质基础研究。无机化学在中药学的实际应用和理论探索方面有着重要意义，两者之间有着密切的关系。

矿物类中药的主要成分是无机化合物或单质。它是中药富有特色的组成部分，在中医药学的发展上有其独特的作用。在长期的医疗实践中，先人们总结了许多宝贵经验。《神农本草经》称朴硝“主百病，除寒热、邪气，逐六腑积聚、结固、留癖”。《开宝本草》指出砒霜“主诸疟”，自然铜“疗折伤，散血、止痛”。这些物质都已证明有确切疗效。

矿物类中药的分类是以矿物中所含主要的或含量最多的某种化合物为依据的。在矿物学上，通常根据矿物中阴离子的种类对矿物进行分类；但从药学的观点来看，则根据阳离子的种类对矿物类中药进行分类较为恰当，因为阳离子通常对药效起着较重要的作用。如常见的矿物类中药：

汞类：朱砂（HgS）、轻粉（Hg_2Cl_2）、红粉（HgO）等。

铁类：磁石（Fe_3O_4）、赭石（Fe_2O_3）、自然铜（FeS_2）等。

铅类：密陀僧（PbO）、铅丹（Pb_3O_4）等。

铜类：胆矾（$CuSO_4 \cdot 5H_2O$）、铜绿[$CuCO_3 \cdot Cu(OH)_2$]等。

砷类：信石（As_2O_3）、雄黄（As_4S_4）、雌黄（As_2S_3）等。

钙类：石膏（$CaSO_4 \cdot H_2O$）、钟乳石（$CaCO_3$）、紫石英（CaF_2）等。

笔记栏

钠类：芒硝（$Na_2SO_4 \cdot 10H_2O$）、玄明粉（Na_2SO_4）、大青盐（NaCl）等。

现有研究表明，矿物药中元素的价态和结合方式等与其药效、毒性密切相关。如 Fe^{3+} 在人体内不易吸收，而 Fe^{2+} 则易被吸收；硫酸锌是常用的锌强化剂，氯化锌却是毒性和腐蚀性都比较强的无机盐，而葡萄糖酸锌较硫酸锌有吸收快、毒性小等特点。自从现代医药学形成及随着有机合成药物的发展，矿物药的使用大大减少。随着现代毒理学的发展，含砷、汞化合物的药物逐渐被淘汰。然而，自从发现三氧化二砷能促进细胞凋亡，现代医学接受了砷化合物可以治疗白血病，使人们对矿物药有了新的认识，开始在有效剂量与中毒剂量之间探索两者兼顾的方法。

另外，从配位化学的角度看，中药活性成分在某些情况下可能是有机化合物与金属元素组成的配位化合物，即中药配位化学。该学说不否认单一有机成分的研究，也不否认药物的金属微量元素的作用，而是强调有机分子和金属微量元素形成的配合物也是中药有效成分中重要的一种。自从具有良好抗癌活性的铂类配合物成为临床一线抗癌药物后，对金属配合物的药物研究引起了科学家的关注。如骆驼蓬的药理作用十分广泛，主要对中枢神经、心血管系统、肌肉、离子通道有作用。实验证明，去氢骆驼蓬碱的反式钯离子配合物具有较高的抗肿瘤活性，甚至比临床用药顺铂、卡铂、5-氟尿嘧啶的活性还要高，显示出很高的临床新药开发潜质。

此外，无机化学中的很多经典理论都与中药的药性和制备相关联。中药的寒热温凉四性反映了物质在化学反应中电子得失（包括偏移）的能力。一般来说，给出电子而吸收能量者为寒凉，得到电子而放出热量者为温热；给出电子为碱为寒凉，接受电子为酸为温热，酸碱有强弱之分，故有四性，酸碱平衡者即为平性。酸碱软硬理论同样适用于中药四性，证明中药四性完全可以和现代化学相统一。在中药分离、提纯、鉴别、合成以及制剂过程中，无机化学中的酸碱理论、氧化还原理论、沉淀理论、原子结构理论和分子结构理论都起到了重要的指导作用。这些都表明无机化学在中药的现代化研究中起着重要作用，并仍有广阔的发展空间。

第三节　无机化学的发展趋势和热点领域

随着科学技术的快速发展，学科与学科领域之间的综合交叉在不断扩展和深化，许多新兴边缘学科不断涌现，知识已突破传统的学科界限，任何一个学科都已不能孤立存在和发展。目前，无机化学的发展动态具有从宏观到微观、从定性描述向定量化方向发展以及既分化又综合的特点，呈现两个明显的趋势——在广度上的拓展和在深度上的推进。在广度上的拓展是为适应当前科技发展高度综合的大趋势，表现在学科或学科分支之间的交叉渗透并形成新的学科生长点。如无机化学与有机化学相互渗透形成有机金属化学；无机化学与物理化学交叉形成物理无机化学。又如无机化学与材料科学相结合，形成固体无机化学、无机材料化学；无机化学向生命科学渗透，形成生物无机化学、无机药物化学。下面仅对涉及绿色化学、能源、纳米化学和药物化学方面的无机化学热点领域作简要介绍。

一、绿色化学与无机化学

许多传统的化学工业给环境带来的污染十分严重，威胁着人类的生存和健康。基于实现人类社会可持续发展的思考，20 世纪 90 年代相应出现了一个多学科交叉的研究领域——绿色化学（green chemistry），又称环境友好化学、环境无害化学或清洁化学。实际上，绿色化学不是一门全新的学科,它是化学学科发展与社会发展相互作用而产生的新的理念,有别于环境化学。世界上许多国家已把“化学的绿色化”作为 21 世纪化学进展的主要方向之一。

绿色化学的核心内容是:①“原子经济性”,对反应物中的所有原子要充分利用,既要充分利用资源,又要防止污染;②要体现 5 个“R”:Reduction(减量),即减少“三废”排放量;Reuse(重复使用),如化学工业过程中的催化剂、载体等,要尽可能重复使用,这样既降低了成本也减少废料的排放;Recycling(回收),可以节约资源、能源,减少污染;Regeneration(再生),变废为宝,同样可节约资源、能源,减少污染;Rejection(拒用),在化学过程中尽可能少用或不用有毒试剂或污染作用明显的原料,这可在根本上减少污染。

早在 20 世纪 40 年代,我国化学家侯德榜(1890—1974)针对氨碱法(索尔维法)生产纯碱时食盐利用率低,制碱成本高,废液、废渣污染环境和难以处理等不足,做了重大改进,将制碱和合成氨结合起来,发明了联合制碱法(侯氏制碱法)。主要反应如下:

$$NH_3+CO_2+H_2O+NaCl = NaHCO_3+NH_4Cl$$

$$2NaHCO_3 \xlongequal{\triangle} Na_2CO_3+CO_2\uparrow+H_2O$$

联合制碱法将合成氨原料气中的 CO 转化为 CO_2,革除了用石灰石生产 CO_2 这一工序。此法使食盐的利用率提高到 96%,同时可生产化肥 NH_4Cl,避免了氨碱法中用处不大的副产物氯化钙,减少了对环境的污染,降低了纯碱的成本。

硫酸铜是制备其他含铜化合物的重要原料,可用热浓硫酸溶解铜,或在氧气存在时用热稀硫酸与铜反应制得。相应的反应分别为:

$$Cu+2H_2SO_4(\text{浓}) \xlongequal{\triangle} CuSO_4+SO_2\uparrow+2H_2O$$

$$2Cu+2H_2SO_4(\text{稀})+O_2 \xlongequal{\triangle} 2CuSO_4+2H_2O$$

若采用适当的催化剂,铜与稀硫酸和氧气的反应能获得较高的产率。显然,上述第 2 种硫酸铜制备方法与第 1 种相比,具有明显的“绿色化”。

碳化硅晶须具有高强度、高硬度、高弹性模量及密度低、耐腐蚀、化学性质稳定、抗高温氧化能力强等优良特性,是发展现代高温金属基、陶瓷基复合材料必不可少的高性能增强材料。以固相 SiO_2 和 C 为原料,通过高温下原料的碳热还原反应合成碳化硅晶须的传统方法具有成本和能耗高、产量低、环境污染严重等缺点。按绿色化学工艺的原则对碳化硅晶须生产进行设计,用工业硅酸钠和盐酸,采用独特的操作工艺,可制得活性高、粒度细、SiO_2-C 混合均匀、疏松性好的 SiC 晶须原料。改连续化绿色生产新工艺的特点在于,生成硅胶沉淀物过滤、洗涤性能优良,易通过洗涤除去杂质;能耗和成本低,环境友好;在原料制备、连续进出料、合成气氛、催化剂等方面具有绿色特性。气体和固体物料在反应器内逆流接触,气体封闭循环使用,实现了有毒气体零排放,保证了生成过程绿色化。

离子液体是指完全由阳离子和阴离子组成并且在室温或近于室温时为液体的融盐体系,是目前极受关注的研究领域之一。已采用离子液体为溶剂或反应介质,合成了金属粒子、金属氧化物等多种纳米材料。离子液体作为溶剂或反应介质具有自身独特的性能,如蒸气压极低、液态温度范围广、热稳定性好、溶解性强、离子电导率高和可设计性强等。虽然离子液体在材料合成领域中的研究在逐渐地深入,但其表现出的“绿色”性能已备受关注。

二、能源与无机化学

目前,世界能源的 80%来源于化石燃料,而且其储量正在迅速减少。化石燃料的使用产

笔记栏

生了大量有害物质，对环境造成巨大影响。因此，加速能源系统向可再生能源转换以适应当前和未来世界能源需求，是迫切需要解决的问题。

氢是自然界中最普遍的元素，不存在枯竭问题；氢的热值高，产物是水，不存在污染问题，且可循环利用。因此，氢能系统作为一种减少温室气体和其他有害物质排放的手段，成为21世纪的绿色能源。为实现氢能系统的有效应用，必须建立适当的氢气储运技术。固态储氢材料是目前研究的热点之一。固态或化合物储氢较液态氢更为致密，相当于180MPa下的高压储氢，且安全性较高。2001年以来，国际能源机构(IEA)制定了车用氢气存储系统目标，建立一个可逆的质量储氢容量大于5%的媒介，在低于80℃和在0.1MPa时释放氢气。目前，用于储氢研究的无机材料有10种以上，如金属镁基储氢材料、配位氢化物储氢材料、氮化硼纳米管、碳化硅纳米管等。在研究过程中，纳米技术、掺杂催化技术以及氧化还原理论的应用，使材料的储氢研究得到了长足发展，缩短了与应用要求的距离。从目前的研究结果来看，对于无机储氢材料，多组分材料的储氢研究是较好的研究方向，因为很难找到一种物质既有较大的储氢量，在低温下又有较好的动力学性质，同时还兼具能够反复吸氢-脱氢的循环稳定性。

对于那些分散的难以集中稳定供给的能量如太阳能、地热能以及工业余热等的利用，首先需要考虑的是解决贮热技术。贮热技术的一般含义是把热能以潜热、显热、化学能的形式暂时贮存起来，根据需要又可以方便地将这些形式的能转变为原来的热能加以利用。具有贮热功能的材料称为贮热材料。对这种功能材料的基本要求是：单位重量贮热材料贮存的热量尽可能地多，而且存贮和取出方便，热损失少。利用物质液-固相的相变潜热进行贮热和取热是一种常用的贮热技术，而无机贮热材料就是这种技术中的佼佼者。

无机贮热材料就是利用无机盐的相变热实现存取热量的配方性材料。根据温度要求，选择主要相变成分，再添加其他必要的辅助成分，形成品种繁多、选择余地大的贮热材料体系。这种材料，最先用于20世纪50年代的人造卫星中仪器的恒温控制的装置上。由于运行中的人造卫星，时而处于太阳照射下，时而又处于地球遮蔽的黑暗中，因而卫星表面温差能达到数百摄氏度。为了保证卫星内恒定在15~35℃，人们设计了这种与地球上庞大温控装置不同、能为卫星体积和重量允许的贮热材料。其原理是：当外部受热，高于特定温度时，贮热材料开始熔融，大量吸收热量，使内部温度保持不变；而当外部温度下降，低于特定温度时，贮热材料开始结晶，大量放出热量，使内部温度恒定。目前，已经研究报道的无机盐贮热材料达10余种，主要是钠盐、钡盐和钙盐。相变热量最高的是PH_4Cl，每克相变热达752.8J(相变温度28℃)，其他盐类的相变热多为150~320J/g。贮热材料的相变范围可以通过调整配方来改变的。当然，目前关于贮热材料的配方研究和复配技术仍是其实现工业化、实用化的关键。

锂离子电池

三、纳米化学

纳米科技是在20世纪80年代末才形成发展起来的新兴学科领域。它是指在纳米尺度(1~100nm)上研究物质的特性和相互作用，以及利用这些特性的多学科交叉的科学和技术。1981年，格尔德·宾宁(G. Binning)和海因里希·罗雷尔(H. Rohrer)发明了扫描隧道显微镜(STM)，使人们第一次直接观察到原子，观察到原子在物质表面上的排列形式。STM为我们揭示了一个可见的原子、分子世界，为纳米科技的发展提供了前所未有的观察手段和操作工具，大大提高了人类认识和改造微观世界的能力。以下为几种自然界的纳米现象(图0-1~图0-4)。

笔记栏

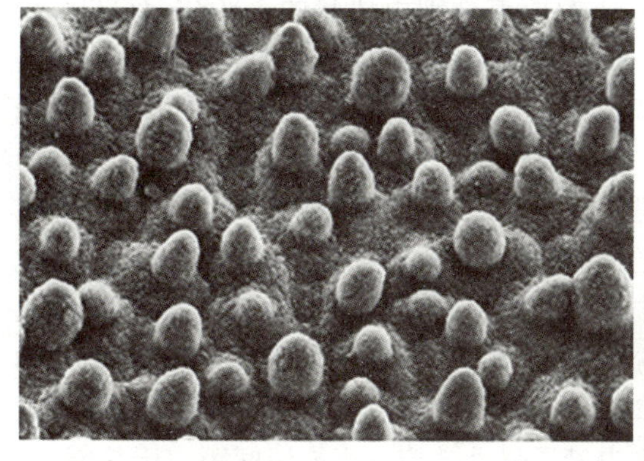

图 0-1　莲花效应的显微放大

图 0-2　自然界的特殊纳米材料——莲花效应

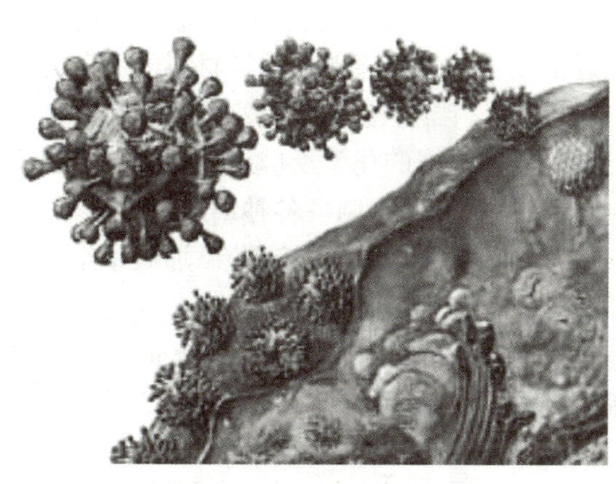

图 0-3　纳米级 SARS 病毒

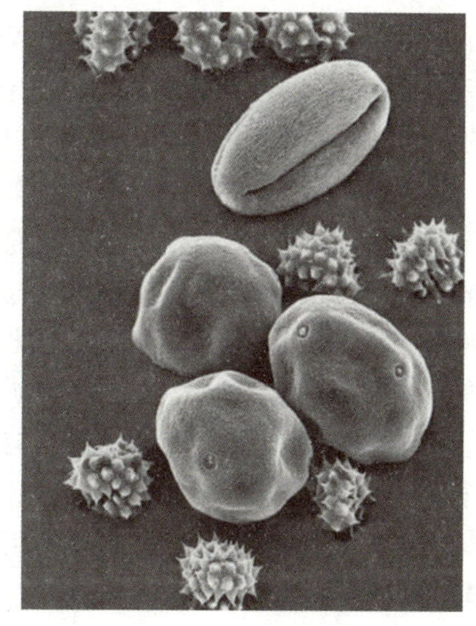

图 0-4　纳米级花粉

传统化学的研究对象通常包含着天文数字的原子或分子，所测得的体系的各种物理化学性质通常都是大量粒子的平均行为。那么，当研究对象变成纳米尺度的物质，变成 1 个原子或 1 个分子时，是否还会遵循传统理论和规律呢？如何评价这种纳米体系的化学性质呢？纳米科技的发展给化学提出了许多新的课题，同时也为化学自身的发展提供了新的机遇。在这样的背景下，纳米化学（nanochemistry）作为化学的一个新的分支诞生了。作为发展中的新学科，现阶段还很难给纳米化学下一个严格的定义。考虑到物质特性发生显著变化的尺寸基本是在 100nm 以下，可以说，纳米化学是研究原子以上、100nm 以下的纳米世界中的各种化学问题的科学。

当物质的尺度小至纳米级时，会出现诸多不同于宏观世界的性质。纳米微粒的尺寸与光波的波长、传导电子德布罗意波长相当时，其声、光、电磁、热力学等性质均呈现小尺寸效应。例如，金属纳米微粒对可见光的反射率极低，几乎都呈黑色；由于粒径小，纳米金属的熔

笔记栏

点大大低于块状金属，直径 10nm 的 Fe、Au 和 Al 的熔点分别由块状的 1 808K、1 337K 和 933K 降到 306K、300K 和 291K；20nm 的纯铁粒子的矫顽力是大块铁的 1 000 倍，可用于提高磁盘存储密度。由于纳米粒子尺寸小，所以比表面积大，位于表面的原子所占的比例相当大，并且随着粒径减小，表面原子数迅速增加。从化学角度来看，表面原子的键合状态与内部原子不同，表面原子的键合不饱和性大大增强了纳米粒子的活性。例如，金属纳米粒子在空气中会燃烧；无机材料的纳米粒子在大气中会吸附气体，并与气体进行反应；超微 Si 粉化学反应活性高，在 1 300℃可全部氮化为 Si_3N_4。单原子中的电子能级是离散的，而宏观块状物质的电子能级基本上是准连续的能带，但是随着组成微粒尺寸的减小，能级间距有增大的趋势。当粒子尺寸下降至某一特定值时，费米能级（半导体物理中的一个重要物理参数）附近的电子能级由准连续变为离散能级的现象称为量子尺寸效应。当能级间距大于热能、磁能、静电能、光子能量或超导态的凝聚能时，就会出现量子尺寸效应，导致纳米微粒的磁、光、声、热、电及超导电性与宏观特性显著不同。例如，CdS 颗粒随粒径减小由黄色变为浅黄色；温度为 1K 时，直径小于 14nm 的银颗粒会变成绝缘体；染料亚甲蓝（MB）对纳米溶胶体系的光谱性质的影响研究表明，纳米 CdS/MB 分子复合体系存在较高的光致电荷转移效率，这对光催化、光信息记忆及太阳能转化具有潜在的应用价值。电子既具有粒子性又具有波动性，存在穿透势垒的隧道效应。近年来人们发现，一些宏观物理量，如微粒的磁化强度、量子相干器件中的磁通量等也具有隧道效应，称为宏观量子隧道效应。量子尺寸效应、量子隧道效应有可能成为未来“纳电子器件”的基础，这方面的研究已经成为人们关注的热点。

著名的诺贝尔奖获得者费曼（Feynman）在 20 世纪 60 年代就预言：如果对物体微小规模上的排列加以某种控制的话，物体就能得到大量的异乎寻常的特性，这就是当今的纳米材料。纳米材料合成是纳米化学的首要任务。近十几年来发展起来的纳米材料的制备方法很多，如物理法、化学法，还有固相法、液相法、气相法等。物理法主要是采用由上到下的方法制备纳米材料；化学法主要是由下到上的方法，即通过适当的化学反应，从原子、分子出发制备纳米材料。化学合成的优势在于化学反应丰富多彩，适用于制备各种纳米材料。例如，湿化学法制备纳米粉末的方法具有无须高真空等苛刻条件，成核易于控制，添加微量组分均匀等特点，主要适用于纳米氧化物粉体制备。湿化学法有沉淀法、水解法、水热法、溶胶-凝胶法、相转移法、乳浊液法等，曾用乳浊液法、水热法得到了 10~15nm 性能优良的氧化锆纳米粉体。又如化学气相合成法一般采用易于制备、蒸气压高、反应性好的挥发性金属氯化物、氢氧化物、金属有机化合物和金属蒸气等的化学反应来合成所需的纳米微粒，其中激光感生化学气相沉积（LICVD）法令人瞩目，其基本原理是利用反应气体分子对特定波长激光的吸收，引起气体分子的光解、光敏化和光诱导等化学反应来合成所需的纳米粒子，具有粒子大小可控、无黏结、粒度分布均匀等优点。

纳米技术在医药领域中的应用

四、无机药物化学

20 世纪 60 年代末，在无机化学与生物学的交叉中逐渐形成了生物无机化学（bioinorganic chemistry）这门新兴学科。它主要研究具有生物活性的金属离子（含少数非金属）及其配合物的结构-性质-生物活性之间的关系以及在生命环境内参与反应的机制。无机药物的发展在整个生物无机化学研究领域中占有非常重要的地位。随着无机药物研究工作的扩展和深入，逐渐分化形成了一个新的分支——无机药物化学（inorganic medicinal chemistry）。它主要研究无机药物（包括简单无机化合物、金属配合物及金属有机化合物）的结构-性质-活性之间的关系及作用机制等。

人们发现，自然界中的化合物都是以配合物形式存在的。配合物在结构理论发展、生命

笔记栏

过程以及工农业生产等方面都有着广泛而深入的应用研究。现代医药学上用于临床的最具有代表性的无机药物是具有抗癌功能的铂(Pt)配合物。1965年,罗森博格(Rosenberg)用铂电极向含氯化铵的大肠杆菌培养液中通入直流电时,发现细菌不再分裂。经过一系列研究,确证起作用的是在培养液中存在的微量铂配合物,其中作用最强的是顺式二氯二氨合铂[$PtCl_2(NH_3)_2$](简称顺铂,cisplatin)。它是由电极溶出的铂与培养液中的NH_3和Cl^-经过某些作用而形成的。考虑到上述现象与烷基化抗癌药物对癌细胞造成的现象很相似,他们用这些铂配合物做了抗癌实验,结果表明顺铂及其类似物具有强抗癌作用。从此,开创了金属配合物抗癌作用研究的新领域。

含铋的化合物作为治疗胃溃疡的药物已经在临床上使用多年,它经历了从次碳酸铋和次硝酸铋到得乐型制剂的演变。得乐型制剂源自经验处方,是组成不符合化学计量关系、结构还不十分清楚的柠檬酸铋胶体溶液,它能够在胃内 pH 3~4 酸性条件下变成难溶的碱式柠檬酸铋和氯化氧铋,沉积在胃黏膜上保护胃黏膜并且抑制幽门螺杆菌。它突破了化学治疗剂必须是组成和结构清楚的单一化合物的框框。实际上,许多金属配合物药物在溶液中不可能保持原来的结构,绝大多数为许多物种的混合物。现在已有研究利用溃疡面的特殊性发展只在溃疡面上沉积的黏膜保护剂,提示通过处方设计可使无机药物发挥独特疗效。

常用的抗酸药有哪些

中医药中使用难溶有毒金属的矿物有其独到之处。目前,人们正在研究金、汞、砷化合物的药理/毒理作用,以及如何通过化合物改造、制剂优化等方法解决活性和毒性的矛盾。上述研究有可能改变医学界对重金属药物认识上的片面性,开拓新型无机药物。

思政元素

量子思维与现代医学

现行医疗体系是建立在精准科学体系基础之上,借助精密仪器发现细胞层面病变的对应关系,通过靶向治疗达到缓解病症的目的。细胞水平的研究能很好地说明研究个体的差异性,但这种医疗思维模式不能很好地解释这些致病因子的产生根源,属于“治标”行为。目前,科学研究正走入“量子时代”,量子思维模式研究构成物质的微观粒子,解析其结构特性,寻找粒子之间的相互关联性,从而解释由其构成的物质的宏观性质,反映整体性,属于系统思维。

传统医学体系多为经验传承医学,具有良好的实际治疗效果。传统医学思维模式,是使用整体决定局部的系统学规律,用恢复整体功能的办法均匀补益身体的各个脏器,局部病变将在整体力量的控制下改邪归正,达到真正的治愈,即“扶正祛邪”,属于系统思维。

现代医学技术无法揭开传统医学的面纱,但在量子维度,两者又是高度统一的,都属于系统思维。这就为使用现代科学技术认知、了解和解释传统医学奠定了基础。在现代医学技术对某一部位的病症精准分析基础上,探究其成因的由来以及各脏器相关联作用的效果,这就需要了解基因、蛋白质、小分子等结构特征和生物学特性,研究其相互作用及能量传递方式,融合化学、物理、生物和医学等多学科知识,在量子水平上尝试解释传统医学的整体医疗理论,这样的医学体系才能称之为现代医学,从而实现真正意义上的“标本兼治”。

笔记栏

第四节 无机化学的主要内容及学习方法

一、无机化学的主要内容

无机化学是一门具有无限学习领域和研究潜能的科学。无机化学所涉及的内容博大精深。根据专业基础课程的要求，将本教材中无机化学的主要内容归纳为：

（一）基本知识

元素化学（重要非金属元素及其化合物、重要金属元素及其化合物）；无机化学的发展历史、发展趋势和热点领域；无机化学与中药学的关系。

（二）基本理论

溶液理论；化学热力学和化学反应速率；四大平衡（酸碱平衡、沉淀-溶解平衡、氧化还原反应、配位平衡）；结构理论（原子结构、分子结构）。

（三）基本技能

无机化学实验（基本操作、性质验证实验、综合实验以及微型实验）。

二、无机化学的学习方法

无机化学是高等院校中医药类专业新生的一门先行专业基础课程，起着承上启下的作用，是从高中到大学的学习生活的过渡。对于无机化学的学习方法，提出几点建议：

（一）提高自学能力，加强主动学习

无机化学的知识点较多、教学进度较快，不要过多地依赖课堂讲授，应培养记录课堂笔记的良好习惯和能力，结合阅读教材和参考书抓住主要问题，思考并解决问题。

（二）抓住章节重点，理清知识结构

无机化学的教学主要围绕“四大平衡”和“二大理论”展开。对“四大平衡”着重掌握基本原理、基本计算，能够熟练解答相关习题，不过多纠结于繁杂的公式推导；对于“二大理论”，了解其适用范围和研究对象，熟悉其来龙去脉，掌握重要结论及其应用。结合课堂讲授，总结每一章节的知识框架和重点，解决存在的疑难问题。

（三）重视技能训练，提高实验能力

实验教学在中药学专业教学中占有很大比重，无机化学实验是后续化学实验和药学实验的基础，重点讲授与理论相关的实验知识和实验技能。要养成理论联系实际的科学研究思路和熟练的实验技能。并且能够勤于思考，勇于创新，遇到实验中的问题善于分析，可自行设计小实验加以解决。如在相同浓度的氯离子和铬酸根离子的混合液中滴加硝酸银溶液，只观察到有红色难溶物产生，但根据溶度积计算应先产生白色的氯化银沉淀而后产生红色的铬酸银沉淀。可仔细观察震荡、离心后沉淀的颜色变化，并改变试剂的浓度、用量、滴加方式等再行实验观察。

学习本无定法，若能既“勤”且“巧”，找到适合自己的学习方法，就会有较高的学习效率。

（史 锐 杜中玉）

复习思考题

1. 谈谈无机化学的发展历史。
2. 我国对无机中药的研究包括哪些范畴？
3. 结合自身情况，简述无机化学的学习方法。

第一章 溶液

笔记栏

PPT 课件

学习目标

1. 掌握物质的量浓度、质量摩尔浓度、质量浓度等各种浓度表示方法，熟悉不同浓度表示方法之间的换算。
2. 了解依数性的概念，掌握稀溶液的依数性的简单计算。
3. 了解稀溶液的依数性在日常生活和医学方面的应用。

由2种或2种以上的物质混合形成均匀、稳定、透明的分散体系称为溶液(solution)。按聚集状态来分，溶液可分为气态溶液、液态溶液、固态溶液。例如空气等气体混合物都是气态溶液，生理盐水、葡萄糖水等溶液均是液态溶液，C溶于Fe而形成的钢、Zn溶于Cu而形成的黄铜等合金则都是固态溶液。习惯上溶液是指液态溶液，液态溶液又分为水溶液和非水溶液。本章只讨论水溶液的有关问题。溶液中，通常把能溶解其他物质的化合物叫溶剂(solvent)，被溶解的物质叫溶质(solute)。气体或固体溶于液体时，液体称为溶剂，气体或固体称为溶质；若2种液体相互溶解时，一般把量多的称为溶剂，量少的称为溶质。

不论是在药物生产上，还是在科学实验中，都经常使用溶液。在配制和使用溶液时，首先要了解溶液的性质，而溶液的性质与溶液的组成有关，故本章先介绍溶液组成量度的表示方法即溶液的浓度，再讨论溶液的性质，将重点讨论稀溶液的依数性。

第一节 溶液的浓度

一、物质的量及其单位

物质的量(amount of substance)是表示组成物质的基本单元数目多少的物理量，用符号 n 表示，其单位名称为摩尔，单位符号为mol。若某物系中所含基本结构单元数目与0.012kg ^{12}C 的原子数目相等，则该物系的物质的量为1mol。0.012kg ^{12}C 所含的碳原子数目(6.02×10^{23}个)称为阿伏加德罗(Avogadro)常数(N_A)。需要注意的是，使用物质的量及其单位时，必须同时指明基本单元，其可以是原子、分子、离子、电子及其他粒子，或是这些粒子的特定组合。例如：

1mol C 表示有 N_A 个碳原子。

2mol H_2O 表示有 $2N_A$ 个水分子。

3mol SO_4^{2-} 表示有 $3N_A$ 个硫酸根离子。

笔记栏

阿伏伽德罗常数

$2mol\left(H_2+\frac{1}{2}O_2\right)$ 表示含有 $2N_A$ 个 $\left(H_2+\frac{1}{2}O_2\right)$ 的特定组合体，其中含有 $2N_A$ 个氢分子和 $1N_A$ 个氧分子。

二、摩尔质量

1mol 物质的质量，称为摩尔质量(molar mass)，用符号 M_B 表示，单位为 kg/mol 或 g/mol。摩尔质量也必须指明基本结构单元。

任何原子、分子或离子的摩尔质量，当单位为 g/mol 时，数值上等于其相对原子质量、相对分子质量或相对离子质量。如 H_2O 分子的摩尔质量为 18g/mol。

若用 m_B 表示 B 物质的质量，n_B 表示 B 物质的物质的量，则 B 物质的摩尔质量为：

$$M_B=\frac{m_B}{n_B} \tag{式(1-1)}$$

三、溶液的浓度

溶液中溶质与溶剂的相对含量可用浓度表示。浓度的表示方法多种多样，根据不同需要，采取不同的表示方法。下面分别介绍几种常用浓度表示方法。

（一）物质的量浓度

物质的量浓度(amount of substance concentration)，简称浓度(concentration)，也称摩尔浓度(molarity，molar concentration)。其定义为：溶质 B 的物质的量除以混合物的体积，用符号 c_B 表示。即：

$$c_B=\frac{n_B}{V} \tag{式(1-2)}$$

物质的量浓度的 SI 单位为 mol/m^3。由于单位太大，不太适用，因此常用单位为 mol/dm^3 或 mol/L。

（二）质量摩尔浓度

质量摩尔浓度(molality)定义为：溶质 B 的物质的量除以溶剂 A 的质量，用符号 b_B 表示，即

$$b_B=\frac{n_B}{m_A} \tag{式(1-3)}$$

溶剂 A 的质量的单位为 kg，质量摩尔浓度的 SI 单位为 mol/kg。

例 1-1 将 63.0g 草酸晶体($H_2C_2O_4\cdot 2H_2O$)溶于水中，使之成为体积为 1.00L，密度为 $1.02g/cm^3$ 的草酸溶液，求该溶液的物质的量浓度和质量摩尔浓度。

解：溶质的质量：$m_B=63.0g\times\frac{90g/mol}{126g/mol}=45.0g$

溶质的物质的量：$n_B=\frac{45.0g}{90g/mol}=0.500mol$

溶剂的质量：$m_A=1\,000cm^3\times1.02g/cm^3-45.0g=975g=0.975kg$

物质的量浓度：$c_B=\frac{n_B}{V}=\frac{0.500mol}{1.00L}=0.500mol/L$

质量摩尔浓度：$b_B=\frac{n_B}{m_A}=\frac{0.500\text{mol}}{0.975\text{kg}}=0.513\text{mol/kg}$

（三）摩尔分数

摩尔分数(mole fraction)定义为：混合物中物质B的物质的量与混合物的总物质的量之比，用符号x_B表示。即：

$$x_B=\frac{n_B}{n_{总}} \quad 式(1\text{-}4)$$

摩尔分数的SI单位为1。

显然，混合物中各物质的摩尔分数之和等于1，即$\sum_i x_i=1$

若所讨论的是溶液，而溶液由溶剂A和溶剂B组成，则：

$$x_A=\frac{n_A}{n_A+n_B} \qquad x_B=\frac{n_B}{n_A+n_B} \qquad x_A+x_B=1$$

例1-2 将8.0g NaOH溶解在180g水中配成溶液，求该溶液中NaOH和H_2O的摩尔分数。

解：$n_{NaOH}=\frac{8.0\text{g}}{40\text{g/mol}}=0.20\text{mol}$

$n_{H_2O}=\frac{180\text{g}}{18\text{g/mol}}=10\text{mol}$

$x_{NaOH}=\frac{n_{NaOH}}{n_{NaOH}+n_{H_2O}}=\frac{0.20\text{mol}}{0.20\text{mol}+10\text{mol}}=0.020$

$x_{H_2O}=1-x_{NaOH}=1-0.020=0.98$

（四）质量浓度

质量浓度(mass concentration)定义为：溶液中溶质B的质量与溶液的体积之比，用符号ρ_B表示。即：

$$\rho_B=\frac{m_B}{V} \quad 式(1\text{-}5)$$

质量浓度的SI单位为kg/m^3，常用单位为g/L或g/ml，如注射用生理盐水的浓度为9g/L或0.9%(100ml含0.9g)。

（五）体积分数

体积分数(volume fraction)定义为：溶液中溶质B的体积与溶液的总体积之比，用符号φ_B表示。即：

$$\varphi_B=\frac{V_B}{V} \quad 式(1\text{-}6)$$

正常人红细胞体积分数(即红细胞在全血中所占的体积分数，临床上称为血细胞比容)记为$\varphi_B=0.37\sim0.50$；消毒用酒精的体积分数记为$\varphi_B=0.75$或75%。

例1-3 我国药典规定，药用酒精$\varphi_B=0.95$，问500ml药用酒精中含纯酒精多少毫升？

解：$\varphi_B=0.95$ $\quad V=500\text{ml}=0.5\text{L}$

则 $V_B=\varphi_B\times V=0.95\times0.5\text{L}=0.475\text{L}=475\text{ml}$

笔记栏

（六）质量分数

质量分数(mass fraction)定义为:溶液中溶质B的质量与溶液的总质量之比,用符号ω_B表示。即:

$$\omega_B = \frac{m_B}{m} \qquad 式(1\text{-}7)$$

体积分数、质量分数与摩尔分数一样,SI单位均为1。

综上所述,上述6种常用浓度表示方法可归纳为两大类。一类用一定体积的溶液中所含溶质的量表示的,如c_B、ρ_B、φ_B。这类浓度表示方法的优点是配制较容易,缺点是浓度数值随温度略有变化。另一类用溶液中所含溶质与溶剂的相对量表示的,如b_B、x_B、ω_B。这类浓度表示方法的优点是浓度数值不受温度变化影响,缺点是用天平称量液体很不方便。各类不同浓度表示方法之间均可进行换算。

例1-4 浓硫酸的质量分数为0.980,密度为1.84g/ml,求浓硫酸的①物质的量浓度;②质量摩尔浓度;③H_2SO_4和H_2O的摩尔分数。

解:①物质的量浓度:$c_B = \frac{n_B}{V} = \frac{1\,000\text{ml}\times 1.84\text{g/ml}\times 0.980}{98\text{g/mol}\times 1.00\text{L}} = 18.4\text{mol/L}$

②质量摩尔浓度:$b_B = \frac{n_B}{m_A} = \frac{\frac{98.0\text{g}}{98\text{g/mol}}}{(100\text{g}-98.0\text{g})\times 10^{-3}\text{kg/g}} = 5.00\times 10^2\text{mol/kg}$

③摩尔分数:$x_{H_2SO_4} = \frac{n_{H_2SO_4}}{n_{H_2SO_4}+n_{H_2O}} = \frac{\frac{98.0\text{g}}{98\text{g/mol}}}{\frac{98.0\text{g}}{98\text{g/mol}}+\frac{2.0\text{g}}{18\text{g/mol}}} = 0.90$

$x_{H_2O} = 1 - x_{H_2SO_4} = 1 - 0.90 = 0.10$

四、溶解度与相似相溶原理

（一）溶解度

在一定温度和压力下,一定量饱和溶液中溶质的含量叫溶解度(solubility)。溶解度表明了饱和溶液中溶质和溶剂的相对含量。按照溶解度的概念,可用饱和溶液的浓度表示溶解度。但习惯上最常用"在一定温度和压力下,在100g溶剂中达饱和状态时所溶解的溶质质量"来表示溶解度。例如:20℃时,硝酸钾在水中的溶解度是31.6g/100g H_2O。

影响溶质溶解度的外因主要是外界温度和压强,不同的溶质受外界温度和压强的影响不同。对固体溶质而言,温度对溶解度有明显的影响,而压力的影响很小。因此,讨论固体溶解度时必须表明温度。大多数固体溶质的溶解度随温度的升高而增大,如硝酸钾。也有少数固体溶质随温度升高而减小,如氢氧化钙。

气体的溶解度一般用单位体积的溶液中气体溶解的体积或物质的量表示。气体溶质的溶解度不但与温度有关,还与气体的分压有关。气体溶于液体通常是放热的,因此,气体溶质的溶解度随温度的升高而减小。如101kPa、0℃时氢气在水中的溶解度是2.14ml/100g水,而在101kPa、80℃时则是0.88ml/100g水。气体在液体中的溶解度随其分压的增大而增大。如20℃时,氨气的分压为93.2kPa,100g水中的溶解度为65.3L,而分压为266kPa时,100g水中的溶解度为126L。

（二）相似相溶原理

由于溶质与溶剂品种繁多,性质各异,导致溶质与溶剂相互关系的多样性,因此,关于溶解度的规律性至今尚无完整的理论。归纳大量实验事实所获得的经验规律是相似相溶原理，即溶质与溶剂在结构和极性上越相似，分子间的作用力的类型和大小越相似，越容易相溶。

笔记栏

相似相溶原理在日常生活中的应用

例如，水、乙醇、甲醇都是由—OH 和另一个不大的基团连接而成的分子，结构很相似，因此，它们之间可无限互溶，而戊醇在水中的溶解度却比较小，因为戊醇虽也有—OH，但由于碳氢链较长，与水的结构差别较大。

极性溶质易溶于极性溶剂，非极性溶质易溶于非极性溶剂。

结构相似的一类气体，沸点越高，分子间作用力越接近于液体，它们在液体中的溶解度也越大。例如 H_2、N_2、O_2、Cl_2 都是双原子分子，沸点依次升高，在水中的溶解度也依次增加。

第二节　稀溶液的依数性

溶质溶解的过程是一物理化学过程，此过程中一般有两类性质会发生变化。其中，一类性质的变化取决于溶质的本性，如溶液的颜色、体积、热效应、酸碱性等。另一类性质的变化只取决于溶液中所含溶质微粒的数目而与溶质的本性无关，如溶液的蒸气压下降（vapor-pressure lowering）、沸点升高（boiling-point elevation）、凝固点降低（freezing-point depression）和渗透压（osmotic pressure）。由于这类性质只依赖于溶质微粒数目，故称之为依数性（colligative）。

一、蒸气压下降

在一定温度下，处于密闭容器中的液体，单位时间内由液面蒸发出的分子数和由气相回到液体内的分子数相等时，气、液两相处于平衡状态，这时的蒸气压叫作该液体的饱和蒸气压，简称蒸气压。当把不挥发的非电解质溶入溶剂形成稀溶液后，则有部分溶液表面被不挥发的溶质分子占据，因此，单位时间内溶液表面蒸发的溶剂分子数小于纯溶剂蒸发的溶剂分子数，结果达到平衡时，溶液的蒸气压必定比纯溶剂的蒸气压低。这种现象称为溶液的蒸气压下降。

拉乌尔简介

1887 年，法国化学家拉乌尔（Raoult）根据大量实验结果总结得出如下结论：在一定温度下，难挥发非电解质稀溶液的蒸气压等于纯溶剂的蒸气压乘以溶剂的摩尔分数，这就是 Raoult 定律。

数学表达式为：

$$p=p_A^* x_A \qquad 式(1\text{-}8)$$

式中 p 表示溶液的蒸气压，p_A^* 表示纯溶剂的蒸气压，x_A 表示溶剂的摩尔分数。设 x_B 为溶质的摩尔分数，则 $x_A+x_B=1$，$x_A=1-x_B$，将其代入式（1-8）得：

$$p=p_A^*(1-x_B)$$

$$p_A^*-p=p_A^* x_B$$

$$\Delta p=p_A^* x_B \qquad 式(1\text{-}9)$$

所以 Raoult 定律也可以这样表述：在一定温度下，难挥发非电解质稀溶液的蒸气压下降值与溶质的摩尔分数成正比。

Raoult 定律只适用于非电解质的稀溶液，对于稀溶液，$n_A \gg n_B$，$n_A+n_B \approx n_A$，则：

笔记栏

$$\Delta p=p_A^* x_B=p_A^* \frac{n_B}{n_A+n_B}\approx p_A^* \frac{n_B}{n_A}=p_A^* \times \frac{n_B}{\frac{m_A}{M_A}}=p_A^* \times M_A \times \frac{n_B}{m_A}=p_A^* \times M_A \times b_B$$

即：

$$\Delta p \approx k_v \cdot b_B \qquad 式(1\text{-}10)$$

由此，Raoult 定律又可以表述为：在一定温度下，难挥发非电解质稀溶液的蒸气压的下降值，近似地与溶液的质量摩尔浓度成正比。式中 $k_v=p_A^* M_A$，称为蒸气压下降常数。

例 1-5 已知 293K 时水的饱和蒸气压为 2.34kPa，将 18.0g 葡萄糖溶于 90.0g 水中，计算该葡萄糖溶液的蒸气压。

解：葡萄糖的摩尔质量为 180g/mol，则溶剂水的摩尔分数为

$$x_A=\frac{n_A}{n_A+n_B}=\frac{\frac{90.0g}{18g/mol}}{\frac{90.0g}{18g/mol}+\frac{18.0g}{180g/mol}}=0.980$$

代入式(1-8)，葡萄糖溶液的蒸气压为：

$$p=x_A p_A^* =2.34kPa\times 0.980=2.29kPa$$

二、凝固点降低

纯物质的凝固点是指在一定外界压力下它的液相蒸气压等于固相蒸气压时的温度，即固液两相达平衡时的温度。如在 101.3kPa 下，溶剂水的凝固点是 273.15K，此时，冰水蒸气压相等，冰水共存。溶液的凝固点是溶液中溶剂的蒸气压等于固态纯溶剂蒸气压时的温度，含有少量溶质的溶液凝固点总是低于纯溶剂的凝固点，这一现象称为溶液的凝固点降低。如海水在 273.15K 时不结冰。造成溶液凝固点下降的原因是溶液的蒸气压下降，这可以从纯溶剂和溶液的蒸气压曲线得到说明。如图 1-1 所示，AB 为液态纯溶剂的蒸气压曲线，A′B′为溶液的蒸气压曲线，A 点时纯溶剂固液两相蒸气压相等，对应的温度为溶剂的凝固点 T_f^*。但由于溶液的蒸气压下降，在 T_f^* 时溶液的蒸气压低于纯溶剂的蒸气压，因而在 T_f^* 时溶液不凝固。随着温度的继续下降，纯溶剂固体的蒸气压下降率比溶液大，当温度降到 T_f 时的 A′点，纯溶剂固相和溶液的蒸气压相等，平衡温度 T_f 就是溶液的凝固点，$T_f^* - T_f=\Delta T_f$，ΔT_f 为溶液的凝固点下降值。

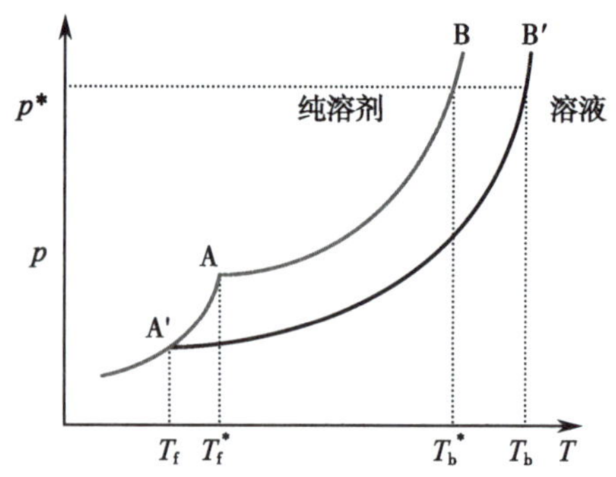

图 1-1 溶液的凝固点降低和沸点升高

实验结果表明，难挥发非电解质稀溶液的凝固点下降值与溶液的质量摩尔浓度成正比。其数学表达式为：

$$\Delta T_f=k_f b_B \qquad 式(1\text{-}11)$$

即难挥发非电解质稀溶液的凝固点降低与溶液的质量摩尔浓度成正比，而与溶质的本性无关。式中 k_f 为溶剂的凝固点降低常数，单位为 K · kg/mol。k_f 只与溶剂本性有关，与溶质无关。表 1-1 列出了一些常见溶剂的凝固点降低常数。

笔记栏

表 1-1　常见溶剂的k_f值

溶剂	T_f^*/K	k_f/(K·kg/mol)	溶剂	T_f^*/K	k_f/(K·kg/mol)
水	273.0	1.86	苯	278.5	5.10
乙酸	290.0	3.90	环己烷	279.5	20.2
乙醇	155.7	1.99	四氯化碳	250.1	32.0
乙醚	156.8	1.80	萘	353.0	6.90
氯仿	209.5	4.90	樟脑	451.0	40.0

凝固点下降在实际工作中很有用处，可用于制作防冻剂和致冷剂。在寒冷的冬季，在冰雪道路上撒盐，以防结冰；为防止汽车水箱因结冰体积膨大而胀裂，常在水箱中加乙二醇或甘油以降低水的凝固点。在实验室中，常用食盐和冰的混合物、氯化钙固体和冰的混合物作致冷剂，由于凝固点下降，混合物中的冰迅速熔化吸热而使环境致冷，广泛应用于水产品和食品的储存和运输。

融雪剂的融雪原理

例 1-6　为防止汽车水箱冬季冻裂，需使水的凝固点下降到 253.0K，即 $\Delta T_f=20.0$K，则在每 1.00kg 水中应加入多少克乙二醇。

解：设应加入 m 克乙二醇，$M_{乙二醇}=62$g/mol，水的 $k_f=1.86$K·kg/mol。

$$\Delta T_f=k_f b_B$$

代入式(1-11)

$$20.0\text{K}=1.86\text{K}\cdot\text{kg/mol}\times\frac{\frac{m}{62\text{g/mol}}}{1.00\text{kg}}$$

$$m=667\text{g}$$

三、沸点升高

纯液体的蒸气压随温度的上升而迅速增大，当蒸气压增大到与外界压力相等时，系统中气、液两相达到平衡，液体开始沸腾，此时平衡系统的温度称为液体的沸点。在 101.3kPa 下的液体沸点称正常沸点，如水的正常沸点为 373.15K。含有难挥发溶质的溶液其沸点总是高于纯溶剂的沸点，这一现象称为溶液的沸点升高。溶液沸点升高的原因也是由于溶液的蒸气压下降。如图 1-1 所示，由溶剂的蒸气压曲线 AB 可知，在 B 点溶剂的蒸气压等于外界大气压，因此 B 点对应的温度就是该溶剂的沸点 T_b^*，但由于溶液的蒸气压下降，此温度时溶液的蒸气压低于外界大气压，要使溶液的蒸气压等于外界大气压就必须升高温度至 B′点，B′点对应的温度即是溶液的沸点 T_b，由此可见溶液的沸点总是高于纯溶剂，即 $T_b^*<T_b$，沸点升高值 $\Delta T_b=T_b-T_b^*$。

实验结果表明，难挥发非电解质稀溶液的沸点升高值与溶液的质量摩尔浓度成正比，而与溶质的本性无关。其数学表达式为：

$$\Delta T_b=k_b b_B \qquad 式(1\text{-}12)$$

比例常数 k_b 称为沸点升高常数，单位为 K·kg/mol。表 1-2 列出了一些常见溶剂的沸点升高常数。

溶液的蒸气压下降、凝固点降低、沸点升高性质均可用来测定物质的摩尔质量，但蒸气压测定比较困难，所以常采用沸点升高和凝固点降低这两种依数性来测定溶质的摩尔质量，

笔记栏

而且由于同一溶剂的 k_f 比 k_b 大,温差变化更明显一些,测量误差小,因此凝固点降低法测定的准确度要高一些。

表 1-2 常见溶剂的k_b值

溶剂	T_b^*/K	k_b/(K·kg/mol)	溶剂	T_b^*/K	k_b/(K·kg/mol)
水	373.1	0.512	苯	353.1	2.53
乙酸	391.0	2.93	环己烷	354.0	2.79
乙醇	351.4	1.22	四氯化碳	349.7	5.03
乙醚	307.7	2.02	萘	491.0	5.80
氯仿	334.2	3.63	樟脑	481.0	5.95

例 1-7 将 0.161g 萘溶于 40.0g 苯中所得溶液的凝固点为 278.34K,求萘的摩尔质量。

解:苯的凝固点为 278.50K,k_f 为 5.10K·kg/mol,代入式(1-11):

$$\Delta T_f = k_f b_B$$

$$278.50\text{K} - 278.34\text{K} = 5.10\text{K}\cdot\text{kg/mol} \times \frac{\dfrac{0.161\text{g}}{M}}{\dfrac{40.0\text{g}}{1\,000\text{g/kg}}}$$

$$M = 128\text{g/mol}$$

例 1-8 烟草的有害成分尼古丁的实验式为 C_5H_7N,现有 0.600g 尼古丁溶于 12.0g 水中,所得溶液在标准压力下的沸点是 373.26K,求尼古丁的分子式。

解:水的正常沸点为 373.1K,k_b 为 0.512K·kg/mol,代入式(1-12):

$$\Delta T_b = k_b b_B$$

$$373.26\text{K} - 373.1\text{K} = 0.512\text{K}\cdot\text{kg/mol} \times \frac{\dfrac{0.600\text{g}}{M}}{\dfrac{12.0\text{g}}{1\,000\text{g/kg}}}$$

$$M = 160\text{g/mol}$$

由实验式知尼古丁的式量为 81g/mol,因此尼古丁的分子式为 $C_{10}H_{14}N_2$。

四、渗透压

(一)渗透和渗透压

如图 1-2(a)所示,在容器的左边放入纯水,右边放入蔗糖溶液,中间用一半透膜隔开。半透膜是一种只允许溶剂分子自由透过而不允许溶质分子自由透过的膜状物质,如细胞膜、萝卜皮、动物肠衣、羊皮纸等都属于半透膜。开始时,膜两侧的液面高度相等,经一段时间后,蔗糖溶液液面上升,纯水液面下降。这是由于膜两侧单位体积内溶剂分子数不等,纯溶剂中单位体积内的溶剂分子数大于蔗糖溶液,单位时间内由纯溶剂进入溶液的溶剂分子数要比由溶液进入溶剂的多,结果导致溶液一侧的液面升高。这种溶剂分子透过半透膜由纯溶剂向溶液或从稀溶液向浓溶液的净迁移现象称为渗透。随着液面的升高,静液压随之增加,当静液压增大到一定值时,单位时间内膜两侧透过的溶剂分子数相等,渗透作用达平衡状态。如图 1-2(b)所示。渗透平衡时,半透膜两边的静压力差称为渗透压。如果在初始状

笔记栏

态时对蔗糖溶液施加同样大的外压，就可阻止渗透的进行。如图 1-2(c)所示。因此，渗透压是阻止渗透作用进行所施加于溶液的最小外压。显然，溶液浓度越大，其渗透压越大。若半透膜两边是不同浓度的溶液也可发生渗透现象。

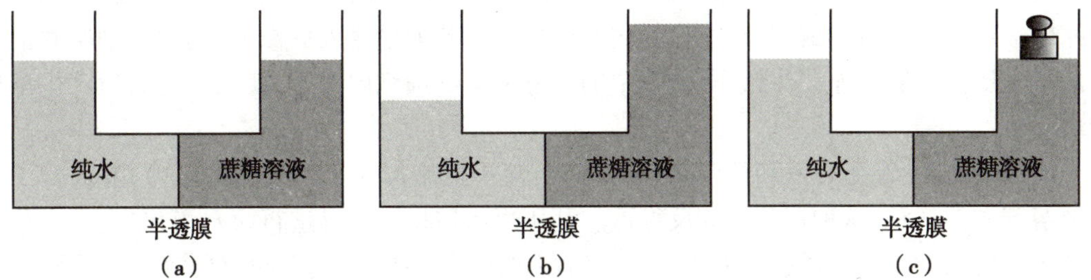

图 1-2 渗透和渗透压示意图

半透膜的存在和膜两边的浓度差是产生渗透现象的两个必要条件。渗透的方向总是溶剂分子从纯溶剂向溶液或从稀溶液到浓溶液的迁移。

（二）Van't Hoff 公式

1886 年，荷兰物理学家范托夫(van't Hoff)根据实验结果，指出非电解质稀溶液的渗透压与溶液的浓度和温度的关系为：

$$\Pi V = nRT \qquad 式(1\text{-}13)$$

$$\Pi = c_B RT \qquad 式(1\text{-}14)$$

对于极稀的溶液 $b_B \approx c_B$， 则 $\Pi = b_B RT$ 式(1-15)

范托夫简介

其中，Π 是渗透压(kPa)；T 是热力学温度(K)；V 是溶液的体积(L)；c_B 是溶质的物质的量浓度(mol/L)；R 是气体摩尔常数[8.314kPa·L/(mol·K)]。

Van't Hoff 公式表明，在一定温度下，难挥发非电解质稀溶液的渗透压，与溶液中所含溶质的物质的量浓度成正比，而与溶质的本性无关。

（三）渗透压的应用

1. 测定分子的摩尔质量 渗透压实验也是测定溶质摩尔质量的经典方法之一。由于实验技术比较复杂，一般物质摩尔质量的测定常用沸点升高和凝固点降低法，但对于摩尔质量比较大的分子用渗透压法有其独特的优点。

例 1-9 0.101g 胰岛素溶于 10.0ml 水中，该溶液在 298.15K 时的渗透压为 4.34kPa，求胰岛素的摩尔质量。

解：由式(1-13) $\Pi V = nRT$ 得：

$$\Pi V = \frac{m_B}{M} RT$$

$$4.34\text{kPa} \times 0.010\,0\text{L} = \frac{0.101\text{g}}{M} \times 8.314\text{kPa}\cdot\text{L}/(\text{mol}\cdot\text{K}) \times 298.15\text{K}$$

$$M = 5.77 \times 10^3 \text{g/mol}$$

2. 等渗、低渗和高渗溶液 渗透压的高低是相对的。通常渗透压相等的溶液称为等渗溶液，相比较而言渗透压高的称高渗溶液，渗透压低的称低渗溶液。在医学上，等渗、高渗、低渗溶液是以人体血浆的渗透压为标准确定的。而医学上溶液的渗透压大小常用渗透浓度表示。渗透浓度定义为：溶液中渗透活性物质的总的物质的量浓度，单位为 mol/L 或 mmol/L。正常人血浆的渗透浓度为 304mmol/L。临床上规定渗透浓度在 280~320mmol/L 的溶液为

笔记栏

等渗溶液，渗透浓度大于 320mmol/L 的溶液为高渗溶液，渗透浓度小于 280mmol/L 的溶液为低渗溶液。如临床上常用的等渗溶液有 9g/L 生理盐水（308mmol/L），50g/L 葡萄糖溶液（278mmol/L）等等。临床上为患者输液通常输等渗溶液。若大量输入高渗溶液，则红细胞膜内液体的渗透压小于膜外血浆渗透压，红细胞膜内的细胞液向血浆渗透，使红细胞萎缩，萎缩的红细胞互相凝结成团，在小血管内产生栓塞。若大量输入低渗溶液，则红细胞膜内液体的渗透压大于膜外血浆渗透压，血浆中的水分将向红细胞内渗透，使红细胞胀裂产生溶血现象。

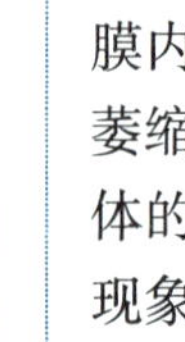
ER-1-6 反渗透技术进展及难题

3. 反渗透　若把溶液和纯溶剂隔开，向溶液一侧施加大于渗透压的压力，溶剂分子则向纯溶剂方向迁移，这种现象称为反渗透。利用反渗透技术可以进行海水淡化、废水净化和特殊溶液的浓缩。反渗透技术的关键在于研制稳定、长期受压无损、价格便宜的半透膜。

学习小结

1. 学习内容

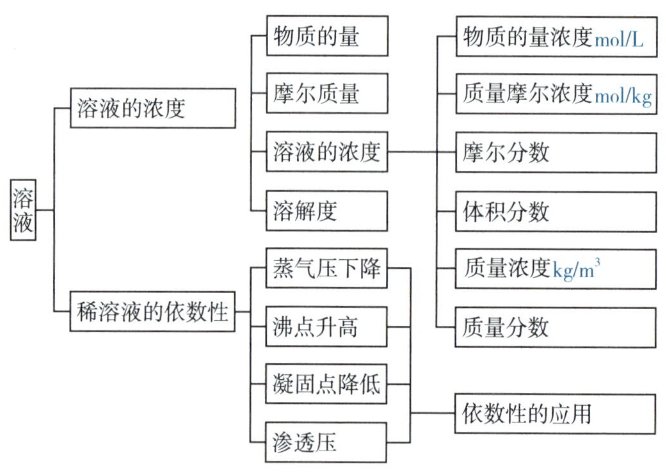

2. 学习方法　溶液的浓度是本章的主要内容，首先要掌握好一些基本概念，如浓度的定义，在此基础上主动进行一些运算和换算，这对全书的学习大有帮助。对于稀溶液的依数性，要了解其基本意义，从而理解为什么这些性质只受到溶质数量的影响而不受其本性影响，并会用公式进行简单计算。

扫一扫，测一测

（张浩波　姚　军）

复习思考题与习题

1. 试计算下列常用试剂的物质的量浓度、质量摩尔浓度及摩尔分数。

（1）质量分数为 37%，密度 d 为 1.19g/cm³ 的浓盐酸。

（2）质量分数为 28%，密度 d 为 0.90g/cm³ 的浓氨水。

2. 在稀溶液中，蒸气压降低、沸点升高、凝固点降低和渗透压现象本质上出于同一原因，它们之间的联系是什么？

3. 北方人冬天吃冻梨前，将冻梨放入凉水中浸泡，过一段时间后冻梨内部解冻了，但表面结了一层薄冰。原因是什么？

4. 甘油的沸点是 290.9℃，乙醇的沸点是 78.3℃，哪一种用作防冻剂更好？为什么？

5. 把一块冰放在 273K 的水中，另一块冰放在 273K 的盐水中，现象有何差异？

6. 把相同质量的葡萄糖和乙二醇分别溶于 100ml 水中，所得溶液的沸点、凝固点、蒸气压和渗透压是否相同？如果把相同物质的量的葡萄糖和乙二醇分别溶于 100ml 水中，结果又怎样？为什么？

7. 甘油、CH_3COOH、NaCl、Na_2SO_4 水溶液浓度均为 0.10mol/L，凝固点哪一个最高？渗透压哪一个最大？

8. 在一定温度下，乙醇（C_2H_5OH）溶液和葡萄糖（$C_6H_{12}O_6$）溶液渗透压相等，同体积乙醇和葡萄糖 2 种溶液中，两者质量之比是多少？

9. 将 6.00g 某纯净试样溶于 250g 苯中，测得该溶液的凝固点为 4.00℃，求该试样的相对分子质量。（纯苯的凝固点 5.53℃，k_f = 5.10K · kg/mol）。

10. 孕酮是一种雌激素，其中含 9.5% H、10.2% O 和 80.3% C。今有 2.00g 孕酮试样溶于 20.0g 苯，所得溶液的凝固点为 277.03K，求孕酮的分子式（苯的 k_f = 5.1K · kg/mol，T_f = 278.65K）。

11. 乙二醇［$CH_2(OH)CH_2(OH)$］是一种常用的汽车防冻剂，它溶于水并完全是非挥发性（乙二醇的摩尔质量 62.01g/mol，水的 k_f = 1.86K · kg/mol，k_b = 0.512K · kg/mol），计算：

（1）在 2 500g 水中溶解 600g 该物质的溶液的凝固点。

（2）夏天能否将它用于汽车散热器中？

12. 将 40.0g 血红蛋白（Hb）溶于足量水中配成 1L 溶液，若此溶液在 298.15K 的渗透压是 1.52kPa，计算 Hb 的摩尔质量。

PPT 课件

第二章 化学反应速率和化学平衡

学习目标

1. 掌握化学反应速率、化学平衡、标准平衡常数的概念。
2. 了解化学反应速率的意义、表示方法，以及化学反应速率的影响因素。
3. 掌握标准平衡常数的意义及有关化学平衡的计算。
4. 掌握浓度、温度和压力对化学平衡的影响。

第一节 化学反应速率

一、化学反应速率的定义与表示方法

化学反应速率(rate of chemical reaction)属化学反应动力学范畴，用于衡量化学反应进行的快慢，即反应体系中各物质的量随时间的变化率，用符号 v 表示。

随着反应的进行，反应物或产物的浓度会发生改变，因此可以用反应物(A)或产物(G)的浓度随时间的变化率来表示反应速率。设从 t_1 到 t_2 的时间间隔为 $\Delta t=t_2-t_1$，对应的浓度改变为 Δc_A 和 Δc_G，则上述时间间隔内的平均反应速率(average rate)可表示为：

$$\bar{v}_A=-\frac{\Delta c_A}{\Delta t} \qquad 式(2\text{-}1)$$

等式右边的负号是为了使反应速率为正值。因为随时间进行，反应物浓度不断降低，Δc_A 为负值。若用产物浓度变化表示反应速率，则：

$$\bar{v}_G=\frac{\Delta c_G}{\Delta t} \qquad 式(2\text{-}1a)$$

根据微分学，如果反应时间间隔无限小，浓度变化亦无限小，则该浓度下的瞬时反应速率(instantaneous rate)可表示为：

$$v_A=-\frac{dc_A}{dt} \qquad 式(2\text{-}2)$$

$$v_G=\frac{dc_G}{dt} \qquad 式(2\text{-}2a)$$

反应速率是反应体系中各物质的浓度随时间的变化率，因此它的单位用“浓度/时间”表

示。其中浓度通常用 mol/L 表示，而时间则根据需要可用 s（秒）、min（分钟）、h（小时）等表示。

化学反应速率可选用反应体系中任何一种物质的变化量来表示。对任一反应：

$$aA+dD=gG+hH$$

用不同物质的浓度变化量来表示反应速率，它们之间的关系为

$$v=-\frac{1}{a}\frac{dc_A}{dt}=-\frac{1}{d}\frac{dc_D}{dt}=\frac{1}{g}\frac{dc_G}{dt}=\frac{1}{h}\frac{dc_H}{dt} \qquad 式(2\text{-}3)$$

在表示反应速率时，必须写明化学反应计量方程式。如合成氨反应：

$$N_2+3H_2 \rightleftharpoons 2NH_3$$

$$v=-\frac{dc_{N_2}}{dt}=-\frac{1}{3}\frac{dc_{H_2}}{dt}=\frac{1}{2}\frac{dc_{NH_3}}{dt}$$

下面以 H_2O_2 水溶液在 I^- 催化下的分解反应为例来理解瞬时反应速率和平均反应速率。其化学反应方程式为

$$H_2O_2(aq)\xlongequal{I^-}H_2O(l)+\frac{1}{2}O_2(g)$$

在 298.15K 时，测定不同时间 O_2 的量，就可以计算出 H_2O_2 浓度，从而求出 H_2O_2 的分解速率。若 H_2O_2 的初始浓度为 0.80mol/L，测定 O_2 的时间间隔为 20min，H_2O_2 的分解速率如表 2-1 所示。

表 2-1　H_2O_2 溶液的分解速率（298.15K）

t/min	$c_{H_2O_2}$/（mol/L）	$\bar{v}$/[mol/（L·min）]	v/[mol/（L·min）]
0	0.80	—	—
20	0.40	2.0×10^{-2}	1.4×10^{-2}
40	0.20	1.0×10^{-2}	7.5×10^{-3}
60	0.10	5.0×10^{-3}	3.8×10^{-3}
80	0.050	2.5×10^{-3}	1.9×10^{-3}

由表 2-1 可知，瞬时反应速率能确切地表示 H_2O_2 在某一时刻分解的真实速率。通常所说的反应速率均指瞬时反应速率。

二、影响化学反应速率的因素

化学反应速率的快慢主要取决于反应物的本性，但外界条件如浓度（或压力）、温度和催化剂等也会影响反应速率。

（一）浓度对化学反应速率的影响

从上述 H_2O_2 的分解可以看出，反应刚开始时反应速率较快，随着反应的进行，H_2O_2 不断被消耗，其浓度也相应减小，因而反应速率逐渐变慢，所以，反应速率并不是一个常数。

大量化学实验事实表明，当温度一定时，反应速率与各反应物浓度幂的乘积成正比。对任一化学反应：

$$\alpha A+\beta D \longrightarrow 产物$$

其速率方程式为：

笔记栏

$$v = kc_A^{\alpha} \cdot c_D^{\beta} \qquad 式(2\text{-}4)$$

式(2-4)中,k 为反应速率常数,与浓度无关,但受温度的影响;α 为浓度项 c_A 的指数;β 为浓度项 c_D 的指数。α 和 β 不一定是反应物的化学计量系数,只能通过实验来确定。在速率方程式中,各反应物浓度幂中的指数称为反应级数(order of reaction)。所有反应物的反应级数之和称为该反应的总反应级数。一般而言,反应级数均指总反应级数。反应级数必须由实验确定,其值与化学反应方程式中各反应物的化学计量数无关,可以是整数或者分数。式(2-4)指出反应速率与相关物质的浓度之间的关系,很显然,反应速率常数越大,反应速率就越快。

(二)温度对化学反应速率的影响

对大多数化学反应来说,反应速率都随着温度的升高而增大。1884 年,荷兰物理化学家范托夫(van't Hoff)根据大量的实验,总结出温度对反应速率影响的经验规则。该规则指出:反应物浓度不变时,温度每升高 10K,速率大约增加 2~4 倍。即:

$$\gamma = \frac{k_{T+10}}{k_T} = 2 \sim 4 \qquad 式(2\text{-}5)$$

式中 γ 称为该反应的温度系数。

按此规则,如果温度不太高,温度的变化范围不太大时,可把 γ 看作常数。如果不需要精确数据或手边的数据不全,则可根据这个规则大略地估计出温度对反应速率的影响。

1889 年,瑞典科学家阿伦尼乌斯(Arrhenius)根据大量的实验数据,总结得到反应速率常数与温度之间的经验公式,即著名的阿伦尼乌斯方程(Arrhenius equation)。

$$k = A \cdot e^{-\frac{E_a}{RT}} \qquad 式(2\text{-}6)$$

式(2-6)中,k 为温度为 T 时的反应速率常数;A 为给定反应的特征常数,称指前因子或频率因子;E_a 为阿伦尼乌斯活化能,简称活化能,在温度变化范围不大时,可视为常数;R 为气体摩尔常数[8.314J/(mol·K)]。

式(2-6)可表达为对数形式:

$$\ln k = \frac{-E_a}{RT} + \ln A \qquad 式(2\text{-}7)$$

也可表达为定积分形式:

$$\ln \frac{k_2}{k_1} = \frac{E_a}{R}\left(\frac{T_2 - T_1}{T_2 T_1}\right) \qquad 式(2\text{-}8)$$

式(2-8)中 k_1 和 k_2 分别为反应温度分别为 T_1 和 T_2 时的反应速率常数。

从阿伦尼乌斯方程可知:①对某一反应,活化能 E_a 可视为常数,温度升高,反应速率常数 k 值增大,反应速率加快;②反应速率常数 k 与绝对温度 T 成指数关系,温度的微小变化,将导致 k 值的较大变化,尤其是对活化能较大的反应。当温度升高时,反应速率常数增大较快,反应速率也随之增大。

(三)催化剂对化学反应速率的影响

催化剂(catalyst)是一种能显著改变反应速率而其本身的组成、数量和化学性质在反应前后基本不变的物质。这种能改变反应速率的作用称为催化作用(catalysis)。能使反应速率加快的催化剂称为正催化剂;能使反应速率减慢的催化剂称为负催化剂或阻化剂。一般

笔记栏

提到催化剂,若不明确指出是负催化剂时,则指有加快反应速率作用的正催化剂。

有些反应的产物可作为其反应的催化剂,从而使反应速率加快,这一现象称为自动催化。例如,高锰酸钾在酸性溶液中与草酸的反应,开始进行得很慢,一旦反应生成了 Mn^{2+} 后,$KMnO_4$ 褪色很快,这是由于生成的 Mn^{2+} 具有自动催化作用的缘故。

催化剂能加快反应速率的根本原因是它参与了化学反应,改变了反应途径,降低了反应的活化能,缩短到达平衡的时间。

催化剂具有选择性。几乎所有在生物体内进行的化学反应都是在酶的催化下完成的,酶催化的选择性极强。迄今为止,人们已发现了两类生物催化剂,一类是酶(enzyme),另一类是核酶(ribozyme)。酶是由生物或微生物产生的一种具有催化能力的特殊蛋白质,是机体内催化各种代谢反应最主要的催化剂。如食物中蛋白质的消化,在体外需使用浓的强酸或强碱,煮沸相当长的时间后水解才能完成。但在人的消化道中,酸性或碱性都不太强,温度只有 37℃左右,蛋白质却能被迅速消化,这就是由于消化液中含有胃蛋白酶等,能催化蛋白质的水解。可以认为,没有酶的催化作用就没有生命现象。

第二节 可逆反应与化学平衡

对于一个化学反应来说,不仅要关心其进行的快慢,而且还需知道在一定条件下反应进行的限度,这就涉及有关化学平衡的问题。化学平衡属于化学热力学的研究范畴,在生产实际和科学研究中有着重要意义。在研究新的化学反应时,应用化学平衡的基本原理可以从理论上预知如何控制反应条件,使反应按所需要的方向进行,以及在给定条件下,反应所能达到的限度。在工业上,应用化学平衡的基本原理来选择反应的最佳条件,以实现高产率、低成本的目标。在生命科学中,生命体中的电解质平衡、生物大分子的水解平衡等都与化学平衡的基本规律有关。

一、可逆反应与化学平衡

从理论上看,几乎所有的化学反应都是向正、反两个方向同时进行的。但是,有的反应逆向进行的程度极小,与正向反应进行的程度相比较可以忽略不计。例如:

$$HCl+NaOH \longrightarrow NaCl+H_2O$$

这种几乎能进行到底的反应称为不可逆反应。

但是,大多数化学反应的正、反两个方向的反应都比较明显。例如,在一定温度下,氢气和碘蒸气反应可生成气态的碘化氢;在同样条件下,气态碘化氢也能分解成氢气和碘蒸气。此反应可表示为

$$H_2(g)+I_2(g) \rightleftharpoons 2HI(g)$$

在相同条件下,既可以向正反应方向又可以向逆反应方向进行的反应称为可逆反应(reversible reaction)。在可逆反应中,通常将从左向右进行的反应叫作正反应,从右向左进行的反应叫作逆反应。

可逆反应中反应物不可能全部转变为生成物。反应开始时,正反应速率大,逆反应速率小。但随着反应的进行,反应物的浓度逐渐减小,生成物的浓度逐渐增大,正反应速率逐渐降低,逆反应速率逐渐增高。当反应进行到一定程度后,正、逆反应速率相等(不等于零),体系中反应物和生成物的浓度不再随时间发生变化,此时体系所处的状态称为化学平衡

笔记栏

(chemical equilibrium)。化学平衡是动态平衡,从表面上看,反应似乎处于静止状态,实际上,正、逆反应仍在进行,只是正、逆反应速率相等而已。

化学平衡状态具有以下几个特征:

(1) 化学平衡是动态平衡,达到平衡时正、逆反应速率相等,是反应进行的最大限度。

(2) 达到平衡后,只要外界条件不变,反应体系中各物质的量将不随时间而变。

(3) 化学平衡是相对的、有条件的。当外界条件(浓度、压力和温度)改变时,原来的平衡就会发生移动,直至在新的条件下建立起新的化学平衡。

二、标准平衡常数

(一) 标准平衡常数表达式

当可逆反应达到平衡时,体系中各物质的浓度不再随着时间的改变而改变,此时的浓度称为平衡浓度。对任何可逆反应,无论初始物是反应物还是生成物,无论各物质的初始浓度和平衡浓度是何数值,在一定温度下达到平衡时,各生成物平衡浓度幂的乘积与反应物平衡浓度幂的乘积之比为一常数,此常数称为平衡常数(equilibrium constant),用 K 表示,这一规律称为化学平衡定律。若把平衡浓度除以标准浓度 $c^{\ominus}$($c^{\ominus}=1\text{mol/L}$),得到的比值称相对平衡浓度($c_{\text{eq,B}}/c^{\ominus}$),但为了书写方便,习惯上用[B]/$c^{\ominus}$表示相对平衡浓度。若物质为气体,则用相对平衡分压($p_{\text{eq,B}}/p^{\ominus}$,$p^{\ominus}$为标准压力,$p^{\ominus}=100\text{kPa}$)表示,同理各生成物的相对平衡浓度幂的乘积之比仍为一常数,则该常数称标准平衡常数(standard equilibrium constant)或热力学平衡常数,用 $K^{\ominus}$表示,它的量纲为 1。

1. 稀溶液中反应的标准平衡常数 对于在理想溶液中进行的任一可逆反应:

$$a\text{A(aq)}+d\text{D(aq)}\rightleftharpoons g\text{G(aq)}+h\text{H(aq)}$$

在一定温度下达平衡时,其标准平衡常数表达式为:

$$K^{\ominus}=\frac{([\text{G}]/c^{\ominus})^{g}([\text{H}]/c^{\ominus})^{h}}{([\text{A}]/c^{\ominus})^{a}([\text{D}]/c^{\ominus})^{d}} \qquad \text{式(2-9)}$$

式(2-9)中[A]、[D]、[G]、[H]分别表示物质 A、D、G、H 在平衡时物质的量浓度;[A]/$c^{\ominus}$、[D]/$c^{\ominus}$、[G]/$c^{\ominus}$、[H]/$c^{\ominus}$则分别为物质 A、D、G、H 的相对平衡浓度。因标准浓度 $c^{\ominus}=1\text{mol/L}$,为简便起见,省略分母项,也可将标准平衡常数简写为:

$$K^{\ominus}=\frac{[\text{G}]^{g}[\text{H}]^{h}}{[\text{A}]^{a}[\text{D}]^{d}}$$

平衡常数 $K^{\ominus}$的上标如果有⊖即代表标准平衡常数,是以相对平衡浓度为基准的计算值,其量纲为 1。而在中学化学中常出现的平衡常数 K,称经验平衡常数,它是以平衡时各物质平衡浓度为基准计算的,各浓度未除以标准浓度,因此经验平衡常数可以有量纲。

2. 气体混合物反应的标准平衡常数 对于任一理想气体的可逆反应:

$$a\text{A(g)}+d\text{D(g)}\rightleftharpoons g\text{G(g)}+h\text{H(g)}$$

$$K^{\ominus}=\frac{(p_{\text{eq,G}}/p^{\ominus})^{g}(p_{\text{eq,H}}/p^{\ominus})^{h}}{(p_{\text{eq,A}}/p^{\ominus})^{a}(p_{\text{eq,D}}/p^{\ominus})^{d}} \qquad \text{式(2-10)}$$

式(2-10)中 $p_{\text{eq,A}}$、$p_{\text{eq,D}}$、$p_{\text{eq,G}}$、$p_{\text{eq,H}}$ 分别表示物质 A、D、G、H 在平衡时的分压;$p_{\text{eq,A}}/p^{\ominus}$、$p_{\text{eq,D}}/p^{\ominus}$、$p_{\text{eq,G}}/p^{\ominus}$、$p_{\text{eq,H}}/p^{\ominus}$则分别为物质 A、D、G、H 的相对平衡分压。因标准压力为 100kPa,故不能省略分母项。

笔记栏

每一个可逆反应都有自己的特征平衡常数，它表示了化学反应在一定条件下达到平衡后反应物的转化程度；$K^{\ominus}$越大，表示正反应进行的程度越大，平衡混合物中生成物的相对平衡浓度就越大。$K^{\ominus}$与浓度或分压无关，但随温度的变化而变化，当温度不同时，$K^{\ominus}$值就不同。

3. 书写和应用标准平衡常数表达式的注意事项

（1）反应体系中的纯固体、纯液体不写入标准平衡常数表达式中。例如：

$$CaCO_3(s) \rightleftharpoons CaO(s) + CO_2(g)$$

$$K^{\ominus} = \frac{p_{eq,CO_2}}{p^{\ominus}}$$

（2）在稀溶液中进行的反应，若溶剂参与反应，也不写入表达式中。因溶剂的量很大，浓度基本不变，可以视为常数。例如：

$$Cr_2O_7^{2-}(aq) + H_2O(l) \rightleftharpoons 2CrO_4^{2-}(aq) + 2H^+(aq)$$

$$K^{\ominus} = \frac{[CrO_4^{2-}]^2[H^+]^2}{[Cr_2O_7^{2-}]}$$

（3）标准平衡常数表达式必须与反应方程式相对应。因同一反应的反应式写法不同，标准平衡常数表达式和平衡常数值也不同。例如：

$$N_2(g) + 3H_2(g) \rightleftharpoons 2NH_3(g)$$

$$K_1^{\ominus} = \frac{(p_{eq,NH_3}/p^{\ominus})^2}{(p_{eq,N_2}/p^{\ominus})(p_{eq,H_2}/p^{\ominus})^3}$$

若反应式写成：

$$\frac{1}{2}N_2(g) + \frac{3}{2}H_2(g) \rightleftharpoons NH_3(g)$$

$$K_2^{\ominus} = \frac{p_{eq,NH_3}/p^{\ominus}}{(p_{eq,N_2}/p^{\ominus})^{\frac{1}{2}}(p_{eq,H_2}/p^{\ominus})^{\frac{3}{2}}}$$

$K_1^{\ominus}$ 和 $K_2^{\ominus}$ 数值不同，它们之间的关系为 $K_1^{\ominus} = (K_2^{\ominus})^2$。

（4）正、逆反应的平衡常数值互为倒数，即 $K_{正}^{\ominus} = 1/K_{逆}^{\ominus}$。例如：

$$2SO_2(g) + O_2(g) \rightleftharpoons 2SO_3(g)$$

$$K_{正}^{\ominus} = \frac{(p_{eq,SO_3}/p^{\ominus})^2}{(p_{eq,SO_2}/p^{\ominus})^2(p_{eq,O_2}/p^{\ominus})}$$

相同条件下的逆反应：

$$2SO_3(g) \rightleftharpoons 2SO_2(g) + O_2(g)$$

$$K_{逆}^{\ominus} = \frac{(p_{eq,SO_2}/p^{\ominus})^2(p_{eq,O_2}/p^{\ominus})}{(p_{eq,SO_3}/p^{\ominus})^2}$$

同一条件下的同一反应，则有：　$K_{正}^{\ominus} = 1/K_{逆}^{\ominus}$

（二）多重平衡规则

如果某一平衡反应可以由几个平衡反应相加（或相减）得到，则该平衡反应的标准平衡常数等于几个平衡反应的标准平衡常数的乘积（或商），这种关系称为多重平衡规则。例如：

笔记栏

(1) $SO_2(g)+\frac{1}{2}O_2(g) \rightleftharpoons SO_3(g)$　　$K_1^\ominus$

(2) $NO_2(g) \rightleftharpoons NO(g)+\frac{1}{2}O_2(g)$　　$K_2^\ominus$

由(1)+(2)可得(3)：

(3) $SO_2(g)+NO_2(g) \rightleftharpoons SO_3(g)+NO(g)$

则：

$$K_3^\ominus = K_1^\ominus \cdot K_2^\ominus$$

三、化学平衡的计算

化学反应达到平衡时，体系中各物质的浓度不再随时间而改变。标准平衡常数可以用来衡量某一反应进行的程度，可以利用标准平衡常数计算有关物质的平衡浓度和某一反应的平衡转化率（或称理论转化率），以及从理论上计算欲达到一定转化率所需的合理原料配比等问题。某一反应的平衡转化率是指化学反应达平衡后，该反应物转化为生成物的百分数，是理论上能达到的最大转化率，以 α 表示。

$$\alpha = \frac{\text{平衡时某反应物已转化的量}}{\text{反应开始时该反应物的总量}} \times 100\%$$

若反应前后体积不变，又可表示为

$$\alpha = \frac{\text{某反应物起始浓度}-\text{某反应物平衡浓度}}{\text{反应物起始浓度}} \times 100\%$$

转化率越大，表示反应进行的程度越大。

转化率与平衡常数有明显不同，转化率与反应体系的起始状态有关，而且必须明确指出是反应物中的哪种物质的转化率。

例 2-1　肌红蛋白（Mb）存在于肌肉组织中，具有携带 O_2 的能力。肌红蛋白的氧合作用可表示为：

$$Mb(aq)+O_2(g) \rightleftharpoons MbO_2(aq)$$

在 310K 时，反应的标准平衡常数 $K^\ominus = 1.30 \times 10^2$，试计算当 O_2 的分压力为 5.30kPa 时，氧合肌红蛋白（MbO_2）与肌红蛋白的平衡浓度的比值。

解：反应的标准平衡常数表达式为

$$K^\ominus = \frac{[MbO_2]}{[Mb](p_{eq,O_2}/p^\ominus)}$$

MbO_2 与 Mb 的平衡浓度的比值为

$$\frac{[MbO_2]}{[Mb]} = (p_{eq,O_2}/p^\ominus) \cdot K^\ominus = \frac{5.30}{100} \times 1.30 \times 10^2 = 6.89$$

例 2-2　在 400K、100kPa，由 1mol 乙烯与 1mol 水蒸气反应生成乙醇气体。反应如下：

$$C_2H_4(g)+H_2O(g) \rightleftharpoons C_2H_5OH(g)$$

测得标准平衡常数为 0.996，试求在此条件下乙烯的转化率，并计算平衡系统中各物质的摩尔分数。设所有气体为理想气体，形成理想气体混合物。

笔记栏

解:设 $C_2H_4(g)$ 的转化率为 α。

$$C_2H_4(g)+H_2O(g) \rightleftharpoons C_2H_5OH(g)$$

	$C_2H_4(g)$	$H_2O(g)$	$C_2H_5OH(g)$
开始	1	1	0
平衡	$1-\alpha$	$1-\alpha$	α

平衡后混合物总量 $=(1-\alpha)+(1-\alpha)+\alpha=2-\alpha$。根据理想气体混合物的标准平衡常数的表达式,有:

$$K_p^{\ominus}=\frac{\left(\frac{\alpha}{2-\alpha}\right)\left(\frac{p}{p^{\ominus}}\right)}{\left(\frac{1-\alpha}{2-\alpha}\right)^2\left(\frac{p}{p^{\ominus}}\right)^2}=0.996$$

解得 $\alpha=0.293$,即乙烯的转化率为 29.3%;平衡体系中各物质的摩尔分数为:

$$x_{C_2H_4,g}=\frac{1-\alpha}{2-\alpha}=\frac{0.707}{1.707}=0.414$$

$$x_{H_2O,g}=\frac{0.707}{1.707}=0.414$$

$$x_{C_2H_5OH,g}=\frac{\alpha}{2-\alpha}=\frac{0.293}{1.707}=0.172$$

例 2-3　在 1 000K 下,在恒容容器中发生下列反应:

$$2NO(g)+O_2(g) \rightleftharpoons 2NO_2(g)$$

反应发生前,$p_{NO}=1.00\times10^5Pa$,$p_{O_2}=3.00\times10^5Pa$,$p_{NO_2}=0$。反应达平衡时,$p_{eq,NO_2}=1.20\times10^4Pa$。计算 NO、$O_2$ 的平衡分压及 $K^{\ominus}$。

解:该反应在恒温恒容条件下进行,各物质的分压变化同浓度变化一样,与物质的量变化成正比,因此,可以根据反应方程式来确定分压的变化。

	$2NO(g)$	+ $O_2(g)$	$\rightleftharpoons$ $2NO_2(g)$
始态分压/10^5Pa	1.00	3.00	0
平衡分压/10^5Pa	$1.00-0.120$	$3.00-\frac{0.120}{2}$	0.120

$$\begin{aligned}K^{\ominus}&=\frac{(p_{eq,NO_2}/p^{\ominus})^2}{(p_{eq,NO}/p^{\ominus})^2(p_{eq,O_2}/p^{\ominus})}\\&=\frac{(0.120\times10^5/10^5)^2}{[(1.00-0.120)\times10^5/10^5]^2\times[(3.00-0.060)\times10^5/10^5]}\\&=6.32\times10^{-3}\end{aligned}$$

平衡分压为:$p_{eq,NO}=8.80\times10^4Pa$,$p_{eq,O_2}=2.94\times10^5Pa$。

第三节　化学平衡的移动

化学平衡是在一定条件下达到的一种动态平衡。其平衡是相对的、有条件的。在一定

笔记栏

条件下，可逆反应达到平衡后，如果改变外界条件，原来的平衡将被破坏，体系内各物质的浓度（或分压）就会发生变化，反应将在新的条件下建立新的平衡。这种因外界条件的改变而使化学反应从一种平衡状态向另一种平衡状态转变的过程称为化学平衡的移动（shift of chemical equilibrium）。下面讨论浓度、压力和温度等对化学平衡移动的影响。

一、浓度对化学平衡的影响

由标准平衡常数表达式可知，任一可逆反应：

$$aA(aq)+dD(aq) \rightleftharpoons gG(aq)+hH(aq)$$

在一定温度下达平衡时，其标准平衡常数表达式为：

$$K^{\ominus}=\frac{[G]^g[H]^h}{[A]^a[D]^d}$$

该反应处在任意状态下，可能已达到平衡也可能未达到平衡，在一定温度下，其各生成物浓度幂的乘积与反应物浓度幂的乘积之比也可得到一个值，此值称为任意时刻反应的反应商，用 Q 表示。Q 的表达式对溶液反应为：

$$Q=\frac{c_G^g c_H^h}{c_A^a c_D^d} \qquad 式(2\text{-}11)$$

式(2-11)中 c_A、c_D、c_G、c_H 分别表示物质 A、D、G、H 在某一时刻的物质的量浓度。

对气体反应，Q 的表达式为：

$$Q=\frac{(p_G/p^{\ominus})^g(p_H/p^{\ominus})^h}{(p_A/p^{\ominus})^a(p_D/p^{\ominus})^d} \qquad 式(2\text{-}12)$$

式(2-12)中 p_A、p_D、p_G、p_H 分别表示物质 A、D、G、H 在某一时刻的分压；$p_A/p^{\ominus}$、$p_D/p^{\ominus}$、$p_G/p^{\ominus}$、$p_H/p^{\ominus}$ 则分别为物质 A、D、G、H 在某一时刻的相对分压。

可以证明，如果 $Q=K^{\ominus}$，则化学反应达到平衡。如果增加反应物的浓度或者减小生成物的浓度都会使 $Q<K^{\ominus}$，此时原有平衡将被破坏，反应将自发正向进行，直到 $Q=K^{\ominus}$，反应在新的条件下建立新的平衡状态为止。反之，如果增加生成物的浓度或减小反应物的浓度，将导致 $Q>K^{\ominus}$，反应将逆向自发进行，直至建立新的平衡为止。要注意的是，改变浓度虽然可以使化学平衡发生移动，但不能改变平衡常数值。

浓度对化学平衡的影响可归纳为：在其他条件不变的情况下，增大反应物浓度或减小产物浓度，化学平衡向正反应方向移动；减小反应物浓度或增大产物浓度，化学平衡向逆反应方向移动。

在实际工作中，为了尽可能利用某一反应物，常用过量的另一反应物和它作用，即增大另一反应物的浓度，并将生成物从反应系统中不断地分离出去，以便得到更多的生成物。

例 2-4 已知下列反应：

$$CO(g)+H_2O(g) \rightleftharpoons CO_2(g)+H_2(g)$$

在某温度时 $K^{\ominus}=1.0$。求下列条件下反应达平衡时，CO 转化成 CO_2 的转化率。

（1）起始浓度为 $c_{CO}=2.0mol/L$，$c_{H_2O}=3.0mol/L$。

（2）在(1)平衡状态的基础上增加水蒸气的浓度，使之为 $c_{H_2O}=6.0mol/L$。

笔记栏

解:(1) 设反应达平衡时$[CO_2]=x$mol/L,则:

	$CO(g)+H_2O(g) \rightleftharpoons CO_2(g)+H_2(g)$			
起始浓度(mol/L)	2.0	3.0	0	0
平衡浓度(mol/L)	$2.0-x$	$3.0-x$	x	x

$$K^{\ominus}=\frac{[CO_2][H_2]}{[CO][H_2O]}$$

$$\frac{x^2}{(2.0-x)(3.0-x)}=1.0$$

$$x=1.2$$

达平衡时 CO 的浓度为:

$$[CO]=2.0-1.2=0.8$$

CO 转化成 CO_2 的转化率为:

$$\alpha=\frac{2.0-0.8}{2.0}\times100\%=60\%$$

(2) 设反应再达平衡时$[CO_2]'=y$mol/L,有:

	$CO(g)+H_2O(g) \rightleftharpoons CO_2(g)+H_2(g)$			
起始浓度(mol/L)	0.8	6.0	1.2	1.2
平衡浓度(mol/L)	$0.8-y$	$6.0-y$	$1.2+y$	$1.2+y$

$$\frac{(1.2+y)^2}{(0.8-y)(6.0-y)}=1.0$$

$$y=0.37$$

$$[CO]=0.8-0.37=0.43$$

在原平衡的基础上增加水蒸气的浓度,则 CO 的转化率为:

$$\alpha'=\frac{2.0-0.43}{2.0}\times100\%=78\%$$

增加水蒸气的浓度,可使 CO 的转化率由 60%提高到 78%,即平衡向产物的方向移动。由此可见,增加某一反应物的浓度,可提高另一反应物的转化率。

二、压力对化学平衡的影响

压力对化学平衡的影响与浓度类似,改变压力并不影响标准平衡常数,但可能改变反应商,使 $Q\neq K^{\ominus}$,从而使化学平衡发生移动。

对于只有液体或固体参加的可逆反应来说,因为压力对液体和固体体积的影响很小,所以对于这类反应,改变压力对化学平衡的影响可以忽略不计。

对于有气体参加的可逆反应,改变压力可使平衡发生移动。由于改变压力的具体情况不同,所以对化学平衡的影响也就不同。

(一) 改变分压对化学平衡的影响

在一定温度、体积不变的条件下,改变平衡体系中任意一种反应物或产物的分压,必然使 $Q\neq K^{\ominus}$,导致化学平衡发生移动。若增大反应物的分压或减小产物的分压,反应商减小,

笔记栏

使 $Q<K^{\ominus}$,化学平衡向正方向移动;反之,若减小反应物的分压或增大产物的分压,反应商增大,将导致 $Q>K^{\ominus}$,化学平衡向逆方向移动。这与浓度对化学平衡的影响完全相同。

(二)改变总压对化学平衡的影响

对于一个已达平衡的气体化学反应:

$$aA(g)+dD(g) \rightleftharpoons gG(g)+hH(g)$$

若增加体系的总压或减少总压,对化学平衡的影响将分以下两种情况:

(1) 当 $a+d=g+h$,即反应前后计量系数不变的气体反应,因增加总压与降低总压都不会改变 Q 值,仍然有 $Q=K^{\ominus}$,故平衡不发生移动。

(2) 当 $a+d \neq g+h$,即反应前后计量系数不等的气体反应,因改变总压会改变 Q 值,平衡将发生移动。增加总压,平衡将向气体分子总数减少的方向移动;减小总压,平衡将向气体分子总数增加的方向移动。

压力对平衡的影响在化工生产及化学实验中得到广泛应用。如:

$$N_2(g)+3H_2(g) \rightleftharpoons 2NH_3(g)$$

反应是气体分子数减小的反应,为提高 NH_3 的产率,工业生产中采取了高压的反应条件。

例 2-5 N_2O_4 按下式解离:

$$N_2O_4(g) \rightleftharpoons 2NO_2(g)$$

已知反应在总压为 100kPa 和 325K 达到平衡时,N_2O_4 的解离度为 50.2%。试求:①反应的 $K^{\ominus}$;②相同温度下,若压力增加为 5×100kPa,求 N_2O_4 的解离度。

解:(1) 设 $n_{0,N_2O_4}=x$mol,平衡时的解离度为 α,有:

	$N_2O_4(g)$	$\rightleftharpoons$	$2NO_2(g)$
开始 n_B/mol	x		0
平衡 n_B/mol	$x(1-\alpha)$		$2x\alpha$

体系达平衡时,有:

$$n=x(1-\alpha)+2x\alpha=x(1+\alpha)\text{mol}$$

体系中各物质的平衡分压为:

$$p_{eq,N_2O_4}=p\frac{1-\alpha}{1+\alpha}\text{kPa}, \quad p_{eq,NO_2}=p\frac{2\alpha}{1+\alpha}\text{kPa}$$

$$K^{\ominus}=\frac{(p_{eq,NO_2}/p^{\ominus})^2}{p_{eq,N_2O_4}/p^{\ominus}}=\frac{\left(\frac{p}{p^{\ominus}}\cdot\frac{2\alpha}{1+\alpha}\right)^2}{\left(\frac{p}{p^{\ominus}}\cdot\frac{1-\alpha}{1+\alpha}\right)}=\frac{p}{p^{\ominus}}\cdot\frac{4\alpha^2}{1-\alpha^2}$$

将 $p=100$kPa、$\alpha=50.2\%$代入,得:

$$K^{\ominus}=\frac{100}{100}\times\frac{4\times0.502^2}{1-0.502^2}=1.35$$

(2) 当压力增加为 5×100kPa 时,此时 $K^{\ominus}$不变,设 N_2O_4 的解离度为 α',则有:

笔记栏

$$K^{\ominus}=\frac{p}{p^{\ominus}}\cdot\frac{4\alpha'^2}{1-\alpha'^2}=\frac{5\times100}{100}\times\frac{4\alpha'^2}{1-\alpha'^2}=1.35$$

解得

$$\alpha'=0.216=21.6\%$$

结果表明，增加压力，N_2O_4 的解离度降低，平衡向气体化学计量数减少的方向移动。

（三）惰性气体对化学平衡的影响

这里所说的惰性气体是指存在于反应体系中但不参与反应的气体。例如通空气氧化 SO_2，空气中的 N_2 就是惰性气体。惰性气体对化学平衡的影响可分为如下两种情况：

（1）在温度和总压不变的条件下加入惰性气体：当可逆反应在一定温度下达平衡时加入惰性气体，为了保持总压不变，体系的体积相应增大。在这种情况下，反应物和产物的分压降低的程度相同，若 $a+d\neq g+h$，则 $Q\neq K^{\ominus}$，化学平衡向气体分子数增加的方向移动。

（2）在温度和体积不变的条件下加入惰性气体：可逆反应在一定温度和一定体积下达平衡后加入惰性气体，体系的总压增大，但反应物和产物的分压不变，$Q=K^{\ominus}$，化学平衡不发生移动。

三、温度对化学平衡的影响

浓度、压力对化学平衡的影响是通过改变体系组分的浓度或分压，使反应商 Q 不等于 $K^{\ominus}$ 而引起平衡的移动。而温度对化学平衡的影响与浓度、压力的影响有着本质的不同，温度的改变会引起标准平衡常数的改变，从而使化学平衡发生移动。

从化学热力学可以导出温度与标准平衡常数的关系式：

$$\ln\frac{K_2^{\ominus}}{K_1^{\ominus}}=\frac{\Delta_r H_m^{\ominus}}{R}\left(\frac{T_2-T_1}{T_1T_2}\right) \qquad 式(2\text{-}13)$$

式(2-13)中 $K_1^{\ominus}$、$K_2^{\ominus}$ 分别表示在温度 T_1 和 T_2 时的标准平衡常数；$\Delta_r H_m^{\ominus}$ 为化学反应的标准摩尔焓变（即为恒压反应热），其中 r 表示反应（reaction）；R 是气体摩尔常数，其值取 8.314J/(mol·K)。

从式(2-13)可以看出温度对化学平衡的影响：当正向反应为吸热反应时，$\Delta_r H_m^{\ominus}>0$，升高温度，即 $T_2>T_1$，则 $K_2^{\ominus}>K_1^{\ominus}$，平衡向正反应方向移动（正反应为吸热反应）；当正向反应为放热反应时，$\Delta_r H_m^{\ominus}<0$，升高温度，即 $T_2>T_1$ 时，则 $K_2^{\ominus}<K_1^{\ominus}$，平衡向逆反应方向移动（逆反应为吸热反应）。从式(2-13)还可以看出，$\Delta_r H_m^{\ominus}$ 绝对值越大，温度改变对平衡的影响越大。

若已知化学反应的标准摩尔焓变 $\Delta_r H_m^{\ominus}$，又知道温度为 T_1 时的标准平衡常数 $K_1^{\ominus}$，利用式(2-13)可以求出 T_2 时 $K_2^{\ominus}$；若测得不同温度的 $K^{\ominus}$，则可通过式(2-13)求反应的 $\Delta_r H_m^{\ominus}$。

例 2-6　已知反应：$2SO_2(g)+O_2(g)=2SO_3(g)$ 在 800K 时的 $K^{\ominus}=910$，$\Delta_r H_m^{\ominus}=-197.8$kJ/mol。试求 900K 时此反应的 $K^{\ominus}$。假设温度对此反应的 $\Delta_r H_m^{\ominus}$ 的影响可以忽略。

解：由式(2-12)得

$$\ln\frac{K_{900K}^{\ominus}}{K_{800K}^{\ominus}}=\ln\frac{K_{900K}^{\ominus}}{910}=\frac{\Delta_r H_{m,(298.15K)}^{\ominus}}{8.314}\left(\frac{900-800}{800\times900}\right)$$

$$\ln K_{900K}^{\ominus}=\ln910+\frac{(-197.78\times1\,000)}{8.314}\times\frac{100}{800\times900}$$

笔记栏

$$K^{\ominus}=33.4$$

900K 时反应的标准平衡常数为 33.4。

催化剂虽然能改变化学反应速率,缩短到达平衡的时间。但对于任一确定的可逆反应来说,催化剂同等程度的加快正、逆反应的速率,无论是否使用催化剂,正、逆反应的速率均相等,因此,催化剂不会影响化学平衡状态,也不会使化学平衡发生移动。

生态平衡

勒夏特列(Le Chatelier,1850—1936)归纳出一条普遍规律:任何已达平衡的体系,若改变平衡体系的条件之一,则平衡向削弱这个改变的方向移动。这条规律叫作勒夏特列原理或平衡移动原理。这一原理不仅适用于化学平衡,也适用于物理平衡。但必须注意,勒夏特列原理仅适用于动态平衡体系,而不适用于非平衡体系。

学习小结

1. 学习内容

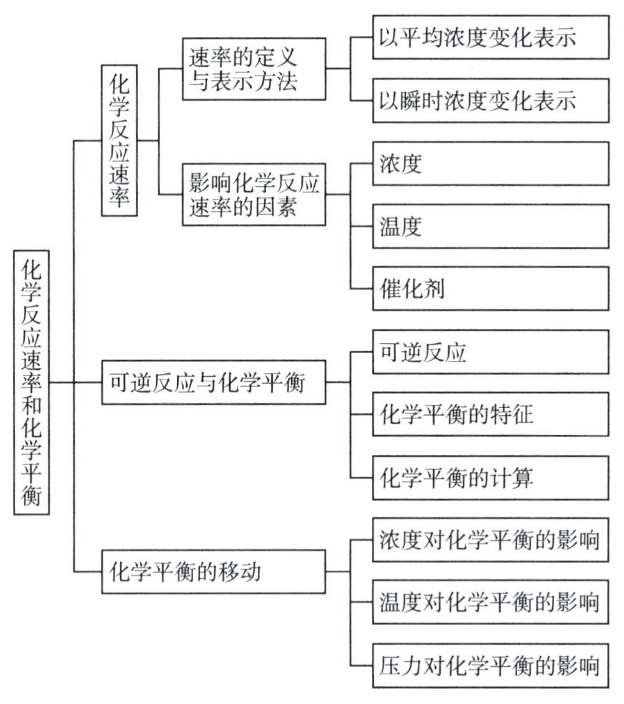

2. 学习方法　本章学习内容是化学反应中的两个部分,即化学反应速率和化学平衡。化学反应速率用于衡量化学反应过程进行的快慢,本章只是初步了解速率的表示方法和影响因素,深入研究将在物理化学中进行。化学平衡则是本章重点,同时也是本书中四大平衡的基础,通过学习理解化学平衡的特征、标准平衡常数的定义及表达式,利用标准平衡常数可以作相应化学平衡的计算。同时知道平衡是动态的,暂时的,一旦外界条件(如浓度、温度、压力)发生改变,平衡将发生移动,直到达到新的平衡。

扫一扫,测一测

(庞维荣　曹秀莲　方德宇)

笔记栏

复习思考题与习题

1. 区别下列概念。

（1）反应速率与反应速率常数

（2）平衡常数与标准平衡常数

（3）反应商与平衡常数

2. 什么是可逆反应？什么是化学平衡？什么是多重平衡规则？

3. 某确定的化学反应的标准平衡常数是一个不变的常数吗？

4. 惰性气体是如何影响化学平衡的？

5. 温度升高或降低，可逆反应的正、逆反应速率都加快或减慢，为什么化学平衡还会移动？

6. 温度如何影响平衡常数？

7. 催化剂能影响反应速率，但不能影响化学平衡，为什么？

8. 试写出下列化学反应的反应速率表达式。

（1）$N_2(g)+3H_2(g) \rightleftharpoons 2NH_3(g)$

（2）$N_2O_4(g) \rightleftharpoons 2NO_2(g)$

9. 某酶促反应的活化能是50kJ/mol，试估算此反应在发热至40℃的患者体内比从正常人（体温37℃）加快的倍数（不考虑温度对酶活力的影响）。

10. 尿素的水解反应为$CO(NH_2)_2+H_2O \longrightarrow 2NH_3+CO_2$。25℃无酶存在时，反应的活化能为120kJ/mol；当有尿素酶存在时，反应的活化能降为46kJ/mol，反应速率为无酶存在时的9.4×10^{12}倍。试计算：无酶存在时，温度要升到何值才能达到酶催化时的速率。

11. 写出下列各反应的标准平衡常数表达式。

（1）$2SO_2(g)+O_2(g) \rightleftharpoons 2SO_3(g)$

（2）$Ag_2O(s) \rightleftharpoons 2Ag(s)+\frac{1}{2}O_2(g)$

（3）$Cl_2(g)+H_2O(l) \rightleftharpoons H^+(aq)+Cl^-(aq)+HClO(aq)$

（4）$2Fe^{2+}(aq)+\frac{1}{2}O_2(g)+2H^+(aq) \rightleftharpoons 2Fe^{3+}(aq)+H_2O(l)$

12. 已知：（1）$HCN \rightleftharpoons H^++CN^-$　　$K_1^\ominus=4.9\times10^{-10}$

（2）$NH_3+H_2O \rightleftharpoons NH_4{}^++OH^-$　　$K_2^\ominus=1.8\times10^{-5}$

（3）$H_2O \rightleftharpoons H^++OH^-$　　$K_3^\ominus=1.0\times10^{-14}$

求反应（4）$NH_3+HCN \rightleftharpoons NH_4{}^++CN^-$的平衡常数$K^\ominus$。

13. 在某温度及标准压力$p^\ominus$下，$N_2O_4(g)$有0.50（摩尔分数）分解成$NO_2(g)$，若压力扩大10倍，则N_2O_4的解离分数为多少？

14. 蔗糖的水解反应为：

$$C_{12}H_{22}O_{11}(aq)+H_2O(l) \rightleftharpoons C_6H_{12}O_6(\text{葡萄糖})(aq)+C_6H_{12}O_6(\text{果糖})(aq)$$

假设反应过程中水的浓度不变。

（1）若蔗糖的起始浓度为$a$mol/L，反应达平衡时蔗糖水解了一半，试计算反应的标准平衡常数。

（2）若蔗糖的起始浓度为$2a$mol/L，则在同一温度下达平衡时，葡萄糖和果糖的浓度各为多少？

笔记栏

15. 在温度为 T 时，CO 和 H_2O 在密闭容器内发生反应：

$$CO(g)+H_2O(g)\rightleftharpoons CO_2(g)+H_2(g)$$

平衡时，$p_{eq,CO}=10kPa$，$p_{eq,H_2O}=20kPa$，$p_{eq,CO_2}=20kPa$，$p_{eq,H_2}=20kPa$。试计算：

(1) 此温度下该可逆反应的标准平衡常数。

(2) 反应开始前反应物的分压力。

(3) CO 的平衡转化率。

16. 在容积为 5.00L 的容器中装有等物质的量的 $PCl_3(g)$ 和 $Cl_2(g)$。523K 下反应：

$$PCl_3(g)+Cl_2(g)\longrightarrow PCl_5(g)$$

达平衡时，$p_{PCl_5}=p^{\ominus}$，$K^{\ominus}=0.57$。求：

(1) 开始装入的 $PCl_3(g)$ 和 $Cl_2(g)$ 的物质的量。

(2) PCl_3 的平衡转化率。

17. 已知反应 $Fe(s)+H_2O(g)\rightleftharpoons FeO(s)+H_2(g)$ 在 933.15K 时的 $K_a^{\ominus}=2.35$。

(1) 若在此温度时用总压为 100kPa 的等物质的量 $H_2O(g)$ 和 $H_2(g)$ 混合气体处理 Fe，Fe 会不会变成 FeO?

(2) 若要 Fe 不变成 FeO，$H_2O(g)$ 的分压最多不能超过多少？

第三章

酸碱平衡

笔记栏

PPT 课件

学习目标

1. 熟悉强电解质溶液理论以及酸、碱的各种定义。
2. 掌握水的质子自递平衡、一元弱酸(碱)的质子传递平衡及溶液 pH 的计算。
3. 理解同离子效应和盐效应,掌握同离子效应的相关计算。
4. 掌握缓冲溶液的组成、原理和 pH 计算,熟悉缓冲溶液的配制方法,了解其在医学上的意义。
5. 熟悉多元弱酸(碱)的质子传递平衡,两性物质的质子传递平衡。

酸和碱是两类重要的电解质,大多数酸碱反应都是在水溶液中进行的,酸碱反应实质上就是离子间的反应。人体体液如血液、唾液、胃液、胰液等都含有许多电解质离子和分子,如 HPO_4^{2-}、$H_2PO_4^-$、H_2CO_3、HCO_3^-、H_2b(血红蛋白)、Hb^-、H_2bO_2(氧合血红蛋白)、HbO_2^-等,它们对维持体液的酸碱平衡和体液的 pH 起着重要的作用。很多药物本身就是酸或碱,它们的制备、分析测定条件及药理作用等也都与酸碱性、酸碱平衡(acid-base equilibrium)密切相关。

第一节 强电解质溶液

在水溶液或熔融状态下能导电的化合物称为**电解质**(electrolyte),电解质水溶液称为**电解质溶液**(electrolyte solution)。在水溶液中能完全解离者为**强电解质**(strong electrolyte),部分解离者为**弱电解质**(weak electrolyte)。

强电解质在水溶液中完全解离成离子,不存在解离平衡;弱电解质在水溶液中只有部分分子解离成离子,存在解离平衡。如:

$$HCl \longrightarrow H^+ + Cl^-$$

$$HAc \rightleftharpoons H^+ + Ac^-$$

弱电解质的解离程度可以用**解离度**(degree of dissociation)来表示。解离度 α 是指一定温度下,弱电解质达到解离平衡时,已解离的分子数和原有的分子总数之比。

$$\alpha = \frac{\text{已解离的分子数}}{\text{原有分子总数}} \times 100\% \qquad \text{式(3-1)}$$

解离度 α 可通过测定电解质溶液的电导或依数性(如 ΔT_f、ΔT_b 或 Π 等)求得。由于溶液的依数性只依赖于溶质的质点个数(可以是离子、分子和多分子聚集体等),与溶质本性无关,所以电解质溶液的依数性就与解离的程度有关。

笔记栏

对于弱电解质,解离度可以真实地反映出弱电解质在溶液中解离程度的大小。对于强电解质,其在溶液中完全解离,从理论上讲解离度应该是100%,但依数性的测量、溶液导电性的测量均反映出强电解质在溶液中的解离度都小于100%(表3-1)。因此对强电解质溶液而言,实验测得的解离度称为表观解离度(apparent degree of dissociation)。

表3-1 几种强电解质溶液的表观解离度(0.10mol/kg,298.15K)

强电解质	HCl	HNO_3	NaOH	KCl	$Ba(OH)_2$	H_2SO_4	$ZnSO_4$
表观解离度/%	92	92	91	86	81	61	40

为解释强电解质溶液的这种反常现象,1923年德拜(P. Debye)和休克尔(E. Hückel)提出了电解质离子相互作用理论,即强电解质溶液理论。

一、强电解质溶液理论

强电解质溶液理论认为:①强电解质在水中是完全解离的。②离子都是带电荷的运动着的粒子,离子之间通过静电引力相互作用。每个离子的运动都和它周围其他离子相互联系着、相互影响着、相互制约着。

每一个离子周围都被带相反电荷的离子包围着,形成所谓的**离子氛**(ion atmosphere),见图3-1。由于离子氛的形成,离子间相互作用、相互牵制,强电解质溶液中的离子并不是独立的自由离子,离子的运动受到限制,因而离子就不能百分之百地发挥其应有的效能。

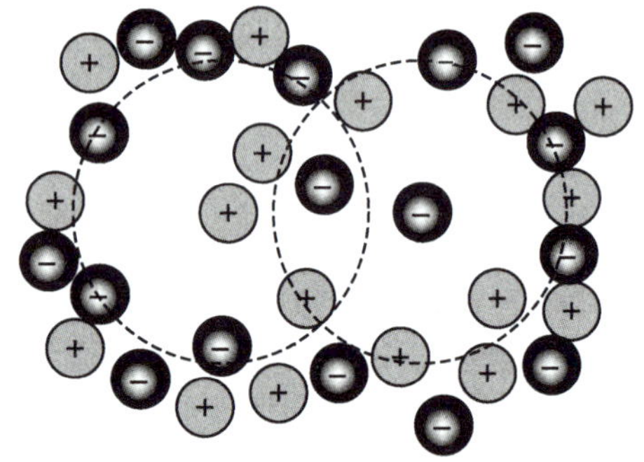

图3-1 离子氛示意图

此外,在较浓的强电解质溶液中,由于静电引力作用强,带相反电荷的离子就会部分缔合成"离子对"。离子对作为一个整体在溶液中运动,使溶液中自由离子的浓度降低。

从溶液的表观性质看,单位体积强电解质溶液中所含的离子数目,比按它们完全解离时计算所得的数目要少,所以,强电解质溶液的表观解离度小于100%。因此,强电解质的解离度大小仅仅反映了溶液中离子之间相互牵制作用的强弱程度。

二、离子强度

电解质溶液中,离子间相互牵制作用的强弱,受溶液中各离子的浓度和电荷的影响。为了进一步说明这些影响,引入**离子强度**(ionic strength)的概念。其定义为:

$$I=\frac{1}{2}\sum_{i=1}^{n}b_iZ_i^{2} \qquad 式(3\text{-}2)$$

式中:I为离子强度,b_i和Z_i分别为溶液中第i种离子的质量摩尔浓度和该离子的电荷数。近似计算时,可用c_i代替b_i。I的单位为mol/kg或mol/L。

由式(3-2)可知,离子的浓度越大,电荷越高,溶液的离子强度越大,离子间相互牵制作用越强。

例3-1 计算下列溶液的离子强度。

(1) 0.010mol/kg $MgSO_4$溶液。

(2) 0.010mol/kg $BaCl_2$溶液。

(3) 0.010mol/kg $CaCl_2$溶液和0.010mol/kg $AlCl_3$溶液等体积混合。

笔记栏

解：(1) $I=\frac{1}{2}\sum_{i=1}^{n}b_iZ_i^2=\frac{1}{2}\left[b_{Mg^{2+}}Z_{Mg^{2+}}^2+b_{SO_4^{2-}}Z_{SO_4^{2-}}^2\right]$

$=\frac{1}{2}[0.010\times(+2)^2+0.010\times(-2)^2]=0.040(mol/kg)$

(2) $I=\frac{1}{2}\sum_{i=1}^{n}b_iZ_i^2=\frac{1}{2}\left[b_{Ba^{2+}}Z_{Ba^{2+}}^2+b_{Cl^-}Z_{Cl^-}^2\right]$

$=\frac{1}{2}[0.010\times(+2)^2+2\times0.010\times(-1)^2]=0.030(mol/kg)$

(3) $I=\frac{1}{2}\sum_{i=1}^{n}b_iZ_i^2=\frac{1}{2}\left[b_{Ca^{2+}}Z_{Ca^{2+}}^2+b_{Cl^-}Z_{Cl^-}^2+b_{Al^{3+}}Z_{Al^{3+}}^2+b_{Cl^-}Z_{Cl^-}^2\right]$

$=\frac{1}{2}[0.005\,0\times2^2+0.010\times(-1)^2+0.005\,0\times3^2+0.015\times(-1)^2]$

$=0.045(mol/kg)$

三、活度和活度因子

由于电解质溶液中离子的相互牵制作用，每个离子不能完全发挥其应有的效能，相当于溶液中离子浓度减小。在电解质溶液中，实际上起作用的离子浓度称为**有效浓度**（effective concentration），又称**活度**（activity），用 a 表示，它的量纲为 1。活度 a_i 与实际浓度 b_i 的关系为

$$a_i=\gamma_i\cdot(b_i/b^\ominus) \qquad 式(3\text{-}3)$$

式中 $b^\ominus=1mol/kg$，为标准质量摩尔浓度；γ_i 为溶液中第 i 种离子的**活度因子**（activity factor），一般情况下 $\gamma_i<1$。

上式也可以表示为：

$$a_i=\gamma_i\cdot(c_i/c^\ominus) \qquad 式(3\text{-}4)$$

γ_i 是溶液中离子之间相互作用的反映。溶液浓度越大、离子的电荷越高，离子强度越大，γ_i 越小，活度就越偏离实际浓度；当溶液极稀时，$\gamma_i\to1$，活度接近浓度。对于弱电解质溶液，因为离子浓度很小，其活度因子可视为 1，活度近似等于浓度。

事实上，目前还没有严格的实验方法可直接测定单个离子的活度因子，但可以通过依数性、电池电动势、溶解度等方法测定电解质溶液中**离子的平均活度因子**（mean activity coefficient of ions）。$\gamma_\pm$可定义为

$$\gamma_\pm=(\gamma_+\cdot\gamma_-)^{1/2} \qquad 式(3\text{-}5)$$

$\gamma_\pm$除实验测定外，还可以通过离子强度等信息计算。1923 年，Debye-Hückel 推导出了计算 $\gamma_\pm$的极限公式：

$$\lg\gamma_\pm=-A|Z_+Z_-|\sqrt{I} \qquad 式(3\text{-}6)$$

式中：Z_-和 Z_+分别为阴、阳离子的电荷数；A 为常数，在 298.15K 的水溶液中，其值为 0.509(mol/kg)$^{1/2}$。

式(3-6)仅适用于离子强度小于 0.010mol/kg 的稀溶液，对于浓溶液不适用。对于离子强度较高的水溶液，上述 Debye-Hückel 极限公式可引申为：

$$\lg\gamma_\pm=-A|Z_+Z_-|\frac{\sqrt{I}}{1+\sqrt{I}} \qquad 式(3\text{-}7)$$

笔记栏

式(3-7)对离子强度高达 0.10~0.20mol/kg 的电解质溶液,均可得到较好的结果。计算出离子强度,可以通过式(3-6)和式(3-7)求出活度因子(或查表),进而求出离子的活度。

例 3-2 分别用离子浓度和离子活度计算 0.010 0mol/L KCl 溶液在 298.15K 时的渗透压。

解:用离子浓度计算渗透压:

$$\Pi = cRT = 2\times 0.010\,0\times 8.314\times 298.15 = 49.6(\text{kPa})$$

用离子活度计算渗透压:

$$I = \frac{1}{2}\sum_{i=1}^{n} c_i Z_i^2 = \frac{1}{2}\left[c_{K^+} Z_{K^+}^2 + c_{Cl^-} Z_{Cl^-}^2\right]$$

$$= \frac{1}{2}[0.010\,0\times(+1)^2 + 0.010\,0\times(-1)^2] = 0.010\,0(\text{mol/L})$$

$$\lg\gamma_{\pm} = -A|Z_+Z_-|\sqrt{I} = -0.509\times 1^2\times\sqrt{0.010\,0} = -0.050\,9$$

$$\gamma_{\pm} = 0.890$$

$$a = \gamma_{\pm}c = 0.890\times 0.010\,0 = 0.008\,90(\text{mol/L})$$

$$\Pi = \text{i}ac^{\ominus}RT = 2\times 0.008\,90\times 8.314\times 298.15 = 44.1(\text{kPa})$$

除特别要求外,对于弱电解质溶液、稀溶液、难溶强电解质溶液一般不考虑活度因子的校正,可以用实际浓度进行计算。但在生物体内,电解质离子以一定的浓度和比例存在体液中,离子强度对酶、激素和维生素等的功能影响不能忽视。

第二节 酸碱理论

大量的化学反应都属于酸碱反应的范畴。随着化学科学的发展,人们对酸、碱研究的不断深入,酸和碱的范围越来越广泛,更多的物质被列入酸碱范围之内。在研究酸性物质和碱性物质的性质、组成及结构关系方面,人们提出了多种不同的观点,从而形成了多种**酸碱理论**(theory of acid and base)。比较重要的酸碱理论有酸碱电离理论、酸碱质子理论、酸碱电子理论等。

一、酸碱电离理论

1887 年,瑞典化学家阿伦尼乌斯(Arrhenius)提出了**酸碱电离理论**(ionization theory of acid and base)。该理论立论于水溶液中电解质的解离,把在水溶液中解离出的阳离子全部是 H^+的物质称为酸,如 HCl、HNO_3、HAc 等;解离出的阴离子全部是 OH^-的物质称为碱,如 NaOH、KOH、$Ba(OH)_2$ 等。酸碱反应的实质是 H^+和 OH^-相互作用结合成 H_2O 的反应。酸碱的相对强弱可以根据它们在水溶液中解离出 H^+或 OH^-程度的大小来衡量。

酸碱电离理论是近代酸碱理论的开始,其在一定程度上提高了人们对酸碱本质的认识,对化学科学的发展起到了很大的推动作用,现在仍然普遍应用着。但它把酸、碱都限制在以水为溶剂的体系中,对非水体系和无溶剂体系都不适用,因而具有一定的局限性。

二、酸碱质子理论

1923 年,丹麦化学家布朗斯特(Brønsted)和英国化学家劳里(Lowry)提出了酸碱质子理

论。该理论既适用于以水为溶剂的体系，也适用于非水溶剂和无溶剂体系，从而扩展了酸碱的范围，克服了电离理论的局限性。

酸碱溶剂理论

（一）酸碱定义

酸碱质子理论（proton theory of acid and base）认为：凡是能够给出质子（H^+）的物质（分子或离子）称为**酸**（acid），凡是能够接受质子的物质（分子或离子）称为**碱**（base）。酸是质子给体（proton donor），碱是质子受体（proton acceptor）。

按照酸碱质子理论，酸和碱不是孤立存在的，酸给出质子剩下的部分就是碱，碱接受质子就变成酸。酸与碱的这种相互联系、相互依存关系称为共轭关系。以反应式表示，可以写成：

$$\text{酸} \rightleftharpoons H^+ + \text{碱}$$

$$HBr \rightleftharpoons H^+ + Br^-$$

$$HAc \rightleftharpoons H^+ + Ac^-$$

$$NH_4^+ \rightleftharpoons H^+ + NH_3$$

$$H_3O^+ \rightleftharpoons H^+ + H_2O$$

$$H_2O \rightleftharpoons H^+ + OH^-$$

$$H_2CO_3 \rightleftharpoons H^+ + HCO_3^-$$

$$HCO_3^- \rightleftharpoons H^+ + CO_3^{2-}$$

$$[Zn(H_2O)_6]^{2+} \rightleftharpoons H^+ + [Zn(OH)(H_2O)_5]^+$$

$$\text{共轭酸} \rightleftharpoons H^+ + \text{共轭碱}$$

上述关系式称为**酸碱半反应**（half reaction of acid-base）式。可以看出，酸和碱可以是分子，也可以是离子（阳离子或阴离子）。一种酸给出 1 个质子后就成为它的**共轭碱**（conjugate base）；一种碱接受 1 个质子后就成为它的**共轭酸**（conjugate acid）。我们把仅相差 1 个质子的一对酸碱称为**共轭酸碱对**（conjugate pair of acid-base）。例如 NH_4^+ 的共轭碱是 NH_3，NH_3 的共轭酸是 NH_4^+，NH_4^+ 和 NH_3 为共轭酸碱对。

在酸碱质子理论中没有盐的概念，解离理论中的盐，在质子理论中都是离子酸或离子碱。如质子理论认为，可溶性盐 NH_4Ac 中的 Ac^- 是碱，NH_4^+ 是酸。而 Na^+、Ca^{2+} 等这些既不给出质子，也不接受质子的物质称为非酸非碱物质。对于既可以给出质子，又可接受质子的物质称为**两性物质**（amphoteric substance），如 HS^-、HCO_3^-、H_2O 等。

从不同的角度看酸碱

（二）酸碱反应

根据酸碱质子理论，酸不能自动给出质子，质子也不能独立存在，酸在给出质子的同时，必须存在一种碱来接受质子，即酸和碱必须同时存在。因此，酸碱半反应式也仅仅是酸碱共轭关系的表达形式，并不能单独存在。酸性和碱性是通过质子的给出和接受来体现的，一切酸碱反应都是**质子传递反应**（protolysis reaction）。例如 HCN 在水溶液中的解离：

$$\underset{\text{酸}_1}{HCN} + \underset{\text{碱}_1}{H_2O} \xrightarrow{H^+} \rightleftharpoons \underset{\text{酸}_2}{H_3O^+} + \underset{\text{碱}_2}{CN^-} \qquad \text{式(3-8)}$$

式(3-8)中，HCN 作为酸给出 H^+，转变成其共轭碱 CN^-，溶剂 H_2O 作为碱接受 H^+，转变成其共轭酸 H_3O^+。又如：

笔记栏

$$H_2O + NH_3 \rightleftharpoons NH_4^+ + OH^-$$

$$HAc + NH_3 \rightleftharpoons NH_4^+ + Ac^-$$

$$H_2O + CN^- \rightleftharpoons HCN + OH^-$$

$$NH_4^+ + H_2O \rightleftharpoons H_3O^+ + NH_3$$

由上述反应可以看出，一种酸与一种碱反应，总是导致一种新碱和一种新酸的生成。酸$_1$和碱$_1$、碱$_2$和酸$_2$分别组成共轭酸碱对，这说明酸碱反应的实质是2对共轭酸碱对之间的质子传递。解离理论中的弱酸、弱碱的解离反应、中和反应和水解反应，实际上就是质子理论中的酸碱质子传递反应。

在酸碱反应中，存在着争夺质子的过程。其结果必然是强酸给出质子转变成其共轭碱——弱碱；强碱夺取强酸的质子转变成其共轭酸——弱酸。酸碱反应总是由较强的酸与较强的碱作用，向生成较弱的碱和较弱的酸的方向进行。相互作用的酸、碱强度越大，反应进行得越完全。

（三）酸碱强度

酸碱强度不仅取决于自身给出质子和接受质子的能力，同时也与反应对象、溶剂等接受和给出质子的能力有关。酸给出质子的能力越强，其共轭碱接受质子的能力就越弱；反之，碱接受质子的能力越强，其共轭酸给出质子的能力就越弱。例如，HI 在水中是强酸，其共轭碱 I^- 就是弱碱；HAc 在水中是弱酸，其共轭碱 Ac^- 就是较强的碱。

在同一溶剂中，不同酸碱的强弱取决于酸碱的本性；同一种酸碱在不同溶剂中的相对强弱则由溶剂的性质决定。如 HNO_3 在水中为强酸，在冰醋酸中其酸性显著降低，在纯 H_2SO_4 中表现为碱。又如 HAc 在水中是弱酸，在液氨或乙二胺中是较强的酸，而在液态 HF 中表现为弱碱。

$$\underset{(弱酸)}{HAc} + H_2O \rightleftharpoons H_3O^+ + Ac^-$$

$$\underset{(较强酸)}{HAc} + NH_3(l) \rightleftharpoons NH_4^+ + Ac^-$$

$$\underset{(酸)}{HF(l)} + \underset{(碱)}{HAc} \rightleftharpoons H_2Ac^+ + F^-$$

（以上各式中，H^+ 由左侧酸转移至右侧碱。）

由此可见，要比较各种酸、碱的强弱，必须固定溶剂。一般以水作为溶剂来比较各种酸和碱的强弱、判断两性物质。

路易斯与酸碱理论

三、酸碱电子理论

酸碱质子理论虽然扩展了酸碱范围，并得到广泛应用，但它仍然把酸限制在含氢的物质上，因此酸碱反应就局限在有质子传递的反应。在酸碱质子理论提出的同年，路易斯（Lewis）提出了**酸碱电子理论**（electron theory of acid and base）。

酸碱电子理论认为：凡是能够接受电子对的物质（分子、离子或原子团）都称为酸，如

H^+、BF_3、Ag^+等；凡是能够给出电子对的物质（分子、离子或原子团）都称为碱，如 OH^-、NH_3、H_2O 等。酸是电子对的受体，碱是电子对的给体，它们也称为路易斯酸（Lewis acid）和路易斯碱（Lewis base）。酸碱反应的实质是碱提供电子对而酸接受电子对形成配位键，反应产物称为**酸碱配合物**（coordination compound of acid and base）。例如：

$$H^+ + :OH^- \rightleftharpoons H{\leftarrow}O{-}H$$

$$HCl + :NH_3 \rightleftharpoons [H{\leftarrow}:NH_3]^+ + Cl^-$$

$$BF_3 + F^- \rightleftharpoons [F:{\rightarrow}BF_3]^-$$

$$Ag^+ + 2:NH_3 \rightleftharpoons [H_3N{\rightarrow}Ag{\leftarrow}NH_3]^+$$

酸　　碱　　　　酸碱配合物

路易斯酸碱概念的范围相当广泛，酸碱配合物几乎无所不包，许多有机化合物也可看作酸碱配合物。例如乙醇，可以看作是 $C_2H_5^+$（酸）和 OH^-（碱）以配位键结合形成的酸碱配合物。

酸碱电子理论广泛应用于许多有机反应和配位反应，但酸碱概念显得过于笼统，并且不能定量地比较酸碱的强弱。

第三节　弱电解质的质子传递平衡

一、水的质子自递平衡和溶液的 pH

实验证明，水是一种很弱的电解质，解离度极小。在纯水中存在着下列平衡：

$$H_2O + H_2O \rightleftharpoons H_3O^+ + OH^-$$

可简写成：

$$H_2O \rightleftharpoons H^+ + OH^-$$

实验测得，298.15K 时纯水中：

$$[H^+] = [OH^-] = 1.00\times10^{-7}mol/L$$

平衡常数可表示为：

$$K_w^{\ominus} = [H^+][OH^-] = 1.00\times10^{-14} \qquad 式(3\text{-}9)$$

平衡常数是以离子相对平衡浓度的幂次方乘积形式表达的，故 $K_w^{\ominus}$称为水的离子积常数，简称水的**离子积**（ion product of water），其数值与温度有关，随温度升高而增大（表 3-2）。为了方便，室温下可采用 $K_w^{\ominus} = 1.00\times10^{-14}$。

表 3-2　不同温度时水的离子积

T/K	$K_w^{\ominus}$	T/K	$K_w^{\ominus}$
273	1.139×10^{-15}	298	1.007×10^{-14}
283	2.920×10^{-15}	323	5.474×10^{-14}
293	6.809×10^{-15}	373	5.510×10^{-13}
297	1.000×10^{-14}		

水的离子积不仅适用于纯水,也适用于稀水溶液。不论是在酸性还是碱性溶液中,H^+和OH^-都是同时存在的,它们相对平衡浓度的乘积在一定温度下是一个常数。在室温下,根据它们的浓度不同,可以判断溶液的酸碱性。

中性溶液中　　$[H^+]=[OH^-]=1.0\times10^{-7}$mol/L

酸性溶液中　　$[H^+]>1.0\times10^{-7}$mol/L

碱性溶液中　　$[H^+]<1.0\times10^{-7}$mol/L

当溶液中$[H^+]$很小时,常用$[H^+]$的负对数(pH)来表示溶液的酸碱性

$$pH=-\lg[H^+] \qquad 式(3\text{-}10)$$

同样

$$pOH=-\lg[OH^-] \qquad 式(3\text{-}11)$$

$$pK_w^\ominus=-\lg K_w^\ominus \qquad 式(3\text{-}12)$$

式(3-9)两边各取负对数,则:

$$pH+pOH=pK_w^\ominus \qquad 式(3\text{-}13)$$

室温下:　　$pH+pOH=14$

pH的应用范围一般在0~14,pH越小,溶液的酸性越强。室温下,酸性溶液pH小于7,碱性溶液pH大于7,中性溶液pH等于7。当$pH<0$或$pH>14$时,溶液中$[H^+]$或$[OH^-]$大于1mol/L,直接用$[H^+]$或$[OH^-]$表示溶液的酸碱性更方便。

实验室常用pH试纸或酸碱指示剂以及酸度计来确定溶液的pH。将滤纸经多种指示剂混合液浸透、晾干可制得pH试纸。在不同pH溶液中,pH试纸会显示出不同的颜色,从而确定出溶液的酸碱性。

人体的各种体液都要求维持一定的pH范围,各种生物催化剂——酶也只有在一定的pH时才有活性。表3-3列出了正常人各种体液的pH范围。

表3-3　人体各种体液的pH

体液	pH	体液	pH
血清	7.35~7.45	脑脊液	7.35~7.45
胰液	7.5~8.0	乳汁	6.0~6.9
唾液	6.35~6.85	大肠液	8.3~8.4
成人胃液	0.9~1.5	小肠液	~7.6
婴儿胃液	5.0	尿液	4.8~7.5
泪水	~7.4		

二、一元弱酸(弱碱)的质子传递平衡

(一)解离平衡常数

一元弱酸(弱碱)是指在水溶液中只能给出1个H^+(或接受1个H^+)的弱酸(弱碱)。弱酸(弱碱)在水溶液中存在着弱酸(弱碱)和水的质子传递平衡(proton transfer equilibrium)。弱酸、弱碱的强度可以用酸、碱常数来衡量。酸、碱常数是弱酸、弱碱在水溶液中的质子传递平衡常数,分子酸、分子碱在水溶液中的质子传递平衡,在电离理论中称为酸碱的解离平衡,其平衡常数即酸、碱常数,又称解离平衡常数(dissociation equilibrium constant,简称解离常

数)。这里的解离常数沿用了电离理论中的名词。

例如,弱酸 HAc、NH_4^+ 在水溶液中存在着如下质子传递平衡:

$$HAc+H_2O \rightleftharpoons H_3O^++Ac^- \qquad NH_4^++H_2O \rightleftharpoons H_3O^++NH_3$$

可简写为:

$$HAc \rightleftharpoons H^++Ac^- \qquad NH_4^++H_2O \rightleftharpoons H^++NH_3 \cdot H_2O$$

平衡常数表达式写为:

$$K_a^\ominus=\frac{[H^+][Ac^-]}{[HAc]} \qquad K_a^\ominus=\frac{[H^+][NH_3 \cdot H_2O]}{[NH_4^+]} \qquad 式(3\text{-}14)$$

同样,在弱碱 NH_3、Ac^- 溶液中存在着下列平衡:

$$NH_3+H_2O \rightleftharpoons NH_4^++OH^- \qquad Ac^-+H_2O \rightleftharpoons HAc+OH^-$$

$$K_b^\ominus=\frac{[NH_4^+][OH^-]}{[NH_3]} \qquad K_b^\ominus=\frac{[HAc][OH^-]}{[Ac^-]} \qquad 式(3\text{-}15)$$

式(3-14)、式(3-15)中,$K_a^\ominus$、$K_b^\ominus$是弱酸、弱碱的酸、碱常数,又称解离常数,是表征弱酸、弱碱质子传递程度大小的特性常数,其值越小,表示其质子传递程度越小,酸性、碱性越弱。$K_a^\ominus$、$K_b^\ominus$与浓度无关,而与温度有关,但温度对它们的影响不显著,在温度变化不大时,通常采用常温下的数值。

对于离子酸、离子碱的质子传递平衡,在电离理论中称为水解平衡,其酸、碱常数等于电离理论中水解常数 $K_h^\ominus$。

若将氨水的 $K_b^\ominus$和其共轭酸 NH_4^+ 的 $K_a^\ominus$相乘,得:

$$K_a^\ominus \times K_b^\ominus=\frac{[H^+][NH_3]}{[NH_4^+]}\times\frac{[NH_4^+][OH^-]}{[NH_3]}=[H^+][OH^-]=K_w^\ominus$$

同理,将 HAc 的 $K_a^\ominus$和 Ac^-的 $K_b^\ominus$相乘也等于水的离子积 $K_w^\ominus$。

由此可知,水溶液中,一对共轭酸碱的酸常数和碱常数的乘积等于水的离子积。因此,只要知道酸的酸常数,即可由水的离子积求出其共轭碱的碱常数,反之亦然。

(二)一元弱酸(弱碱)质子传递平衡及计算

一元弱酸水溶液中存在 2 种质子传递平衡。以 HAc 为例:

$$HAc+H_2O \rightleftharpoons H_3O^++Ac^-$$

$$H_2O+H_2O \rightleftharpoons H_3O^++OH^-$$

要精确计算一元弱酸溶液中 H^+离子的浓度,比较复杂,实际工作中也没有必要那么精确,通常在允许的误差范围内可采用近似计算。

当酸不是太弱,溶液浓度也不太低,即 $c \cdot K_a^\ominus \geqslant 20K_w^\ominus$时,可以忽略水的质子自递平衡(大多数情况下都可忽略,故常省略不写),只考虑一元弱酸的质子传递平衡。

	HAc	$\rightleftharpoons$	H^+	+	Ac^-
相对起始浓度	c		0		0
相对平衡浓度	$c-[H^+]$		$[H^+]$		$[Ac^-]=[H^+]$

笔记栏

$$K_a^\ominus=\frac{[H^+][Ac^-]}{[HAc]}=\frac{[H^+]^2}{c-[H^+]}$$ 式(3-16)

根据式(3-16),解一元二次方程,求出溶液中H^+的平衡浓度。

如果酸较弱,当$\frac{c}{K_a^\ominus}\geqslant 400$,即$\alpha<5\%$时,发生质子传递的HAc极少,$c-[H^+]\approx c$,则式(3-16)可改写为:

$$K_a^\ominus=\frac{[H^+]^2}{c}$$ 式(3-17)

则 $$[H^+]=\sqrt{cK_a^\ominus}$$ 式(3-18)

式(3-18)为计算一元弱酸溶液$[H^+]$的最简式。值得注意的是,该式是弱酸在纯水中发生质子传递时使用,因为此时$[Ac^-]=[H^+]$;如果是酸性溶液或有其他电解质存在,$[Ac^-]\neq[H^+]$时,不能使用。

同理可以导出,当$\frac{c}{K_b^\ominus}\geqslant 400$(或$\alpha<5\%$)时,计算一元弱碱溶液$[OH^-]$的最简式为:

$$[OH^-]=\sqrt{cK_b^\ominus}$$ 式(3-19)

例 3-3 计算 0.100mol/L $NH_3\cdot H_2O$ 溶液的解离度 α 和 pH。

解:已知 $K_b^\ominus=1.74\times10^{-5}$,$c=0.10$mol/L。

$$\frac{c}{K_b^\ominus}=\frac{0.10}{1.74\times10^{-5}}>400$$

故按最简式计算:

$$[OH^-]=\sqrt{cK_b^\ominus}=\sqrt{0.100\times1.74\times10^{-5}}=1.32\times10^{-3}(\text{mol/L})$$

$$\alpha=\frac{[OH^-]}{c}\times100\%=\frac{1.32\times10^{-3}}{0.10}\times100\%=1.32\%$$

$$pOH=-\lg(1.32\times10^{-3})=2.88,\ pH=11.12$$

例 3-4 将 0.200mol/L NaAc 溶液和 0.200mol/L HCl 溶液等体积混合,计算混合溶液的 pH。

解:两种溶液混合后,NaAc 和 HCl 全部反应生成 HAc。HAc 为一元弱酸,其在水溶液中存在如下质子传递平衡,简写为:

$$HAc \rightleftharpoons H^++Ac^-$$

$\frac{c}{K_a^\ominus}=\frac{0.100}{1.75\times10^{-5}}>400$,故按最简式计算:

$$[H^+]=\sqrt{cK_a^\ominus}=\sqrt{0.100\times1.75\times10^{-5}}=1.32\times10^{-3}(\text{mol/L})$$

$$pH=-\lg(1.32\times10^{-3})=2.88$$

例 3-5 计算 0.010 0mol/L 甲酸(HCOOH)溶液的解离度 α 和 pH。

解:已知 $K_a^\ominus=1.80\times10^{-4}$,$c=0.010\ 0$mol/L,

$\frac{c}{K_a^\ominus}=\frac{0.0100}{1.80\times10^{-4}}=55.56<400$，按 $K_a^\ominus=\frac{[H^+]^2}{c-[H^+]}$计算。

整理得：$[H^+]^2+K_a^\ominus[H^+]-cK_a^\ominus=0$

$$[H^+]=-\frac{K_a^\ominus}{2}+\sqrt{\frac{(K_a^\ominus)^2}{4}+cK_a^\ominus}$$

$$=-\frac{1.80\times10^{-4}}{2}+\sqrt{\frac{(1.80\times10^{-4})^2}{4}+0.0100\times1.80\times10^{-4}}$$

$$=1.43\times10^{-3}(mol/L)$$

$$pH=-lg(1.43\times10^{-3})=2.84$$

$$\alpha=\frac{[H^+]}{c}\times100\%=\frac{1.43\times10^{-3}}{0.0100}\times100\%=14.3\%$$

例 3-6 某弱酸 HA 水溶液的质量摩尔浓度 b 为 0.10mol/kg，测得此溶液的 ΔT_f 为 0.19K，求该弱酸溶液的解离度和溶液的 pH。

解：HA 在溶液中存在如下质子传递平衡，简写为：

	HA	$\rightleftharpoons$	H^+	+	A^-
相对起始浓度	0.10		0		0
相对平衡浓度	$0.10-0.10\alpha$		0.10α		0.10α

达到平衡后，弱酸分子和离子的总浓度为：

$$(0.10-0.10\alpha)+0.10\alpha+0.10\alpha=0.10+0.10\alpha$$

将 $ib=0.10+0.10\alpha$，$\Delta T_f=0.19K$，$k_f=1.86K\cdot kg/mol$ 代入 $\Delta T_f=ibk_f$

$$0.19=1.86\times(0.10+0.10\alpha)$$

$$\alpha=0.021=2.1\%$$

$$[H^+]=0.10\alpha=2.1\times10^{-3}(mol/kg)$$

$$pH=-lg(2.1\times10^{-3})=2.68$$

例 3-7 计算 0.10mol/L KAc 溶液的 pH 及 Ac^-的解离度。

解：KAc 在溶液中完全解离为 K^+和 Ac^-，Ac^-为一元弱碱，其碱常数：

$$K_b^\ominus=\frac{K_w^\ominus}{K_a^\ominus}=\frac{1.0\times10^{-14}}{1.75\times10^{-5}}=5.71\times10^{-10}$$

$\frac{c}{K_b^\ominus}=\frac{0.10}{5.71\times10^{-10}}>400$，故按最简式计算：

$$[OH^-]=\sqrt{cK_b^\ominus}=\sqrt{0.10\times5.71\times10^{-10}}=7.56\times10^{-6}(mol/L)$$

$$pOH=-lg\ (7.56\times10^{-6})=5.12,pH=8.88$$

$$\alpha=\frac{[OH^-]}{c}\times100\%=\frac{7.56\times10^{-6}}{0.10}\times100\%=7.6\times10^{-3}\%$$

注：离子酸、碱的解离度就是电离理论中的盐的水解度。

（三）解离度和稀释定律

弱酸、弱碱在溶液中的质子转移程度可以用解离度 α（仍然沿用电离理论中的名词）表

笔记栏

示。解离度即为一定温度下，弱电解质达解离平衡时，弱电解质已经解离的分子数除以解离前弱电解质的分子总数。以 HAc 为例，可表示为：

$$\alpha=\frac{\text{已解离分子数}}{\text{解离前分子总数}}=\frac{[H^+]}{c_{HAc}}\times100\%$$

同理：如果是弱碱 $NH_3 \cdot H_2O$，则：

$$\alpha=\frac{[OH^-]}{c_{NH_3}}\times100\%$$

解离常数 $K_i^{\ominus}$ 和解离度 α 都能反映弱电解质的解离程度，但它们之间既有联系又有区别。$K_i^{\ominus}$ 是化学平衡常数的一种形式，它不随弱电解质的浓度而变化；而 α 则是转化率的一种形式，它表示弱电解质在一定条件下的解离百分率，在一定温度下，可随浓度变化而变化。$K_i^{\ominus}$ 比 α 能更好地反映出弱电解质的特征，因此，$K_i^{\ominus}$ 的应用范围更广泛。

解离度与解离常数之间的定量关系，可见下面推导：

设一元弱酸 HA 的解离常数为 $K_a^{\ominus}$，解离度为 α，HA 的浓度为 c，则：

$$HA \rightleftharpoons H^+ + A^-$$

相对平衡浓度 $\quad c-c\alpha \quad c\alpha \quad c\alpha$

$$K_a^{\ominus}=\frac{[H^+][A^-]}{[HA]}=\frac{c\alpha \cdot c\alpha}{c-c\alpha}=\frac{c\alpha^2}{1-\alpha}$$

当 $\frac{c}{K_a^{\ominus}}\geqslant400$ 或 $\alpha<5\%$ 时，解离的 HA 很少，$1-\alpha\approx1$，则上式可改写为：

$$K_a^{\ominus}=c\alpha^2 \text{ 或 } \alpha=\sqrt{\frac{K_a^{\ominus}}{c}}$$

推广到一般，得：

$$K_i^{\ominus}=c\alpha^2 \text{ 或 } \alpha=\sqrt{\frac{K_i^{\ominus}}{c}} \qquad \text{式(3-20)}$$

式(3-20)表示解离度、解离常数、溶液浓度三者之间的定量关系，称为**稀释定律**。它表明：在一定温度下，同一弱电解质的解离度与其浓度的平方根成反比，即溶液越稀，解离度越大；相同浓度时，不同弱电解质的解离度与解离常数的平方根成正比，解离常数越大，解离度也越大。

三、同离子效应与盐效应

弱电解质的质子传递平衡和其他化学平衡一样，是一个动态平衡，当外界条件改变时，质子传递平衡将发生移动。

在弱电解质溶液中加入一种与弱电解质含有相同离子的易溶强电解质时，弱电解质的解离度将会发生显著变化。如在氨水溶液中加入易溶强电解质 NH_4Cl，由于 NH_4Cl 完全解离，溶液中 NH_4^+ 离子浓度增大，使 $NH_3 \cdot H_2O$ 的解离平衡向左移动，$[OH^-]$ 减小，所以 $NH_3 \cdot H_2O$ 的解离度降低。

$$NH_4Cl \longrightarrow \boxed{NH_4^+} + Cl^-$$
$$NH_3 \cdot H_2O \rightleftharpoons \boxed{NH_4^+} + OH^-$$

$\longleftarrow$
平衡移动方向

又如，在 HAc 溶液中加入 NaAc，使 HAc 的解离度降低。

$$\begin{array}{l} NaAc \longrightarrow Na^+ + \boxed{Ac^-} \\ HAc \rightleftharpoons H^+ + \boxed{Ac^-} \\ \longleftarrow \end{array}$$

平衡移动方向

这种在弱电解质溶液中，加入与该弱电解质含有相同离子的易溶强电解质，使弱电解质解离度降低的现象称为**同离子效应**(common ion effect)。

例 3-8 将 0.40mol/L 氨水和 0.20mol/L HCl 溶液等体积混合，计算此混合溶液的 $[OH^-]$和解离度。

解：两种溶液混合后，HCl 全部反应生成 NH_4Cl，过量的 NH_3 发生解离，则：

$$c_{NH_3}=\frac{0.40}{2}-\frac{0.20}{2}=0.10(mol/L)$$

$$c_{NH_4^+}=c_{HCl}=\frac{0.20}{2}=0.10(mol/L)$$

$$NH_4Cl \rightarrow Cl^- + NH_4^+$$

$$NH_3 \quad + \quad H_2O \rightleftharpoons OH^- \quad + \quad NH_4^+$$

相对平衡浓度 $\quad 0.10-[OH^-] \qquad\qquad [OH^-] \qquad 0.10+[OH^-]$

同离子效应抑制了 NH_3 的解离，平衡时：$[NH_3]=0.10-[OH^-]\approx0.10$，$[NH_4^+]=0.10+[OH^-]\approx0.10$，故：

$$K^{\ominus}_{b,NH_3}=\frac{[NH_4^+][OH^-]}{[NH_3]}=\frac{0.10}{0.10}[OH^-]$$

$$[OH^-]=1.74\times10^{-5}\times\frac{0.10}{0.10}=1.74\times10^{-5}(mol/L)$$

$$\alpha=\frac{[OH^-]}{c}\times100\%=\frac{1.74\times10^{-5}}{0.10}\times100\%=0.0174\%$$

由例 3-3 计算结果可知，0.10mol/L 氨水溶液的$[OH^-]=1.32\times10^{-3}$mol/L，$\alpha=1.32\%$。可见，由于同离子效应，使氨水的解离度由 1.32%下降为 0.017 4%，下降幅度很大。因此，可利用同离子效应来控制溶液中某离子浓度和调节溶液的 pH，对生产实践和科学实验都具有实际意义。

H^+和 OH^-也能对酸、碱的质子传递平衡产生同离子效应。例如，含有 Sn^{2+}、Sb^{3+}、Bi^{3+}、Fe^{3+}、Pb^{2+}、Hg^{2+} 等离子的盐溶液中，如果 pH 控制不当，都易发生质子转移反应而产生沉淀。如：

$$SnCl_2+H_2O \rightleftharpoons Sn(OH)Cl\downarrow+HCl$$

$$SbCl_3+H_2O \rightleftharpoons SbOCl\downarrow+2HCl$$

$$Pb(NO_3)_2+H_2O \rightleftharpoons Pb(OH)NO_3\downarrow+HNO_3$$

$$Bi(NO_3)_3+H_2O \rightleftharpoons BiONO_3\downarrow+2HNO_3$$

所以，在配制这些盐溶液时，一般先把盐溶于少量的相应浓酸中，平衡左移，抑制质子转移，再用水稀释到所需浓度。

笔记栏

若在氨水溶液中加入不含相同离子的易溶强电解质 NaCl 时，由于溶液中的离子浓度增大，则离子强度增大，溶液中离子之间相互牵制作用增强，使氨水的解离度略微增大。

这种在弱电解质溶液中加入与该弱电解质不含相同离子的易溶强电解质，使弱电解质解离度略微增大的作用称为**盐效应**(salt effect)。酸碱质子论中没有盐的概念，这里为了说明加入不同离子和相同离子的区别，沿用了酸碱电离理论中盐效应的概念。

例如，在 0.10mol/L 氨水溶液中加入 NaCl 使其浓度为 0.10mol/L，则溶液中的$[OH^-]$由 1.32×10^{-3}mol/L 增大到 1.82×10^{-3}mol/L，氨水的解离度由 1.32%增大到 1.82%。

产生同离子效应的同时，必然伴随有盐效应，但稀溶液中盐效应与同离子效应相比要弱得多，所以，在有同离子效应时，盐效应往往不予考虑。

四、多元弱酸（弱碱）的质子传递平衡

在水中能给出 2 个或 2 个以上 H^+的弱酸称为多元弱酸，如 H_3PO_4、H_2CO_3、H_2S 等。在水中能接受 2 个或 2 个以上 H^+的弱碱称为多元弱碱，如 PO_4^{3-}、CO_3^{2-}、S^{2-}等。

多元弱酸(弱碱)在溶液中的质子传递是分步进行的，溶液中存在多步质子传递平衡。例如 H_2S 为二元弱酸，在水溶液中存在两步质子传递平衡，简写为：

$$H_2S \rightleftharpoons H^+ + HS^-$$

$$K_{a_1}^{\ominus}=\frac{[H^+][HS^-]}{[H_2S]}=1.32\times10^{-7}$$

$$HS^- \rightleftharpoons H^+ + S^{2-}$$

$$K_{a_2}^{\ominus}=\frac{[H^+][S^{2-}]}{[HS^-]}=7.08\times10^{-15}$$

又如，CO_3^{2-} 为二元弱碱，在水溶液中也存在两步质子传递平衡：

$$CO_3{}^{2-}+H_2O \rightleftharpoons HCO_3{}^-+OH^-$$

$$K_{b_1}^{\ominus}=\frac{K_w^{\ominus}}{K_{a_2}^{\ominus}}=\frac{1.0\times10^{-14}}{5.62\times10^{-11}}=1.78\times10^{-4}$$

$$HCO_3{}^-+H_2O \rightleftharpoons H_2CO_3+OH^-$$

$$K_{b_2}^{\ominus}=\frac{K_w^{\ominus}}{K_{a_1}^{\ominus}}=\frac{1.0\times10^{-14}}{4.17\times10^{-7}}=2.40\times10^{-8}$$

$K_{a_1}^{\ominus}$、$K_{a_2}^{\ominus}$($K_{b_1}^{\ominus}$、$K_{b_2}^{\ominus}$)分别为 H_2S(CO_3^{2-})的第一步、第二步的解离平衡常数。对于多元弱酸(弱碱)，各级解离常数之间的关系是 $K_{a_1}^{\ominus}\gg K_{a_2}^{\ominus}\gg K_{a_3}^{\ominus}$($K_{b_1}^{\ominus}\gg K_{b_2}^{\ominus}\gg K_{b_3}^{\ominus}$)。

溶液中 H^+(OH^-)来自 H_2S(CO_3^{2-})的两步质子传递平衡及水的质子自递平衡，同理当 $c\cdot K_{a_1}^{\ominus}$($c\cdot K_{b_1}^{\ominus}$)$\geqslant 20K_w^{\ominus}$时，可以忽略水提供的 H^+(OH^-)。当 $K_{a_1}^{\ominus}\gg K_{a_2}^{\ominus}$($K_{b_1}^{\ominus}\gg K_{b_2}^{\ominus}$)时，第二步产生的 H^+(OH^-)浓度又可以忽略，因此溶液中的$[H^+]$($[OH^-]$)主要来自 H_2S(CO_3^{2-})的第一步质子传递，$[H^+]$($[OH^-]$)的计算可按一元弱酸(弱碱)处理。

例 3-9 计算 H_2S 饱和水溶液(0.10mol/L)中的$[H^+]$、$[HS^-]$及$[S^{2-}]$。

解：已知 $K_{a_1}^{\ominus}=1.32\times10^{-7}$，$K_{a_2}^{\ominus}=7.08\times10^{-15}$，$c=0.10$mol/L

笔记栏

$K^{\ominus}_{a_1} \gg K^{\ominus}_{a_2}$,按第一步解离计算;$\dfrac{c}{K^{\ominus}_{a_1}}=\dfrac{0.10}{1.32\times10^{-7}}=7.58\times10^{5}>400$,则:

$$[H^+]=\sqrt{cK^{\ominus}_{a_1}}=\sqrt{0.10\times1.32\times10^{-7}}=1.15\times10^{-4}(mol/L)$$

由于 H_2S 的第二步解离程度很小,所以 $[HS^-]\approx[H^+]=1.15\times10^{-4}mol/L$。$[S^{2-}]$按第二步解离平衡计算:

$$HS^- \rightleftharpoons H^+ + S^{2-} \qquad K^{\ominus}_{a_2}=\frac{[H^+][S^{2-}]}{[HS^-]}$$

由于 $[H_3O^+]\approx[HS^-]$,所以 $[S^{2-}]\approx K^{\ominus}_{a_2}=7.08\times10^{-15}(mol/L)$

例 3-10 计算 0.10mol/L Na_2CO_3 溶液的 pH。

解:已知 H_2CO_3 的 $K^{\ominus}_{a_1}=4.17\times10^{-7}$,$K^{\ominus}_{a_2}=5.62\times10^{-11}$,$CO_3{}^{2-}$ 在水溶液中的质子转移反应分两步进行:

$$CO_3{}^{2-}+H_2O \rightleftharpoons HCO_3{}^-+OH^- \qquad K^{\ominus}_{b_1}=\frac{K^{\ominus}_w}{K^{\ominus}_{a_2}}=\frac{1.0\times10^{-14}}{5.62\times10^{-11}}=1.78\times10^{-4}$$

$$HCO_3{}^-+H_2O \rightleftharpoons H_2CO_3+OH^- \qquad K^{\ominus}_{b_2}=\frac{K^{\ominus}_w}{K^{\ominus}_{a_1}}=\frac{1.0\times10^{-14}}{4.17\times10^{-7}}=2.40\times10^{-8}$$

因 $c\cdot K^{\ominus}_{b_1}>20K^{\ominus}_w$,可忽略水的电离;

又因 $K^{\ominus}_{b_1}\gg K^{\ominus}_{b_2}$,$\dfrac{c}{K^{\ominus}_{b_1}}=\dfrac{0.10}{1.78\times10^{-4}}\approx562>400$,可按一元弱碱最简式计算:

$$[OH^-]=\sqrt{cK^{\ominus}_{b_1}}=\sqrt{0.10\times1.78\times10^{-4}}=4.22\times10^{-3}(mol/L)$$

$$pOH=-lg(4.22\times10^{-3})=2.37,pH=11.63$$

综上所述,对于多元弱酸(弱碱)溶液,可得到如下结论:

1. 当多元弱酸(弱碱)的 $K^{\ominus}_{a_1}\gg K^{\ominus}_{a_2}\gg K^{\ominus}_{a_3}$($K^{\ominus}_{b_1}\gg K^{\ominus}_{b_2}\gg K^{\ominus}_{b_3}$)时,可按一元弱酸(弱碱)计算 $[H^+]$($[OH^-]$)。

2. 多元弱酸(弱碱)第二步质子传递平衡所得的共轭碱(共轭酸)的浓度近似等于 $K^{\ominus}_{a_2}$($K^{\ominus}_{b_2}$),其与酸(碱)的浓度关系不大,如 H_3PO_4 溶液中 $[HPO_4^{2-}]\approx K^{\ominus}_{a_2}$,$Na_2CO_3$ 溶液中 $[H_2CO_3]\approx K^{\ominus}_{b_2}$。

五、两性物质的质子传递平衡

根据酸碱质子论,把既能给出质子又能接受质子的物质称为两性物质。酸碱电离理论中的酸式盐、弱酸弱碱盐在酸碱质子论中均属于两性物质,如 $HC_2O_4{}^-$、$HPO_4{}^{2-}$、$HCO_3{}^-$、HS^-、NH_4Ac、NH_4F、甘氨酸(NH_2CH_2COOH)等。

两性物质在溶液中存在给出质子和接受质子的 2 个质子传递平衡。以 $HPO_4{}^{2-}$ 为例:

$HPO_4{}^{2-}$ 作为酸,在溶液中的质子传递平衡为:

$$HPO_4{}^{2-}+H_2O \rightleftharpoons PO_4{}^{3-}+H_3O^+$$

可简写为:

$$HPO_4{}^{2-} \rightleftharpoons PO_4{}^{3-}+H^+$$

$$K^{\ominus}_{a,HPO_4{}^{2-}}=K^{\ominus}_{a_3,H_3PO_4}=4.37\times10^{-13}$$

笔记栏

HPO_4^{2-}作为碱,在水中的质子传递平衡为:

$$HPO_4^{2-}+H_2O \rightleftharpoons H_2PO_4^{-}+OH^{-}$$

$$K^{\ominus}_{b,HPO_4^{2-}}=\frac{K^{\ominus}_{w}}{K^{\ominus}_{a_2,H_3PO_4}}=\frac{1.00\times10^{-14}}{6.31\times10^{-8}}=1.58\times10^{-7}$$

由于$K^{\ominus}_{a,HPO_4^{2-}}<K^{\ominus}_{b,HPO_4^{2-}}$,所以$HPO_4^{2-}$显碱性。

两性物质溶液的酸碱性,可以根据其给出质子或接受质子的相对大小,即$K^{\ominus}_{a}$和$K^{\ominus}_{b}$的相对大小来判断。若$K^{\ominus}_{a}>K^{\ominus}_{b}$,则其给出质子的能力大于接受质子的能力,水溶液显酸性,如$H_2PO_4^{-}$、$HC_2O_4^{-}$、NH_4F;若$K^{\ominus}_{a}<K^{\ominus}_{b}$,则其给出质子的能力小于接受质子的能力,溶液显碱性,如HPO_4^{2-}、HCO_3^{-}、HS^{-}、NH_4CN;若$K^{\ominus}_{a}=K^{\ominus}_{b}$,则其给出质子的能力等于接受质子的能力,溶液显中性,如NH_4Ac。

两性物质溶液的pH可进行近似计算,其计算公式推导如下。

如$K^{\ominus}_{a}>K^{\ominus}_{b}$的$NH_4F$在溶液中存在以下2个质子传递平衡:

$$NH_4^{+}+H_2O \rightleftharpoons H^{+}+NH_3\cdot H_2O \qquad K^{\ominus}_{a,NH_4^{+}}=\frac{[NH_3\cdot H_2O]\cdot[H^{+}]}{[NH_4^{+}]} \qquad (1)$$

$$F^{-}+H_2O \rightleftharpoons HF+OH^{-} \qquad K^{\ominus}_{b,F^{-}}=\frac{K^{\ominus}_{w}}{K^{\ominus}_{a,HF}}=\frac{[HF]\cdot[OH^{-}]}{[F^{-}]} \qquad (2)$$

由于$K^{\ominus}_{a}>K^{\ominus}_{b}$,所以$H^{+}$中和后还有剩余,平衡时溶液中$H^{+}$的相对平衡浓度为:

$$[H^{+}]=[NH_3\cdot H_2O]-[HF] \qquad (3)$$

由(1)式得: $$[NH_3\cdot H_2O]=\frac{K^{\ominus}_{a,NH_4^{+}}\cdot[NH_4^{+}]}{[H^{+}]} \qquad (4)$$

由(2)式得: $$[HF]=\frac{K^{\ominus}_{w}\cdot[F^{-}]}{K^{\ominus}_{a,HF}\cdot[OH^{-}]}=\frac{[H^{+}]\cdot[F^{-}]}{K^{\ominus}_{a,HF}} \qquad (5)$$

(4)(5)代入(3): $$[H^{+}]=\frac{K^{\ominus}_{a,NH_4^{+}}\cdot[NH_4^{+}]}{[H^{+}]}-\frac{[H^{+}]\cdot[F^{-}]}{K^{\ominus}_{a,HF}}$$

去掉分母整理得: $[H^{+}]^2(K^{\ominus}_{a,HF}+[F^{-}])=K^{\ominus}_{a,HF}\cdot K^{\ominus}_{a,NH_4^{+}}[NH_4^{+}]$

$$[H^{+}]=\sqrt{\frac{K^{\ominus}_{a,NH_4^{+}}\cdot K^{\ominus}_{a,HF}\cdot[NH_4^{+}]}{K^{\ominus}_{a,HF}+[F^{-}]}}$$

由于$K^{\ominus}_{a}$、$K^{\ominus}_{b}$均很小,所以$K^{\ominus}_{a,HF}+[F^{-}]\approx c$,得$[H^{+}]=\sqrt{K^{\ominus}_{a,NH_4^{+}}\cdot K^{\ominus}_{a,HF}}$,推广应用到其他两性物质,$[H^{+}]$的近似计算式为:

$$[H^{+}]=\sqrt{K^{\ominus}_{a}\cdot K^{\ominus}_{a,共轭酸}} \qquad 式(3\text{-}21)$$

$$pH=\frac{1}{2}pK^{\ominus}_{a}+\frac{1}{2}pK^{\ominus}_{a,共轭酸} \qquad 式(3\text{-}22)$$

式(3-21)、式(3-22)中,$K_a^{\ominus}$为两性物质作为酸时的酸常数,$K_{a,共轭酸}^{\ominus}$是作为碱时其共轭酸的酸常数。

应用于 $H_2PO_4^-$、$HC_2O_4^-$、HCO_3^-、HS^-等两性物质,得:$[H^+]=\sqrt{K_{a_2}^{\ominus}\cdot K_{a_1}^{\ominus}}$

应用于 HPO_4^{2-}等,得:$[H^+]=\sqrt{K_{a_3}^{\ominus}\cdot K_{a_2}^{\ominus}}$

例 3-11 计算 0.10mol/L NaH_2PO_4 溶液的 pH。

已知:H_3PO_4 的 $pK_{a_1}^{\ominus}=2.16$,$pK_{a_2}^{\ominus}=7.21$,$pK_{a_3}^{\ominus}=12.32$。

解:0.10mol/L NaH_2PO_4,根据式(3-22):

$$pH=\frac{1}{2}pK_a^{\ominus}+\frac{1}{2}pK_{a,共轭酸}^{\ominus}$$

$$=\frac{1}{2}pK_{a_2}^{\ominus}+\frac{1}{2}pK_{a_1}^{\ominus}$$

$$=\frac{1}{2}(2.16+7.21)=4.69$$

第四节 缓冲溶液

很多药物的制备和分析测定条件等,都与控制溶液的酸碱性有重要关系;生物体内的化学反应,往往需要在一定的 pH 条件下才能正常进行。例如细菌培养,生物体内的酶催化反应等。正常人血液的 pH 范围为 7.35~7.45,机体在代谢过程中不可避免要产生一些酸性或碱性物质,同时还要经常摄入一些酸性或碱性物质,如果体内没有缓冲溶液作用,则 pH 就会超出这个范围,从而出现不同程度的酸中毒或碱中毒症状,严重时可危及生命。许多化学反应也要求在一定的 pH 条件下进行,而这些反应可能本身就能释放或结合 H^+,如果不在缓冲溶液中进行,溶液的 pH 将发生变化,致使反应不能进行下去。因此,控制反应体系的 pH 是保证化学反应正常进行的重要条件。

一、缓冲溶液的定义和组成

为了解缓冲溶液的概念,做以下实验:在 1.0L 0.10mol/L NaCl 溶液中,加入 0.01mol HCl 溶液或 0.01mol NaOH 溶液,溶液的 pH 由 7.00 下降到 2.00 或升高到 12.00,改变 5 个 pH 单位,即 pH 发生了显著变化。若在 1.0L 含有 HAc 和 NaAc 且浓度均为 0.10mol/L 的混合溶液中,同样加入 0.01mol HCl 溶液或 0.01mol NaOH 溶液,溶液的 pH 由 4.76 下降到 4.67 或升高到 4.85,改变了 0.09 个 pH 单位,即 pH 改变的幅度很小。加少量水稀释时,HAc 和 NaAc 混合溶液的 pH 改变幅度也很小。

上述实验事实说明,由 HAc 和 NaAc 组成的溶液,具有抵抗外来少量强酸、强碱或水的稀释而保持 pH 基本不变的能力。这种能抵抗外来少量强酸、强碱或水的稀释而本身 pH 不发生明显变化的溶液称为**缓冲溶液**(buffer solution)。缓冲溶液所具有的这种抗酸、抗碱、抗稀释的作用称为**缓冲作用**(buffer action)。

缓冲溶液一般是由具有一定浓度的共轭酸碱对组成。组成缓冲溶液的共轭酸碱对称为**缓冲系**(buffer system)或**缓冲对**(buffer pair)。常使用的缓冲系是弱酸及其共轭碱(如 HAc-NaAc)、弱碱及其共轭酸(如 NH_3-NH_4Cl)、两性物质及其共轭酸(H_2CO_3-$NaHCO_3$)、两性物质及其共轭碱(NaH_2PO_4-Na_2HPO_4)。一些常见的缓冲系见表 3-4。

笔记栏

表 3-4 常见的缓冲系

缓冲系	质子转移平衡	$pK_a^{\ominus}$(25℃)
HAc-NaAc	$HAc+H_2O \rightleftharpoons H_3O^++Ac^-$	4.76
NH_4Cl-NH_3	$NH_4^++H_2O \rightleftharpoons H_3O^++NH_3$	9.24
H_2CO_3-$NaHCO_3$	$H_2CO_3+H_2O \rightleftharpoons H_3O^++HCO_3^-$	6.38
NaH_2PO_4-Na_2HPO_4	$H_2PO_4^-+H_2O \rightleftharpoons H_3O^++HPO_4^{2-}$	7.20
Na_2HPO_4-Na_3PO_4	$HPO_4^{2-}+H_2O \rightleftharpoons H_3O^++PO_4^{3-}$	12.36
$H_2C_8H_4O_4$-$KHC_8H_4O_4$①	$H_2C_8H_4O_4+H_2O \rightleftharpoons H_3O^++HC_8H_4O_4^-$	2.89
$CH_3NH_3^+Cl^-$-$CH_3NH_2$②	$CH_3NH_3^++H_2O \rightleftharpoons H_3O^++CH_3NH_2$	10.63
Tris · HCl-Tris③	$Tris \cdot H^++H_2O \rightleftharpoons H_3O^++Tris$	8.08

①邻苯二甲酸-邻苯二甲酸氢钾;②盐酸甲胺-甲胺;③三(羟甲基)甲胺盐酸盐-三(羟甲基)甲胺。

知识链接

从哲学视角看化学

唯物辩证法是马克思主义哲学的重要组成部分。无机化学的产生、形成和发展过程是唯物辩证过程,正如德国著名化学家肖莱马所说:"化学的发展是按辩证法的规律进行的。"

对立统一规律是唯物辩证法最根本的规律,在无机化学中无处不在。例如本章中电解质的解离、共轭酸碱对、化学平衡移动等,无不体现了矛盾双方对立统一、相互转化的结果。

社会平衡、生态平衡与化学平衡一样,如果人类不停地向大自然索取,必然导致环境恶化、生态失衡。正如共轭酸碱对相互依存一样,人与人、人与社会及人与自然也是相互依存的。和谐社会、良好生态,需要所有人的共同努力。

二、缓冲作用原理及 pH 计算

(一)缓冲作用原理

现以 HAc-NaAc 缓冲系为例说明缓冲溶液的缓冲作用原理。

在 HAc-NaAc 混合溶液中,HAc 部分解离,而 NaAc 完全解离。由于 Ac^-的同离子效应,抑制了 HAc 的解离,使其解离度显著减小。因此在 HAc-NaAc 混合溶液中,存在着大量的 HAc 和 Ac^-,其水溶液中 HAc 存在下列质子传递平衡,简写为:

$$HAc \rightleftharpoons H^+ + Ac^-$$

在上述体系中加入少量强酸时,右侧 H^+浓度增大,平衡向左移动,即共轭碱 Ac^-与 H^+结合,消耗掉外加的 H^+,Ac^-浓度略有减小,HAc 浓度略有增大,溶液中的 H^+浓度没有明显增大,因此 pH 没有明显改变。共轭碱 Ac^-发挥了抵抗外来少量强酸的作用,所以 Ac^-是缓冲溶液的**抗酸成分**(anti-acid component)。

当加入少量强碱时，OH^-与H^+作用生成H_2O，右侧H^+浓度减小，平衡向右移动，HAc进一步解离以补充消耗掉的H^+，结果HAc浓度略有减小，Ac^-浓度略有增大，溶液中的H^+浓度没有明显减小，溶液的pH没有明显改变。共轭酸HAc发挥了抵抗外来少量强碱的作用，故HAc是缓冲溶液的**抗碱成分**(anti-base component)。

由此可见，由于缓冲溶液中同时含有足量的抗酸成分和抗碱成分，它们通过共轭酸碱对之间质子传递平衡的移动，消耗抗酸成分和抗碱成分，抵抗外来的少量强酸、强碱和适当稀释，使溶液中H^+浓度不会发生明显的变化，因此溶液的pH没有明显改变，从而起到缓冲作用。

（二）缓冲溶液pH的计算

下面以弱酸及其盐构成的缓冲体系为例进行计算分析。设弱酸的HA的初始浓度为c_{HA}，共轭碱A^-的初始浓度为c_{A^-}，平衡时各物质浓度关系如下：

$$\mathrm{HA} \rightleftharpoons \mathrm{H^+} + \mathrm{A^-}$$

平衡浓度　　$c_{HA}-[H^+]$　　$[H^+]$　　$c_{A^-}+[H^+]$

$$K_a^{\ominus}=\frac{[H^+](c_{A^-}+[H^+])}{c_{HA}-[H^+]} \qquad 式(3\text{-}23)$$

由于同离子效应，HA的解离度很小，则$[H^+]$可忽略，故$[HA]\approx c_{HA}$，$[A^-]\approx c_{A^-}$，式(3-23)可表示为：

$$[H^+]=\frac{K_a^{\ominus}c_{HA}}{c_{A^-}}$$

$$pH=pK_a^{\ominus}+\lg\frac{c_{A^-}}{c_{HA}}=pK_a^{\ominus}+\lg\frac{c_{共轭碱}}{c_{酸}}=pK_a^{\ominus}+\lg\frac{c_b}{c_a} \qquad 式(3\text{-}24)$$

设体积为V的缓冲溶液中HA和A^-的物质的量分别为n_{HA}和n_{A^-}，式(3-24)可改写为：

$$pH=pK_a^{\ominus}+\lg\frac{n_{A^-}/V}{n_{HA}/V}=pK_a^{\ominus}+\lg\frac{n_{共轭碱}}{n_{酸}}=pK_a^{\ominus}+\lg\frac{n_b}{n_a} \qquad 式(3\text{-}25)$$

若使用相同浓度的弱酸及其共轭碱来配制缓冲溶液，即$c_{HA}=c_{A^-}$，设所取HA和A^-溶液的体积分别为V_{HA}和V_{A^-}，式(3-25)可改写为：

$$pH=pK_a^{\ominus}+\lg\frac{c_{A^-}\cdot V_{A^-}}{c_{HA}\cdot V_{HA}}=pK_a^{\ominus}+\lg\frac{V_{共轭碱}}{V_{酸}}=pK_a^{\ominus}+\lg\frac{V_b}{V_a} \qquad 式(3\text{-}26)$$

以上pH计算公式均没有考虑离子强度的影响，按这些公式计算出的pH只是近似值，与实测值有一定的差距，若要准确计算，应以活度代替浓度对上述公式进行校正。

缓冲溶液适当稀释时，由于缓冲比不变，溶液的pH基本不变。但若过分稀释，则会影响共轭酸的解离度和溶液的离子强度，缓冲溶液的pH也会发生变化。

例3-12　将0.30mol/L NaAc溶液和0.10mol/L HCl溶液等体积混合配制缓冲溶液1 000ml。求此缓冲溶液的pH。当加入0.010mol HCl溶液或0.010mol NaOH溶液时，溶液的pH又为多少？（忽略体积变化）

解：两种溶液混合后，过量的NaAc和生成的HAc组成缓冲溶液，则：

笔记栏

$$pK^{\ominus}_{a,HAc}=4.76, c_{HAc}=c_{HCl}=0.050mol/L, c_{NaAc}=0.10mol/L$$

$$pH=pK^{\ominus}_{a,HAc}+lg\frac{c_{NaAc}}{c_{HAc}}=4.76+lg\frac{0.10}{0.050}=5.06$$

加入0.010mol HCl溶液，由于H^+与溶液中的Ac^-反应，使溶液中Ac^-浓度减小，HAc浓度增大，此时缓冲溶液的pH为：

$$pH=4.76+lg\frac{0.10\times1.0-0.010}{0.050\times1.0+0.010}=4.94$$

加入0.01mol NaOH溶液，由于OH^-与溶液中的HAc作用，使溶液中HAc浓度减小，Ac^-浓度增大，此时缓冲溶液的pH为：

$$pH=4.76+lg\frac{0.10\times1.0+0.010}{0.050\times1.0-0.010}=5.20$$

例3-13 在100.0ml 0.10mol/L $NH_3\cdot H_2O$中，溶入1.07g NH_4Cl固体，溶液的pH为多少？（忽略体积变化）

解：$pK^{\ominus}_b=4.76$，则$pK^{\ominus}_a=pK^{\ominus}_w-pK^{\ominus}_b=14-4.76=9.24$

$$c_{NH_4Cl}=\frac{1.07}{53.5\times0.10}=0.20(mol/L), c_{NH_3}=0.10mol/L$$

将数据代入式(3-24)，得：

$$pH=pK^{\ominus}_a+lg\frac{c_{NH_3}}{c_{NH_4Cl}}=9.24+lg\frac{0.10}{0.20}=8.94$$

三、缓冲容量和缓冲范围

（一）缓冲容量

缓冲溶液的缓冲能力是有一定限度的。如果加入的强酸和强碱的量过大时，缓冲溶液的pH将发生较大的变化，从而失去缓冲能力。1922年，范斯莱克（V. Slyke）提出用缓冲容量（buffer capacity）β作为衡量缓冲溶液缓冲能力大小的尺度。缓冲容量β的定义：单位体积缓冲溶液的pH改变1个单位时，所需加入一元强酸或一元强碱的物质的量。用微分式定义为

$$\beta=\frac{dn_{a(b)}}{V|dpH|} \qquad 式(3\text{-}27)$$

缓冲容量影响因素数据表格

式中，V是缓冲溶液的体积，$dn_{a(b)}$是缓冲溶液中加入微小量一元强酸（dn_a）或一元强碱（dn_b）的物质的量，|dpH|为缓冲溶液pH的微小改变量。

缓冲容量β为正值，在一定体积V的缓冲溶液中加入一定量[$dn_{a(b)}$]的强酸或强碱，pH改变值|dpH|愈小，β愈大，缓冲溶液的缓冲能力愈强。

实践表明，对于给定的缓冲系，缓冲溶液的缓冲容量主要决定于总浓度和缓冲比2个因素。

（1）对于同一缓冲系，当缓冲比一定时，总浓度越大，抗酸成分和抗碱成分越多，外加同量酸碱后，缓冲比变化越小，缓冲溶液的pH改变越小，缓冲容量越大，缓冲能力就越强；反之，总浓度越小，缓冲容量越小，缓冲能力就越弱。

（2）对于同一缓冲系，当总浓度一定时，缓冲比越接近 1，外加同量强酸、强碱后，缓冲比变化越小，缓冲容量越大，缓冲能力就越强；反之，缓冲比越偏离 1，缓冲容量越小，缓冲能力就越弱。当缓冲比等于 1（[酸]=[共轭碱]）时，缓冲容量最大。

值得注意的是，强酸和强碱溶液虽不属于本章所讨论的由共轭酸碱对组成的缓冲溶液，但它们也有缓冲作用，这是由于在强酸或强碱中有高浓度的 H^+ 或 OH^-，当加入少量强酸或强碱时，不会使溶液中的 H^+ 或 OH^- 的浓度明显改变，因而溶液的 pH 不会明显改变。

（二）缓冲范围

为了使缓冲溶液具有较强的缓冲能力，除了要考虑有较大的总浓度外，还应该注意缓冲比的调节。当缓冲溶液的总浓度一定，缓冲比越接近 1，缓冲能力越大。当缓冲比在 1∶10～10∶1时，分别代入缓冲溶液公式中计算，可得到缓冲溶液的 pH 在（$pK_a^\ominus-1$）～（$pK_a^\ominus+1$）之间。

一般认为，缓冲溶液在这个 pH 范围内都具有较强的缓冲能力。否则缓冲能力太小，起不到缓冲作用。通常把 $pH=pK_a^\ominus\pm1$ 作为缓冲作用的有效区间，称为缓冲溶液的**缓冲范围**（buffer effective range）。

四、缓冲溶液的选择和配制

在实际工作中，配制一定 pH 的缓冲溶液，应按下列原则和步骤进行：

1. 选择合适的缓冲系　为使缓冲溶液具有较大的缓冲容量，所选缓冲系共轭酸的 $pK_a^\ominus$与所配缓冲溶液的 pH 应尽量接近，使浓度比接近 1，如配制 pH 为 5.0 的缓冲溶液，可选择 HAc-NaAc 缓冲系，因为 HAc 的 $pK_a^\ominus=4.76$。另外，所选缓冲系物质应稳定，对主反应无干扰。选用药用缓冲系时，需考虑是否与主药发生配伍禁忌，对医用缓冲系，应无毒。如硼酸-硼酸盐缓冲系有一定毒性，不能用作培养细菌，或用作口服和注射用药液的缓冲溶液。碳酸-碳酸氢盐缓冲系因碳酸容易分解，通常不采用。

2. 缓冲溶液的总浓度要适当　为使缓冲溶液具有较大的缓冲容量，所配缓冲溶液要有一定的总浓度。但总浓度太大，会使溶液的离子强度太大或渗透浓度太大而不适用，在实际工作中，一般总浓度在 0.05～0.50mol/L 为宜。

3. 计算所需缓冲系的量　选择好缓冲系之后，按照所要求的 pH，利用缓冲溶液 pH 的计算公式计算出弱酸及其共轭碱的量或体积。为配制方便，常使用相同浓度的弱酸及其共轭碱。

4. 校正　由于所用的缓冲溶液 pH 计算公式是近似的，并且没有考虑离子强度的影响，因此所配缓冲溶液的 pH 与实测值有差别，还需用 pH 计测定。必要时，用加入强酸或强碱的方法，对所配缓冲溶液 pH 进行校正。

例 3-14　如何配制 pH=5.00，具有中等缓冲能力的缓冲溶液 50ml？

解：（1）选择缓冲系：根据 $pK_{a,HAc}^\ominus=4.76$，选用 HAc-NaAc 缓冲系。

（2）确定总浓度：要求具有中等缓冲能力，为使计算方便，选 0.10mol/L HAc 溶液和 0.10mol/L NaAc 溶液。

（3）计算所需 HAc 溶液和 NaAc 溶液的体积

因为配制时所用 HAc 和 NaAc 浓度相同，所以可根据式（3-26）计算，则：

$$pH=pK_{a,HAc}^\ominus+\lg\frac{V_{NaAc}}{V_{HAc}}$$

笔记栏

将数据代入上式，则：

$$5.00=4.76+\lg\frac{V_{NaAc}}{50-V_{NaAc}}$$

$$\lg\frac{V_{NaAc}}{50-V_{NaAc}}=0.24 \qquad \frac{V_{NaAc}}{50-V_{NaAc}}=1.74$$

所以：$V_{NaAc}=32ml$ $\quad V_{HAc}=18ml$

将18ml 0.10mol/L HAc溶液和32ml 0.10mol/L NaAc溶液混合，即可配成pH为5.00的缓冲溶液50ml（这里忽略溶液混合引起的体积变化）。必要时可用pH计校正。

例3-15 现配制pH为5.10的缓冲溶液，计算在500ml 0.100mol/L HAc溶液中应加入多少毫升0.100mol/L NaOH溶液（设总体积为二者之和）？

解：$HAc+NaOH = NaAc+H_2O$

设加入NaOH溶液的体积为Vml，生成NaAc的物质的量为0.100Vmmol，剩余HAc的物质的量为(0.100×500−0.100V)mmol。

$$pH=pK^{\ominus}_{a,HAc}+\lg\frac{n_{NaAc}}{n_{HAc}}$$

将数据代入上式，则：

$$5.10=4.76+\lg\frac{0.100V}{0.100\times500-0.100V}$$

$$\lg\frac{0.100V}{0.100\times500-0.100V}=0.34$$

$$\frac{V}{500-V}=2.19$$

所以： $V=343ml$

在500ml 0.100mol/L HAc溶液中加入343ml 0.100mol/L NaOH溶液即可配制成pH为5.10的缓冲溶液。

五、缓冲溶液在医学上的意义

人体内各种体液的pH都被控制在一定范围内，这样机体的各种功能活动才能正常进行。例如，血液的pH范围在7.35~7.45，其能维持如此狭窄的pH范围，主要原因是血液中存在多种缓冲系。血液中主要的缓冲系是：①血浆中：H_2CO_3-$NaHCO_3$、NaH_2PO_4-Na_2HPO_4、H_nP-$NaH_{n-1}P$（H_nP代表蛋白质）；②红细胞内：H_2CO_3-$KHCO_3$、KH_2PO_4-K_2HPO_4、H_2b-KHb（H_2b代表血红蛋白）、H_2bO_2-$KHbO_2$（H_2bO_2代表氧合血红蛋白）

这些缓冲系中，H_2CO_3-HCO_3^-缓冲系的浓度最高，缓冲能力最大，在维持血液pH的正常范围中发挥的作用最重要。H_2CO_3在血液中是以溶解状态的CO_2形式存在，存在以下平衡：

$$CO_2+H_2O \rightleftharpoons H_2CO_3 \rightleftharpoons H^++HCO_3^-$$

当体内酸性物质增加时，抗酸成分HCO_3^-就与H^+结合使平衡向左移动，使[H^+]不发生明显变化。HCO_3^-是血浆中含量最多的抗酸成分，在一定程度上可代表血浆对体内产生酸性物质的缓冲能力，因此，将血浆中的 HCO_3^- 称为碱储备。同样，体内碱性物质增加时，使平衡向右移动，$[H^+]$ 也不会发生明显的变化。

25℃时 H_2CO_3 的 $pK_{a_1}^{\ominus}=6.38$，而 CO_2 是溶解在离子强度为 0.16 的血浆中，体温 37℃时，校正后的 $pK'_{a_1}=6.10$，则血浆中碳酸缓冲系 pH 的计算公式为：

$$pH=pK'_{a_1}+\lg\frac{[HCO_3^-]}{[CO_2]_{溶解}}=6.10+\lg\frac{[HCO_3^-]}{[CO_2]_{溶解}}$$

正常人血浆中 $[HCO_3^-]$ 和 $[CO_2]_{溶解}$ 分别为 0.024mol/L 和 0.001 2mol/L，将其代入上式，可得：

$$pH=6.10+\lg\frac{0.024}{0.0012}=6.10+\lg\frac{20}{1}=7.40$$

因正常血浆中 HCO_3^--$CO_{2溶解}$ 缓冲系的缓冲比为 20∶1，所以血液的 pH 可以稳定在 7.40。若缓冲比减小，使血液的 pH 小于 7.35，则发生**酸中毒**（acidosis）；若缓冲比增大，使血液的 pH 大于 7.45，则发生**碱中毒**（alkalosis）。

由上述讨论可知，缓冲溶液的有效缓冲范围为 $pH=pK_a^{\ominus}\pm1$，缓冲比应为 10∶1～1∶10，而血浆 HCO_3^--$CO_{2溶解}$ 缓冲系的缓冲比为 20∶1，为什么它还能具有缓冲能力呢？这是因为人体是一个“敞开体系”，当机体内 HCO_3^- 和 $CO_{2溶解}$ 的浓度改变时，可通过肺的呼吸作用和肾的生理功能获得补充和调节，使血液中的 HCO_3^- 和 $CO_{2溶解}$ 的浓度保持相对稳定。因此，血浆中的 HCO_3^--$CO_{2溶解}$ 缓冲系总能保持相当强的缓冲能力。

此外，血液中存在的其他缓冲系也有助于调节血液的 pH。如血液对体内代谢产生的大量 CO_2 的转运，主要是靠红细胞中的血红蛋白和氧合血红蛋白缓冲系来实现的。代谢过程中产生的大量 CO_2 与血红蛋白离子反应：

$$CO_2+H_2O+Hb^- \rightleftharpoons HHb+HCO_3^-$$

反应产生的 HCO_3^- 由血液运输至肺，并与氧合血红蛋白反应：

$$HCO_3^-+HHbO_2 \rightleftharpoons HbO_2^-+CO_2+H_2O$$

反应后释放出的 CO_2 从肺呼出。这说明，由于血红蛋白和氧合血红蛋白的缓冲作用，在大量 CO_2 从组织细胞运送至肺部的过程中，血液的 pH 不至于受到较大的影响。

食物的酸碱性

多种因素都能引起血液酸度或碱度的增加。如肺气肿、肺炎和支气管炎等引起的换气不足，使血液中 $CO_{2溶解}$ 增加，会引起呼吸性酸中毒；摄入过多的酸性食物、低碳水化合物和高脂肪食物，以及糖尿病、腹泻等引起代谢酸增加，会引起代谢性酸中毒；如高热、气喘换气过速等，使呼出的 CO_2 过多，会引起呼吸性碱中毒；摄入过多碱性物质或严重呕吐等可引起血液碱性增加，会导致代谢性碱中毒。正常生理情况下，人体具有自身调节能力，当体内的缓冲系和补偿机制不能阻止血液 pH 变化而导致酸中毒或碱中毒时，称为人体正常 pH 的失控。

缓冲溶液在医学上的应用

笔记栏

学习小结

1. 学习内容

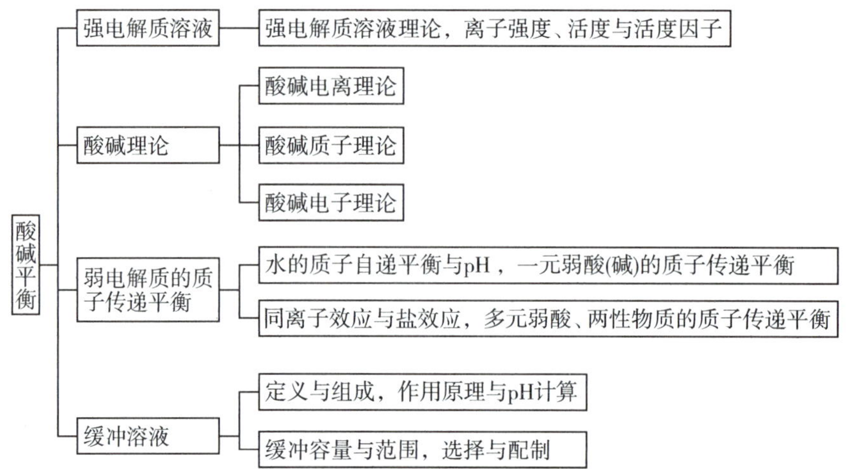

2. 学习方法 本章知识结构包括理论基础知识、相关计算和知识应用。在学习时要注重基本概念的学习和基础知识的掌握；理解公式推导、记住公式形式、掌握公式使用条件、多做练习、熟练计算；理解原理、联系实际、灵活应用。

理论基础知识：

(1) 强电解质溶液：在理解强电解质理论要点的基础上，学习离子强度、活度、活度系数的概念，弄清楚三者之间的联系。

(2) 酸碱理论：了解各理论的优缺点，掌握酸碱定义和酸碱反应的实质。

(3) 弱电解质的质子传递平衡：在掌握质子传递平衡特点、同离子效应和盐效应概念的基础上，理解解离常数的意义，弄清溶液浓度、解离度、解离常数三者之间的关系，能判断各类溶液的酸碱性。

(4) 缓冲溶液：理解缓冲作用原理，掌握缓冲溶液的概念及影响缓冲容量的因素。

扫一扫，测一测

(杨婕 朱鑫 倪佳)

复习思考题与习题

1. 关于酸碱质子理论，下列说法是否正确，为什么？

(1) 酸碱反应的实质是酸碱对之间的质子传递反应。

(2) 水是酸性物质，而氨是碱性物质。

(3) 已知 $K^{\ominus}_{a,HAc}>K^{\ominus}_{a,HCN}$，所以 CN^- 是比 Ac^- 强的碱。

(4) 同一种物质不能同时起酸和碱的作用。

(5) 质子不能独立存在，含有 H 的物质都是质子酸。

2. 下列说法是否正确，为什么？

(1) 酸性水溶液中不含 OH^-，碱性溶液中不含 H^+；在一定温度下，改变溶液的 pH，水的离子积发生变化。

(2) 氨水的浓度越小，解离度越大，溶液中 OH^- 浓度就越大。

(3) 溶液中离子的浓度越大、电荷越高,离子强度越大,活度系数就越大。

(4) 若 HCl 溶液的浓度是 HAc 溶液的 2 倍,则 HCl 溶液中的$[H^+]$也是 HAc 溶液中$[H^+]$的 2 倍。

(5) 氢硫酸饱和溶液中 S^{2-}和 H^+的浓度比是 1∶2。

(6) 某弱酸溶液稀释时,其解离度增大,溶液的酸度也增大。

3. 在 HAc 和氨水溶液中分别加入 NH_4Ac,这两种溶液的解离度和 pH 将如何变化?若分别加入 NaCl,其溶液的解离度和 pH 又将如何变化?

4. NaH_2PO_4 水溶液呈弱酸性,而 Na_2HPO_4 水溶液呈弱碱性,为什么?

5. 如何配制 $SnCl_2$、Na_2S 和 $Bi(NO_3)_3$ 溶液?

6. 将 $Al_2(SO_4)_3$ 溶液和 $NaHCO_3$ 溶液混合,会出现什么现象,其产物是什么?

7. 下列 4 种水溶液的 pH 大小顺序如何?并说明理由(设浓度相同,不要求计算)。

NaAc　　NaCN　　NH_4Ac　　NH_4CN

8. 什么是缓冲溶液?试以血液中的 H_2CO_3-HCO_3^- 缓冲系为例,说明缓冲作用的原理及其在医学上的重要意义。

9. 下列有关缓冲溶液的说法是否正确?为什么?

(1) 因为 NH_3-NH_4Cl 缓冲溶液的 pH 大于 7,所以不能抵抗少量的强碱。

(2) 在 HAc-NaAc 缓冲溶液中,若 $c_{HAc}>c_{NaAc}$,则该缓冲溶液的抗碱能力大于抗酸能力。

(3) 缓冲溶液被稀释后,溶液的 pH 基本不变,故缓冲容量基本不变。

(4) 缓冲溶液就是能抵抗外来酸碱影响,保持 pH 绝对不变的溶液。

(5) 在 NH_4Cl-NH_3 缓冲溶液中,若 $c_{NH_4^+}>c_{NH_3}$,则该缓冲溶液的抗碱能力大于抗酸能力。

10. 将 0.20mol/L 的 H_3PO_4 溶液和 0.30mol/L NaOH 溶液等体积混合,是否能组成缓冲溶液?若能,请指出缓冲对、抗酸成分和抗碱成分。

11. 0.100mol/kg HAc 水溶液的解离度 α 为 1.33%,试计算此溶液的 ΔT_f 和 ΔT_b。(已知水的 $k_b=0.512K \cdot kg/mol$,$k_f=1.86K \cdot kg/mol$)

12. 实验测得某氨水的 pH 为 11.26,已知 $K^{\ominus}_{b,NH_3}=1.74\times10^{-5}$,求氨水的浓度。

13. 计算 0.100mol/L 一氯乙酸($CH_2ClCOOH$)溶液的 pH 和电离度 α。(已知一氯乙酸 $K^{\ominus}_a=1.4\times10^{-3}$)

14. 现有 0.20mol/L HCl 溶液,

(1) 如改变酸度到 pH=4.00,应该加入 HAc 还是 NaAc?

(2) 如果加入等体积的 2.0mol/L NaAc 溶液,则混合溶液的 pH 是多少?

(3) 如果加入等体积的 2.0mol/L NaOH 溶液,则混合溶液的 pH 又是多少?

15. 将 0.40mol/L 丙酸(HPr)溶液 125ml 加水稀释至 500ml,求稀释后溶液的 pH。($K^{\ominus}_{a,HPr}=1.34\times10^{-5}$)

16. 在锥形瓶中放入 20ml 0.10mol/L NH_3 水溶液,逐滴加入 0.10mol/L HCl 溶液。试计算:

(1) 当加入 10ml HCl 溶液后,混合液的 pH。

(2) 当加入 20ml HCl 溶液后,混合液的 pH。

(3) 当加入 30ml HCl 溶液后,混合液的 pH。

(已知:$K^{\ominus}_{b,NH_3 \cdot H_2O}=1.74\times10^{-5}$)

17. 在 CO_2 饱和水溶液中,CO_2 的浓度约为 0.034mol/L,设所有溶解的 CO_2 与水结合成 H_2CO_3,计算溶液的 pH 和 CO_3^{2-} 的浓度。(已知 $K^{\ominus}_{a_1,H_2CO_3}=4.17\times10^{-7}$,$K^{\ominus}_{a_2,H_2CO_3}=5.62\times10^{-11}$)

笔记栏

18. 计算饱和 H_2S 水溶液(浓度为 0.10mol/L)中的 H^+ 和 S^{2-} 浓度。如用 HCl 调节溶液的 pH 为 2.00,此时溶液中的 S^{2-} 浓度又是多少?计算结果说明什么?(已知 $K^{\ominus}_{a_1,H_2S}=1.32\times10^{-7}$,$K^{\ominus}_{a_2,H_2S}=7.08\times10^{-15}$)

19. 分别计算浓度均为 0.10mol/L 的 Na_2HPO_4 溶液和 NH_4CN 溶液的 pH。

20. 计算下列溶液的 pH。

(1) 0.20mol/L HAc 溶液和 0.10mol/L NaOH 溶液等体积混合。

(2) 100ml 0.10mol/L $NH_3\cdot H_2O$ 和 25ml 0.20mol/L HCl 溶液混合。

(3) 28ml 0.067mol/L Na_2HPO_4 溶液和 72ml 0.067mol/L KH_2PO_4 溶液混合。

21. 分别计算下列质子酸碱溶液的 pH 和解离度。

(1) 0.10mol/L NaCN 溶液。

(2) 0.10mol/L NH_4Cl 溶液。

22. 要配制 pH 为 5.10 的缓冲溶液,需称取多少克 $NaAc\cdot3H_2O$ 固体溶解于 500ml 0.100mol/L HAc 溶液中?

23. 在 1 000ml 0.100mol/L HCl 溶液中,加入多少克 NaAc 才能使溶液的 pH 为 4.60?

24. 配制 pH 为 7.40 的缓冲溶液 1 000ml,应取 0.10mol/L KH_2PO_4 溶液和 0.10mol/L Na_2HPO_4 溶液各多少毫升?

25. 0.10mol/L $NH_3\cdot H_2O$ 200ml 与 0.20mol/L NH_4Cl 溶液 100ml 混合,此溶液的 pH 为多少?

26. 欲配制 37℃ 时 pH 近似为 7.40 的缓冲溶液,在 100ml Tris 和 Tris·HCl 浓度均为 0.050mol/L 的溶液中,需加入 0.050mol/L HCl 溶液多少毫升?(已知 Tris·HCl 在 37℃ 时,$pK^{\ominus}_a$ 为 7.85)

27. 临床检验测得三人血浆中 HCO_3^- 和 $CO_{2溶解}$ 的浓度如下:

甲:$[HCO_3^-]=24.0$mmol/L,$[CO_2]_{溶解}=1.20$mmol/L

乙:$[HCO_3^-]=21.6$mmol/L,$[CO_2]_{溶解}=1.34$mmol/L

丙:$[HCO_3^-]=56.0$mmol/L,$[CO_2]_{溶解}=1.40$mmol/L

试计算三人血浆的 pH,并判断何人属正常,何人属酸中毒(pH<7.35),何人属碱中毒(pH>7.45)。已知 $pK^{\ominus}_{a_1,H_2CO_3}=6.10$(37℃)。

28. 在以下 3 种情况下,各形成什么缓冲溶液?它们的理论缓冲范围各是多少?

(1) 等体积的 0.10mol/L H_3PO_4 溶液与 0.05mol/L NaOH 溶液混合。

(2) 等体积的 0.10mol/L H_3PO_4 溶液与 0.15mol/L NaOH 溶液混合。

(3) 等体积的 0.10mol/L H_3PO_4 溶液与 0.25mol/L NaOH 溶液混合。

29. 配制 pH=10.00 的缓冲溶液 1 000ml,

(1) 今有缓冲系 HAc-NaAc、KH_2PO_4-Na_2HPO_4、NH_3-NH_4Cl,问选用何种缓冲系最好?

(2) 如选用的缓冲系的总浓度为 0.20mol/L,问需要固体酸多少克(忽略体积变化)?需要 0.50mol/L 的共轭碱溶液多少毫升?

30. 50ml 0.10mol/L 的某一元弱酸(HB)溶液与 32ml 0.10mol/L NaOH 溶液混合,并稀释至 100ml,已知此缓冲溶液的 pH 为 5.12,求 HB 的 $K^{\ominus}_a$ 值。

第四章

沉淀-溶解平衡

学习目标

1. 理解溶度积常数和溶度积原理。
2. 掌握溶度积与溶解度之间的关系。
3. 掌握溶度积规则及沉淀的生成和溶解的条件，理解分步沉淀、沉淀的转化、沉淀-溶解平衡的移动。
4. 了解沉淀反应在药物生产、质量控制、离子分离等方面的应用。

在科学实验及药物生产中，常常用到沉淀-溶解平衡原理来制备难溶化合物、分离多种离子、除去溶液中的杂质、进行重量分析等。严格地说，绝对不溶于水的物质是不存在的，任何物质在水中都能或多或少地溶解。通常把溶解度小于 0.01g/100g(H_2O)的物质叫作“难溶物”。难溶物在水中能够完全电离者，称难溶强电解质。难溶强电解质的沉淀-溶解平衡是难溶强电解质与其溶解后的离子之间所进行的多相动态平衡。

第一节　溶度积和溶度积原理

一、溶度积常数

在一定温度下，将难溶强电解质 AgCl 固体与水混合，AgCl 固体表面上的一些 Ag^+ 和 Cl^- 在极性水分子的作用下，以水合离子的形式进入水中，这个过程称为**溶解**(dissolution)。同时，水合离子 $Ag^+(aq)$ 和 $Cl^-(aq)$ 处在不断的无序运动中，有些 $Ag^+(aq)$ 和 $Cl^-(aq)$ 会在固体表面正负离子的作用下重新沉积到 AgCl 固体表面上，这个过程称为**沉淀**(precipitation)。

当溶解过程和沉淀过程的速率相等时，体系达到动态平衡，称为**沉淀-溶解平衡**(equilibrium of precipitation-dissolution)。此平衡可表示为：

$$AgCl(s) \underset{沉淀}{\overset{溶解}{\rightleftharpoons}} Ag^+(aq) + Cl^-(aq)$$

该平衡是固-液两相之间的平衡，属于多相平衡。根据化学平衡定律，上述平衡常数的表达式为：

$$K^{\ominus}_{sp,AgCl} = a_{Ag^+} \cdot a_{Cl^-}$$

达到沉淀-溶解平衡时溶液中的各离子活度不再随时间改变，溶液则为该温度下

AgCl 的饱和溶液。平衡常数 $K_{sp}^{\ominus}$是饱和溶液中的水合离子活度的幂的乘积，称为活度积常数，简称**活度积**（activity product）。由于讨论的是难溶强电解质，溶解度都很小，溶液中离子浓度较少，离子间相互作用可忽略，因此，可以用浓度代替活度，用溶度积代替活度积。

所以，上述平衡常数表达式又可表示为：

$$K_{sp,AgCl}^{\ominus}=\frac{c_{Ag^+}}{c^{\ominus}}\cdot\frac{c_{Cl^-}}{c^{\ominus}}$$

常简写为：$K_{sp}^{\ominus}=[Ag^+][Cl^-]$

$K_{sp}^{\ominus}$是难溶强电解质沉淀-溶解平衡的平衡常数，反映了物质的溶解能力，故称为溶度积常数，简称**溶度积**（solubility product）。该常数以“sp”为下标（sp 是英文 solubility product 的缩写）。表达式中 c_{Ag^+}、c_{Cl^-}是平衡浓度，单位是 mol/L；$c^{\ominus}=1mol/L$；$[Ag^+]$、$[Cl^-]$是相对平衡浓度，单位为 1。$K_{sp}^{\ominus}$的量纲为 1。

每一种难溶强电解质，在一定温度下，都有自己的溶度积。不同类型的难溶强电解质又有其不同的溶度积表达式。

例：$ZnS(s)\rightleftharpoons Zn^{2+}+S^{2-}$（为简便起见，可略去水合符号“aq”）

达平衡时 $K_{sp}^{\ominus}=[Zn^{2+}][S^{2-}]$

反应 $PbCl_2(s)\rightleftharpoons Pb^{2+}+2Cl^-$

达平衡时 $K_{sp}^{\ominus}=[Pb^{2+}][Cl^-]^2$

归纳起来，可用通式表示：

$$A_mB_n(s)\rightleftharpoons mA^{n+}+nB^{m-}$$

达到平衡时 $K_{sp}^{\ominus}=[A^{n+}]^m\cdot[B^{m-}]^n$

上式表示，**在一定温度下，难溶强电解质的饱和溶液中，各组分离子相对平衡浓度幂的乘积是一常数。**

$K_{sp}^{\ominus}$与其他化学平衡常数一样，只与难溶强电解质的本性和温度有关，而与离子浓度无关。$K_{sp}^{\ominus}$一般随温度的变化不大，通常采用 291~298K 时的 $K_{sp}^{\ominus}$。一些常见难溶强电解质的 $K_{sp}^{\ominus}$ 列在书后附录三。

二、溶度积和溶解度的关系

溶度积 $K_{sp}^{\ominus}$从平衡常数角度表示难溶强电解质溶解的趋势，溶解度 S（难溶物饱和溶液的浓度）也可以表示难溶物溶解的程度，两者之间存在着必然的联系。不同类型的难溶强电解质，溶度积与溶解度之间的定量关系不同。

（一）AB 型难溶强电解质

此类型的难溶物质有 AgBr、$BaSO_4$、$PbCrO_4$、$CaCO_3$ 等。在达到沉淀-溶解平衡时，生成的正离子和负离子的物质的量相等。因此，溶液中正、负离子的相对浓度在数值上就等于该物质的溶解度。

设 AB 型难溶强电解质的溶解度为 S mol/L，则：

$$AB(s)\rightleftharpoons A^++B^-$$

平衡浓度/(mol/L) S S

$$K_{sp}^{\ominus}=[A^+]\cdot[B^-]=S^2$$

$$S=\sqrt{K_{sp}^{\ominus}}$$

例 4-1 已知 291~298K 时 AgCl 的 $K_{sp}^{\ominus}=1.77\times10^{-10}$，求 AgCl 的溶解度。

解：在 AgCl 的饱和溶液中存在如下平衡：

$$AgCl(s) \rightleftharpoons Ag^{+}+Cl^{-}$$

平衡浓度/(mol/L)　　　　　　　　S　　S

$$K_{sp}^{\ominus}=[Ag^{+}][Cl^{-}]=S^2$$

$$S=\sqrt{K_{sp,AgCl}^{\ominus}}=\sqrt{1.77\times10^{-10}}=1.33\times10^{-5}(mol/L)$$

(二) AB_2 型或 A_2B 型难溶强电解质

此类型的难溶物质有 $Mn(OH)_2$、$PbCl_2$、Ag_2CrO_4 等，其溶度积与溶解度之间的关系如下：

以 AB_2 型为例，设其溶解度为 S mol/L，则：

$$AB_2(s) \rightleftharpoons A^{2+}+2B^{-}$$

平衡浓度/(mol/L)　　　　　　　　S　　$2S$

$$K_{sp}^{\ominus}=[A^{2+}][B^{-}]^2=S\cdot(2S)^2=4S^3 \qquad S=\sqrt[3]{\frac{K_{sp}^{\ominus}}{4}}$$

例 4-2 在 291~298K 时，$Mg(OH)_2$ 的溶度积是 5.61×10^{-12}。若 $Mg(OH)_2$ 在饱和溶液中完全解离，试计算 $Mg(OH)_2$ 在水中溶解度及 Mg^{2+}、OH^{-} 的浓度。

解：设 $Mg(OH)_2$ 在水中的溶解度为 S mol/L，则：

$$Mg(OH)_2(s) \rightleftharpoons Mg^{2+}(aq)+2OH^{-}(aq)$$

平衡浓度/(mol/L)　　　　　　　　S　　　　$2S$

$$K_{sp}^{\ominus}=S(2S)^2=5.61\times10^{-12}$$

所以：$S=\sqrt[3]{\frac{K_{sp}^{\ominus}}{4}}=\sqrt[3]{5.61\times10^{-12}/4}=1.12\times10^{-4}(mol/L)$

溶液中各离子浓度：

$$c_{Mg^{2+}}=[Mg^{2+}]=S=1.12\times10^{-4}(mol/L)$$

$$c_{OH^{-}}=[OH^{-}]=2S=2.24\times10^{-4}(mol/L)$$

(三) AB_3 型或 A_3B 型难溶强电解质

当此类型难溶强电解质溶液与沉淀达到平衡时，设其溶解度为 S mol/L：

$$AB_3(s) \rightleftharpoons A^{3+}+3B^{-}$$

平衡浓度/(mol/L)　　　　　　　　S　　$3S$

$$K_{sp}^{\ominus}=[A^{3+}]\cdot[B^{-}]^3=S(3S)^3=27S^4$$

$$S=\sqrt[4]{\frac{K_{sp}^{\ominus}}{27}}$$

笔记栏

对于一般的难溶强电解质沉淀反应来说，可以 A_mB_n 通式表示，设一定温度下其溶解度为 S，则饱和溶液中存在如下平衡：

$$A_mB_n(s) \rightleftharpoons mA^{n+} + nB^{m-}$$

平衡浓度/(mol/L)　　　　　　　　mS　　　nS

$$K_{sp}^{\ominus} = [A^{n+}]^m \cdot [B^{m-}]^n$$

$$= (mS)^m \cdot (nS)^n$$

$$= m^m \cdot n^n \cdot S^{m+n}$$

$$S = \sqrt[m+n]{\frac{K_{sp}^{\ominus}}{m^m n^n}}$$

上述溶解度与溶度积换算关系须满足以下条件：

1. 仅适用于溶解度很小的难溶强电解质。

难溶强电解质的溶解度小，饱和溶液中离子浓度小，离子间相互作用弱，可以用浓度代替活度进行计算。

2. 仅适用于溶解后电离出的离子在水溶液中不发生任何化学反应的难溶强电解质，不适用于易水解的难溶电解质。

例如对某些难溶性的硫化物、碳酸盐和磷酸盐水溶液来说，就不能忽略各阴离子的水解反应。

3. 仅适用于溶解后一步完全电离的难溶强电解质。不适用于难溶弱电解质。

如 $Fe(OH)_3$ 在水溶液中分三步电离：

$$Fe(OH)_3 \rightleftharpoons Fe(OH)_2^+ + OH^- \qquad K_1^{\ominus}$$

$$Fe(OH)_2^+ \rightleftharpoons Fe(OH)^{2+} + OH^- \qquad K_2^{\ominus}$$

$$Fe(OH)^{2+} \rightleftharpoons Fe^{3+} + OH^- \qquad K_3^{\ominus}$$

相对总解离平衡，虽存在 $[Fe^{3+}] \cdot [OH^-]^3 = K_{sp}^{\ominus}$ 的关系，但溶液中 $[Fe^{3+}]$ 与 $[OH^-]$ 之比并不等于1∶3；又如 $HgCl_2$ 等共价型难溶电解质，溶解部分并不都以简单离子存在，上述关系也不适用。

综上所述，用 $K_{sp}^{\ominus}$ 值可以比较难溶强电解质溶解度的大小。在一定温度下，同种类型的难溶强电解质，$K_{sp}^{\ominus}$ 越大则溶解度越大。不同类型的难溶电解质，则不能用 $K_{sp}^{\ominus}$ 的大小来直接比较溶解度的大小，必须经过换算才能得出结论。溶解度与溶液中存在的离子有关，$K_{sp}^{\ominus}$ 在一定温度下值不变。

只有相同类型、基本不水解的难溶强电解质，可直接根据溶度积大小来比较溶解度的大小。如表 4-1 所示。

表 4-1　不同类型难溶电解质 $K_{sp}^{\ominus}$ 与溶解度数值（298.15K）

类型	难溶电解质	$K_{sp}^{\ominus}$	S/(mol/L)
AB	AgCl	1.77×10^{-10}	1.33×10^{-5}
	AgBr	5.35×10^{-13}	7.33×10^{-7}
	AgI	8.52×10^{-17}	9.25×10^{-9}
AB_2	MgF_2	5.16×10^{-12}	3.72×10^{-4}
A_2B	Ag_2CrO_4	1.12×10^{-12}	6.54×10^{-5}

笔记栏

三、溶度积规则

根据溶度积常数可以判断沉淀、溶解反应进行的方向。某难溶电解质溶液中，在一定条件下，其离子相对浓度的幂的乘积称**离子积**（又称浓度积），用 Q 表示。

如 $BaSO_4$ 的离子积为：

$$Q=c_{Ba^{2+}}\cdot c_{SO_4^{2-}}$$

$K_{sp}^{\ominus}$特指难溶强电解质的饱和溶液中，各有关离子相对浓度的幂的乘积，在一定温度下，是一常数。而 Q 是任意情况下，各有关离子相对浓度的幂的乘积，在一定温度下，其数值不定。$K_{sp}^{\ominus}$仅仅是 Q 的一个特例。

在任何给定的溶液中：

当 $Q=K_{sp}^{\ominus}$时，溶液为饱和溶液，即达到沉淀-溶解平衡状态。

当 $Q<K_{sp}^{\ominus}$时，溶液为不饱和溶液，无沉淀析出；若体系中有固体存在，沉淀物溶解，直至达新的平衡（饱和）为止。

当 $Q>K_{sp}^{\ominus}$时，溶液为过饱和溶液，有新沉淀从溶液中析出，直至饱和为止。

上述 Q 与 $K_{sp}^{\ominus}$的关系及其结论称**溶度积规则**（the rule of solubility），是沉淀-溶解平衡移动规律的总结，可以用来判断沉淀的生成和溶解，或者沉淀和溶液是否处于平衡状态，是沉淀反应的基本规则。

第二节 沉淀-溶解平衡

ER-4-1 肾结石的形成

沉淀-溶解平衡是一种动态平衡，当改变平衡条件，平衡将会发生移动，或者生成沉淀，或者使沉淀溶解。

一、沉淀的生成

根据溶度积规则，欲使某物质生成沉淀，必须满足 $Q>K_{sp}^{\ominus}$，通常采用加入沉淀剂的方法。加入沉淀剂，增大离子浓度，使平衡向生成沉淀的方向移动。

例 4-3 将 0.100mol/L 的 $MgCl_2$ 溶液和等体积同浓度的 NH_3 水溶液混合，能否生成 $Mg(OH)_2$ 沉淀？已知 $K_{sp,Mg(OH)_2}^{\ominus}=5.61\times10^{-12}$；$K_{b,NH_3}^{\ominus}=1.74\times10^{-5}$。

解：两溶液等体积混合后，溶液中：

$$c_{Mg^{2+}}=c_{MgCl_2}=0.050\ 0\text{mol/L}$$

c_{OH^-}等于混合溶液中的 NH_3 产生的 OH^-。

$$NH_3+H_2O \rightleftharpoons NH_4^++OH^-$$

$c_{NH_3}=0.050\ 0\text{mol/L}$，$c/K_{b,NH_3}^{\ominus}\geqslant400$，可用最简式求算 c_{OH^-}。

$$c_{OH^-}=[OH^-]=\sqrt{K_b^{\ominus}c}=\sqrt{1.74\times10^{-5}\times0.050\ 0}=9.33\times10^{-4}(\text{mol/L})$$

$$Q=c_{Mg^{2+}}c_{OH^-}{}^2=0.050\ 0\times(9.33\times10^{-4})^2=4.35\times10^{-8}>K_{sp,Mg(OH)_2}^{\ominus}$$

答：根据溶度积规则，溶液中有 $Mg(OH)_2$ 沉淀生成。

例 4-4 向 1.0×10^{-2}mol/L $CuSO_4$ 溶液中通入 H_2S 气体，求：①开始有 CuS 沉淀生成时

笔记栏

的$[S^{2-}]$；②Cu^{2+}沉淀完全时，$[S^{2-}]$是多大？已知$K^{\ominus}_{sp,CuS}=6.3\times10^{-36}$。

解：(1) $CuS(s)\rightleftharpoons Cu^{2+}+S^{2-}$

$$K^{\ominus}_{sp}=[Cu^{2+}][S^{2-}]$$

故　$$[S^{2-}]=\frac{K^{\ominus}_{sp}}{[Cu^{2+}]}=\frac{6.3\times10^{-36}}{1.0\times10^{-2}}=6.3\times10^{-34}(mol/L)$$

当$[S^{2-}]=6.3\times10^{-34}mol/L$时，开始有CuS沉淀生成。

(2) 一般情况下，离子与沉淀剂生成沉淀物后在溶液中的残留浓度低于$1.0\times10^{-5}mol/L$时，则认为该离子已被沉淀完全。

依题意，$[Cu^{2+}]=1.0\times10^{-5}mol/L$

则　$$[S^{2-}]=\frac{K^{\ominus}_{sp}}{[Cu^{2+}]}=\frac{6.3\times10^{-36}}{1.0\times10^{-5}}=6.3\times10^{-31}(mol/L)$$

即：当$[S^{2-}]=6.31\times10^{-31}mol/L$时，$Cu^{2+}$已被沉淀完全。

例 4-5　在0.50mol/L $MgCl_2$溶液中加入等体积的0.10mol/L氨水，若此氨水中同时含有0.020mol/L的NH_4Cl，试问能否生成$Mg(OH)_2$沉淀？已知：$K^{\ominus}_{sp,Mg(OH)_2}=5.61\times10^{-12}$；$K^{\ominus}_{b,NH_3\cdot H_2O}=1.74\times10^{-5}$。

解：　混合液中：$c_{Mg^{2+}}=\frac{0.50}{2}=0.25(mol/L)$

$$c_{NH_3\cdot H_2O}=\frac{0.10}{2}=0.050(mol/L)$$

$$c_{NH_4^+}=\frac{0.020}{2}=0.010(mol/L)$$

溶液中的OH^-是由0.050mol/L的$NH_3\cdot H_2O$和0.010mol/L的NH_4Cl组成的缓冲溶液提供的，根据缓冲溶液求OH^-浓度的计算公式得：

$$c_{OH^-}=[OH^-]=\frac{K^{\ominus}_b\cdot[NH_3\cdot H_2O]}{[NH_4^+]}=\frac{1.74\times10^{-5}\times0.05}{0.01}\times1=8.7\times10^{-5}(mol/L)$$

$$Q=c_{Mg^{2+}}\cdot c_{OH^-}{}^2=0.25\times(8.7\times10^{-5})^2=1.9\times10^{-9}>K^{\ominus}_{sp,Mg(OH)_2}$$

根据溶度积规则，有$Mg(OH)_2$沉淀产生。

二、沉淀的溶解

沉淀物与溶液共存，如果使$Q<K^{\ominus}_{sp}$，则沉淀物要发生溶解。使Q减小的方法有几种，通过生成弱电解质、氧化还原和生成配位化合物的方法可以使有关离子浓度减小，从而达到$Q<K^{\ominus}_{sp}$的目的。许多难溶物质遇到酸、碱溶液时，由于反应生成H_2O、弱酸、弱碱、难解离的弱电解质等而发生溶解。氧化还原和配位平衡对沉淀平衡的影响将放在后面有关章节中讨论，本节重点讨论酸碱电离平衡对沉淀溶解平衡的影响。

FR-4-2 水垢的形成和清除

通常来说，氢氧化物、金属硫化物和弱酸盐的难溶电解质受酸碱电离平衡影响。通过控制溶液的pH可以使其沉淀或溶解。

如难溶氢氧化物的沉淀-溶解平衡：

$$M(OH)_n(s) \rightleftharpoons M^{n+} + nOH^-$$

平衡时：$[OH^-] = \sqrt[n]{\dfrac{K_{sp}^{\ominus}}{[M^{n+}]}}$

开始沉淀时，需满足：$[OH^-] \geqslant \sqrt[n]{\dfrac{K_{sp}^{\ominus}}{[M^{n+}]}}$

沉淀完全时，需满足：$[OH^-] \geqslant \sqrt[n]{\dfrac{K_{sp}^{\ominus}}{1.0\times10^{-5}}}$

例 4-6　计算欲使 0.010mol/L Fe^{3+}开始沉淀和完全沉淀时的 pH。（已知 $K_{sp,Fe(OH)_3}^{\ominus}$为 2.79×10^{-39}）

解：(1) 开始沉淀所需的 pH

$$Fe(OH)_3(s) \rightleftharpoons Fe^{3+} + 3OH^-$$

$$[OH^-] = \sqrt[3]{\frac{K_{sp}^{\ominus}}{[Fe^{3+}]}} = \sqrt[3]{\frac{2.79\times10^{-39}}{0.010}} = 6.53\times10^{-13}(mol/L)$$

$$pH = 14 - pOH = 14 - 12.19 = 1.81$$

(2) 沉淀完全所需 pH

$$[OH^-] = \sqrt[3]{\frac{K_{sp}^{\ominus}}{[Fe^{3+}]}} = \sqrt[3]{\frac{2.79\times10^{-39}}{1.0\times10^{-5}}} = 6.53\times10^{-12}(mol/L)$$

$$pH = 14 - pOH = 14 - 11.19 = 2.81$$

答：使 0.010mol/L Fe^{3+}开始沉淀的 pH 为 1.81，使 Fe^{3+}完全沉淀的 pH 为 2.81。

通过上例可知，氢氧化物开始沉淀和完全沉淀不一定在碱性环境。不同难溶氢氧化物的 $K_{sp}^{\ominus}$值不同，分子式不同，它们沉淀所需的 pH 也不同。因此，可通过控制 pH 达到分离金属离子的目的。

硫化物的 $K_{sp}^{\ominus}$相差很大，其沉淀、溶解情况比较复杂。在用酸溶解硫化物时，体系中同时存在硫化物的沉淀-溶解平衡及 H_2S 的电离平衡。应用多重平衡规则，可以导出用 1L HCl 溶解 0.10mol 硫化物 MS 达到平衡时 H^+浓度的公式。

$$MS(s) + 2H^+ \rightleftharpoons M^{2+} + H_2S$$

$$K = \frac{[M^{2+}][H_2S]}{[H^+]^2} = \frac{[M^{2+}][H_2S][S^{2-}]}{[H^+]^2[S^{2-}]} = \frac{K_{sp}^{\ominus}}{K_{a_1}^{\ominus}K_{a_2}^{\ominus}}$$

$$[H^+] = \sqrt{\frac{K_{a_1}^{\ominus}K_{a_2}^{\ominus}[M^{2+}][H_2S]}{K_{sp}^{\ominus}}}$$

其中 H_2S 的 $K_{a_1}^{\ominus} = 1.32\times10^{-7}$；$K_{a_2}^{\ominus} = 7.08\times10^{-15}$；$[M^{2+}] = 0.10mol/L$，$[H_2S] \approx 0.10mol/L$（饱和 H_2S 的浓度）。

笔记栏

$$[H^+]=\sqrt{\frac{1.32\times10^{-7}\times7.08\times10^{-15}\times0.10\times0.10}{K_{sp}^{\ominus}}}$$

$$=\sqrt{\frac{9.34\times10^{-24}}{K_{sp}^{\ominus}}}$$

达到平衡时 c_{H^+} 可以用上式计算，显然，欲使一定量硫化物溶解，所需 H^+ 浓度为 0.2mol/L。

例 4-7　计算使 0.10mol 的 MnS、ZnS、CuS 溶解于 1L 的 HCl 中所需 HCl 的最低浓度。

解：查表得：$K_{sp,MnS}^{\ominus}=2.5\times10^{-13}$；$K_{sp,ZnS}^{\ominus}=1.6\times10^{-24}$；$K_{sp,CuS}^{\ominus}=6.3\times10^{-36}$。

对 MnS：$[H^+]=\sqrt{\frac{9.34\times10^{-24}}{2.5\times10^{-13}}}=6.1\times10^{-6}(mol/L)$

$c_{H^+}=0.20+6.1\times10^{-6}\approx0.20(mol/L)$

对 ZnS：$[H^+]=\sqrt{\frac{9.34\times10^{-24}}{1.6\times10^{-24}}}=2.4(mol/L)$

$c_{H^+}=2.4+0.20=2.6(mol/L)$

对 CuS：$[H^+]=\sqrt{\frac{9.34\times10^{-24}}{6.3\times10^{-36}}}=1.2\times10^{6}(mol/L)$

$c_{H^+}=0.2+1.2\times10^{6}\approx1.2\times10^{6}(mol/L)$

通过计算看出，$K_{sp}^{\ominus}$较大的 MnS 不仅可以溶于 HCl，甚至在 HAc 中也能溶解（0.10mol/L 的 HAc 的$[H^+]=1.3\times10^{-3}mol/L$），$K_{sp}^{\ominus}$极小的 CuS 则不能溶于 HCl（最高浓度为 12mol/L）。

因此，用 S^{2-}沉淀金属离子可以通过控制 pH 的范围使不同金属离子分离。

三、分步沉淀

以上讨论的是溶液中只生成一种沉淀的情况。有时溶液里常常同时会有多种离子，当加入某种试剂时，往往这些离子都能与之反应生成多种沉淀。在这种情况下，离子的沉淀按什么顺序进行呢？第二种离子沉淀时，第一种离子沉淀到什么程度呢？现以 $AgNO_3$ 沉淀 Br^-、I^-为例，运用溶度积规则讨论如下：

例 4-8　在含有 0.010 0mol/L 的 Br^-和 0.010 0mol/L 的 I^-的溶液中，逐滴加入 $AgNO_3$，哪一种离子先沉淀？当第二种离子开始沉淀时，第一离子是否沉淀完全？（忽略滴加 $AgNO_3$ 溶液后，引起的体积变化）

解：(1) 根据溶度积规则，AgBr 和 AgI 刚开始沉淀时所需要的 Ag^+浓度分别是：

$$c_{1,Ag^+}=\frac{K_{sp,AgBr}^{\ominus}}{c_{Br^-}}=\frac{5.35\times10^{-13}}{0.010\,0}=5.35\times10^{-11}(mol/L)$$

$$c_{2,Ag^+}=\frac{K_{sp,AgI}^{\ominus}}{c_{I^-}}=\frac{8.52\times10^{-17}}{0.010\,0}=8.52\times10^{-15}(mol/L)$$

结果表明，逐滴加入 $AgNO_3$ 时，离子浓度的幂次方乘积首先达到 AgI 的溶度积，AgI 先沉淀出来。

笔记栏

（2）当 Br^- 开始沉淀时，溶液对于 AgBr 来说已达饱和，这时 Ag^+ 同时满足 2 个沉淀平衡，即：

$$AgBr(s) \rightleftharpoons Ag^+ + Br^- \qquad [Ag^+]_1 = \frac{K^{\ominus}_{sp,AgBr}}{[Br^-]}$$

$$AgI(s) \rightleftharpoons Ag^+ + I^- \qquad [Ag^+]_2 = \frac{K^{\ominus}_{sp,AgI}}{[I^-]}$$

$$[Ag^+]_1 = [Ag^+]_2 = \frac{K^{\ominus}_{sp,AgBr}}{[Br^-]} = \frac{K^{\ominus}_{sp,AgI}}{[I^-]}$$

设 Br^- 浓度不随 $AgNO_3$ 的加入而变化，则

$$[I^-] = \frac{K^{\ominus}_{sp,AgI}}{K^{\ominus}_{sp,AgBr}} \cdot [Br^-] = \frac{8.52\times10^{-17}}{5.35\times10^{-13}}\times0.010\,0\text{mol/L}$$

$$=1.59\times10^{-6}\text{mol/L}<1.0\times10^{-5}\text{mol/L}$$

计算结果说明，AgBr 开始沉淀时，I^- 已经沉淀完全。在一般分析中，当离子浓度小于或者等于 10^{-5}mol/L 时，可认为该离子已经沉淀完全。因此，题目当中这种情况，可认为这两种离子已得到完全分离。

加入一种沉淀剂，使溶液中多种离子按到达溶度积的先后次序分别沉淀出来的现象称为**分步沉淀**（fractional precipitation）。离子沉淀的次序决定于沉淀物的 $K^{\ominus}_{sp}$ 和被沉淀离子的浓度。对于同类型的沉淀，若沉淀的 $K^{\ominus}_{sp}$ 相差较大，则 $K^{\ominus}_{sp}$ 小的先沉淀，$K^{\ominus}_{sp}$ 大的后沉淀；若两者 $K^{\ominus}_{sp}$ 相差不大，且被沉淀离子的浓度又相差过于悬殊的话，就要具体问题具体分析了。对于不同类型的沉淀，因有不同幂次的关系，就不能直接根据 $K^{\ominus}_{sp}$ 值来判断沉淀的先后次序，必须根据计算结果确定。所需沉淀剂量小的难溶物先沉淀。

例 4-9　在含有 0.010 0mol/L 的 Cl^- 和 0.010 0mol/L 的 CrO_4^{2-} 的溶液中，逐滴加入 $AgNO_3$，哪一种离子先沉淀？（忽略滴加 $AgNO_3$ 溶液后，引起的体积变化）

解：查附录三得：$K^{\ominus}_{sp,AgCl}=1.77\times10^{-10}$；$K^{\ominus}_{sp,Ag_2CrO_4}=1.12\times10^{-12}$

AgCl 和 Ag_2CrO_4 开始沉淀时所需的 Ag^+ 浓度分别是：

$$[Ag^+] = \frac{K^{\ominus}_{sp,AgCl}}{[Cl^-]} = \frac{1.77\times10^{-10}}{0.010\,0} = 1.77\times10^{-8}(\text{mol/L})$$

$$[Ag^+]' = \sqrt{\frac{K^{\ominus}_{sp,Ag_2CrO_4}}{[CrO_4^{2-}]}} = \sqrt{\frac{1.12\times10^{-12}}{0.010\,0}} = 1.06\times10^{-5}(\text{mol/L})$$

虽然，$K^{\ominus}_{sp,AgCl}>K^{\ominus}_{sp,Ag_2CrO_4}$，但沉淀 Cl^- 所需的 Ag^+ 浓度较小，反而是 AgCl 先沉淀。

掌握了分步沉淀的原理，根据具体情况，适当地控制条件，可以达到分离离子的目的，如难溶氢氧化物、难溶硫化物的分离等，将在下一节详细讨论。

四、沉淀的转化

通过化学反应将一种沉淀转化为另一种沉淀的过程称**沉淀的转化**（transformation of precipitation）。沉淀的转化一般有下列两种情况。可简单表示为：

$$MX(s) + Y \rightleftharpoons MY(S) + X$$

笔记栏

1. 溶解度较大的沉淀转化为溶解度较小的沉淀　在盛有白色 $BaCO_3$ 沉淀的试管中加入淡黄色的 K_2CrO_4 溶液，充分搅拌，白色沉淀将转化为黄色沉淀。反应为：

$$\underset{\text{白色}}{BaCO_3(s)} + CrO_4^{2-} \rightleftharpoons \underset{\text{黄色}}{BaCrO_4(s)} + CO_3^{2-}$$

该反应的平衡常数为：

$$K_{\text{转化}} = \frac{[CO_3^{2-}]}{[CrO_4^{2-}]} = \frac{[CO_3^{2-}][Ba^{2+}]}{[CrO_4^{2-}][Ba^{2+}]} = \frac{K^{\ominus}_{sp,BaCO_3}}{K^{\ominus}_{sp,BaCrO_4}} = \frac{2.58\times10^{-9}}{1.17\times10^{-10}} = 22$$

达到转化平衡时，溶液中的 $[CO_3^{2-}]$ 和 $[CrO_4^{2-}]$ 的浓度比为 22。这表明，只要溶液中 $[CrO_4^{2-}]$ 的浓度大于 1/22 的 $[CO_3^{2-}]$，即保持 $[CrO_4^{2-}]>0.045[CO_3^{2-}]$，$BaCO_3$ 沉淀即可完全转化为 $BaCrO_4$，这显然是可以做到的。

根据转化平衡常数的大小可以判断转化的可能性。沉淀转化的平衡常数 $K^{\ominus}$ 很大，因此转化反应不仅能自发进行，而且进行得很完全。$K^{\ominus}>1$，转化较易进行；$K^{\ominus}<1$，则转化较难进行；$K^{\ominus}$ 越大，转化进行的程度越大；$K^{\ominus}\geqslant10^6$，转化反应进行得比较完全。

这类将溶解度较大的沉淀转化为溶解度较小的沉淀的方法在实践中有十分重要的意义。例如，用 Na_2CO_3 溶液可以使锅垢中的 $CaSO_4$ 转化为较疏松而易清除的 $CaCO_3$；用 Na_2SO_4 溶液处理工业残渣中的 $PbCl_2$，可将 $PbCl_2$ 转化为 $PbSO_4$ 等。

2. 难溶强电解质转化为稍易溶的难溶强电解质　一般来说，由难溶强电解质转化为更难溶的强电解质，由于转化反应的 $K^{\ominus}>1$，转化较容易实现。反过来，由溶解度小的沉淀转化为溶解度较大的沉淀，由于转化反应的 $K^{\ominus}<1$，这种转化比较困难。但当两种沉淀溶解度相差不是太大，控制一定的条件，还是可以进行的。

例如：钡的重要矿物资源之一是重晶石，即 $BaSO_4$，它不仅难溶，而且不溶于各种酸（如盐酸、硝酸、醋酸等）。以它为原料制取各种钡盐的方法之一是将它转化为可以用盐酸溶解的 $BaCO_3$。

$K^{\ominus}_{sp,BaSO_4}=1.08\times10^{-10}<K^{\ominus}_{sp,BaCO_3}=2.58\times10^{-9}$，$BaSO_4$ 的溶解度比 $BaCO_3$ 的溶解度小，但控制条件，将 $BaSO_4$ 用 Na_2CO_3 处理，还是可以转化为 $BaCO_3$ 沉淀的。

转化反应如下：

$$BaSO_4(s) + CO_3^{2-} \rightleftharpoons BaCO_3(s) + SO_4^{2-}$$

$$K^{\ominus} = \frac{[SO_4^{2-}]}{[CO_3^{2-}]} = \frac{K^{\ominus}_{sp,BaSO_4}}{K^{\ominus}_{sp,BaCO_3}} = \frac{1.08\times10^{-10}}{2.58\times10^{-9}} = \frac{1}{24}$$

平衡常数 $K^{\ominus}=\frac{1}{24}$，不是太小，只要控制溶液中的 $[CO_3^{2-}]>24[SO_4^{2-}]$，反应即可正向进行。实际操作中，可用饱和 Na_2CO_3 溶液处理 $BaSO_4$ 沉淀 3~4 次，转化反应进行得还比较完全。

必须指出的是，这种转化只适用于溶解度相差不大的沉淀之间。如果两沉淀的溶解度相差很大，转化反应的 $K^{\ominus}$ 很小，这种转化将是十分困难的，甚至是不可能的。

五、同离子效应和盐效应

同离子效应和盐效应对酸碱平衡的影响，同样对沉淀-溶解平衡过程有影响。

1. 同离子效应　在难溶强电解质溶液中，加入与难溶强电解质具有相同离子的易溶强电解质，使难溶强电解质的溶解度减小的效应，称沉淀-溶解平衡中的**同离子效应**（common-

笔记栏

ion effect)。

例如,在 AgCl 的饱和溶液中加入 NaCl,存在如下平衡关系:

$$AgCl(s) \rightleftharpoons Ag^+ + Cl^-$$

$$NaCl \longrightarrow Na^+ + Cl^-$$

由于 NaCl 的加入,溶液中 Cl^- 浓度增大,此时 $Q>K_{sp}^{\ominus}$,平衡将发生左移,生成更多的 AgCl 沉淀,直至建立新的平衡 $Q=K_{sp}^{\ominus}$ 为止。其结果导致 AgCl 的溶解度减小。

例 4-10 已知 298.15K 时,AgCl 在纯水中的溶解度为 1.33×10^{-5}mol/L,分别计算 AgCl 在 0.100mol/L HCl 溶液和 0.20mol/L $AgNO_3$ 溶液中的溶解度。

已知:$K_{sp,AgCl}^{\ominus}=1.77\times10^{-10}$。

解:(1) 设 AgCl 在 0.10mol/L HCl 溶液中的溶解度为 S_1,则有:

$$AgCl(s) \rightleftharpoons Ag^+ + Cl^-$$

相对平衡浓度/(mol/L) S_1 $S_1+0.100$

根据溶度积规则:$K_{sp,AgCl}^{\ominus}=S_1(S_1+0.100)\approx0.100S_1$

$$S_1=1.77\times10^{-9}\text{mol/L}$$

(2) 设 AgCl 在 0.20mol/L $AgNO_3$ 溶液中的溶解度为 S_2,则平衡时:

$$[Ag^+]=0.20+S_2\approx0.20\text{mol/L} \qquad [Cl^-]=S_2$$

根据溶度积规则:$K_{sp,AgCl}^{\ominus}=[Ag^+][Cl^-]=0.20S_2$

$$S_2=8.8\times10^{-10}\text{mol/L}$$

由计算结果可知,在 AgCl 的平衡体系中,加入含有共同 Ag^+ 或 Cl^- 的试剂后,AgCl 的溶解度均降低很多。在一定浓度范围内,加入的同离子量越多,其溶解度降低得越多。因此,实际工作中常利用加入适当过量的沉淀剂,产生同离子效应,使沉淀反应更趋完全。但由于溶度积常数所示的离子浓度间的制约关系,被沉淀离子不可能从溶液中绝迹。

2. 盐效应 **盐效应**(salt effect)是指在难溶强电解质的饱和溶液中加入与其不含有相同离子的易溶强电解质时,难溶强电解质的溶解度略有增大的效应。例如在 $BaSO_4$ 饱和溶液中,加入 KNO_3,则有:

$$BaSO_4(s) \rightleftharpoons Ba^{2+} + SO_4^{2-}$$

$$KNO_3 \longrightarrow K^+ + NO_3^-$$

KNO_3 在溶液中完全电离成 K^+ 和 NO_3^-,使溶液中总的离子浓度增大,离子间相互作用增强,离子强度 I 增大,使得活度因子 γ 减小,有效离子浓度(即活度)a 减小,最终导致平衡右移,结果 $BaSO_4$ 溶解度稍有增大。

需要指出的是,在产生同离子效应的同时,也产生盐效应。但由于稀溶液中,同离子效应的影响较大,盐效应的影响较小,一般两效应共存时,以同离子效应的影响为主,而忽略盐效应的影响。

如前所述,根据同离子效应,要使沉淀完全,必须加过量沉淀剂,一般沉淀剂过量 20%~50%即可。如果沉淀剂过量太多,有时还可能引起盐效应等副反应,使沉淀溶解度反而增大。

笔记栏

第三节　沉淀反应的某些应用

沉淀反应的应用是多方面的，如药物生产中某些难溶无机药物的制备，某些易溶药物产品中杂质的分离去除，以及产品质量分析和难溶硫化物、难溶氢氧化物的分离等，都涉及一些沉淀-溶解平衡的问题。

一、在药物生产上的应用

许多难溶电解质的制备方法是采用两种易溶电解质溶液互相混合进行制备的。通常是将作为原料的各易溶物质分别溶解，控制适当的反应条件（如溶液浓度、反应温度、pH 以及混合的速度和方式、放置时间等）进行难溶电解质的制备。为制取纯度高、质量好的沉淀，不同的产品需经过反复实践，才能确定最佳的制备条件。现以《中华人民共和国药典》法定药物 $BaSO_4$、$Al(OH)_3$、NaCl 的精制备为例加以说明。

（一）$BaSO_4$ 的制备

ER-4-3
钡餐

由于 X 射线不能透过钡原子，因此临床上可用钡盐作 X 线造影剂，诊断胃肠道疾病。然而 Ba^{2+} 对人体有毒害，所以可溶性钡盐如 $BaCl_2$、$Ba(NO_3)_2$ 等不能用作造影剂。$BaCO_3$ 虽然难溶于水，但可溶解在胃酸中，形成碳酸氢根，使 $BaCO_3$ 的溶解度增大。在钡盐中能够作为诊断胃肠道疾病的 X 线造影剂只有 $BaSO_4$，因为 $BaSO_4$ 既难溶于水，也难溶于酸。

$BaSO_4$ 的制备一般以 $BaCl_2$ 和 Na_2SO_4 为原料，或向可溶性钡盐溶液中加入硫酸制得。反应方程式如下：

$$Ba^{2+}+SO_4^{2-} = BaSO_4\downarrow$$

反应所得的沉淀经过过滤、洗涤、干燥后，并经检查其杂质，测定其含量，符合《中华人民共和国药典》的质量标准即可供药用。

生产 $BaSO_4$ 最适宜的条件：在适当稀的热 $BaCl_2$ 溶液中，缓慢地加入沉淀剂（Na_2SO_4 或 H_2SO_4），不断搅拌溶液，待 $BaSO_4$ 沉淀析出后，让沉淀和溶液一起放置一段时间（称为沉淀的老化作用）。沉淀的老化作用是使小晶体溶解，大晶体长大，小晶体表面和内部的杂质在溶解过程中进入溶液，最后所得硫酸钡沉淀不仅颗粒粗大，而且更加纯净。反应所得的沉淀，经过滤、洗涤、干燥后，检查其杂质，测定其含量，符合实施版《中华人民共和国药典》的质量标准即可供药用。

（二）$Al(OH)_3$ 的制备

ER-4-4
氢氧化铝的药理作用

$Al(OH)_3$ 作为药用常制成干燥氢氧化铝和氢氧化铝片（胃舒平），用于治疗胃酸过多、胃溃疡及十二指肠溃疡等疾病。它的优点是本身不被吸收，具有两性，其碱性很弱，作口服药物时无碱中毒的危险，与胃酸中和后生成的 $AlCl_3$ 具有收敛性和局部止血作用，是一种常见抗酸药。

生产 $Al(OH)_3$ 是用矾土（主要成分为 Al_2O_3）作原料，使之溶于硫酸中，生成的硫酸铝再与碳酸钠溶液作用，得到氢氧化铝胶状沉淀。反应方程式如下：

$$Al_2O_3+3H_2SO_4 = Al_2(SO_4)_3+3H_2O$$

$$Al_2(SO_4)_3+3Na_2CO_3+3H_2O = 2Al(OH)_3\downarrow+3Na_2SO_4+3CO_2\uparrow$$

笔记栏

$Al(OH)_3$ 是胶体沉淀，具有含水量高、体积庞大的特点。最适宜的生产条件是在较浓的热溶液中进行沉淀，加入沉淀剂的速度可以快一些，溶液的 pH 保持在 8~8.5，沉淀完全后不必老化，可以立即过滤，经过洗涤、干燥、检查杂质，测定其含量，符合《中华人民共和国药典》质量标准即可供药用。

（三）药用氯化钠的精制

药用氯化钠是从粗食盐中除去所含杂质而制得的。粗食盐中所含主要杂质是 K^+、Mg^{2+}、Ca^{2+}、Fe^{3+}，重金属离子，SO_4^{2-}、I^-、Br^- 等，以及砂粒和有机杂质。精制过程大体分为以下几个步骤：

1. 将粗食盐在火上煅炒，使有机质炭化，再用蒸馏水溶解成为饱和溶液。

2. 在上述饱和溶液中加入沉淀剂氯化钡溶液，使 SO_4^{2-} 转化成 $BaSO_4$ 沉淀，放置 1 小时以后，与其他一些不溶性杂质一并滤去。

3. 在滤液中加入饱和 H_2S 溶液，再加入 Na_2CO_3 溶液，使 pH 达到 10~11，这时重金属成为硫化物或氢氧化物，Fe^{3+} 成为 $Fe(OH)_3$，Ca^{2+} 成为 $CaCO_3$，Mg^{2+} 成为 $MgCO_3$ 及 $Mg(OH)_2$，上一步过量的 Ba^{2+} 成 $BaCO_3$，静置，使沉淀完全，过滤弃杂质。

4. 在滤液中加入纯 HCl，中和多余的碱，调节 pH 达 3~4，加热蒸发浓缩，并除去多余的 H_2S。

5. 浓缩上述溶液至 NaCl 晶体几乎全部析出，趁热抽滤。K^+、I^-、Br^-、NO_3^- 等离子也随母液弃去。

6. 所得 NaCl 晶体在 100℃时烘干（并去除残附的 HCl 气体）。

在氯化钠精制中，引出利用沉淀反应进行物质分离提纯时的几个共同问题：

（1）沉淀剂的选择：选择的沉淀剂沉淀效率要高，尽可能选用一种试剂能同时除去几种杂质离子。另外，还要考虑剩余沉淀剂容易除去，不引入新杂质。本法选用 Na_2CO_3，不仅能生成几种难溶性碳酸盐沉淀，而且过量试剂容易在下一步加盐酸中和除去，它的生成物恰好是所精制的产物 NaCl。如果改用 K_2CO_3、$(NH_4)_2CO_3$ 等，虽然也能除去 Ca^{2+}、Mg^{2+}、Ba^{2+} 等杂质离子，但却引入了新的杂质离子。

（2）沉淀剂的用量和浓度：在利用沉淀剂反应除去杂质离子时，总是加入过量沉淀剂，使沉淀趋于完全，但一般以过量 20%~50%为宜。

（3）沉淀的条件：溶液的浓度、反应的温度、溶液的 pH、混合的速度以及放置时间等应该符合一定要求。

（4）成品中残留的杂质含量：因为绝对不溶的沉淀是不存在的，因此在利用沉淀反应除去杂质后的成品中仍夹有微量的杂质。但它不影响实际应用，所以在《中华人民共和国药典》中规定了药物的杂质含量限度。

二、在药物质量控制上的应用

为保证药物质量及用药安全，必须根据国家规定的药品质量标准进行药品检验工作。对药物产品的质量鉴定，主要是对杂质检查和含量测定两方面，沉淀反应原理在药品检验工作中被广泛应用。

沉淀反应在杂质检查上的应用，是将一定浓度的沉淀剂加到产品的溶液中，观察是否与要检查的离子产生沉淀。基于产品溶液的用量和沉淀剂的浓度与体积，根据 $K_{sp}^{\ominus}$ 数值，可以计算出杂质含量是否符合规定的限度。

笔记栏

1. 注射用水氯离子的限度检查规定　取水样 50ml，加 HNO_3（2mol/L）5 滴，$AgNO_3$ 溶液（0.1mol/L）1ml，放置半分钟不得发生混浊。这个检查反应所根据的原理是 Ag^+ 和 Cl^- 可以形成难溶的 AgCl 沉淀。加硝酸的作用是防止 CO_3^{2-} 和 OH^- 的干扰。反应方程式为：

$$Ag^+ + Cl^- = AgCl\downarrow$$

$$2Ag^+ + CO_3{}^{2-} = Ag_2CO_3\downarrow$$

$$2Ag^+ + 2OH^- = 2AgOH\downarrow \rightarrow Ag_2O\downarrow + H_2O$$

Ag_2CO_3 和 Ag_2O 都是难溶的，但在酸性溶液中不能生成。

根据样品的体积和所用试剂的浓度和体积，依据 AgCl 的 $K_{sp}^{\ominus}$ 可以计算出注射用水中 Cl^- 允许存在的限度。在此条件下，溶液中：

$$[Ag^+] = \frac{1}{50+1} \times 0.10 \approx 2.0 \times 10^{-3} (mol/L)$$

因为 $$K_{sp}^{\ominus} = [Ag^+][Cl^-] = 1.77 \times 10^{-10}$$

所以 $$[Cl^-] = K_{sp}^{\ominus}/[Ag^+] = \frac{1.77 \times 10^{-10}}{2.0 \times 10^{-3}} = 9.0 \times 10^{-8} (mol/L)$$

以上计算说明，如果 $[Cl^-] > 9.0 \times 10^{-8}$ mol/L 时，将产生 AgCl 沉淀，使溶液混浊。这个浓度（9.0×10^{-8} mol/L）就是注射用水中允许 Cl^- 存在的限度。

2. 硫酸根阴离子的检查　检查药品中含有微量硫酸盐的方法是利用硫酸盐与新鲜配制的 $BaCl_2$ 溶液在酸性溶液中作用生成 $BaSO_4$ 混浊，将它与一定量的标准 K_2SO_4 溶液与 $BaCl_2$ 溶液在同一条件下用同样方法处理所生成的混浊比较，以计算样品中含硫酸盐的限度。

3. 药品的杂质重金属的检查　利用 PbS 的沉淀反应进行。所谓重金属系指在弱酸性（pH 约为 3）溶液中，能与饱和 H_2S 试液作用生成沉淀的物质，如锌、铜、钴、镍、银、铅、铋、砷、锑、锡等盐类。因为在药品的生产过程中，以混入铅杂质的机会最多，而且铅又易积蓄中毒，故检查时以铅为代表。检查方法是在样品溶液中加入 H_2S 试液，使其与微量重金属离子作用生成棕色液或暗棕色混浊，与一定量的标准铅溶液按同法处理后所显的颜色或混浊进行比较，以推断出样品中重金属的含量限度。必要时重金属的检查也可在碱性溶液中以 Na_2S 溶液为试剂进行检查。

三、沉淀的分离

许多金属硫化物溶解度很小，但彼此之间溶度积相差比较大，可利用这个特点进行某些离子的分离。

根据溶度积规则，溶液中能否生成金属硫化物沉淀，与溶液中 S^{2-} 和金属离子的浓度有关，即当 $Q > K_{sp}^{\ominus}$ 时，就可生成金属硫化物沉淀。金属硫化物是弱酸 H_2S 的盐，溶液中 S^{2-} 浓度又与溶液中 $[H^+]$ 浓度直接有关，因此控制溶液的酸度或通入 H_2S 气体就可达到硫化物沉淀的分离。

H_2S 是一种二元弱酸，其饱和水溶液中 S^{2-} 浓度可由 H_2S 的电离常数关系中求得。

$$\frac{[H^+]^2[S^{2-}]}{[H_2S]} = K_{a_1}^{\ominus} \cdot K_{a_2}^{\ominus}$$

笔记栏

$$[S^{2-}]=K^{\ominus}_{a_1}\cdot K^{\ominus}_{a_2}\cdot\frac{[H_2S]}{[H^+]^2}$$

对于常见二价金属离子生成的硫化物，具有如下的沉淀溶解平衡。

$$MS(s)\rightleftharpoons M^{2+}+S^{2-}\qquad K^{\ominus}_{sp}=[M^{2+}][S^{2-}]$$

则：

$$[S^{2-}]=K^{\ominus}_{sp}/[M^{2+}]$$

如果把不同硫化物沉淀所需的硫离子浓度与这种硫离子浓度下的最高 H^+ 浓度二者之间的关系联系起来，就能得出不同硫化物沉淀时的最高 H^+ 浓度。即：

$$[H^+]^2=K^{\ominus}_{a_1}\cdot K^{\ominus}_{a_2}[H_2S][M^{2+}]/K^{\ominus}_{sp,MS}$$

或

$$[H^+]=\sqrt{K^{\ominus}_{a_1}\cdot K^{\ominus}_{a_2}[H_2S][M^{2+}]/K^{\ominus}_{sp,MS}}$$

式中，$K^{\ominus}_{a_1}=1.32\times10^{-7}$，$K^{\ominus}_{a_2}=7.08\times10^{-15}$，$H_2S$ 饱和溶液的浓度为 0.10mol/L。

由上式可见，硫化物开始沉淀时的 pH 与金属硫化物的溶度积有关，也与溶液中金属离子的起始浓度有关。同理，如果当沉淀完毕后留下的金属离子在 10^{-5}mol/L 以下，就认为沉淀已达到完全的程度，也可计算出溶液中的氢离子浓度应控制的范围。

例 4-11 在某一溶液中，含有 Zn^{2+}、Pb^{2+} 的浓度均为 0.200mol/L，室温下通入 H_2S 气体使之饱和，然后加入盐酸。问：pH 调到何值时，才能有 PbS 沉淀析出而 Zn^{2+} 不会成为 ZnS 沉淀析出。已知：$K^{\ominus}_{sp,PbS}=8.0\times10^{-28}$，$K^{\ominus}_{sp,ZnS}=2.5\times10^{-22}$。

解：已知 $[Zn^{2+}]=[Pb^{2+}]=0.200$mol/L

要使 PbS 沉淀，则：$[S^{2-}]\geqslant K^{\ominus}_{sp,PbS}/[Pb^{2+}]$　　$[S^{2-}]\geqslant4.00\times10^{-27}$mol/L

要使 ZnS 不沉淀，则：$[S^{2-}]\leqslant K^{\ominus}_{sp,ZnS}/[Zn^{2+}]$　　$[S^{2-}]\leqslant1.25\times10^{-21}$mol/L

以 $[S^{2-}]=1.25\times10^{-21}$mol/L，代入 $K^{\ominus}_{a_1}\cdot K^{\ominus}_{a_2}=\frac{[H^+]^2[S^{2-}]}{[H_2S]}$ 的式中，则：

$$[H^+]\geqslant\sqrt{\frac{1.32\times10^{-7}\times7.08\times10^{-15}\times0.100}{1.25\times10^{-21}}}=0.273(mol/L)$$

故 pH≤0.55 时，Zn^{2+} 不会形成 ZnS 沉淀。

以 $[S^{2-}]=4.00\times10^{-27}$mol/L 代入 $K^{\ominus}_{a_1}\cdot K^{\ominus}_{a_2}$ 式中，则：

$$[H^+]\leqslant\sqrt{\frac{1.32\times10^{-7}\times7.08\times10^{-15}\times0.100}{4.00\times10^{-27}}}=153(mol/L)$$

故只要将上述溶液的 pH 调到≤0.55，就能只生成 PbS 沉淀而无 ZnS 沉淀。这是因为再浓的盐酸也达不到上述浓度，故不能靠加酸使 PbS 沉淀溶解。

笔记栏

学习小结

1. 学习内容

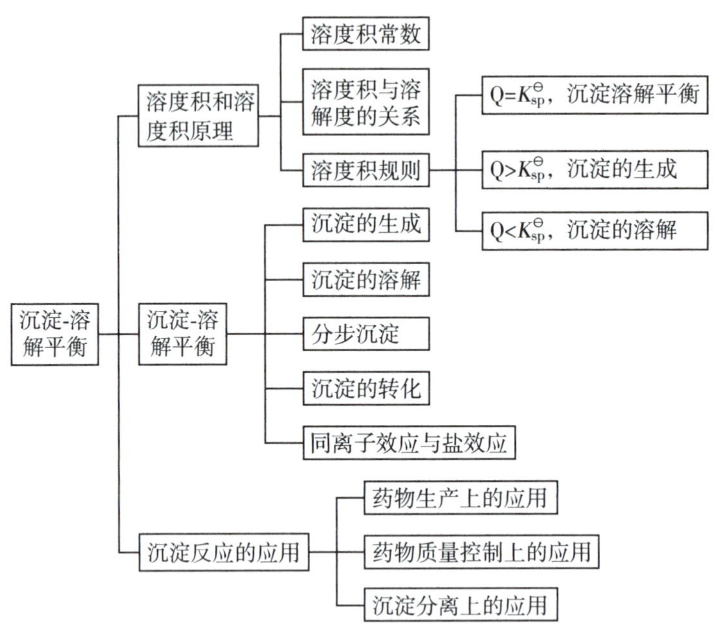

2. 学习方法　用化学平衡原理学习本章，注意溶度积常数与酸碱平衡常数的区别，溶度积与溶解度的关系，理解溶度积规则，因为所有沉淀的生成、溶解及平衡，均用溶度积规则判断。多做练习。

扫一扫，测一测

（李　伟　罗　黎　李德慧）

复习思考题与习题

1. 如何应用溶度积常数来比较难溶电解质的溶解度？

2. 溶度积常数与温度和离子浓度有关吗？

3. 离子积和溶度积有何不同？

4. 为何 $BaSO_4$ 在生理盐水中的溶解度大于在纯水中的，而 AgCl 在生理盐水中的溶解度却小于在纯水中的？

5. 在 $ZnSO_4$ 溶液中通入 H_2S 气体只出现少量的白色沉淀，但若在通入 H_2S 之前，加入适量固体 NaAc 则可形成大量的沉淀，为什么？

6. 分别计算 Ag_2CrO_4 在 0.10mol/L $AgNO_3$ 溶液和 0.10mol/L Na_2CrO_4 溶液中的溶解度。已知：$K_{sp,Ag_2CrO_4}^{\ominus}=1.12\times10^{-12}$。

7. 分别用 Na_2CO_3 溶液和 Na_2S 溶液处理 AgI 沉淀，能否将 AgI 沉淀转化为 Ag_2CO_3 沉淀和 Ag_2S 沉淀？

8. 下列情况下有无沉淀产生？

（1）0.20mol/L 的 $MgCl_2$ 溶液和 0.002mol/L NaOH 溶液等体积混合。

（2）0.20mol/L 的 $MgCl_2$ 溶液和 0.02mol/L $NH_3 \cdot H_2O$ 溶液等体积混合。

（3）0.20mol/L 的 $MgCl_2$ 溶液和 0.02mol/L $NH_3 \cdot H_2O$、0.20mol/L NH_4Cl 混合溶液等体积混合。已知：$K_{sp,Mg(OH)_2}^{\ominus}=5.61\times10^{-12}$，$K_{b,NH_3 \cdot H_2O}^{\ominus}=1.74\times10^{-5}$。

笔记栏

9. 已知:291~298K 时,$Zn(OH)_2$ 的溶度积为 3×10^{-17},计算:

(1) $Zn(OH)_2$ 在水中的溶解度。

(2) $Zn(OH)_2$ 的饱和溶液中$[Zn^{2+}]$、$[OH^-]$和 pH。

(3) $Zn(OH)_2$ 在 0.10mol/L NaOH 溶液中的溶解度。

(4) $Zn(OH)_2$ 在 0.10mol/L $ZnSO_4$ 溶液中的溶解度。

10. PbI_2 和 $PbSO_4$ 的 $K^{\ominus}_{sp}$ 值非常接近,两者饱和溶液中的 Pb^{2+} 浓度是否也非常接近？通过计算说明。已知:$K^{\ominus}_{sp,PbI_2}=9.8\times10^{-9}$,$K^{\ominus}_{sp,PbSO_4}=2.53\times10^{-8}$。

11. 在 100ml 0.20mol/L $MnCl_2$ 溶液中,加入 100ml 0.10mol/L $NH_3\cdot H_2O$ 溶液,若不使 $Mn(OH)_2$ 沉淀生成,则需要加入 NH_4Cl 多少克？已知:$K^{\ominus}_{sp,Mn(OH)_2}=1.9\times10^{-13}$,$K^{\ominus}_{b,NH_3\cdot H_2O}=1.74\times10^{-5}$。

12. 现有一瓶含有 Fe^{3+} 杂质的 0.1mol/L $MgCl_2$ 溶液,欲使 Fe^{3+} 以 $Fe(OH)_3$ 沉淀形式除去,溶液中的 pH 应控制在什么范围？

13. 在 0.10mol/L $ZnCl_2$ 溶液中不断通入 H_2S 气体达到饱和,如何控制溶液的 pH 使 ZnS 不沉淀？已知:$K^{\ominus}_{sp,ZnS}=2.5\times10^{-22}$。

14. 在 5ml 0.002mol/L $FeCl_3$ 溶液、5ml 0.002mol/L $MnSO_4$ 溶液中,各加入 NH_3 浓度为 0.20mol/L、NH_4Cl 浓度为 0.4mol/L 的缓冲溶液 15ml,通过计算分别说明能否产生沉淀。[已知:298.15K 时,$K^{\ominus}_{sp,Mn(OH)_2}=2.06\times10^{-13}$,$K^{\ominus}_{sp,Fe(OH)_3}=2.79\times10^{-39}$,$K^{\ominus}_{b,NH_3}=1.74\times10^{-5}$,$pK^{\ominus}_{b,NH_3}=4.75$]

15. 在含有 CrO_4^{2-} 及 SO_4^{2-} 的浓度皆为 0.10mol/L 的水溶液中逐滴加入 Pb^{2+} 溶液时,哪种离子先沉淀？Pb^{2+} 浓度增大到何值时才能同时沉淀？此时最先沉淀的离子浓度降为多少？(已知:$K^{\ominus}_{sp,PbCrO_4}=2.8\times10^{-13}$,$K^{\ominus}_{sp,PbSO_4}=2.53\times10^{-8}$)

PPT 课件

第五章

原子结构与元素周期律

学习目标

1. 了解核外电子的运动特征和运动状态的描述。

2. 理解薛定谔(Schrödinger)方程、原子轨道和波函数、原子轨道和电子云的角度分布图、氢原子概率径向分布图。

3. 理解多电子原子的原子轨道能级:鲍林(Pauling)近似能级图、科顿(Cotton)能级图、屏蔽效应与钻穿效应。

4. 掌握4个量子数、原子核外电子排布的三大原则及电子排布。

5. 掌握原子的电子层结构与元素周期系、元素性质的周期性变化。

第一节　原子结构发展简史

公元前400年左右,古希腊哲学家德谟克里特斯(Democritus,约公元前460—前370年)通过对自然现象的观察提出:物质由原子构成,例如水由水原子构成,铜由铜原子构成;原子是物质最小的、不可再分的、永远不变的微粒。因此原子(atom)这个词源出希腊语,原意“不可再分的部分”。Democritus还臆想了原子的大小和形状,水易于流动所以水原子是表面光滑的圆球,油流动缓慢所以油原子表面是粗糙的。

17—18世纪的许多著名科学家对化学原子论的创立做了大量有意义的科学实践,他们在实践的基础上深信物质微粒的存在,这些研究为化学原子论的创立奠定了基础。如法国科学家勒内·笛卡儿(René Descartes,1596—1650)认为太阳周围有巨大的漩涡,物质质点处于运动的漩涡之中,在运动中分化出空气、土、火3种元素。英国科学家玻意耳(Robert Boyle,1627—1691)提出元素的科学概念,认为元素是那些不能用化学方法再分解的简单物质,还进一步认识到作为万物之源的元素有很多种。俄国学者罗蒙诺索夫(Lomonosov,1711—1765)提出在自然界,或是我们所见的一切物质,都是由被称为“原子”的不可见的微粒组成的。自然界发生的一切变化都可以认为:如果某种东西有所增加,另一种东西就会减少;某种物体增加了多少物质,则另一物体就会失去同样多的物质。法国化学家拉瓦锡(Lavoisier,1743—1794),近代化学奠基人之一,用实验验证并总结了质量守恒定律,研究并总结出燃烧原理,否定旧理论,建立新化学元素概念,并定义“凡是简单的不能分离的物质,才可以称为元素”。瑞士科学家欧拉(Leonhard Euler,1707—1783)明确提出,自然界存在多少种原子,就存在多少种物质。

直到19世纪初,英国化学家约翰·道尔顿(John Dalton,1766—1844)把模糊的原子假说发展为科学的原子理论,在实验基础上对化学物质进行定量测定,清楚地表述了原子、分子、元素等概念,创立了化学原子论。他明确指出,虽然世界上原子的总数目相当之大,但是不

笔记栏

同原子种类的数目却非常之小，并编制了第一张原子量表（其原著列出 20 种元素即 20 种原子，目前已知元素有 100 多种）。他的工作大大推动了化学的发展。瑞典化学家贝采尼乌斯（Jons Jakob Berzelius，1779—1848）通过大量实验确定了当时已知化学元素的原子量，纠正了道尔顿原子量的错误，还创造性地发展了一套表示物质化学组成和反应的符号体系；他用拉丁文表达元素符号，一直沿用至今。

1897 年，英国科学家汤姆孙（Thomson，1856—1940）发现了电子的存在。他把电子看成原子的组成部分，用原子内电子的数目和分布来解释元素的化学性质；提出了原子模型，把原子看成一个带正电的球，电子在球内运动。接着卢瑟福（Rutherford，1871—1937）发现了质子，通过实验认定原子核的存在、并带正电，提出了“原子结构的行星模型”，对原子结构的发展作出了重大贡献。

第二节　核外电子的运动特征

原子是参加化学反应的最小微粒。在一般化学反应中，原子核不变，起变化的只是核外电子。也就是说，化学反应只涉及核外电子的变化规律。因此，要想了解化学变化的内因，必须了解原子结构方面的知识，了解原子内部的结构、核外电子运动的规律性，以便掌握化学反应的规律，达到控制化学反应的目的。

一、量子化特征

1900 年，德国物理学家普朗克（Planck，1858—1947）为了解决黑体辐射实验数据和经典理论计算方法之间的矛盾，提出：辐射能的吸收或发射是以基本量 $h\nu$ 为单位整数倍的递增或减小，是不连续的，即辐射能具有量子化特征。辐射能的基本能量 E 和频率 ν 的关系为：

$$E=h\nu \qquad \text{式(5-1)}$$

式(5-1)中 h 称为普朗克常数，其值为 $6.626\times10^{-34}\,\text{J}\cdot\text{s}$。

研究表明，能量及其他物理量的不连续是微观世界的重要特征，因此原子核外电子的能量也具有量子化特征。

二、波粒二象性

1905 年，爱因斯坦（Einstein，1879—1955）受普朗克旧量子论的启发，提出光子假说，成功地解释了光电效应，使人们认识到光既有波动性又有粒子性，称为光的波粒二象性。受到光具有波粒二象性的启发，1924 年，年轻的法国博士生德布罗意（Broglie，1892—1987）在他的博士论文中大胆地假设所有的实物粒子都具有波粒二象性，引起科学界的轰动。德布罗意认为适用于光的波粒二象性的关系式也适用于电子等实物粒子。

$$\lambda=\frac{h}{p}=\frac{h}{m\nu} \qquad \text{式(5-2)}$$

式(5-2)中 p 为电子的动量，m 为电子的质量，ν 为电子的运动速度，λ 为电子的波长。通过普朗克常数，把电子的波动性和粒子性定量地联系在一起。

电子具有粒子性这是无可非议的，因电子具有一定的质量、速度、能量等。那么电子是否具有波动性呢？如果电子具有衍射现象，就可证明电子具有波动性。

笔记栏

1927 年,戴维逊(Davisson)和革末(Germer)在纽约贝尔实验室,用高能电子束轰击一块镍金属晶体样品时(图 5-1),得到了与 X 射线图像相似的衍射照片。电子衍射照片具有一系列明暗相间的衍射环纹,这是由于波的互相干涉的结果,而且从衍射图样上求出电子波的波长,证实了德布罗意的预言。

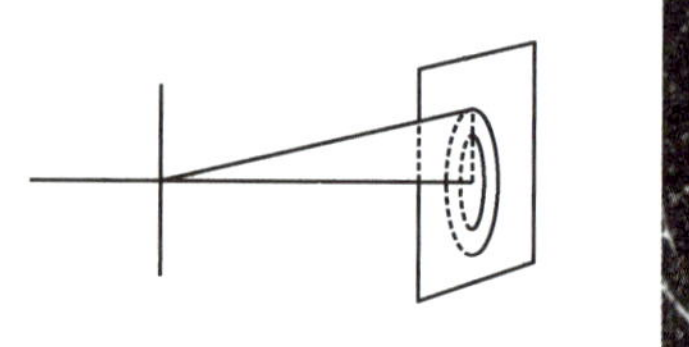
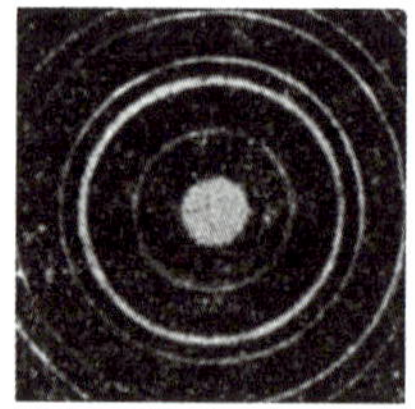

图 5-1 电子衍射示意图

电子具有波粒二象性,实际上波粒二象性是所有微观粒子运动的一个重要特性。微观粒子的粒子性无须解释,但波动性是每个运动着的微粒本身的特性,具有统计规律,即物质波是大量粒子在统计行为下的概率波。

三、不确定性原理

按照经典力学,物体运动有确定的轨道,在任一瞬间都有确定的坐标和动量(或速度)。例如炮弹、子弹和行星等宏观物体在运动过程中,不仅具有一定速度,也同时可准确确定它们任意时刻的位置。而对于具有波粒二象性的微观粒子,是否也可以这样呢?答案是否定的。也就是说,对于高速运动的微观粒子,若某个瞬间能够确定它的准确位置,就不能准确测定它的运动速度,反之亦然。

1926 年,德国物理学家海森伯(Heisenberg,1901—1976)提出了著名的不确定性原理。该原理指出同时准确地测定微观粒子的位置和动量是不可能的。也就是说,对于一个运动电子的动量测得越准,则对它的位置测得越不准。不确定性原理的数学式为:

$$\Delta x \cdot \Delta p \geqslant \frac{h}{4\pi} \qquad \text{式(5-3)}$$

现在可以用不确定性原理检验一下氢原子的基态电子,该电子的运动速度为 2.18×10^7m/s,质量为 9.1×10^{-31}kg,假设我们对电子速度的测量偏差为 1%,则:

$$\Delta p=\Delta mv=9.1\times10^{-31}\times2.18\times10^{7}\times0.01=2.0\times10^{-25}(\text{kg}\cdot\text{m/s})$$

而电子的运动坐标的测量偏差为:

$$\Delta x=\frac{h}{4\pi\Delta mv}=\frac{6.63\times10^{-34}}{4\times3.14\times2.0\times10^{-25}}=2.64\times10^{-10}(\text{m})=264\text{pm}$$

而氢原子的共价半径只有 37pm,这个位置的测量偏差已经比原子本身的尺寸还大,说明高速运动的电子不可能确定它在某时刻的准确位置。这种测不准,并不是因为测量技术不精确,而是微观粒子运动的固有属性。不确定性是区别宏观与微观物质的尺度。经典力学的轨道概念在微观世界不再成立,不能用经典力学的方法来描述电子的运动。

第三节 原子结构和玻尔的原子模型

一、氢原子光谱

我们知道,太阳光或白炽灯发出的光,通过棱镜折射后,可分出七色光,形成彩色的光

带，光带间没有明显的分界线，这种光谱称之为连续光谱。

原子光谱是研究原子结构的基础，是气态原子受到适当程度的激发而发射出来的光谱；它却是一条条谱线，称之为线状光谱。每种原子都有其特征谱线，能发出其特征的光。如钠原子能发出黄色的光（589nm），现代照明用的节能高效高压钠灯就是根据钠原子的特性制造的。原子特有的线状光谱可以作为化学分析的工具，根据原子的发射光谱可以作元素的定性分析，利用谱线的强度可以作元素的定量测定。

宇宙中有很大部分是由孤立的氢原子构成，因此氢原子光谱很早就受到人们重视。

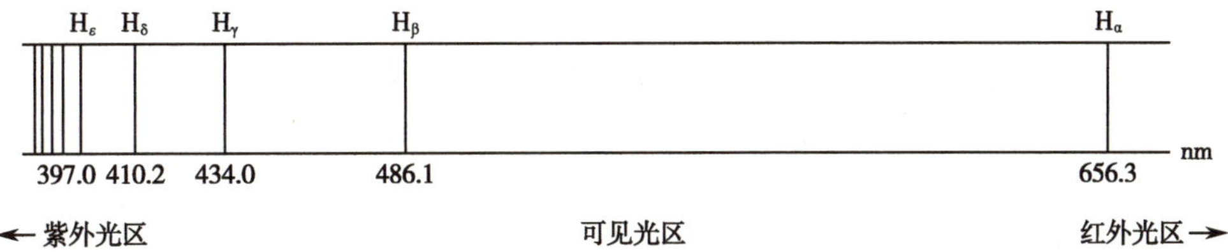

图 5-2　氢原子线状光谱

氢原子光谱可分为红外光区、可见光区、紫外光区，各区都有数条具有不同波长的谱线。在可见光区内有 5 条明显的谱线，分别为 H_α、H_β、H_γ、H_δ、H_ε，各谱线的波长分别为 656. 3nm、486. 1nm、434. 0nm、410. 2nm、397. 0nm，且可以看出，从 H_α 到 H_ε 等谱线间的距离越来越短（图 5-2），呈现出明显的规律性。1883 年，瑞士一位中学老师巴耳末（Balmer）就把当时已知可见光区观察到的氢原子光谱归纳成一个经验公式。后来瑞士物理学家里德伯（Rydberg）把 Balmer 的经验方程改写为以下形式：

$$\bar{v}=\frac{1}{\lambda}=R_{\mathrm{H}}\left(\frac{1}{2^2}-\frac{1}{n^2}\right) \qquad \text{式(5-4)}$$

式(5-4)中 R_{H} 称为 Rydberg 常数，后来又发现氢的红外光谱和紫外光谱的谱线也同样符合 Rydberg 方程。

$$\bar{v}=\frac{1}{\lambda}=R_{\mathrm{H}}\left(\frac{1}{n_1^2}-\frac{1}{n_2^2}\right) \quad n_2>n_1 \qquad \text{式(5-5)}$$

当 $n_1=2$ 时，即可得可见光谱谱线，称为巴耳末系（Balmer series）。当 $n_1=1$ 时，即可得紫外光谱谱线，称为莱曼系（Lyman series）。当 $n_1=3$ 时，即可得红外光谱谱线，称为帕邢系（Paschen series）。

按照经典电磁理论，若氢原子的电子绕原子核做圆周运动时，电子将不断发射连续波长的电磁波，所以原子光谱就应该是连续的，而且发射电磁波后电子的能量将逐渐降低，电子的运动半径逐渐减小，最后不可避免地坠入到原子核上，就好像人造卫星最终将坠入地球上一样，结果使原子不能稳定存在。这个结论显然与氢原子光谱实验事实完全不符，说明不能用经典物理学理论来解释氢原子的光谱。同时氢原子光谱也说明这样一个事实：原子中的电子运动的能量是不连续的，是量子化的。

二、玻尔理论

为了解释氢原子谱线的规律性，1913 年，年轻的丹麦物理学家玻尔（Bohr，1885—1962）应用普朗克（Planck）的量子论和爱因斯坦（Einstein）的光子学说大胆提出氢原子模型（也称

为行星模型)。其中心思想可概括为:

(一)定态假设

原子内只能有一系列的不连续的能量状态。在这些状态中,电子绕核做圆形轨道运动时既不吸收也不辐射能量。在这些轨道上运动的电子所处的状态称为原子的定态。能量最低的定态称为**基态**,能量较高的定态称为**激发态**。

(二)量子化条件假设

在定态轨道上运动的电子有一定的能量,它们只允许是不连续的分立值,即量子化的,电子不能在任意半径的轨道上运动。玻尔推求出氢原子中各种特许轨道的能量服从下式:

$$E=-\frac{13.6}{n^2}(\mathrm{eV})=-\frac{2.18\times10^{-18}}{n^2}(\mathrm{J}) \qquad 式(5\text{-}6)$$

式(5-6)中 n 为量子数($n=1、2、3、4、5、6、\cdots、n$),为正整数。能量取负值,是因为把电子离核无限远处的能量规定为零。n 由小到大,则轨道能量由低到高。

(三)电子在能量不同的轨道之间跃迁时,原子会吸收或放出能量

处于激发态的电子不稳定,可以跃迁到离核较近的轨道上,同时放出光能。放出光的能量 $h\nu$ 等于这两个定态间的能量差。

$$h\nu=E_2-E_1 \qquad 式(5\text{-}7)$$

根据玻尔理论计算出氢原子光谱中各条谱线的频率,计算结果与实测十分吻合。如图5-2所示,当氢原子中电子从 $n=3$ 的较高能级跃迁到 $n=2$ 的较低能级时,辐射出具有频率 $4.57\times10^{14}(\mathrm{s}^{-1})$(波长为656nm)的光子,相当于 H_α 谱线……(如图5-3所示)。根据玻尔理论可以求出基态氢原子轨道半径为53pm(0.53Å),这个数值叫玻尔半径(a_0),常用 a_0 作为原子、分子中的长度单位。

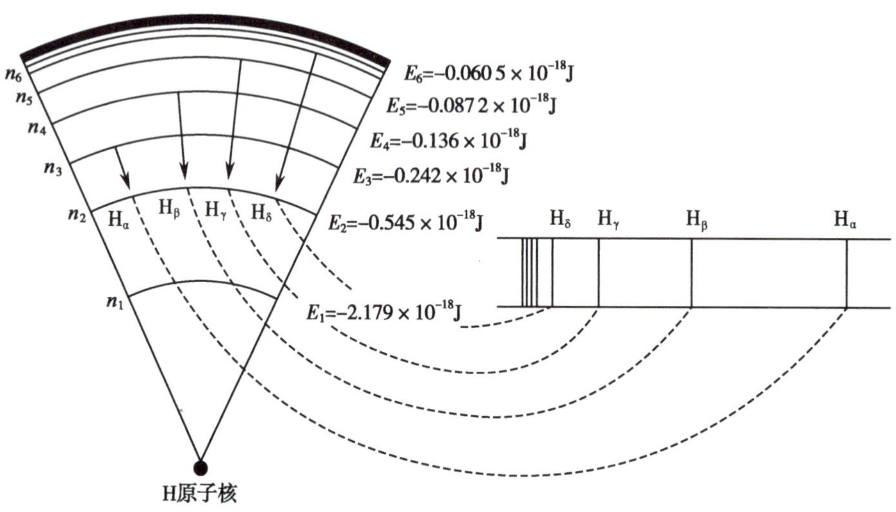

图5-3 氢原子光谱的产生和氢原子结构示意图

玻尔理论成功地解释了氢原子(类氢离子)的光谱和原子轨道能级的关系,指出核外电子运动的量子化特性,对探索原子的结构起了重要作用。但这个理论本身仍是以经典理论为基础,且其理论又与经典理论相抵触,在解决其他原子的光谱时就遇到了困难,如把玻尔

笔记栏

理论用于求解其他原子光谱时，理论结果与实验不符，且不能求出谱线的强度及相邻谱线之间的宽度，也不能说明氢原子光谱的精细结构。这些缺陷主要是由于把微观粒子（电子、原子等）看作经典力学中的质点，从而把经典力学规律强加于微观粒子上（如轨道概念）而导致的。

玻尔理论的提出，打破了经典物理学一统天下的局面，开创了揭示微观世界基本特征的前景，为量子理论体系奠定了基础，这是一种了不起的创举。

第四节　量子力学的原子模型

一、核外电子运动状态的描述

（一）原子轨道和波函数

在量子力学处理氢原子核外电子的理论模型中，最基本的方程是在 1926 年由奥地利物理学家薛定谔（Schrödinger，1887—1961）提出的。该方程是描述微观粒子运动的波动方程，即薛定谔方程。

$$\frac{\partial^2\psi}{\partial x^2}+\frac{\partial^2\psi}{\partial y^2}+\frac{\partial^2\psi}{\partial z^2}+\frac{8\pi^2 m}{h^2}(E-V)\psi=0 \qquad \text{式(5-8)}$$

式中，ψ 称为波函数，是电子的波动性在方程中的体现，是空间坐标 x、y、z 的函数；E 为总能量，V 为势能，m 为电子的质量，h 为普朗克常数。

薛定谔方程是一个二阶偏微分方程，它的自变量是核外电子的空间坐标，因变量是描述核外电子运动状态的概率波函数。解薛定谔方程是一个复杂的数学问题，在此不讨论如何求解，只讨论求解的结果和量子数的意义。薛定谔方程的解不是具体数据，而是一个能描述核外电子运动状态的数学函数，称之为**波函数**，也称为**原子轨道**。对于氢原子中电子运动的规律，从薛定谔方程求解波函数 ψ 可以得到准确的解；但对于其他多电子原子中电子运动的规律，仅求得近似解。

与解其他数学函数类似，并不是每一个薛定谔方程的解都是合理的，都能表示电子运动的一个稳定状态。为了得到合理的解，必需引入 3 个参数（n、l、m），这 3 个参数取值并不是任意的，要符合一定的取值要求，只允许是某些不连续的分立值，这就是微粒运动的量子化的特征。量子力学中把这类特定常数称为**量子数**。薛定谔方程的解为系列解，每个解对应于一个运动状态，因而原子中电子有一系列可能的运动状态。由于每个解受到 3 个参数（n、l、m）的制约，因而一个波函数（一个运动状态或一个原子轨道）可以简化用一组量子数来表示。由于在解决氢原子光谱精细结构时，发现电子有两种不同状态，为解决这个问题，又引入另一个参数（m_s），叫自旋量子数。下面分别讨论 4 个量子数的意义、取值以及与运动状态的关系。

（二）4 个量子数

1. 主量子数 n　主量子数（principal quantum number）用来描述核外电子出现的概率最大区域离核的平均距离，是决定原子轨道能量高低的主要因素。

同一原子中，主量子数 n 相同的电子，可认为在同一区域内运动，这个区域又称电子层。n 的取值为除零外的正整数，并用相应的电子层符号表示（按光谱学习惯表示）。

笔记栏

n 值	1	2	3	4	5	6	7	…
电子层	一	二	三	四	五	六	七	…
电子层光谱符号	K	L	M	N	O	P	Q	…
离核平均距离	近 ——————————→ 远							

对单电子原子或离子来说，n 值越大，电子的运动空间离核越远，则电子运动的能量就越高。

2. 角量子数 l　研究发现，在同一电子层中，电子的能量还稍有差别，轨道的形状也不相同。根据这个差别，又可把同一电子层分为1个或几个亚层。

角量子数 l(azimuthal quantum number)决定电子在原子中角度运动的行为，是确定电子运动空间形状的量子数，也是影响轨道能量的次要因素。取值受 n 的限制，对于给定的 n，l 的取值为从0到($n-1$)的正整数，共可取 n 个值，并用相应的轨道光谱符号(s、p、d、f、…)表示。不同的 l 值，电子运动区域的形状是不同的，如表5-1所示。

表5-1　l 与 n 的取值关系、轨道符号和形状

n 值	l 取值	l 值	轨道符号	轨道形状
1	0	0	s	球形
2	0、1	1	p	无柄哑铃形
3	0、1、2	2	d	梅花瓣形
4	0、1、2、3	3	f	
…	…	…		
n	0、1、2、3、…、n -1	n -1		

l 的物理意义可理解为：①多电子原子的原子轨道的能量与 n、l 有关；②轨道的能级由 n、l 共同决定，一组(n、l)对应于一个能级，能量相同的轨道称为简并轨道(degenerate orbital)或等价轨道(equivalent orbital)；③n 一定时，l 越大，则轨道能量越高，如 $E_{ns}<E_{np}<E_{nd}<E_{nf}$；④给定 n 值，讨论 l 就是在电子层内讨论，习惯称 l(s、p、d、f、…)为电子亚层。

注意，单电子原子或离子的轨道能级仅由 n 决定，与 l 无关。

3. 磁量子数 m　磁量子数(magnetic quantum number)是描述原子轨道在空间伸展的方向，是根据线状光谱在磁场中还能发生分裂，显示微小的能量差别的现象提出的。

m 的取值，受角量子数 l 的限制。m 的取值可以为0、±1、±2、…、±l，对于给定的 l 值，m 可取 $2l+1$ 个值。对于 n 和 l 相同、m 不同的轨道，其能量基本相同，我们称为等价轨道或简并轨道。

m 的物理意义可理解为：①轨道的伸展方向是指电子出现机会最多的方向；②m 不同的轨道在形状上基本相同，只是伸展方向不同；③m 也可用光谱符号表示。当 $l=0$，$m=0$，只有一个取值，即一个取向，用s表示；$l=1$，$m=+1$、0、−1，有3种取向，光谱符号为(p_x、p_y、p_z)；$l=2$，$m=+2$、+1、0、−1、−2，有5种取向，光谱符号为(d_{z^2}、d_{xz}、d_{yz}、d_{xy}、$d_{x^2-y^2}$)；$l=3$，$m=+3$、+2、+1、0、−1、−2、−3，有7种取向，为f轨道，即7个等价轨道。

每一个原子轨道是指 n、l、m 组合一定时的波函数 $\psi_{n,l,m}$，代表原子核外某一电子的运动状态，例如：

量子数	$\psi_{n,l,m}$	运动状态
$n=2,l=0,m=0$	$\psi_{2,0,0}$ 或 ψ_{2s}	2s 轨道

$n=2, l=1, m=0$　　$\psi_{2,1,0}$ 或 ψ_{2pz}　　$2p_z$ 轨道

$n=3, l=2, m=0$　　$\psi_{3,2,0}$ 或 ψ_{3dz^2}　　$3d_z$ 轨道

由 n 和 l 的组合表示的 2s、2p、3d 等原子轨道，其能量肯定不同，常称它们为 2s 能级、2p 能级、3d 能级等。

4. 自旋量子数 m_s　自旋量子数(spin quantum number)是根据氢原子光谱具有精细结构(每一条谱线由 2 条靠得很近的谱线组成)引入的，认为电子除绕核高速运动外，还可有自身旋转运动。根据量子力学计算，自旋量子数只能有 2 个值，即 $m_s=+1/2, m_s=-1/2$，通常用↑和↓表示，表示顺时针自旋和逆时针自旋。

综上所述，描述一个原子轨道需要用 3 个量子数，而描述一个原子轨道上运动的电子，则需要用 4 个量子数。同时，在同一原子中，没有彼此完全处于相同运动状态的电子，换句话说，在同一原子中，不能有 4 个量子数完全相同的 2 个电子存在，这称为**泡利不相容原理**。

因为 4 个量子数的取值是相互限制的，所以，知道主量子数 n 值，就可以知道该电子层中，最多可能容纳的电子运动状态数，如表 5-2 所示。

表 5-2　核外电子运动的可能状态数

n	l（取值 $l<n$）	轨道符号（能级）	m（取值 $m \leq l$）	轨道数	各电子层轨道数	最多可容纳的电子数（$2n^2$）
1	0	1s	0	1	1	2
2	0	2s	0	1	4	8
	1	2p	+1、0、−1	3		
3	0	3s	0	1	9	18
	1	3p	+1、0、−1	3		
	2	3d	+2、+1、0、−1、−2	5		
4	0	4s	0	1	16	32
	1	4p	+1、0、−1	3		
	2	4d	+2、+1、0、−1、−2	5		
	3	4f	+3、+2、+1、0、−1、−2、−3	7		

（三）电子运动状态的图像表示

1. 波函数(原子轨道)角度分布图　波函数是描述核外电子运动状态的一组函数，是薛定谔方程的解，此函数的表达式有明确的数学含义，但没有直接的物理意义。它的图像表示有助于我们了解原子中电子运动规律及研究分子结构。

为使波函数的图像更加直观，需将三维直角坐标转换为球极坐标，如图 5-4 所示。

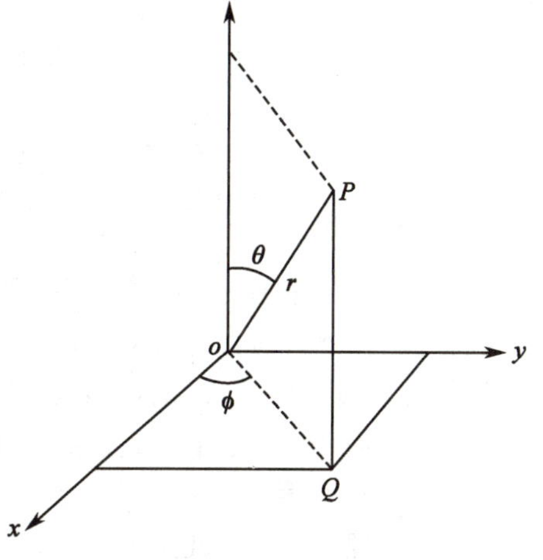

图 5-4　球极坐标图

波函数 $\Psi_{n,l,m}(r,\theta,\varphi)$ 中包含 Ψ、r、θ、φ 4 个变量。在三维空间无法表示四维空间的图像。因此，需要将波函数分解成两部分的乘积，$\Psi_{n,l,m}(r,\theta,\varphi)=R_{n,l}(r)\cdot Y_{l,m}(\theta,\varphi)$，其中 $R_{n,l}(r)$ 仅与径向坐标 r 有关，称为径向波函数；$Y_{l,m}(\theta,\varphi)$ 仅与角度 θ、φ 有关，称为角度波函数。表 5-3 中列出了氢原子的几个波函数。

笔记栏

表 5-3 氢原子的几个波函数（a_0/玻尔半径）

轨道	$\Psi(r,\theta,\varphi)$	$R(r)$	$Y(\theta,\varphi)$
1s	$\sqrt{\frac{1}{\pi a_0^3}}e^{-r/a_0}$	$2\sqrt{\frac{1}{a_0^3}}e^{-r/a_0}$	$\sqrt{\frac{1}{4\pi}}$
2s	$\frac{1}{4}\sqrt{\frac{1}{2\pi a_0^3}}\left(2-\frac{r}{a_0}\right)e^{-r/2a_0}$	$\sqrt{\frac{1}{8a_0^3}}\left(2-\frac{r}{a_0}\right)e^{-r/2a_0}$	$\sqrt{\frac{1}{4\pi}}$
$2p_z$	$\frac{1}{4}\sqrt{\frac{1}{2\pi a_0^3}}\left(\frac{r}{a_0}\right)e^{-r/2a_0}\cos\theta$		$\sqrt{\frac{3}{4\pi}}\cos\theta$
$2p_x$	$\frac{1}{4}\sqrt{\frac{1}{2\pi a_0^3}}\left(\frac{r}{a_0}\right)e^{-r/2a_0}\sin\theta\cos\varphi$	$\sqrt{\frac{1}{24a_0^3}}\left(\frac{r}{a_0}\right)e^{-r/2a_0}$	$\sqrt{\frac{3}{4\pi}}\sin\theta\cos\varphi$
$2p_y$	$\frac{1}{4}\sqrt{\frac{1}{2\pi a_0^3}}\left(\frac{r}{a_0}\right)e^{-r/2a_0}\sin\theta\sin\varphi$		$\sqrt{\frac{3}{4\pi}}\sin\theta\sin\varphi$

若将波函数的角度部分 $Y(\theta,\varphi)$ 随角度、径向部分 $R(r)$ 随距离变化作图，可分别得到原子轨道的角度分布图和径向分布图。由于波函数的角度部分对整个波函数即原子轨道的图像影响较大，而且原子轨道的角度分布图对原子间的成键作用也很重要，因此这里首先讨论原子轨道的角度分布图。

由表 5-3 可知氢原子的 s 轨道的角度分布函数为：

$$Y(s)=\frac{1}{\sqrt{4\pi}} \qquad 式(5\text{-}9)$$

式(5-9)说明 $Y(s)$ 与角度无关，以 $\frac{1}{\sqrt{4\pi}}$ 为半径的作图可得一个球面，球面上的 $Y(s)$ 值均相等。

原子 p_z 轨道的角度分布函数为 $Y(p_z)=k\cdot\cos\theta$，式中 k 为一常数，$Y(p_z)$ 只与 θ 有关，而与 φ 无关，将 θ 角从 0°变化至 180°，可以算出如表 5-4 所示的相应数值，再根据这些数值在球极坐标上画出直线，连接各直线端点，可得 p_z 轨道的角度分布图(图 5-5)。其他轨道角度分布图也是用相同方法绘制。图 5-6 是氢原子 s、p、d 各轨道角度分布剖面图，图中正、负号是从 $Y_{l,m}(\theta,\varphi)$ 的三角函数中自然得出。

表 5-4 $Y(p_z)$ 与 θ

θ	0°	30°	60°	90°	120°	150°	180°
$\cos\theta$	1	+0.866	+0.5	0	-0.5	-0.866	-1
$Y(p_z)$	R	+0.866 R	+0.5 R	0	-0.5 R	-0.866 R	$-R$

波函数角度分布图的着眼点是描述原子轨道的角度分布情况，其形状与能层数无关，各层的 s 轨道，其 Y 值相同，故角度分布图是相同的；各层的 p 轨道角度分布图也是相同的，有 3 个，分别叫 p_x、p_y、p_z，它们的图像分别是沿 x 轴、y 轴、z 轴的 2 个球；d 轨道有 5 个，见图 5-6。f 轨道有 7 个，其图形较复杂，本书从略。

2. 电子云的角度分布图　波函数 Ψ 仅仅是一个描述核外电子运动的数学表达式，本身没有确切的物理意义。但波函数 Ψ^2 代表电子在核外空间某点单位微体积中出现的概率，即电子在核外空间出现的概率密度。

笔记栏 

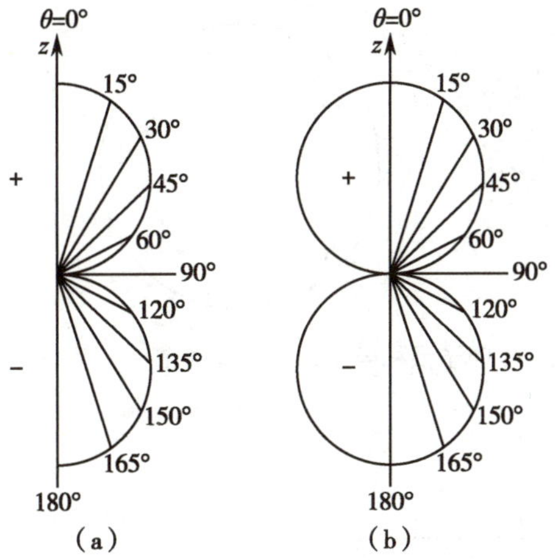

图 5-5　p_z 轨道角度分布图

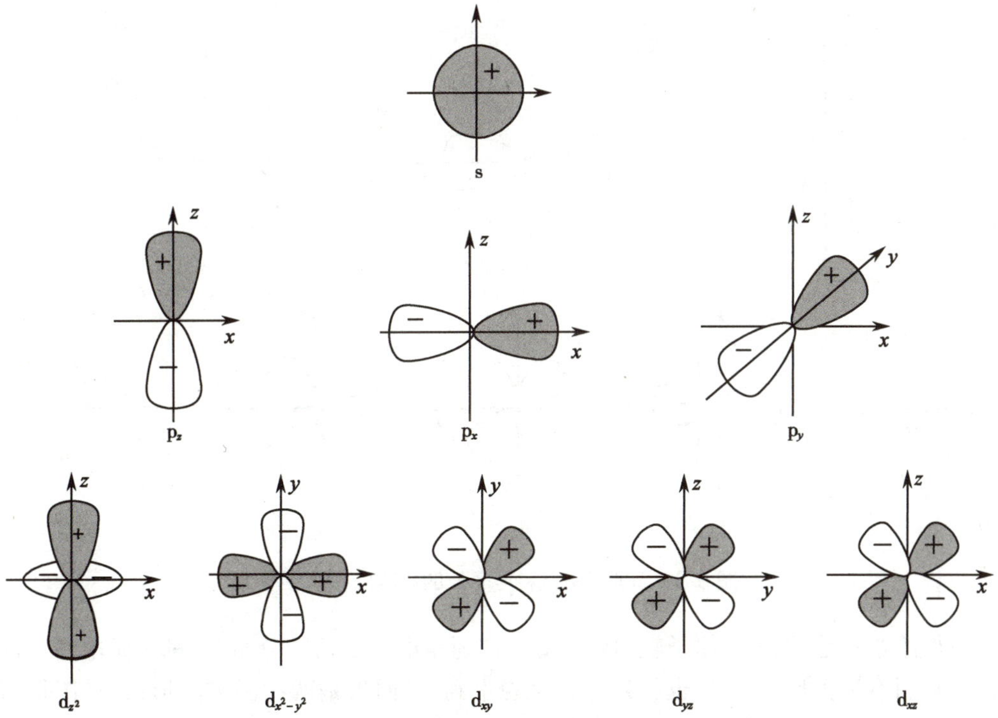

图 5-6　氢原子波函数角度分布图

为了形象化地表示出电子的概率密度分布，可用小黑点的疏密来表示空间各点的概率密度大小。由于电子在原子核外空间一定范围内出现，可以想象为一团带负电荷的云雾笼罩在原子核周围，所以，人们形象地把它叫作“**电子云**”。电子云密度大的地方，表明电子在该处出现的机会多；电子云密度小的地方，表明电子在该处出现的机会少。图 5-7 是通常状况下氢原子的电子云示意图，氢原子的 1s 电子云呈球形对称。

将 $Y_{l,m}{}^2(\theta,\varphi)$ 随角度的变化作图，可得电子云的角度分布图。图 5-8 为氢原子电子云的角度分布示意图。电子云角度分布能表示出电子在空间不同角度所出现的概率密度大小，并不能表示电子出现的概率密度与离核远近的关系。它们和波函数的角度分布图的形状相似，只是波函数的角度分布图上有正负号，而它们没有；电子云的角度分布图要比原子轨道的角度分布图“瘦”一些，这是因为 $|Y|$ 值小于 1，所以 $|Y|^2$ 值更小。

笔记栏

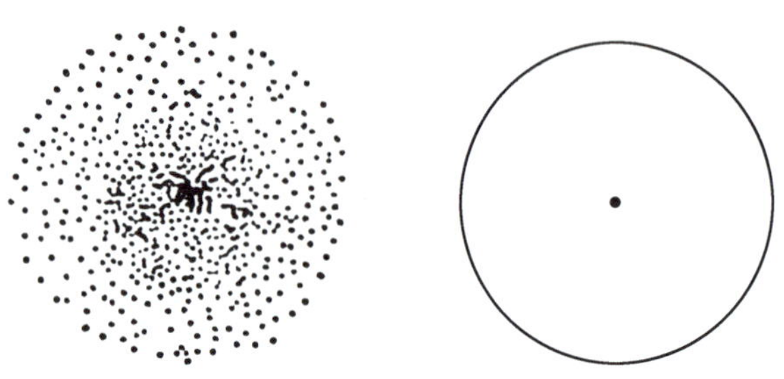

图 5-7 氢原子 1s 电子云和电子云剖面界面图

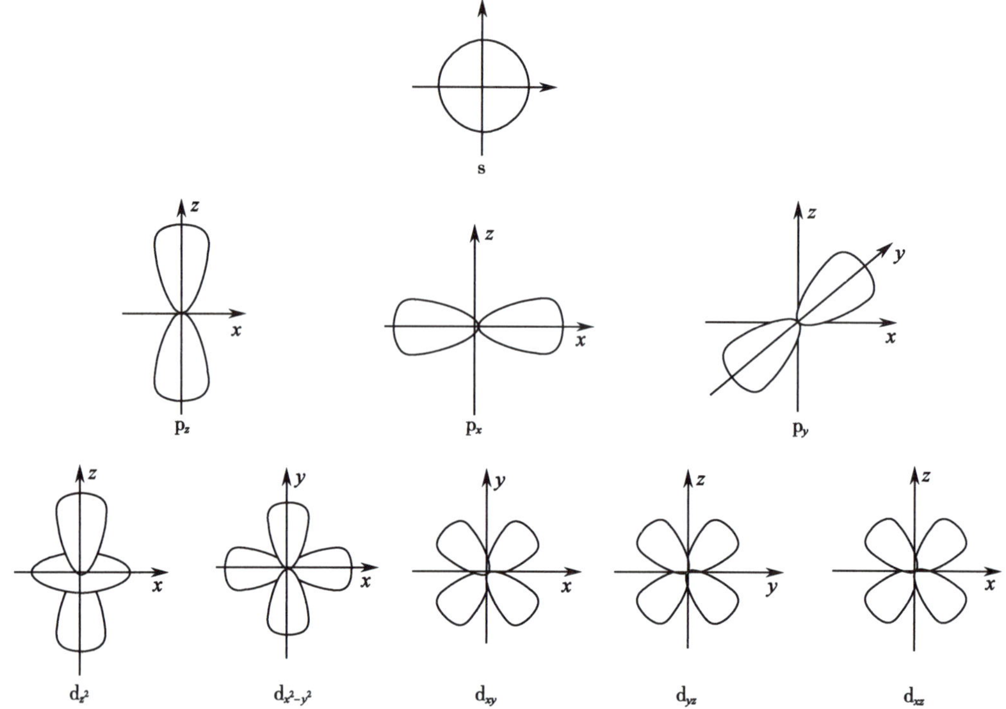

图 5-8 氢原子的几种电子云的角度分布示意图

值得注意的是，无论是原子轨道角度分布图还是电子云角度分布图，都不是电子运动的轨道。它们不是实验的结果，也不是能直接观察到的，而仅是两种函数图形，每种图形所代表的意义不同。除 s 轨道以外，其他轨道的角度分布是有方向性的，这是共价键具有方向性的本质原因。因此，不能将此图形误认为是原子轨道的形状。

3. 波函数径向分布函数 R 和概率径向分布函数 D　由于波函数没有明确的物理意义，因此 R 函数也没有明确物理意义，但是以 R 函数为基础得到的 D 函数却对理解核外电子的运动状态有着重要的意义。D 函数的物理意义是在离核 r 距离的微单位厚度球壳里电子出现的概率（概率等于概率密度乘球壳体积），因此也称 D 函数为电子的壳层概率。通过 D 函数可描述电子离核远近的概率分布情况。现考虑电子出现在半径为 r，厚度为 dr 的薄球壳的概率（dr=1，微单位厚度），这个球壳的体积为 $4\pi r^2 dr$，微单位厚度球壳内电子出现的概率应为 $|R(r)|^2 \times 4\pi r^2 = 4\pi r^2 R^2$，则 $4\pi r^2 R^2$（或 $r^2 R^2$）称为 D 函数。利用 D 函数对 r 作图，得到电子壳层概率径向分布图。此图形象地显示出电子出现的概率大小与离核远近的关系，见图 5-9。

图 5-9 中横坐标的单位为玻尔半径（a_0=52.9pm）。从图中可以发现：①不同类型的轨

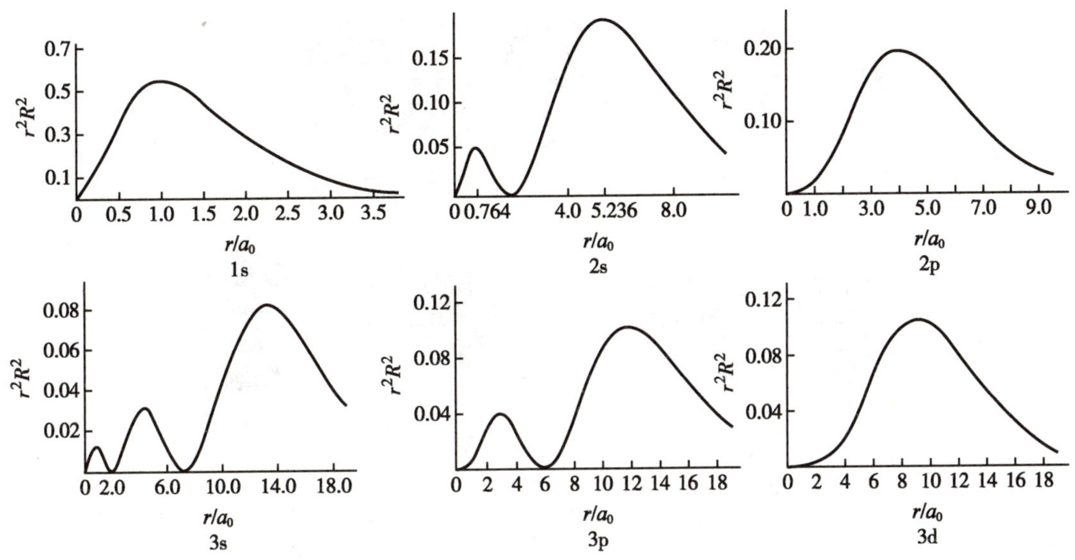

图 5-9　氢原子壳层概率径向分布示意图

道，D 函数径向分布的极大值即峰数不同，峰数为$(n-l)$，如 3s 轨道的 D 函数有 3 个峰，3d 轨道的 D 函数只有 1 个峰；②n 相同，l 不同，峰数不同，但 l 越小，最小峰离核越近，主峰(最大峰)离核越远；③n 越大，主峰离核越远；④n 不同，其电子活动区域不同，n 相同，其电子活动区域相近，所以从概率的径向分布图中可看出核外电子是分层分布的。

值得注意的是，氢原子 1s 电子的 D 函数图像表明，该电子在离核 52.9pm 处的球壳内出现的概率是最大的。而 52.9pm 正好是玻尔理论中 1s 电子运动的轨道半径，即玻尔半径(a_0)。而新量子力学则说氢原子 1s 电子在原子核外任何一点都可能出现，只是在一个玻尔半径的球壳出现的概率最大，可谓是殊途同归了。

4. 电子云黑点图　综合波函数的径向分布图和电子云的角度分布图，可比较全面地了解到核外电子的运动状态，如图 5-10 所示。

二、多电子原子的原子轨道能级

多电子原子的核外电子的排布是根据原子轨道能级高低顺序来进行的，由于有钻穿效应和屏蔽效应的共同影响，轨道能量高低并不仅仅由主量子数决定，还与角量子数及电子的具体排布有关，最终根据光谱实验的结果和对元素周期律的分析、归纳、总结出核外电子的排布规律。

(一) 鲍林原子轨道近似能级图

美国化学家鲍林(Pauling)根据光谱实验的结果，总结出多电子原子中原子轨道能量高低顺序，并绘制成能级近似图(图 5-11)。图 5-11 可以说明以下几个问题。

1. 按照能量从低到高的顺序排列，并且将能级相近的原子轨道排在一组，目前分为 7 个能级组。

2. 每个能级组中，每一个小圆圈表示一个原子轨道，将 3 个等价 p 轨道、5 个等价 d 轨道、7 个等价 f 轨道、…，排成一列，表示在该能级组中它们的能量相等。除第 1 能级组外，其他能级组中，原子轨道的能级都有差别。

3. 多电子原子中，原子轨道的能级主要由主量子数 n 和角量子数 l 来决定，如 $E_{1s}<E_{2s}<E_{3s}<E_{4s}$；$E_{4s}<E_{4p}<E_{4d}<E_{4f}$。这种同层轨道能级不同的现象，称为“能级分裂”。在第 4 能级组

笔记栏

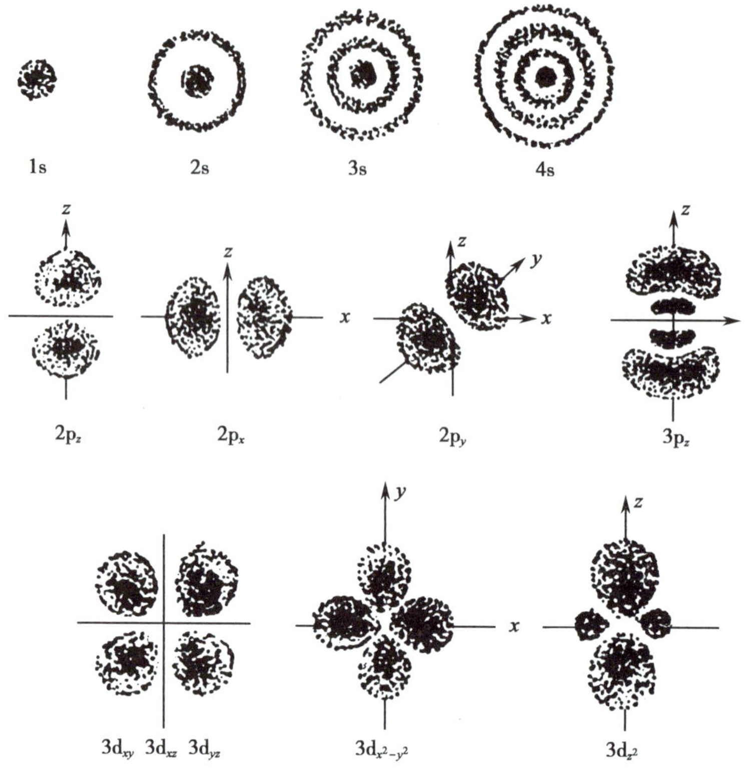

图 5-10　氢原子电子云黑点剖面图

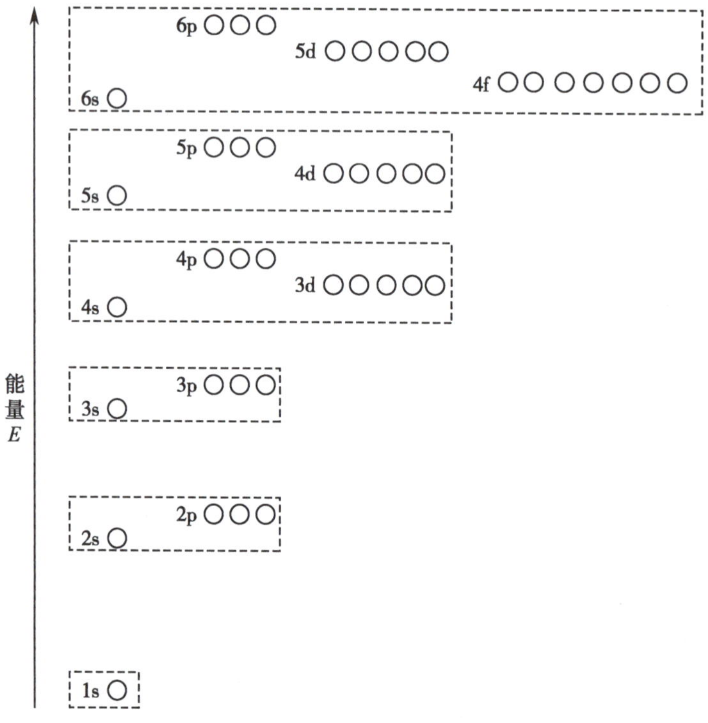

图 5-11　鲍林原子轨道近似能级图

以上，出现 n 较大，但能量较低的情况，如 $E_{4s}<E_{3d}$，这种能级错位的现象称“能级交错”(energy level overlap)。这些原子轨道能级高低变化的情况，都可以通过“屏蔽效应”和“钻穿效应”加以解释。

我国著名化学家徐光宪提出，基态电中性原子的电子组态符合(n+0.7l)的顺序，此顺序可定量地表示出各能级组之间的能量差异以及同层与电子亚层之间的能量差异。

(二) 屏蔽效应

在多电子原子中的每个电子不仅要受到原子核的吸引，同时还要受到其他电子的排斥，从而会使核对该电子的吸引力降低。由于核外电子处于高速运动状态，要准确地确定这种排斥作用是不可能的，因此可以采取一种近似处理方法：将其他电子对某一电子排斥的作用归结为抵消了一部分核电荷，使其有效核电荷(effective nuclear charge)降低，削弱了核电荷对该电子吸引的作用，称为**屏蔽效应**(shielding effect)。被其他电子屏蔽后的核电荷数称为有效核电荷数，常用符号 Z^* 表示。有效核电荷数与核电荷数的关系为：

$$Z^* = Z-\sigma \qquad 式(5\text{-}10)$$

式(5-10)中，σ 称为屏蔽常数，表示其他电子对指定电子的排斥作用，相当于其他电子将核电荷抵消的部分。这样，我们就可以把多电子原子体系近似地看成是具有一定有效核电荷数的单电子体系。那么，多电子原子中每个轨道(或电子)允许的能级就可以写为：

$$E=-2.18\times10^{-18}\frac{(Z^*)^2}{n^2}=-2.18\times10^{-18}\frac{(Z-\sigma)^2}{n^2}(\text{J}) \qquad 式(5\text{-}11)$$

式(5-11)中，σ 的数值与 n、l 均有关，代表其他电子对电子 i 的屏蔽作用的总和。美国物理学家和理论化学家斯莱特(Slater)根据光谱实验的结果，提出一套估算屏蔽常数(σ)的方法，称斯莱特规则。简述如下：

(1) 将电子按内外次序分组(或层)：1s | 2s,2p | 3s,3p | 3d | 4s,4p | 4d | 4f | 5s,5p | 等。

(2) 外层电子对内层电子无屏蔽作用，σ=0。

(3) 同一组内电子间的 σ=0.35(1s 组内电子间的 σ=0.30)。

(4) 对于 s、p 电子，(n-1)电子层中的电子对它的屏蔽常数是 0.85；对于 d、f 电子，(n-1)电子层中电子对它的屏蔽常数均为 1.00。

(5) 对于 d、f 电子，则位于它左边的各轨道组上的电子，对其屏蔽常数 σ=1.00。

以锰原子为例，锰原子的电子排布式为 $1s^2 2s^2 2p^6 3s^2 3p^6 3d^5 4s^2$。

对于 1s 电子：$\sigma_{1s}=0.30$，$Z^*=25-0.30=24.70$

对于 2s、2p 电子：$\sigma_{2s}=\sigma_{2p}=0.35\times7+0.85\times2=4.15$，$Z^*=25-4.15=20.85$

对于 3s、3p 电子：$\sigma_{3s}=\sigma_{3p}=0.35\times7+0.85\times8+1.00\times2=11.25$，$Z^*=25-11.25=13.75$

对于 3d 电子：$\sigma_{3d}=0.35\times4+1.00\times18=19.40$，$Z^*=25-19.40=5.60$

对于 4s 电子：$\sigma_{4s}=0.35\times1+0.85\times13+1.00\times10=21.40$，$Z^*=25-21.40=3.60$

从上述计算可以看出，电子离核越远，被屏蔽的核电荷越多，受到核的吸引力越小，因此能量越高。

(三) 钻穿效应

从电子壳层概率径向分布图可以看出，当 n 相同，而 l 不同，其径向分布有很大的区别，l 较小时峰数较多，例如 3s 有 3 个峰，3p 有 2 个峰，3d 有 1 个峰，主峰位置相近，但 3s 在离核较近的区域有 2 个峰，3p 在离核较近处有 1 个峰，这说明 3s、3p 电子不仅会出现在离核较远的区域，还有机会钻到内层空间而更靠近原子核。其钻穿作用依 3s、3p、3d 顺序减弱，因此 l

笔记栏

值越小，钻穿作用越大，受到的屏蔽作用就较小，能感受到更多的有效核电荷，能量随之降低。这种由于角量子数 l 不同，电子的钻穿能力不同，而引起的能级能量的变化称为**钻穿效应**(penetration effect)。

在多电子原子中，原子轨道的能级变化大体有以下 3 种：

(1) n 不同、l 相同的能级，n 越大，轨道离核越远，外层电子受内层的屏蔽效应也越大，能量越高，核对该轨道上的电子吸引力就越弱。如 $E_{1s}<E_{2s}<E_{3s}<E_{4s}$。

(2) n 相同、l 不同的能级，当 n 相同时，角量子数小的，峰越多，钻得就越深，离核就越近，受核的吸引力就越强。由于钻穿能力 $ns>np>nd>nf$，所以核对电子的吸引能力 $ns>np>nd>nf$。或 l 增大，轨道离核较远，受同层其他电子的屏蔽效应就大，能量升高，核对该轨道上的电子吸引力相应减弱，产生能级分裂。如 $E_{4s}<E_{4p}<E_{4d}<E_{4f}$。

(3) n 不同，l 不同的能级，原子轨道的能级顺序较为复杂。

如 $E_{4s}<E_{3d}$；$E_{5s}<E_{4d}$；$E_{6s}<E_{4f}<E_{5d}$ 等。

这可用钻穿效应加以解释。例如 4s 的能级低于 3d，因 4s 电子钻得较深，核对它的吸引力增强，使轨道能级降低的作用超过了主量子数增大使轨道能级升高的作用，故 $E_{4s}<E_{3d}$，使能级发生错位，也称能级交错。同样也能解释 $E_{5s}<E_{4d}$、$E_{6s}<E_{4f}<E_{5d}$ 等。

（四）科顿原子轨道能级图

鲍林的近似能级图是假设所有元素的原子轨道能级的顺序都是一样的，而实际上当原子核内质子数增加，核外电子数也增加，轨道能级顺序也会发生变化。量子力学理论和光谱实验结果都说明，随着原子序数的增加，核电荷对电子的吸引也在增强，所以轨道能量都降低。由于各轨道能量随原子序数增加时降低的程度各不相同，因此将造成不同元素的原子轨道能级次序不完全相同。

1962 年，美国无机结构化学家科顿(Cotton)用最简洁的方法总结出元素周期表中元素原子轨道能量高低随原子序数增加的变化规律，如图 5-12 所示。图中纵坐标为轨道能量，横坐标为原子序数。由图 5-12 可见，原子序数为 1 的氢原子，轨道能量只与 n 值有关。n 值相同时皆为简并轨道。但是随原子序数的增加，核电荷的增加，核对电子的吸引力也增加，使得各种轨道的能量都降低。当 $Z=15\sim20$ 时，$E_{3d}>E_{4s}$，而当 $Z=1\sim14$、21 以后，则 $E_{3d}<E_{4s}$。例如：原子序数为 19(K) 和 20(Ca) 的 $E_{3d}>E_{4s}$，即发生能级交错现象，而 21(Sc) 以后 $E_{3d}<E_{4s}$。这是因为当 d 轨道和 f 轨道尚未填充电子时，可以发生能级交错，而一旦这些轨道上填充了电子后，由于电子的屏蔽作用，使外层轨道能量升高，不再发生能级交错了，这点在鲍林近似能级图中尚未反映。

三、基态原子核外电子的排布（电子结构）

根据光谱实验的数据和量子力学理论的总结、归纳，可得出基态多电子原子中核外电子排布时需要遵循下列 3 个原则。

（一）能量最低原理

核外电子的排布，应尽可能使整个体系的能量最低，这样才能符合自然界的能量越低越稳定的普遍规律。也就是说，电子在原子轨道填充的顺序，应先从最低能级 1s 轨道开始，依次往能级较高的轨道上填充，故称为能量最低原理(lowest energy principle)。

（二）泡利不相容原理

奥地利科学家泡利(Pauli，1900—1958)在光谱实验现象的基础上，提出了后被实验所证实的一个假设——“在同一个原子中不可能存在 4 个量子数完全相同的 2 个电子”，称为泡利不相容原理(Pauli exclusion principle)。

笔记栏

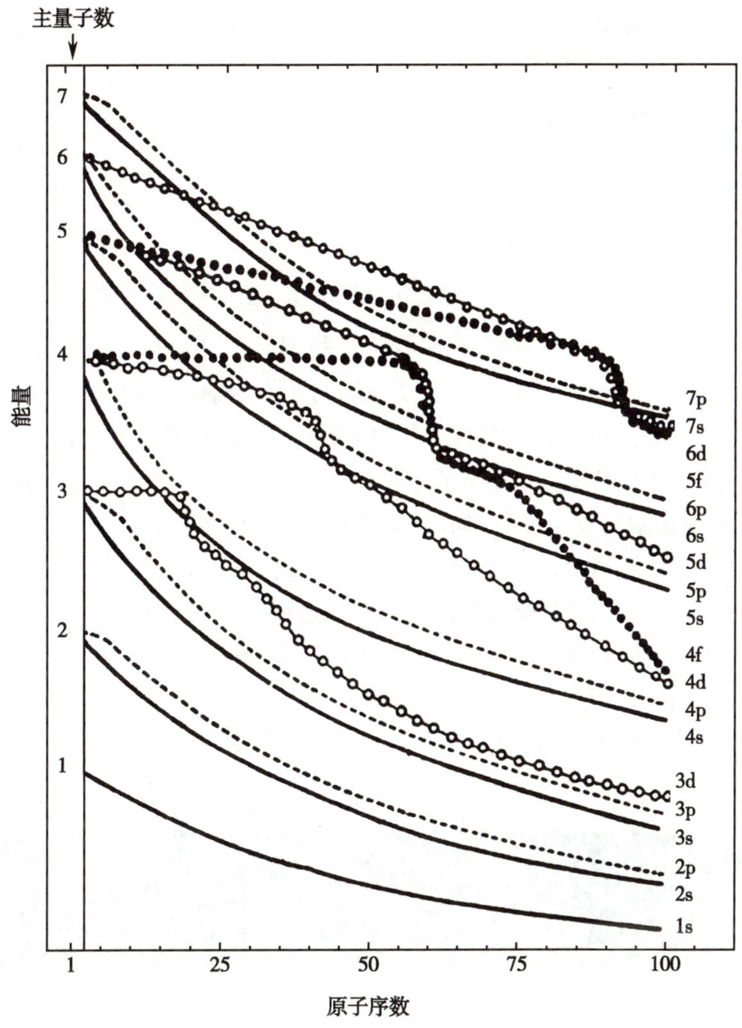

图 5-12　原子轨道的能量与原子序数的关系

按照泡利不相容原理，每个原子轨道最多能容纳 2 个电子，这 2 个电子自旋量子数的取值分别为 $m_s=+\frac{1}{2}$和 $m_s=-\frac{1}{2}$，或用↑、↓表示，即一个为顺时针自旋，另一个为逆时针自旋。

（三）洪德规则

德国科学家洪德（Hund）根据大量光谱实验数据，总结出，在 n 和 l 相同的等价轨道中，电子尽可能分占各等价轨道，且自旋方向相同，称为洪德规则，也称等价轨道原理。量子力学计算证实，按洪德规则，且自旋方向相同的单电子越多，能量就越低，体系就越稳定。

此外，量子力学理论还指出，在等价轨道中电子排布全充满、半充满和全空状态时，体系能量最低最稳定，这也可称为洪德规则的补充说明。

全充满　p^6，d^{10}，f^{14}　　半充满　p^3，d^5，f^7　　全空　p^0，d^0，f^0

根据核外电子排布三原则，结合鲍林近似能级图，可排布各种原子基态时的电子层结构。下面讨论核外电子排布和书写电子结构式的几个实例。

按照鲍林原子轨道近似能级图，电子填充各能级轨道的先后顺序为：

笔记栏

1s　2s 2p　3s 3p　4s 3d 4p　5s 4d 5p　6s 4f 5d 6p　7s 5f 6d 7p……

例 5-1　根据核外电子排布原则，写出原子序数为 6、18、24、29 的元素原子的符号及电子排布式。

解：根据核外电子排布原则

元素原子的符号	电子结构式
$_{6}C$	$1s^2 2s^2 2p^2$
$_{18}Ar$	$1s^2 2s^2 2p^6 3s^2 3p^6$
$_{24}Cr$	$1s^2 2s^2 2p^6 3s^2 3p^6 3d^5 4s^1$ 或 $[Ar]3d^5 4s^1$ 而不是 $[Ar]3d^4 4s^2$
$_{29}Cu$	$1s^2 2s^2 2p^6 3s^2 3p^6 3d^{10} 4s^1$ 或 $[Ar]3d^{10} 4s^1$ 而不是 $[Ar]3d^9 4s^2$

24、29 号元素的排布是半充满的 d^5 和全充满的 d^{10} 结构体系非常稳定的缘故。

为了避免电子结构式过长，将内层电子结构用前一周期稀有气体元素电子结构表示，并用[　]括起来，称为**原子实体**。如 $_{24}Cr$ 的后一电子结构式。当我们按鲍林近似能级图排布完电子后，体系的能量就会发生变化，如 Cr 原子内层 3d 轨道上有电子，就会对外层上的 4s 电子有屏蔽效应，使 4s 轨道上的电子能量升高，所以此时 $E_{3d}<E_{4s}$。而电子的失去和得到都是从最外层（能量最高）开始的，所以要进行调整。进行调整的目的，便于写出它的离子电子结构。同理，原子序数为 9 的 F 原子，电子结构为 $1s^2 2s^2 2p^5$，其 F^- 的电子结构为 $1s^2 2s^2 2p^6$，只需在外层加 1 个电子即可。

现将光谱实验中得出的各元素电子排布的结果列于表 5-5 中。

表 5-5　原子的电子层结构

周期	原子序数	元素符号	元素名称	电子层结构						
				K	L	M	N	O	P	Q
				1s	2s 2p	3s 3p 3d	4s 4p 4d 4f	5s 5p 5d 5f	6s 6p 6d	7s
1	1	H	氢	1						
	2	He	氦	2						
2	3	Li	锂	2	1					
	4	Be	铍	2	2					
	5	B	硼	2	2 1					
	6	C	碳	2	2 2					
	7	N	氮	2	2 3					
	8	O	氧	2	2 4					
	9	F	氟	2	2 5					
	10	Ne	氖	2	2 6					
3	11	Na	钠	2	2 6	1				
	12	Mg	镁	2	2 6	2				
	13	Al	铝	2	2 6	2 1				
	14	Si	硅	2	2 6	2 2				
	15	P	磷	2	2 6	2 3				
	16	S	硫	2	2 6	2 4				
	17	Cl	氯	2	2 6	2 5				
	18	Ar	氩	2	2 6	2 6				

续表

周期	原子序数	元素符号	元素名称	电子层结构																	
				K	L		M			N				O				P			Q
				1s	2s	2p	3s	3p	3d	4s	4p	4d	4f	5s	5p	5d	5f	6s	6p	6d	7s
4	19	K	钾	2	2	6	2	6		1											
	20	Ca	钙	2	2	6	2	6		2											
	21	Sc	钪	2	2	6	2	6	1	2											
	22	Ti	钛	2	2	6	2	6	2	2											
	23	V	钒	2	2	6	2	6	3	2											
	24	Cr	铬	2	2	6	2	6	5	1											
	25	Mn	锰	2	2	6	2	6	5	2											
	26	Fe	铁	2	2	6	2	6	6	2											
	27	Co	钴	2	2	6	2	6	7	2											
	28	Ni	镍	2	2	6	2	6	8	2											
	29	Cu	铜	2	2	6	2	6	10	1											
	30	Zn	锌	2	2	6	2	6	10	2											
	31	Ga	镓	2	2	6	2	6	10	2	1										
	32	Ge	锗	2	2	6	2	6	10	2	2										
	33	As	砷	2	2	6	2	6	10	2	3										
	34	Se	硒	2	2	6	2	6	10	2	4										
	35	Br	溴	2	2	6	2	6	10	2	5										
	36	Kr	氪	2	2	6	2	6	10	2	6										
5	37	Rb	铷	2	2	6	2	6	10	2	6			1							
	38	Sr	锶	2	2	6	2	6	10	2	6			2							
	39	Y	钇	2	2	6	2	6	10	2	6	1		2							
	40	Zr	锆	2	2	6	2	6	10	2	6	2		2							
	41	Nb	铌	2	2	6	2	6	10	2	6	4		1							
	42	Mo	钼	2	2	6	2	6	10	2	6	5		1							
	43	Tc	锝	2	2	6	2	6	10	2	6	5		2							
	44	Ru	钌	2	2	6	2	6	10	2	6	7		1							
	45	Rh	铑	2	2	6	2	6	10	2	6	8		1							
	46	Pd	钯	2	2	6	2	6	10	2	6	10									
	47	Ag	银	2	2	6	2	6	10	2	6	10		1							
	48	Cd	镉	2	2	6	2	6	10	2	6	10		2							
	49	In	铟	2	2	6	2	6	10	2	6	10		2	1						
	50	Sn	锡	2	2	6	2	6	10	2	6	10		2	2						
	51	Sb	锑	2	2	6	2	6	10	2	6	10		2	3						
	52	Te	碲	2	2	6	2	6	10	2	6	10		2	4						
	53	I	碘	2	2	6	2	6	10	2	6	10		2	5						
	54	Xe	氙	2	2	6	2	6	10	2	6	10		2	6						

这里需要指出，并不是所有原子核外电子排布都可以用上述 3 个原则解释的。随着核电荷数增加，核外电子也在增加，核与电子之间，电子与电子之间的作用力更加复杂，所以从第五周期到第七周期都有一些原子的核外电子的排布出现“例外”。因此，核外电子的排布最终以光谱实验结果来确定。

另外，在后续章节常提到的 $6s^2$ 惰性电子对效应，在此可以结合原子结构理论，并用 Einstein 相对性原理加以解释。根据相对论原理，当核电荷数增大，核外电子运动速度明显加

笔记栏

快，这种效应对 6s 电子的影响特别显著，这是因为 6s 电子相对于 5d 电子有更强的钻穿能力，受到原子核的有效吸引力更大，因而使 6s 电子向原子核紧缩，能量降低而表现出惰性。$6s^2$ 惰性电子对效应对第六周期元素的许多性质也有明显影响，如原子半径、过渡后元素的低价稳定性、汞在常温下呈液态等。

第五节　原子的电子层结构和元素周期系

早在 19 世纪 20 年代就有人发现，元素性质的不同与它们的原子量大小有关。直到 19 世纪 70 年代，随着所发现元素的数目增加，对它们之间性质的差异和相似性有了比较清楚的认识。通过许多人的努力，最后归纳出一个规律，即元素周期律：随核内质子数递增，核外电子呈现周期性排布，元素性质呈现周期性递变。

思政元素

门捷列夫与元素周期表

多年来，各国化学家为探索元素间的联系进行不懈探索与努力，但却因没有把所有元素作为整体来概括，一直未能找出正确的元素分类原则。

年轻学者门捷列夫无所畏惧地闯进这个领域并开始艰苦卓绝的探索工作。他废寝忘食地进行研究，想在元素全部的复杂特性中找出元素的共同性。但他的研究，失败了一次又一次，尽管前路困难重重，可他并没有被失败打倒，更没有放弃，没有屈服，没有消沉，而是继续坚持这一工作的研究。

为拓展思路、解决问题，他开始外出考察和收集整理资料，走出实验室，进行理论联系实际的研究。1859 年，他前往德国海德堡进行科学深造。系统的理论学习，使他在探索元素间内在联系方面研究的基础更加扎实。其间他参观了多家化工厂，这些实践经历开拓了他的眼界，大大提升了他对自然的理解和认识，为其透过现象发现元素周期律奠定坚实的基础。在拥有了丰富的理论与实践经验后，门捷列夫重返实验室，于 1869 年 2 月 19 日绘制出第一张元素周期表。

1869 年俄国化学家门捷列夫（Mendeleev）绘制出第一张元素周期表，之后的 100 多年以来，至少已经出现 700 多种不同形式的元素周期表。制作元素周期表的目的是为方便研究元素性质的周期性变化。研究对象不同，元素周期表的形式不同。现今使用的元素周期表称维尔纳长式周期表，由诺贝尔奖得主维尔纳（Werner，1866—1919）首先提出。下面介绍元素的周期系与电子层结构的关系。

一、原子的电子层结构与周期系

（一）原子电子层结构与周期的划分

人们发现，随着原子序数（核电荷）的增加，不断有新的电子层出现，并且最外层电子的填充始终是从 ns^1 开始到 ns^2np^6 结束（除第一周期外），即都是从碱金属开始到稀有气体结束，重复出现。由于最外电子层的结构决定了元素的化学性质，因此就出现了元素性质呈现周期性变化的一个又一个周期。同时表明，元素性质呈现周期性的变化规律（周期律）是由

于原子的电子层结构呈现周期性变化所造成的。

结合原子的电子层结构和能级组的划分以及元素性质呈现周期性变化的规律，它们有以下的关系，如表5-6所示。

表5-6 周期数与能级组数和最大电子容量关系

能级组	1s	2s2p	3s3p	4s3d4p	5s4d5p	6s4f 5d6p	7s5f 6d7p
能级组数	1	2	3	4	5	6	7
周期数	1	2	3	4	5	6	7
电子层数（最外层n）	1	2	3	4	5	6	7
元素数目	2	8	8	18	18	32	未完
最大电子容量	2	8	8	18	18	32	未满

即：周期数=能级组数=电子层数

由能级组和周期的关系可知，能级组的划分是导致元素周期表中各元素能划分为周期的本质原因。

（二）原子的电子层结构与族的划分

按长式周期表（见附页），元素被分为16个族，排成18个纵列，其中：

7个主族（A族）：ⅠA～ⅦA族　　1个0族（又称ⅧA族）为稀有气体元素

8个副族（B族）：ⅠB～ⅦB，Ⅷ族　　Ⅷ族（又称ⅧB族）占了3个纵列

族数=价电子层上电子数（参与反应的电子）=最高氧化值

（Ⅷ族只有Ru和Os元素可达+8，ⅠB族有例外）

要特别注意，ⅠB、ⅡB族与ⅠA、ⅡA族的主要区别在于：ⅠB、ⅡB族次外层d轨道上电子是全满的，而ⅠA、ⅡA族从第四周期开始，元素才出现次外层d轨道，且还未填充$(n-1)$d电子。

对于同一族的元素因其价电子层构型相似，所以它们的化学性质也十分相似。

（三）原子的电子层结构与区的划分

根据各元素原子的核外电子排布以及价电子层构型的特点，可将长式周期表中的元素分为5个区。

1. s区元素　最后一个电子填充在s轨道上的元素属s区元素，包括碱金属的ⅠA族元素和碱土金属的ⅡA族元素，价电子构型是$ns^{1\sim2}$，位于元素周期表的左侧，它们都是典型的活泼金属。

2. p区元素　最后一个电子填充在p轨道上的元素属p区元素，包括ⅢA～0族元素，分别称为硼族元素（ⅢA）、碳族元素（ⅣA）、氮族元素（ⅤA）、氧族元素（ⅥA）、卤族元素（ⅦA）和“零族”稀有气体元素，价电子构型是$ns^2np^{1\sim6}$，位于元素周期表的右侧，大部分元素为非金属元素。

如果从硼元素到砹元素间画一条直线，则将元素分为非金属区（右上角）和金属区（左下角），线上元素则兼具金属性和非金属性，也称为半金属和准金属。例如，硅是非金属，但其单质晶体为蓝灰色金属光泽的半导体；锗是金属，却与硅一样具有金刚石结构，也是半导体。又如，砷是非金属，气态分子为类磷的As_4，但有金属型的同素异形体等等。

3. d区元素　最后一个电子填充在d轨道上的元素属d区元素，包括ⅢB～Ⅷ族元素，价电子构型为$(n-1)d^{1\sim9}ns^{1\sim2}$，位于元素周期表的中间。通常d区元素又称过渡元素，其含义是指从s区金属元素向着p区非金属元素过渡，也有的指从d能级不完全的电子填充到完全填充的过渡。d区元素都是金属元素。

笔记栏

4. ds 区元素 最后一个电子填充在 d 轨道上，且 d 能级达全满状态的元素称 ds 区元素，包括称为铜分族的ⅠB 族元素和锌分族的ⅡB 族元素，价电子构型为 $(n-1)d^{10}ns^{1\sim2}$，位于元素周期表中间的 d 区元素和 p 区元素之间。它们的特点是次外层 d 轨道能级上的电子排布是全满的。ds 区元素均为金属元素。

5. f 区元素 最后一个电子填充在 f 轨道上的元素称为 f 区元素，其价电子构型是 $(n-2)f^{1\sim14}(n-1)d^{0\sim2}ns^2$，包括镧系元素（57~71 号元素）和锕系元素（89~103 号元素）。由于外层和次外层上的电子数几乎相同，只是倒数第三层 f 轨道上电子数不同，所以每个系列各元素的化学性质极为相似。

下面我们通过一个例子来运用和熟悉以上所学的知识。

例 5-2 已知某元素的原子序数是 35，试写出该元素的电子层结构式，并指出该元素位于元素周期表中哪个周期、哪一族、哪一区，同时写出该元素的名称和化学符号。

解：原子序数为 35 的元素，电子层结构式为：$1s^22s^22p^63s^23p^63d^{10}4s^24p^5$

或简写为：$[Ar]3d^{10}4s^24p^5$

根据 周期数 = 能级组数 族数 = 价层电子数

因为第 4 能级组为 4s 3d 4p，价电子层构型为 $4s^24p^5$，所以该元素属于第四周期，ⅦA 族元素，位于 p 区，元素名称为溴，化学符号为 Br。

二、元素某些性质的周期性

我们知道，一切客观事物本来是互相联系的和具有内在规律的。原子的电子层结构具有周期性变化规律，因此与原子结构有关的一些原子基本性质，如原子半径、电离能、电子亲和能及电负性也呈现周期性变化。

（一）原子半径

从量子力学理论观点考虑，电子云没有明确的界限，就像云雾没有明确界限一样，因此严格来讲原子半径有不确定的含义，也就是说要给出一个准确的原子半径是不可能的。一般通过测定原子形成分子或固体后的核间距求取原子半径。对于同种原子，则测得的核间距除 2，就得到该原子的半径；对于异种原子，只要已知其中一种元素的原子半径，就用核间距求出另一种原子半径。对大量数据进行统计并基于某些理论的思考进行适当修饰，便可得到一套原子半径数据。根据原子间的作用力不同，原子半径一般分为 3 种——共价半径、范德瓦耳斯半径和金属半径。

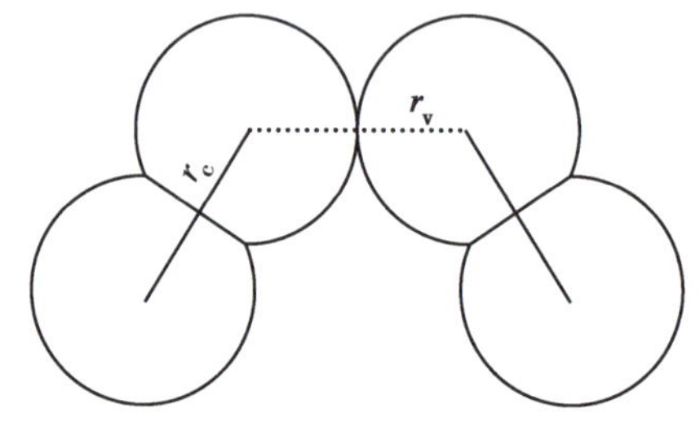

图 5-13 共价半径和范德瓦耳斯半径

1. 共价半径（r_c） 以共价单键结合时（如 H_2、Cl_2 等），它们核间距离的一半称为原子的共价半径，如图 5-13 所示。

2. 范德瓦耳斯半径（r_v） 在分子晶体中，相邻分子间 2 个邻近的非成键原子的核间距离的一半称为范德瓦耳斯半径（Van der Waals radius），也称分子接触半径，如图 5-13 所示。

3. 金属半径 在金属晶体中，2 个相邻金属原子的核间距离的一半称该原子的金属半径。将金属晶体看成由球状的金属原子堆积而成，则：

通常情况下，范德瓦耳斯半径都比较大，而金属半径比共价半径大一些。在比较元素的某些性质时，原子半径的取值最好用同一套数据。

表 5-7 列出了元素周期表中各元素的原子半径，其中金属原子取金属半径，非金属原子

取单键共价半径，稀有气体的原子取范德瓦耳斯半径。原子半径大小主要决定于原子的有效核电荷数和电子层数。随着原子序数的增加，原子半径呈现周期性变化。

表 5-7　元素的原子半径

pm

ⅠA	ⅡA	ⅢB	ⅣB	ⅤB	ⅥB	ⅦB	Ⅷ			ⅠB	ⅡB	ⅢA	ⅣA	ⅤA	ⅥA	ⅦA	0
H																	He
30																	140
Li	Be											B	C	N	O	F	Ne
152	113											88*	77*	70*	66*	64*	154**
Na	Mg											Al	Si	P	S	Cl	Ar
186	160											126*	118	108	106*	99	188**
K	Ca	Sc	Ti	V	Cr	Mn	Fe	Co	Ni	Cu	Zn	Ga	Ge	As	Se	Br	Kr
232	197	162	147	136	128	127	126	124	124	128	134	135*	128	125	117*	114	202**
Rb	Sr	Y	Zr	Nb	Mo	Tc	Ru	Rh	Pd	Ag	Cd	In	Sn	Sb	Te	I	Xe
248	215	180	160	146	139	136	134	134	137	144	149	167*	151	145	137*	133	216**
Cs	Ba	La	Hf	Ta	W	Re	Os	Ir	Pt	Au	Hg	Tl	Pb	Bi	Po	At	Rn
265	217	183	159	146	139	137	135	135	138	144	151	176*	175	155		143	

注：摘自 *Lange's Handbook of Chemistry*，17th ed.（2016），金属半径，配位数为 12；当配位数为 8、6、4 时，半径值要分别乘以 0.97、0.96、0.88。

* 摘自 *Lange's Handbook of Chemistry*，17th ed.（2016）；原子共价半径（单位：pm）。

** 范德瓦耳斯半径（单位：pm）为 Bondi 数据。

同一周期元素原子半径的变化规律：

短周期：原子半径从左到右逐渐减小。这是由于增加的电子同在外层，电子层数不变，而原子的有效核电荷逐渐增大，对核外电子的吸引力逐渐增强，故原子半径依次变小。而最后一个稀有气体的原子半径变大，这是由于稀有气体的原子半径采用范德瓦耳斯半径所致。

长周期：原子半径的变化总体趋势与短周期相似，从左到右也是依次变小的。但过渡元素的变化由于所增加的电子填充在次外层的 d 轨道上，因决定原子半径大小的屏蔽效应大，原子的有效核电荷有所降低，核对核外电子的吸引力有所下降。但核电荷的增加还是占主导的，所以，过渡元素的原子半径依次变小的幅度很缓慢，但电子填充至 d^5 半满或 d^{10} 全满的稳定状态时，d 轨道对核外电子的屏蔽效应更强，故原子半径有所变大。到了 p 区元素又逐渐恢复正常。

同族元素原子半径的变化规律：

主族元素：同一主族元素，从上至下原子半径逐渐增大，这是由于电子层逐渐增加所起的作用大于有效核电荷增加的作用。

副族元素：同一副族元素，从上到下原子半径的变化趋势总体上与主族相似，但原子半径增大不明显。主要原因是内过渡元素**镧系收缩**（lanthanide contraction）。所谓镧系收缩，是指镧系元素随着原子序数的增加，原子半径在总趋势上有所缩小的现象。从镧到镥，经历 14 个元素，而原子半径总共减小 11pm，使得第六周期过渡元素的原子半径与第五周期同一族过渡元素的半径相近，即镧系收缩的作用（半径减小）与周期增加的作用（半径增大）相互抵消。

（二）电离能

气态的基态原子失去一个电子成为气态正一价离子时所消耗的能量，称为该元素的第一电离能(first ionization energy),用符号“I_1”表示。电离能可以用 eV/(原子或离子)作单位,也可以用 kJ/mol 作单位。它们之间的换算关系为 1eV/atom ≈ 96.49kJ/mol,或 1kJ/mol ≈ 1.032×10^{-2}eV/atom。

若从气态的正一价离子再失去一个电子成为气态的正二价离子时,所消耗的能量就称为第二电离能(I_2),依次类推,分别为 I_3、I_4、…、I_n。通常情况下,$I_1<I_2<I_3<I_4<\cdots<I_n$,这是因为,气态正离子的价数越高,核外电子数越少,且离子的半径也越小,外层电子受有效核电荷作用就越大,故失去电子越困难,所消耗的能量就越大。

例如:

$$H(g)-e^- \rightarrow H^+(g) \quad I_1=1\,312\text{kJ/mol}$$

$$Li(g)-e^- \rightarrow Li^+(g) \quad I_1=520\text{kJ/mol}$$

$$Li^+(g)-e^- \rightarrow Li^{2+}(g) \quad I_2=7\,298\text{kJ/mol}$$

$$Li^{2+}(g)-e^- \rightarrow Li^{3+}(g) \quad I_3=11\,815\text{kJ/mol}$$

电离能的大小可表示原子失去电子的倾向,从而可说明元素的金属性。如电离能越小表示原子失去电子所消耗能量越少,就越易失去电子,则该元素在气态时金属性就越强。

元素的电离能可以通过元素的发射光谱实验测得。通常情况下,常使用的是第一电离能。元素的电离能在元素周期表中呈现明显的周期性变化。表 5-8 和图 5-14 为元素的第一电离能周期性变化的数据和示意图。

表 5-8　元素的第一电离能(I_1)

kJ/mol

ⅠA	ⅡA	ⅢB	ⅣB	ⅤB	ⅥB	ⅦB		Ⅷ		ⅠB	ⅡB	ⅢA	ⅣA	ⅤA	ⅥA	ⅦA	0
H																	He
1 310																	2 370
Li	Be											B	C	N	O	F	Ne
519	900											799	1 096	1 401	1 310	1 680	2 080
Na	Mg											Al	Si	P	S	Cl	Ar
494	736											577	786	1 080	1 000	1 260	1 520
K	Ca	Sc	Ti	V	Cr	Mn	Fe	Co	Ni	Cu	Zn	Ga	Ge	As	Se	Br	Kr
418	590	632	661	648	653	716	762	757	736	745	908	577	762	966	941	1 040	1 350
Rb	Sr	Y	Zr	Nb	Mo	Tc	Ru	Rh	Pd	Ag	Cd	In	Sn	Sb	Te	I	Xe
402	548	636	669	653	694	699	724	745	803	732	866	556	707	833	870	1 010	1 170
Cs	Ba	La	Hf	Ta	W	Re	Os	Ir	Pt	Au	Hg	Tl	Pb	Bi	Po	At	Rn
376	502	540	531	760	779	762	841	887	866	891	1 010	590	716	703	812	920	1 040

注:引自 Huheey JE, *Inorganic Chemistry: Principles of Structure and Reactivity*. 4th Ed.(2008)和 John R. Rumble, *CRC Handbook of Chemistry and Physics*, 101st Ed.(2020)

电离能的大小主要取决于原子的核电荷、半径和电子构型。同一周期的元素具有相同的电子层数,从左到右随着核电荷数增加,原子半径减小,核对外层电子的引力增大。因此,每一周期电离能最低的是碱金属,越往右电离能越大。同一族元素,原子半径增大起主要作用,半径越大,核对外层电子的吸引力越小,越易失去电子,电离能越小。从图 5-14 中看到,ⅠA 族中按 Li、Na、K……顺序,电离能越来越小。除了核电荷和半径因素外,元素的电子构型对电离能的影响也很大。每一周期的最后元素稀有气体原子具有最高的电离能,因为它们具有 ns^2np^6 的 $8e^-$稳定结构。此外,图 5-14 的曲线中有小的起伏,如 N、P、As 元素的电离能分别比 O、S、Se 元素的电离能高,这是因为前者具有 ns^2np^3 组态,p 亚层半满,失去一个 p 电子破坏了半满的稳定状态,需较高能量。

笔记栏

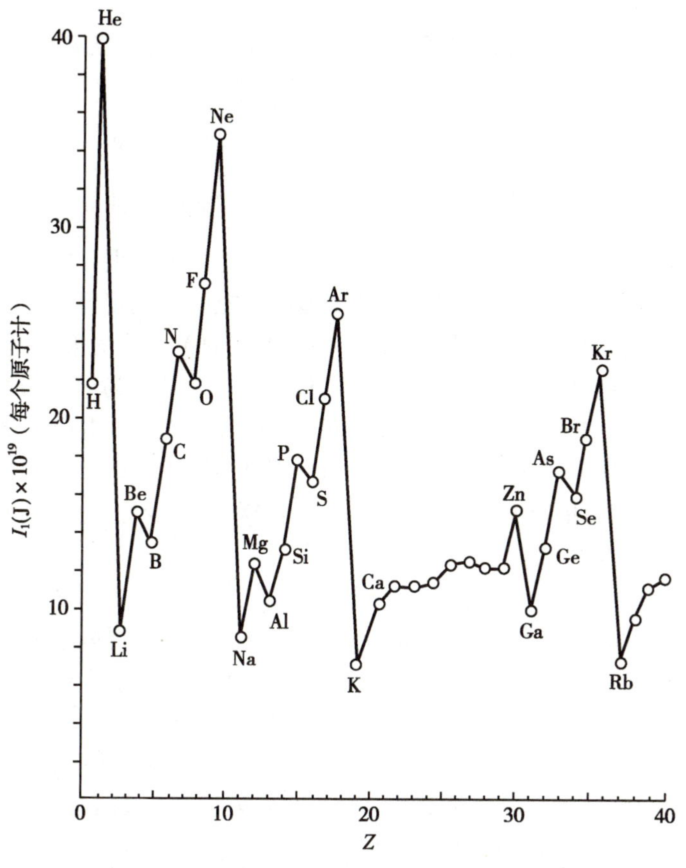

图 5-14　元素的第一电离能周期性变化示意图

对于过渡元素，由于电子是填充入内层，引起屏蔽效应大，它抵消了核电荷增加所产生的影响，因此它们的第一电离能变化不大。

此外，电离能还可用于说明元素的常见氧化值。表 5-9 列出钠、镁、铝的各级电离能，可以看出，钠的第二电离能、镁的第三电离能、铝的第四电离能迅速增大，这表明钠、镁、铝分别难以失去第 2、第 3、第 4 个电子，故通常呈现的氧化值分别为+1、+2、+3。所以元素的电离能是元素的重要性质之一。

表 5-9　钠、镁、铝元素的电离能

kJ/mol

元素	电离能				
	I_1	I_2	I_3	I_4	I_5
Na	494	45 600	6 940	9 540	13 400
Mg	736	1 450	7 740	10 500	13 600
Al	577	1 820	2 740	11 600	14 800

（三）电子亲和能

与原子失去电子需消耗一定的能量正好相反，电子亲和能是指原子获得电子所放出的能量。

元素的一个气态原子在基态时获得一个电子成为气态的负一价离子所放出的能量，称为该元素的第一电子亲和能（first electron affinity）。与此类推，也可得到第二、第三电子亲和能。第一电子亲和能用符号“E_1”表示，单位常用 kJ/mol。如：

笔记栏

$$Cl(g)+e^{-} \rightarrow Cl^{-}(g) \qquad E_1=+348.7kJ/mol$$

大多数元素的第一电子亲和能都是正值(放出能量),也有的元素为负值(吸收能量)。这说明这种元素的原子获得电子成为负离子时比较困难,如:

$$O(g)+e^{-} \rightarrow O^{-}(g) \qquad E_1=+141kJ/mol$$

$$O^{-}(g)+e^{-} \rightarrow O^{2-}(g) \qquad E_2=-780kJ/mol$$

这是因为,负离子获得电子是一个强制过程,很困难,需消耗很大能量。

在元素周期表中,电子亲和能的变化规律类似电离能的变化规律。一般来说,如果一个元素的电离能较高则它的电子亲和能也较高。但ⅢA到ⅦA各族的第二周期元素的电子亲和能呈现反常现象,均比第三周期元素的电子亲和能小。这是因为第二周期的B、C、N、O、F虽然有很强的接受电子的倾向,但是由于半径很小,加入电子后负电荷密集,电子和电子间的排斥作用急剧增大,使电子亲和能变小以致破坏从上到下随原子半径增大而电子亲和能变小的正常顺序。由于目前已知的元素的电子亲和能数据较少,测定的准确性也差,所以本教材未列出电子亲和能的数据。

(四)元素的电负性

元素的电离能和电子亲和能可反映某元素的原子失去和获得电子的能力,但并不是完美的,因为有些元素在形成化合物时,并没有失去和获得电子。为了更全面地反映分子中原子对成键电子的吸引能力,又提出了元素电负性的概念。

1932年,美国化学家鲍林首先提出:在分子中,元素原子吸引电子的能力的标度叫作元素的电负性。用符号"Xp"表示,并指定氟的电负性为4.0,根据热化学的方法可求出其他元素的相对电负性,故元素的电负性没有单位。表5-10列出鲍林电负性数值,但自鲍林提出电负性概念之后,有不少人对这个问题进行探讨,也提出了相应的电负性数据,因此在使用电负性数据时要注意尽量采取同一套电负性数据。值得注意的是,表5-10所列电负性是该元素最稳定的氧化态的电负性值,同一元素处于不同氧化态时,其电负性值也会不同。根据元素的电负性大小也可衡量元素的金属性和非金属性的强弱。

从表5-10可以看出元素的电负性在元素周期表中也呈现出周期性变化。在每一周期都是左边碱金属的电负性最低,右边的卤素电负性最高,由左向右电负性逐渐增加,主族元素间的变化明显,副族元素之间的变化幅度小一些。

主族元素的电负性一般是从上向下递减,但也有个别元素的电负性值异常,其原因有待进一步研究。副族元素由上向下的规律性不强。

表5-10 鲍林的元素电负性

H																
2.18																
Li	Be											B	C	N	O	F
0.98	1.57											2.04	2.55	3.04	3.44	3.98
Na	Mg											Al	Si	P	S	Cl
0.93	1.31											1.61	1.90	2.19	2.58	3.16
K	Ca	Sc	Ti	V	Cr	Mn	Fe	Co	Ni	Cu	Zn	Ga	Ge	As	Se	Br
0.82	1.00	1.36	1.54	1.63	1.66	1.55	1.8	1.88	1.91	1.90	1.65	1.81	2.01	2.18	2.55	2.96
Rb	Sr	Y	Zr	Nb	Mo	Tc	Ru	Rh	Pd	Ag	Cd	In	Sn	Sb	Te	I
0.82	0.95	1.22	1.33	1.60	2.16	1.9	2.28	2.2	2.2	1.93	1.69	1.73	1.96	2.05	2.1	2.66
Cs	Ba	La	Hf	Ta	W	Re	Os	Ir	Pt	Au	Hg	Tl	Pb	Bi	Po	At
0.79	0.89	1.10	1.3	1.5	2.36	1.9	2.2	2.2	2.28	2.54	2.00	2.04	2.33	2.02	2.0	2.2

笔记栏

在所有元素中，**氟的电负性最大**，是非金属性最强的元素；**铯的电负性最小**，是金属性最强的元素。通常情况下，金属元素的电负性在 2.0 以下，非金属元素的电负性在 2.0 以上，但它们之间没有严格的界限。

总之，元素的电离能、电子亲和能和电负性在衡量元素的金属性和非金属性强弱时，结果是大致相同的。但由于元素的电负性的大小是表示分子中原子吸引电子的能力大小，所以它能方便地反映元素的某些性质，如金属性与非金属性、氧化还原性、预测化合物中化学键的类型、键的极性等，因此在化学领域中被广泛地运用。

学习小结

1. 学习内容

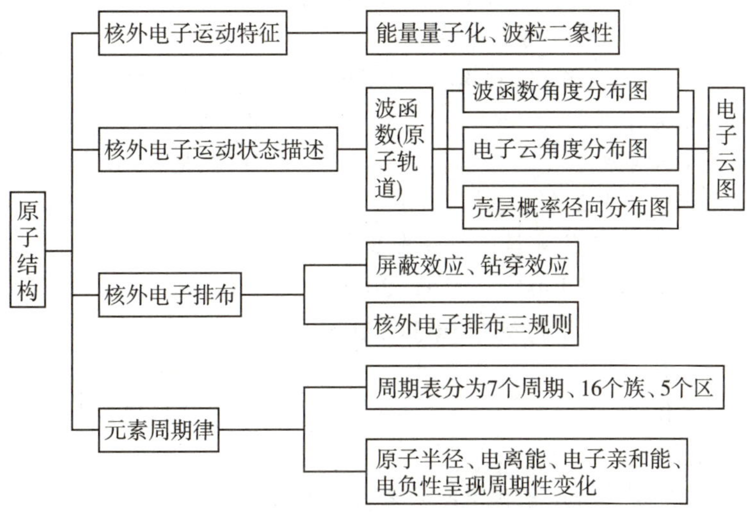

2. 学习方法 微观世界是很复杂和抽象的，本章应以提问思考为主，结合实验现象(原子线状光谱、电子衍射图像)→理解前人提出的原子模型→这些模型的验证→提出新的假说，从而有助于进一步理解原子的结构。化学中最关注的是原子核外电子，所以要关注核外电子的运动状态和特征，元素周期表的构成与核外电子的排布的关系，元素性质周期性变化与核外电子的排布的关系。

(徐 飞 张爱平 朱 敏)

复习思考题与习题

一、选择题

1. 下列说法不正确的是

A. Ψ 表示电子的概率密度　　B. Ψ 无直接的物理意义

C. Ψ 是薛定谔方程的合理解　　D. Ψ 的图像是原子轨道

E. Ψ 具有一定的数学意义

2. 三个量子数 n、l 和 m 不能确定

A. 原子轨道的能量　　B. 原子轨道的形状

C. 原子轨道在空间的伸展方向　　D. 电子的运动状态

笔记栏

E. 薛定谔方程的解

3. 下列离子的电子排布式正确的是

A. Cr^{3+}(24 号):$1s^22s^22p^63s^23p^63d^24s^1$

B. Fe^{3+}(26 号):$1s^22s^22p^63s^23p^63d^6$

C. Fe^{2+}(26 号):$1s^22s^22p^63s^23p^63d^44s^2$

D. Co^{2+}(27 号):$1s^22s^22p^63s^23p^63d^54s^2$

E. Ni^{2+}(28 号):$1s^22s^22p^63s^23p^63d^8$

4. 下列叙述正确的是

A. 因为 p 轨道是“8”字形的,所以 p 电子运动轨迹是“8”字形

B. 主量子数为 2 时,有 2s、2p 两个轨道

C. 氢原子中只有 1 个电子,故氢原子只有 1 个轨道

D. 电子云是波函数 $|\Psi|^2$ 在空间分布的图像

E. 电子云图可以表示电子的能量

5. 在核外电子运动的轨道中,对 $3p_x$ 轨道,下列说法中不正确的是

A. 轨道形状为球形　B. 角量子数 l 的取值为 1

C. 轨道沿 x 轴伸展　D. 能量和 $3p_y$ 相等

E. 轨道中可以排布 2 个电子

6. 第四周期ⅥB 族元素的外层电子分布是

A. $4s^24p^6$　B. $3d^54s^1$　C. $3d^44s^2$　D. $4d^6$　E. $3d^54s^2$

7. 某元素原子的价层电子构型为 $3d^84s^2$,则该元素应

A. 位于第三周期　B. 位于第ⅡA 族

C. 位于第ⅡB 族　D. 位于第Ⅷ族

E. 位于第ⅦB 族

8. 具有 $(n-1)d^{10}ns^{1\sim2}$ 价电子构型的元素属于哪个区

A. s　B. p　C. d　D. ds　E. f

二、填空题

1. 微观粒子的运动具有__________性和__________性,微观粒子的运动状态具有统计规律,原子核外电子的运动状态可由________________来描述。

2. 每一个原子轨道需要用______个量子数描述,其符号分别是______;表征电子自旋方式的量子数有______个,具体值分别是________。

3. 电子云的角度分布图表示在不同______时,电子出现的______的变化。

4. 下列电子构型属于原子激发态的是__________,纯属错误的是______。

(Ⅰ)$1s^22s^12p^3$　(Ⅱ)$1s^32p^2$　(Ⅲ)$1s^22s^2$　(Ⅳ)$1s^22s^22p^63s^13d^1$　(Ⅴ)$1s^22s^22p^53d^1$

5. 元素周期表中第五、六周期的ⅣB、ⅤB、ⅥB 族元素的性质非常相似,这是由于______导致的。

6. ⅠA、ⅠB 族元素的价电子层结构分别是________________,________________。

7. 原子中,主量子数为 n 的电子层中有________________个原子轨道,角量子数为 l 的亚层中含有__________个原子轨道。

8. Cu^{2+} 的价电子构型为__________。当基态 Cu 原子的价电子吸收能量跃迁到波函数为 $\Psi_{4,3,0}$ 的轨道上,该轨道的符号是____________。

9. 下列基态原子中,未成对电子的数目分别是,$_{13}Al$______,$_{16}S$______,$_{21}Sc$______,$_{24}Cr$______。

10. 主族元素电负性变化的一般规律是________________。

三、简答题

1. 原子的主量子数为 n 的电子层中有几种类型的原子轨道？第 n 层中共有多少个原子轨道？角量子数为 l 的亚层中含有几个原子轨道？

2. 薛定谔方程解出的波函数 Ψ 和哪些量子数有关？

3. 为什么鲍林原子轨道近似能级图中出现能级分裂和能级交错现象？

4. 指出符号 $3d_{xy}$ 及 4p 所表示的意义及电子的最大容量。

5. 第二周期元素的第一电离能为什么在 Be 和 B 以及 N 和 O 之间出现转折？

6. 某元素+3 价离子和氩原子的电子构型相同，该元素属哪个周期、哪族，其元素符号为什么？

7. 第四周期某元素原子中的未成对电子数为 1，但通常可形成+1 和+2 价态的化合物。试确定该元素在元素周期表中的位置。

8. K^+和 Ar 是等电子体（电子数目相同的物质），为什么它们的第一电离能（I_1）的数值差别较大？[$I_{1,K^+(g)}=41.9eV$，$I_{1,Ar(g)}=15.2eV$]

PPT 课件

第六章 分子结构与化学键

学习目标

1. 掌握离子键的特征及离子键理论，了解离子极化对离子化合物性质的影响。
2. 掌握现代价键理论的基本要点及共价键的特征及类型，杂化轨道理论和价层电子对互斥理论的基本要点及其与分子空间构型的关系。
3. 熟悉分子轨道理论的基本要点及其应用。
4. 熟悉分子的极性和偶极矩的概念。
5. 掌握分子间作用力、氢键的概念及其对物质物理性质的影响。

人们在自然界中接触到的绝大多数物质都是以原子或离子之间相互结合成分子或晶体的状态存在，因此分子是决定物质性质的基本单位。分子内部原子之间的结合方式以及原子的空间排列方式，是决定分子性质的内在因素。研究分子的结构可以更好地了解物质的性质和化学反应的规律。

本章将在近代原子结构理论的基础上讨论分子结构。分子结构包括两方面的内容——化学键和分子的空间构型。分子或晶体中直接相邻的 2 个或多个原子（或离子）间的强烈作用力就是化学键。化学键是影响物质性质及化学反应规律的重要因素。按原子或离子的结合方式和性质，化学键可分为离子键、共价键和金属键。本章只介绍离子键和共价键。作为一个稳定存在的分子，其组成原子之间存在相互作用力，在空间上必然占据一定的位置。稳定分子中的原子在空间的排列形状，即分子的几何构型。此外，本章还讨论分子间的作用力及其对分子晶体某些性质的影响。

第一节 共 价 键

路易斯和化学键理论

一、经典共价键理论

为了说明同种元素的原子之间以及电负性相近元素原子间的结合力问题，1916 年美国化学家路易斯（Lewis，1875—1946）提出了共价键的概念。

根据稀有气体原子具有稳定电子构型的事实，路易斯认为相同原子或电负性相近的原子，可以通过共用电子使分子中的原子都具有稀有气体原子的 8 电子稳定构型，如此形成的分子叫共价分子。原子间通过共用电子对形成的化学键称为**共价键**（covalent bond）。路易斯用小黑点代表价电子，为了方便起见，也常用一条短线“—”来代替 2 个小黑点，表示共用一对电子所形成的共价键。例如，H_2、Cl_2、N_2 的路易斯结构如下：

笔记栏

$$H\cdot + H\cdot \longrightarrow H{:}H$$

$$:\ddot{\underset{..}{Cl}}\cdot + :\ddot{\underset{..}{Cl}}\cdot \longrightarrow :\ddot{\underset{..}{Cl}}:\ddot{\underset{..}{Cl}}:$$

$$:\dot{\underset{\cdot}{N}}\cdot + :\dot{\underset{\cdot}{N}}\cdot \longrightarrow :N⋮⋮N:$$

路易斯的共价键概念初步解释了一些简单非金属元素原子间能够成键的原因，但在说明一些共价化合物成键时却遇到了一些困难。例如，为何 2 个带负电的电子不相互排斥，反而能互相配对使 2 个原子键合？对如 BCl_3 和 PCl_5 等一些化合物，中心原子周围的价电子总数不足 8 或超过 8，为什么仍然能稳定存在？显然，路易斯的共价键概念无法阐释共价键的本质。尽管路易斯的理论还不完善，但"共用电子对"的共价键概念却为共价键理论的发展奠定了基础。路易斯的共价键概念被称为经典共价键理论（classical covalent bond theory）。

1927 年，海特勒（Heitler）和伦敦（London）继承了路易斯共用电子对的概念，并应用量子力学求解氢分子的薛定谔方程，成功地解释了共价键的本质。1930 年，美国化学家鲍林（Pauling）等将量子力学研究氢分子的结果推广到其他分子体系，建立了价键理论。1931 年，鲍林又提出了杂化轨道理论，进一步发展了价键理论。1932 年，洪德（Hund）和马利肯（Mulliken）提出了分子轨道理论，进一步指出，成键电子可以在整个分子的区域内运动。分子轨道理论和价键理论成为量子力学描述分子结构的两大不同的分支。但是，分子轨道理论比价键理论发展更为广泛，在药物设计等领域都得到了重要应用。

ER-6-2

Pauling 介绍

二、价键理论

1927 年，海特勒（Heitler）和伦敦（London）首先运用量子力学原理处理 H_2 分子的形成，阐明了共价键的本质。美国化学家鲍林等在此基础上加以发展和补充，建立了现代价键理论。

（一）共价键的本质

海特勒和伦敦用量子力学原理研究了 2 个 H 原子在形成 H_2 分子的过程中体系能量以及电子云密度的变化规律，成功地得到了 2 个 H 原子的相互作用能（E）与它们核间距（R）的关系曲线，如图 6-1 所示。

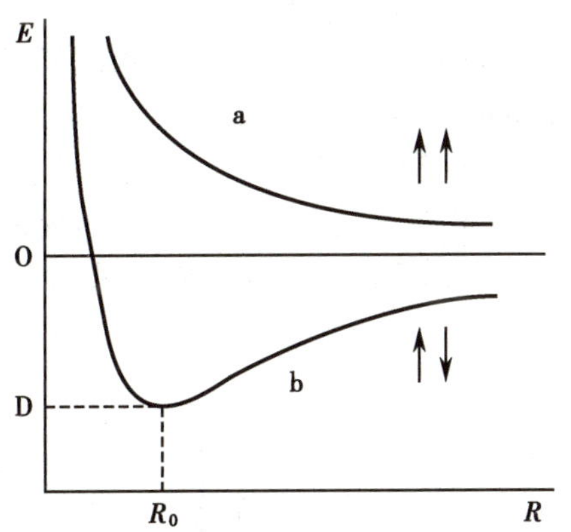

图 6-1 H_2 分子形成过程的能量 E 随核间距 R 变化示意图

结果表明，当电子自旋同向的 2 个 H 原子相互接近时（图 6-1 曲线 a），体系的能量始终高于 2 个 H 原子单独存在的能量，因此不能形成稳定的 H_2 分子，这种不稳定的状态称为 H_2 分子的"排斥态"。图 6-2(a) 表明，排斥态中两核间电子云密度几乎为零，体系能量较高，不能成键。

当电子自旋方向相反的 2 个 H 原子相互接近时，体系能量逐步降低，在核间距为 74pm 时，体系能量达到最低（图 6-1 中曲线 b）。如果 2 个 H 原子继续靠近时，2 个氢原子核之间的排斥力增大，体系能量急剧上升，排斥力又将 2 个氢原子推回到核间距为 74pm 的平衡位置。这说明 2 个 H 原子在核间距 R_0 处形成了稳定的 H_2 分子。该稳定状态称为 H_2 分子的"基态"。74pm 远远小于氢原子半径的 2 倍，说明 2 个 H 原子的原子轨道发生了重叠，两核间电子云密度增大，如图 6-2(b) 所示。该电子云密集区使得两核正电荷互相"屏蔽"，并同时将 2 个带正电的原子核牢固地吸引在一起，有利于体系能量降低，从而形成了稳定的 H_2 分子。

笔记栏

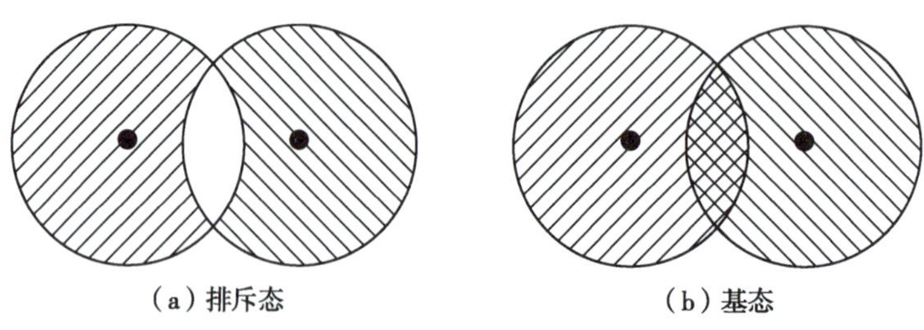

图 6-2 H_2 分子排斥态和基态电子云示意图

量子力学处理 H_2 分子的结果表明,共价键的本质是原子轨道的相互重叠,使得原子核间电子概率密度增大,吸引原子核而成键。

(二) 价键理论的基本要点

1930 年,美国化学家鲍林等在共价键本质阐述的基础上提出了**价键理论**(valence bond theory)。其要点如下:

1. 成键原子必须提供自旋方向相反的单电子相互配对,形成共价键。如果成键原子各有 1 个单电子,则形成共价单键。如果各有 2 个或 3 个单电子,则形成共价双键或三键。

2. 成键时,原子轨道的重叠程度越大,两核间电子的概率密度就越大,形成的共价键就越牢固。这也称为原子轨道最大重叠原理。

(三) 共价键的特征

1. 饱和性　一个原子能提供的未成对电子的数目是一定的,所以原子形成共价键的数目也是一定的,因此共价键具有饱和性。

2. 方向性　共价键的形成需原子轨道最大重叠,以增加核间电子云密度,形成稳定的共价键。而除 s 原子轨道外,p、d、f 等原子轨道在空间均有一定取向。因此,在核间距一定的情况下,原子轨道总是沿着电子概率密度最大的方向重叠,以获取最大的键能。由此可见,共价键具有方向性。

例如,H 原子与 Cl 原子共用电子形成 H—Cl 共价键时,由于 H 原子 1s 轨道的角度分布图是球形,而 Cl 原子的 3p 轨道有 1 个未成对电子(假设处于 $3p_x$ 轨道),则成键应该是 H 原子的 1s 轨道与 Cl 原子 $3p_x$ 轨道的重叠。只有 H 原子的 1s 轨道沿着 Cl 原子 $3p_x$ 轨道的最大值方向(x 轴方向)的重叠才能实现最大程度的重叠,形成稳定的 H—Cl 共价键[图 6-3(a)]。而沿其他方向的重叠,如图 6-3(b)和图 6-3(c)等,均不能满足最大程度的有效重叠。

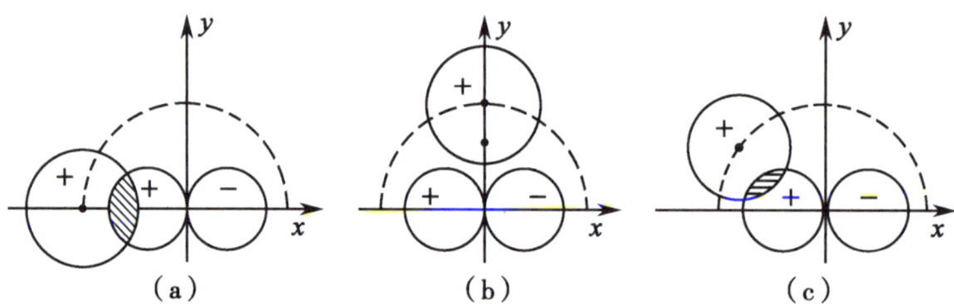

图 6-3 s 轨道与 p 轨道的重叠方式示意图举例

(四) 共价键的类型

根据原子轨道的重叠方式不同,可将共价键分成不同类型,最常见的是 σ 键和 π 键。

1. σ 键　2 个原子轨道沿键轴方向(键合原子核连线)以“头碰头”方式重叠,轨道重叠部分对于键轴呈圆柱形对称,即围绕键轴旋转任何角度,轨道形状、符号都不变,这样形成的共价键叫 σ 键。当设定 x 轴为键轴时,s-s、s-p_x、p_x-p_x 原子轨道重叠均形成 σ 键,如图 6-4 所示。例如 H_2、Cl_2、HCl 分子的共价单键均为 σ 键。

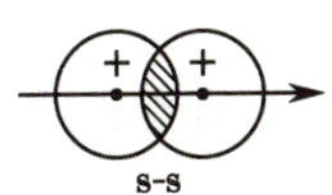

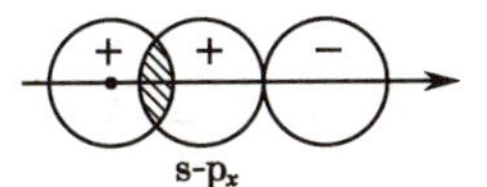

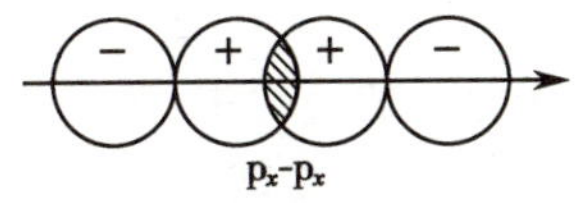

图 6-4　σ 键示意图

2. π 键　2 个原子轨道沿键轴（设定为 x 轴）方向以“肩并肩”方式重叠，轨道重叠部分对于键轴所在的平面呈镜面反对称分布，即轨道重叠部分在键轴所在的平面上下两部分形状相同，符号相反，由此形成的共价键叫 π 键。p_y-p_y、p_z-p_z 原子轨道重叠形成 π 键，如图 6-5 所示。

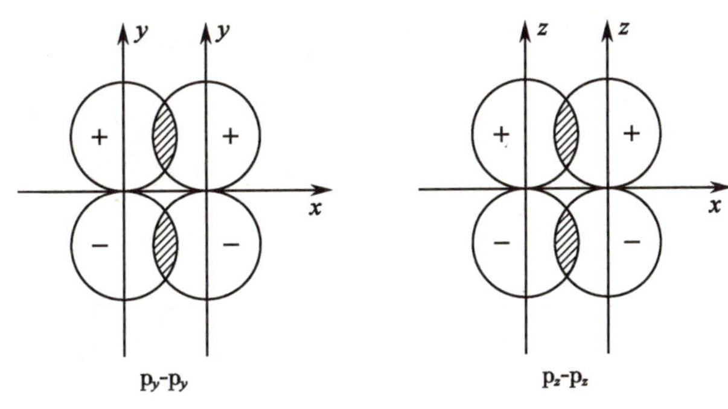

图 6-5　π 键示意图

以 N_2 为例说明 π 键的形成。N 原子的价电子结构为 $2s^2 2p_x^{\ 1} 2p_y^{\ 1} 2p_z^{\ 1}$，当 2 个 N 原子沿 x 轴接近时，2 个 N 原子的 p_x 轨道以“头碰头”方式重叠，形成 1 个 σ 键；同时 2 个 N 原子相互平行的 p_y 轨道以及 p_z 轨道只能以“肩并肩”方式重叠，形成 2 个相互垂直的 π 键。如图 6-6 所示。

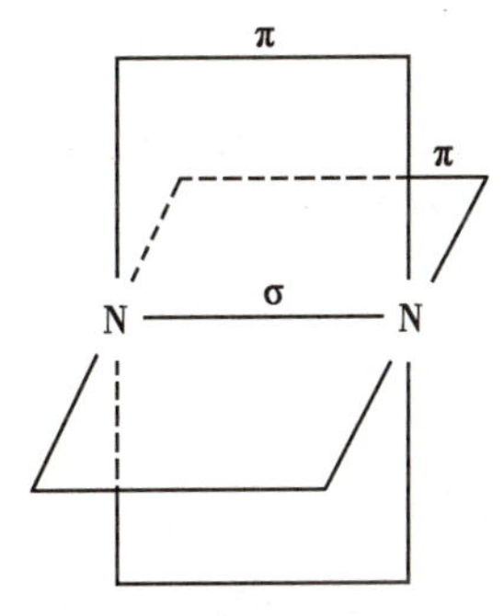

图 6-6　N_2 分子中的 σ 键和 π 键示意图

需要注意的是，如果 2 个原子以共价单键结合，此键必为 σ 键；若以共价多重键结合，如共价双键或三键，其中只有 1 个是 σ 键，其余为 π 键。由于形成 π 键时原子轨道的重叠程度小于 σ 键，且 π 键电子云分布在键轴平面两侧，容易受外电场的影响而变形，所以 π 键一般不如 σ 键稳定。因此，π 电子通常比 σ 电子活泼，容易参加化学反应。如烯烃、炔烃中的 π 键易断裂发生加成反应。

三、杂化轨道理论

价键理论成功地说明了共价键的特征以及某些简单共价分子的成键原理，但难以解释一些多原子分子的形成及空间构型。例如，基态 C 原子只有 2 个未成对电子，为何形成的不是 CH_2 而是 CH_4 分子呢？O 原子的 2 个单电子分别占据的 2 个 2p 轨道彼此是相互垂直的，在与 2 个 H 原子的 1s 轨道分别重叠、形成 2 个 O—H 键时，为什么其夹角是 104°45′而不是 90°？为了解释多原子分子体系的价键形成和几何构型，1931 年鲍林在价键理论的基础上提出了杂化轨道理论，是对价键理论的进一步补充和发展。

（一）杂化及杂化轨道的概念

根据杂化轨道理论（hybrid orbital theory），在形成分子的过程中，中心原子的若干个不同类型、能量相近的原子轨道重新组合成一组新轨道，这种轨道重新组合的过程称为杂化，所形成的新轨道叫作杂化轨道。

笔记栏

（二）杂化轨道理论的基本要点

1. 在形成分子的过程中，为了提高成键能力，中心原子能量相近（通常是同层或同一能级组）的原子轨道进行重新组合即杂化。

2. 参加杂化的原子轨道的数目与形成的杂化轨道的数目相等。

3. 杂化轨道在空间的取向以轨道间排斥力最小为原则，以保持体系能量较低。

（三）杂化轨道的类型与实例

由于参加杂化的原子轨道的种类和数量不同，杂化轨道的类型也不同。下面仅通过 s 轨道和 p 轨道的杂化（简称 s-p 型杂化）来说明杂化轨道的形成和类型。

1. sp 杂化　中心原子的 1 个 ns 轨道和 1 个 np 轨道的组合称为 sp 杂化，形成 2 个等价的 sp 杂化轨道。每个 sp 杂化轨道中含有 $\frac{1}{2}$s 轨道和 $\frac{1}{2}$p 轨道的成分。杂化轨道的形状为葫芦状，以较大的一头重叠有利于成键。2 个 sp 杂化轨道的极大值分布方向相反，夹角为 180°，呈直线型分布，如图 6-7 所示。未参加杂化的 2 个 np 轨道（夹角为 90°）均与杂化轨道垂直。

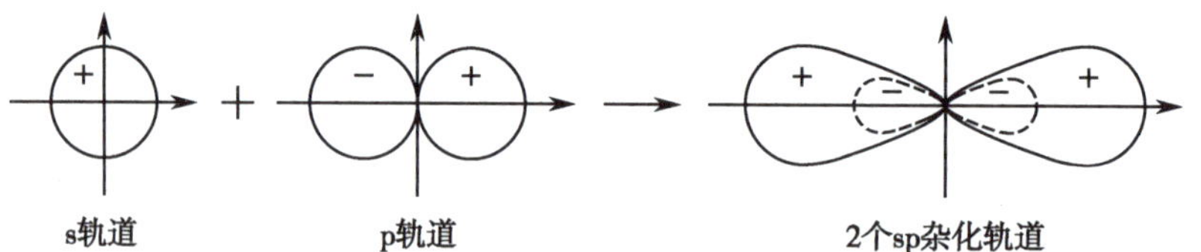

图 6-7　sp 杂化轨道的形成及空间取向示意图

例如 $BeCl_2$ 分子的形成。实验测得 $BeCl_2$ 为直线型分子。中心原子 Be 的外层电子构型为 $2s^22p^0$。根据杂化轨道理论推测，当 Be 原子与 Cl 原子形成 $BeCl_2$ 分子时，Be 原子 2s 轨道上的 1 个电子激发到 2p 轨道上，1 个 2s 轨道和 1 个 2p 轨道杂化，形成 2 个 sp 杂化轨道。Be 原子的 2 个 sp 杂化轨道分别与 Cl 原子的 2 个 p 轨道重叠形成 2 个 σ 键（Be—Cl 键），构成直线型 $BeCl_2$ 分子，如图 6-8 所示。

又如乙炔 C_2H_2 分子的形成。实验测得 C_2H_2 分子为直线型。中心原子 C 的价电子构型为 $2s^22p^2$。根据杂化轨道理论推测，在形成 C_2H_2 分子的过程中，每个基态 C 原子 2s 轨道上的 1 个电子激发到 2p 轨道上。各含有 1 个电子的 2s 轨道和 2p 轨道杂化，形成 2 个 sp 杂化轨道。2 个 C 原子之间以其中的 1 个 sp 杂化轨道互相重叠形成 σ 键（即 C—C 键）；每个 C 原子还各以另一个 sp 杂化轨道与氢原子的 1s 轨道重叠形成 σ 键（即 C—H 键），构成 C_2H_2 分子的直线型骨架结构。C 原子中其余 2 个未参加杂化的 p 轨道分别与另一个 C 原子的 2 个未参加杂化的 p 轨道重叠形成 2 个相互垂直的 π 键。图 6-9 是 C 原子的 sp 杂化及 C_2H_2 分子形成示意图。

2. sp^2 杂化　中心原子的 1 个 ns 轨道和 2 个 np 轨道的组合称为 sp^2 杂化，形成 3 个等价的 sp^2 杂化轨道，每个 sp^2 杂化轨道中含有 $\frac{1}{3}$s 轨道和 $\frac{2}{3}$p 轨道的成分，形状仍为葫芦状。3 个 sp^2 杂化轨道在一个平面上互成 120°夹角，空间构型为平面三角形，如图 6-10 所示。未参加杂化的 1 个 np 轨道与该平面垂直。

以 BF_3 为例。实验测得 BF_3 是平面正三角形构型。中心原子 B 的价电子构型为 $2s^22p^1$。在形成 BF_3 分子的过程中，中心原子 B 的 2s 轨道上的 1 个电子激发到 2p 轨道上，1 个 2s 轨道和 2 个 2p 轨道组合，形成 3 个 sp^2 杂化轨道。3 个 sp^2 杂化轨道呈平面正三角形分布，分别与 3 个 F 原子的 p 轨道重叠形成 3 个 σ 键（B—F 键）。所以，BF_3 为平面正三角形结构，如图 6-11 所示。

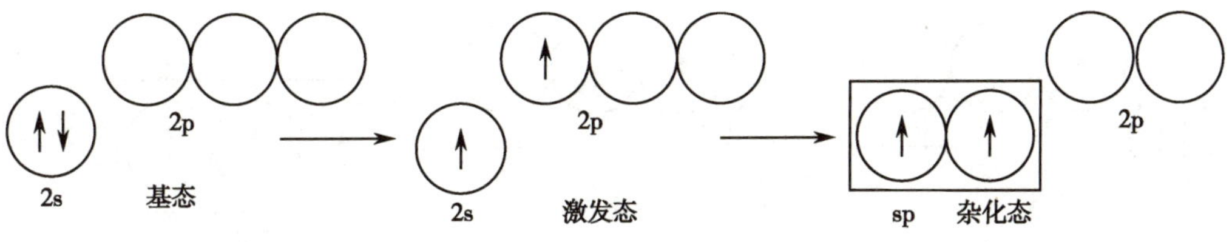

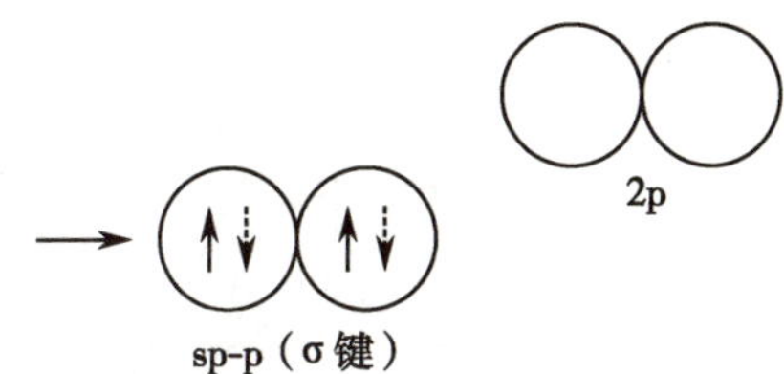

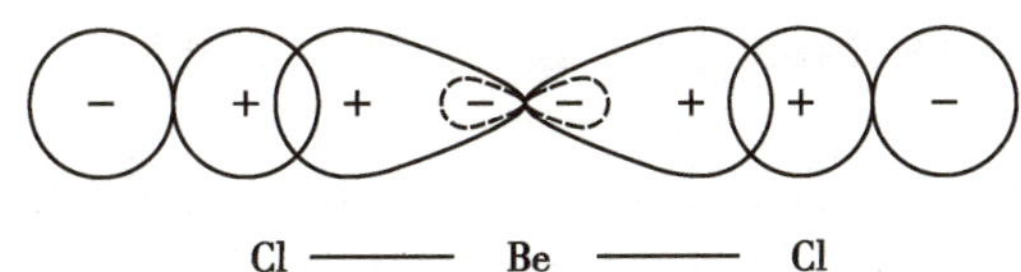

图 6-8　Be 原子的 sp 杂化及 $BeCl_2$ 分子形成示意图

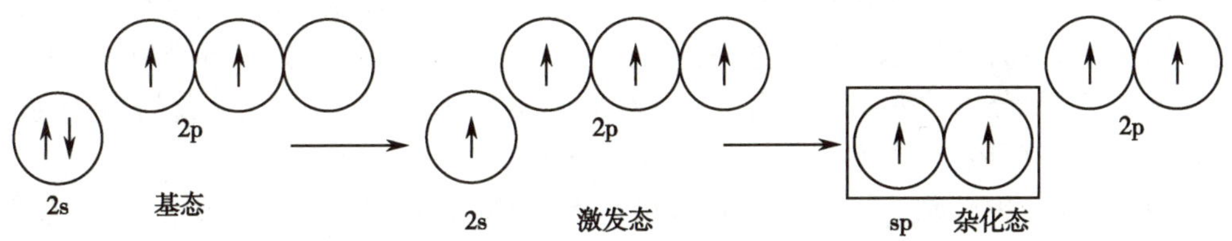

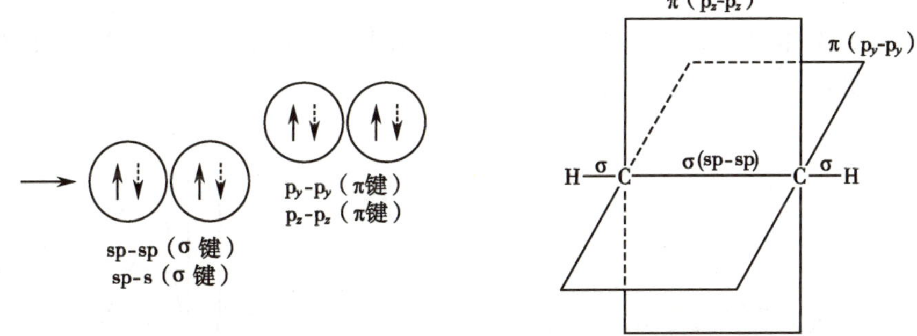

图 6-9　C 原子的 sp 杂化及 C_2H_2 分子形成示意图

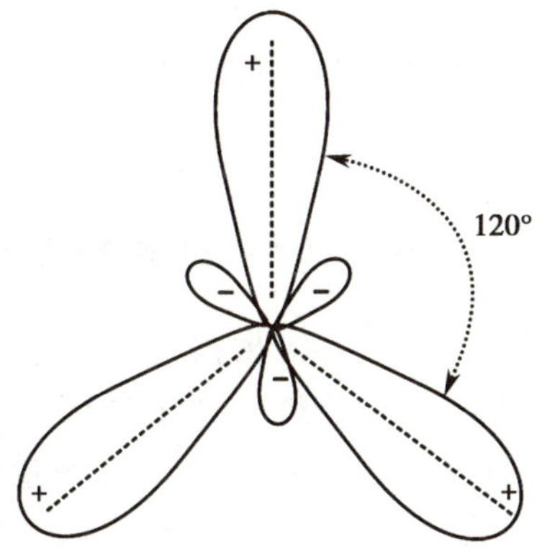

图 6-10　sp^2 杂化轨道空间取向示意图

笔记栏

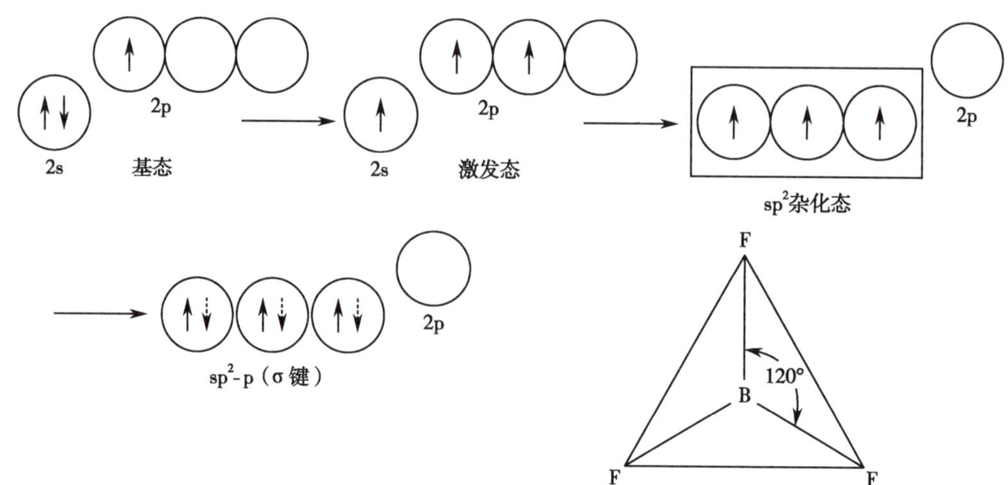

图 6-11　B 原子的 sp^2 杂化及 BF_3 分子形成示意图

此外，有机化合物中的烯烃 C 原子也是采取 sp^2 杂化成键的，如乙烯分子。实验测得乙烯 C_2H_4 分子中，6 个原子在一个平面内，且相邻化学键的夹角均约为 120°。杂化轨道理论认为，乙烯分子中的每个 C 原子采取 sp^2 杂化，形成 3 个 sp^2 杂化轨道。2 个 C 原子间各用 1 个 sp^2 杂化轨道相互重叠形成 1 个 σ 键（即 C—C 键）；而每个 C 原子余下的 2 个 sp^2 杂化轨道再分别与 2 个氢原子的原子轨道重叠，形成 2 个 σ 键（即 C—H 键），这 6 个原子形成的 5 个 σ 键构成 C_2H_4 分子的平面型结构。每个 C 原子还各剩下 1 个未参与杂化的 2p 轨道，它们垂直于 6 个原子所在的平面，并相互重叠形成 π 键，如图 6-12 所示。

3. sp^3 杂化　中心原子的 1 个 ns 轨道和 3 个 np 轨道的组合称为 sp^3 杂化。sp^3 杂化形成 4 个等价的 sp^3 杂化轨道，每个 sp^3 杂化轨道中含有 $\frac{1}{4}$s 轨道和 $\frac{3}{4}$p 轨道成分，4 个 sp^3 杂化轨道分别指向四面体的 4 个顶点方向，sp^3 杂化轨道间夹角均为 109°28′，呈正四面体型分布，如图 6-13 所示。

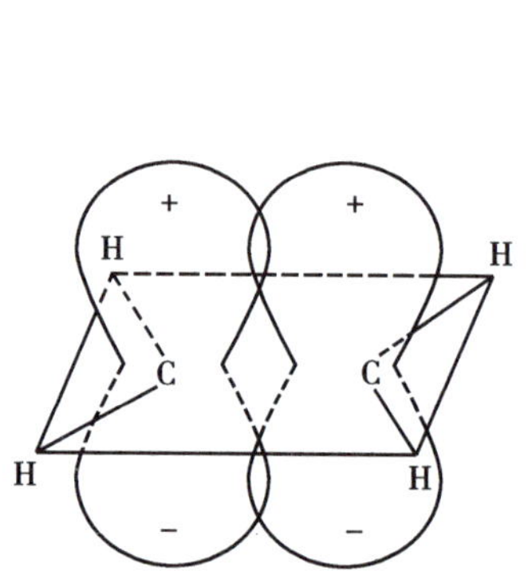

图 6-12　乙烯分子结构示意图

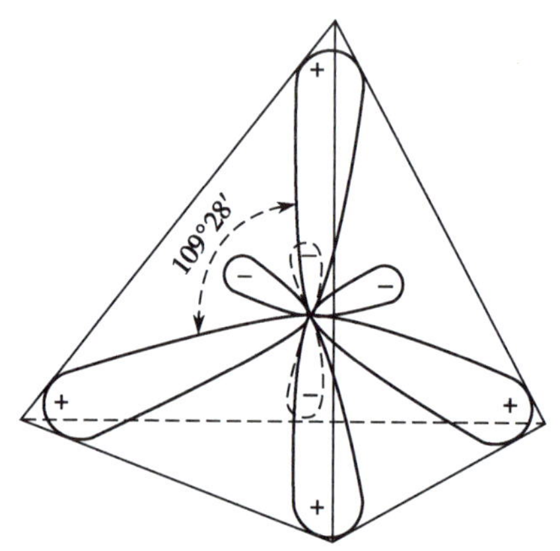

图 6-13　sp^3 杂化轨道空间取向示意图

以甲烷分子为例。实验测得 CH_4 分子是正四面体构型。根据杂化轨道理论推测，在形成 CH_4 分子的过程中，中心原子 C 的 2s 轨道上的 1 个电子激发到 2p 轨道上，各含有 1 个电子的 2s 轨道和 3 个 2p 轨道杂化，形成 4 个 sp^3 杂化轨道。4 个 sp^3 杂化轨道分别与氢原子 1s 原子轨道重叠形成 σ 键（C—H 键），构成 CH_4 分子的正四面体骨架结构，如图 6-14 所示。

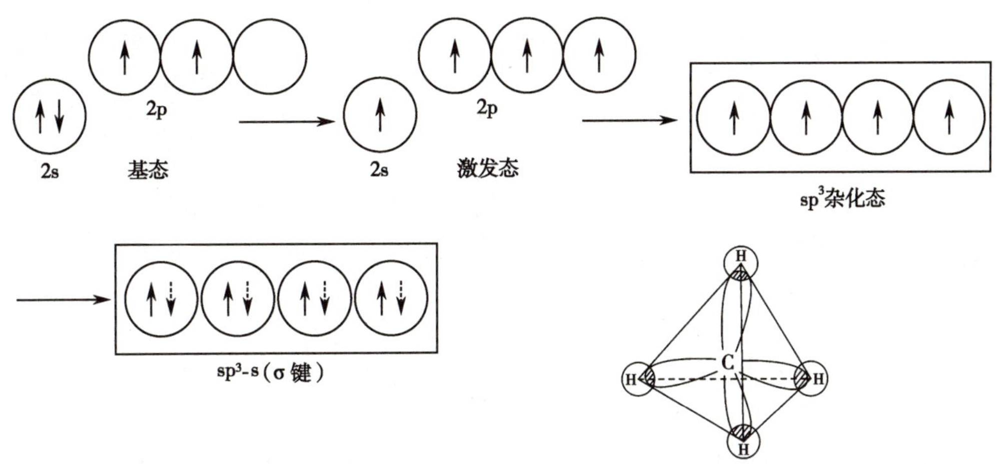

图 6-14　C 原子的 sp^3 杂化及 CH_4 分子形成示意图

4. 等性杂化与不等性杂化　根据参加杂化的原子轨道中是否含有孤对电子，可将杂化分成等性杂化和不等性杂化。

（1）等性杂化：参加杂化的原子轨道中均含有 1 个成单电子（或都是空轨道），生成的各杂化轨道成分相同，能量相同，这种杂化称为等性杂化。如上述的 $BeCl_2$、BF_3、CH_4 分子中，中心原子分别是 sp、sp^2 和 sp^3 等性杂化。

（2）不等性杂化：如果参与杂化的原子轨道不仅含有成单电子，同时含有孤对电子，则杂化后的轨道由于所含电子数不同，被孤对电子占据的杂化轨道与其他杂化轨道的成分稍有不同，因而导致杂化轨道的能量不完全相同，这样的杂化称为不等性杂化。现以 NH_3 分子和 H_2O 分子为例予以说明。

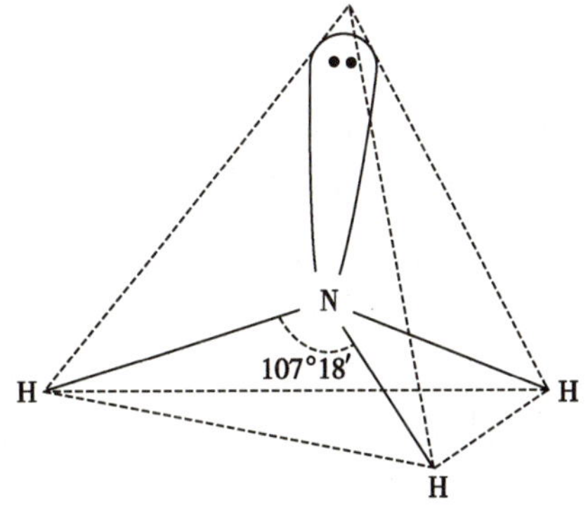

图 6-15　NH_3 分子的结构

实验测得 NH_3 分子为三角锥型，键角为 107°18′（图 6-15）。根据杂化轨道理论推测，NH_3 分子中的 N 原子采取 sp^3 不等性杂化，形成 4 个杂化轨道，杂化轨道的空间取向为四面体型。其中，3 个杂化轨道均含有 1 个电子，1 个杂化轨道含有 1 对电子。3 个含有成单电子的杂化轨道分别与 H 原子的 1s 原子轨道重叠形成 σ 键（N—H 键）。含有孤对电子的杂化轨道不参与成键，但由于孤对电子只受到 N 原子核的吸引，电子云密集于 N 原子周围，对成键电子有较大的排斥力，故 NH_3 分子中 N—H 键间夹角从 109°28′被压缩至 107°18′，分子呈三角锥型。

实验测得 H_2O 分子为角型结构，键角为 104°45′。根据杂化轨道理论推测，O 原子采取 sp^3 不等性杂化，形成 4 个杂化轨道，杂化轨道的空间取向为四面体型。其中，2 个杂化轨道有成对电子，另 2 条含有成单电子的杂化轨道分别与 H 原子的 1s 轨道重叠形成 σ 键（O—H 键）。同样由于 2 对孤对电子的排斥作用，使 H_2O 分子中 O—H 键间的夹角被压缩至 104°45′，分子呈 V 形（或角形）结构，如图 6-16 所示。

除了以上介绍的 s-p 型杂化外，还有 d-s-p 型和 s-p-d 型杂化，这些类型的杂化将在配位化合物一章介绍。

综上所述，杂化轨道理论较好地解释了一些多原子分子的成键原理以及几何构型。但

笔记栏

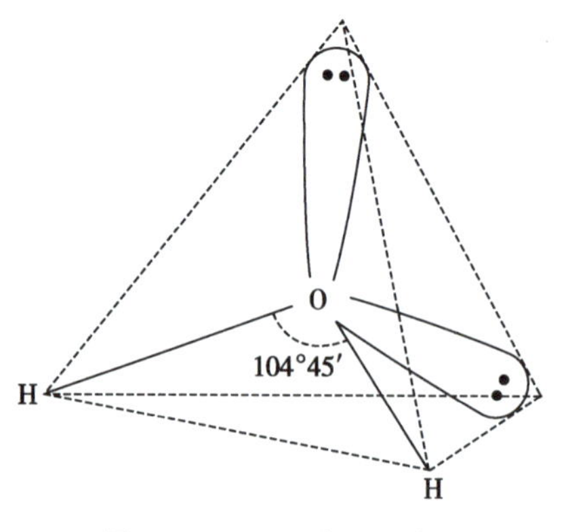

图 6-16 H_2O 分子的结构

杂化轨道理论只能解释实验的结论，即已知分子的空间构型，才能确定中心原子的杂化类型，而用该理论去预测分子的空间构型比较困难。现在测定分子空间构型的实验技术已有了很大发展，同时在理论上通过量子化学的计算也可以得到分子空间构型的一些数据。1940 年提出的价层电子对互斥理论，可不通过复杂的计算，来推测许多简单多原子分子的几何构型。

四、价层电子对互斥理论

为了预测分子的几何构型，1940 年西奇威克（Sidgwick）和鲍威尔（Powell）等相继提出价层电子对互斥理论（valence-shell electron pair repulsion theory），简称 VSEPR 理论。该理论适用于主族元素间形成的 AB_n 型分子或离子。

（一）理论要点

1. 在一个多原子共价分子或原子团中，中心原子的价层电子对包括成键电子对和孤电子对。

2. 价层电子对彼此排斥，它们趋向于尽可能地远离，但同时都受到原子核的吸引，因此分子最稳定的构型是这两种作用的平衡决定的各价层电子对的排列位置。如表 6-1 所示。

表 6-1 价层电子对的平衡排列方式

中心原子的价层电子对数	2	3	4	5	6
价层电子对排列方式	直线形	三角形	四面体	三角双锥	八面体

3. 价层电子对间排斥力的大小与电子对离核远近、电子对之间的夹角有关。首先，价层电子对越靠近中心原子，相互间排斥力越大。由于孤电子对离核最近，因此孤电子对之间的斥力最大，孤电子对与成键电子对间斥力次之，成键电子对间斥力最小。即价层电子对间排斥力大小的顺序为：孤电子对-孤电子对>孤电子对-成键电子对>成键电子对-成键电子对。其次，价层电子对间夹角越小，斥力越大。

由价层电子对互斥理论的要点可知，用该理论判断分子几何构型的关键是确定中心原子的价层电子对数。

（二）中心原子价层电子对数的确定

一般来说，在多原子共价分子或原子团中，中心原子是电负性较小或原子数少的原子。中心原子的价层电子对数按下式计算：

$$\text{中心原子的价层电子对数}=\frac{1}{2}(\text{中心原子价层电子总数})=$$

$$\frac{1}{2}(\text{中心原子价电子数}+\text{配位原子提供的电子数})$$

确定中心原子的价层电子对数应注意以下问题：①共价分子或原子团一般由 p 区元素形成，p 区元素为中心原子时，其价电子数等于所在的族数；②配位原子通常为 H、O、S 和卤素原子，H 和卤素原子各提供 1 个电子，O 和 S 原子不提供电子；③若分子中存在双键或三键时，可将重键当作单键（即当作一对成键电子）看待；④对复杂原子团，在计算中心原子价层电子总数时，还应减去正离子或加上负离子所带电荷数；⑤若算出的中心原子价层电子对

笔记栏

数出现小数时，则在原整数位进 1，按整数计算。例如在 NO_2 分子中，N 原子的价层电子对数 $=\frac{1}{2}(5+0)=2.5$，则 N 原子的价层电子对数按 3 对计算。

中心原子的价层电子对数确定以后，根据价层电子对互斥理论的基本要点，则可以判断分子的几何形状了。中心原子价层电子对排布方式与分子空间构型的关系如表 6-2 所示。

表 6-2 中心原子价层电子对排布方式与分子的空间构型

中心原子价层电子对数	成键电子对数	孤电子对数	化学式及实例	中心原子价层电子排布方式	分子几何构型
2	2	0	AX_2：CO_2		直线形
3	3	0	AX_3：BCl_3		平面三角形
	2	1	AX_2：SO_2		V 形或角形
4	4	0	AX_4：CCl_4		四面体
	3	1	AX_3：NH_3		三角锥形
	2	2	AX_2：H_2O		角形
5	5	0	AX_5：PCl_5		三角双锥形
	4	1	AX_4：$TeCl_4$		变形四面体
	3	2	AX_3：ClF_3		T 形
	2	3	AX_2：XeF_2		直线形

笔记栏

续表

中心原子价层电子对数	成键电子对数	孤电子对数	化学式及实例	中心原子价层电子排布方式	分子几何构型
6	6	0	AX_6：SF_6		八面体
	5	1	AX_5：IF_5		四角锥形
	4	2	AX_4：XeF_4		平面四方形

（三）分子几何构型判断实例

下面通过一些实例来说明价层电子对互斥理论如何判断分子的空间构型。

（1）$BeCl_2$ 分子：在 $BeCl_2$ 分子中，中心原子 Be 的价层电子对数 $=\frac{1}{2}(2+2)=2$。由于 Be 原子有 2 个配位原子，则 2 对价层电子对全部为成键电子对。根据表 6-2 可知，Be 原子的价层电子对排布应为直线型，所以 $BeCl_2$ 分子为直线型。

（2）NH_4^+：在 NH_4^+ 中，中心原子 N 的价层电子对数 $=\frac{1}{2}(5+4-1)=4$。由于 N 原子有 4 个配位原子，则 4 对价层电子对全部为成键电子对。根据表 6-2 可知，N 原子的价层电子对排布应为四面体型，所以 NH_4^+ 应为四面体构型。

（3）H_2O 分子：在 H_2O 分子中，中心原子 O 的价层电子对数 $=\frac{1}{2}(6+2)=4$。由于 O 原子有 2 个配位原子，则 4 对价层电子对有 2 对为成键电子对，2 对为孤电子对。根据表 6-2 可知，O 原子的价层电子对排布应为四面体型。其中有 2 个顶点被成键电子对占据，另 2 个顶点被孤电子对所占据。因此，H_2O 分子应为 V 型或角形结构。

（4）ClF_3 分子：在 ClF_3 分子中，中心原子 Cl 的价层电子对数 $=\frac{1}{2}(7+3)=5$，其中 3 对为成键电子对，2 对为孤电子对。价层电子对的空间构型为三角双锥形，三角双锥的 5 个顶角有 3 个被成键电子对所占据，2 个被孤电子对所占据。因此，ClF_3 分子有 3 种可能的结构，如图 6-17 所示。

在图 6-17(a)(b)(c)3 种结构中，最小夹角为 90°，所以只考虑 90°角的排斥作用。由于(a)(b)2 种结构中没有夹角为 90°的孤电子对-孤电子对排斥作用，应比(c)稳定；而(a)和(b)结构相比，(a)的夹角为 90°的孤电子对-成键电子对数最少，因此在这 3 种结构中(a)是最稳定的结构。ClF_3 分子的结构应为(a)，即 T 形。

综上所述，价层电子对互斥理论能简明、直观地判断共价分子或原子团的几何构型，且与杂化轨道理论所得的结果一致。但 VSEPR 理论也有一定的局限性，它只适用于主族元素为中心的简单分子或原子团几何构型的判断，而且这一理论不能说明原子结合时的成键原理以及键的强度。因此，在讨论以主族元素为中心的共价分子或原子团的结构时，往往先用 VSEPR 理论确定分子或原子团的几何构型，然后用杂化轨道理论说明成键原理。

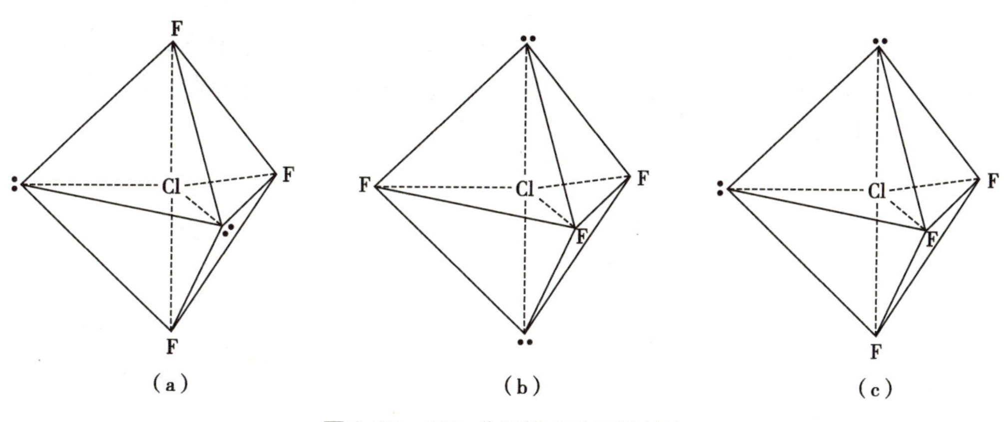

图 6-17　ClF_3 分子的 3 种可能结构

五、分子轨道理论

价键理论和杂化轨道理论虽然可以较好地解释共价分子的几何构型和成键原理，但却不能说明分子的稳定性和磁性。1932 年，美国化学家马利肯（Mulliken）和德国化学家洪德（Hund）等创立了分子轨道理论（molecular orbital theory），也称 MO 法。分子轨道理论着眼于分子整体，认为原子形成分子后，分子中的电子不再属于组成分子的原子，而为整个分子所共有。该理论更全面、更科学，可以解释诸如 O_2 分子为顺磁性、H_2^+ 中存在单电子键的实验事实。分子轨道理论经过化学家的探索和研究，已经成为共价键理论的重要组成部分。

（一）分子轨道理论要点

分子轨道理论认为，原子形成分子后，分子中的电子则处于所有原子核和核外电子所构成的势场中。描述分子中电子运动状态的概率波函数 Ψ 称为分子轨道（molecular orbital）。分子轨道理论的基本要点如下：

1. 分子轨道由原子轨道线性组合而成，即用原子轨道相加、相减组成分子轨道；组合后形成的分子轨道数目等于组合前原子轨道数目，其中一半是成键分子轨道，一半是反键分子轨道。

以 H_2 为例。当 2 个 H 原子（分别标为 a、b）结合形成分子时，2 个 H 原子的 1s 原子轨道有 2 种组合方式。一种是原子轨道相加（$\Psi_{1s}=c_1[\psi_{1s(a)}+\psi_{1s(b)}]$），电子在两原子核间概率密度增大，其能量低于原来原子轨道的能量，该种组合方式形成**成键分子轨道**（bonding molecular orbital）。另一种组合方式是 2 个原子轨道相减（$\Psi_{1s}^*=c_2[\psi_{1s(a)}-\psi_{1s(b)}]$），电子在两原子核间概率密度减小，其能量高于原来原子轨道的能量，该种组合方式形成**反键分子轨道**（antibonding molecular orbital）（注意反键不表示不能成键）。

由于用原子轨道波函数相加、减得到的分子轨道波函数是原子轨道波函数的一次函数，所以称分子轨道由原子轨道线性组合（linear combination of atomic orbitals）而成，简称 LCAO。

2. 原子轨道为有效组成分子轨道，必须满足能量相近、对称性匹配和轨道最大重叠等条件。

（1）对称性匹配：是指只有对称性相同的原子轨道才能组成分子轨道。若原子轨道对键轴来说具有相同的对称性，则原子轨道对称性相同或匹配。例如 s 轨道与 p_x 轨道对键轴（一般规定为 x 轴）具有相同的对称性（均具有圆柱形对称），则 s 轨道与 p_x 轨道是对称性相同的轨道，或对称性匹配，可以组成分子轨道，如图 6-18（a）所示。而 s 轨道与 p_y 或 p_z 轨道对键轴的对称性不同（p_y 或 p_z 轨道对键轴呈镜面反对称），则 s 轨道与 p_y 或 p_z 轨道是对称

笔记栏

性不相同的轨道，或对称性不匹配，不能组成分子轨道，如图 6-18(b)所示。另外，p_x 轨道与 p_x 轨道、p_y 轨道与 p_y 轨道以及 p_z 轨道与 p_z 轨道均是对称性相同的原子轨道，可以组成分子轨道，如图 6-18(c)所示。而 p_x 轨道与 p_y(或 p_z 轨道)是对称性不相同的轨道，不能组成分子轨道，如图 6-18(d)所示。

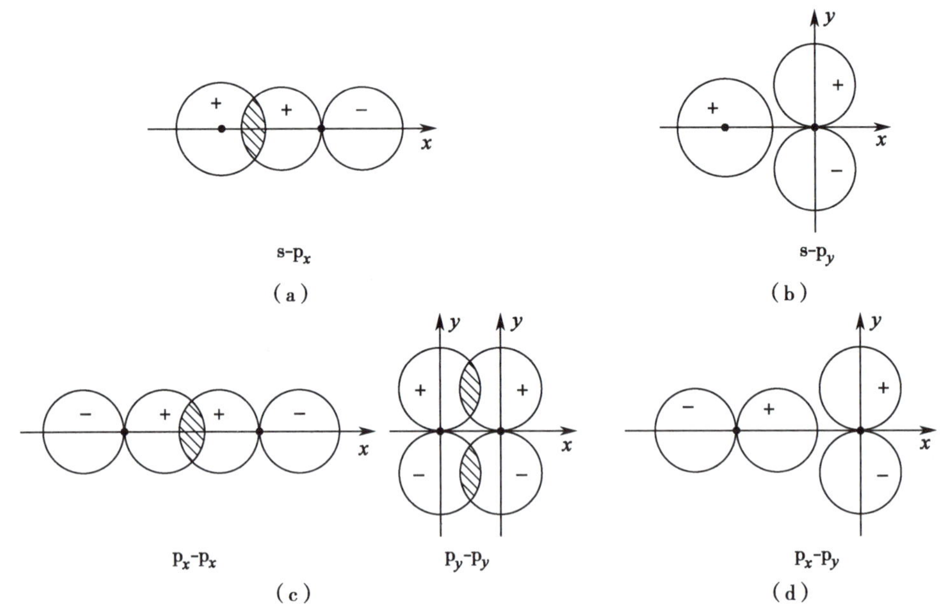

图 6-18 原子轨道对称性匹配和对称性不匹配示例

(2) 能量相近：在对称性匹配的原子轨道中，只有能量相近的原子轨道才能有效地组成分子轨道，而且能量越接近越好，称为能量近似原则。

(3) 轨道最大重叠：在对称性匹配的条件下，2 个原子轨道的重叠程度越大，形成的分子轨道能量越低，形成的化学键越牢固。

在上述 3 个组合原则中，对称性原则是首要原则，它决定原子轨道是否能组合成分子轨道，而能量相近与轨道最大重叠原则决定组合效率。

3. 分子中所有的电子将遵循原子轨道电子填充三原则分配在各个分子轨道上，从而得到分子的基态电子构型。

(二) 几种简单分子轨道的形成

根据对称性匹配原则，原子轨道的组合主要有 s-s 组合、s-p 组合和 p-p 组合等方式。此外，根据原子轨道的重叠方式，分子轨道可分为 σ 轨道和 π 轨道。

1. s 轨道与 s 轨道的组合　当 2 个原子的 ns 原子轨道能量相等或相近时，原子轨道只能以“头碰头”方式重叠形成 σ 分子轨道。若 ns 原子轨道相加(下称原子轨道同号重叠)，两核间电子云密度较大，有助于 2 个原子的结合，形成的分子轨道能量低于原子轨道，为成键分子轨道，用 σ_{ns} 表示。若 ns 轨道相减(下称原子轨道异号重叠)，两核间电子云密度较小或电子云偏向两核的外侧，不利于 2 个原子的结合，形成的分子轨道能量高于原子轨道，为反键分子轨道，用 $\sigma_{ns}{}^*$ 表示。ns 原子轨道的组合过程及分子轨道电子云角度分布图如图 6-19 所示。

2. s 轨道与 p 轨道的组合　当 1 个原子的 ns 轨道与另一个原子的 np 轨道能量相等或相近时，ns 轨道与 np_x 轨道为对称性匹配轨道，可以组成分子轨道。ns 轨道与 np_x 轨道同号重叠时，形成一个能量较低的成键分子轨道 σ_{sp}，两轨道异号重叠时形成一个反键分子轨道 σ_{sp}^*。这种 s-p 组合形成的分子轨道如图 6-20 所示。

笔记栏 

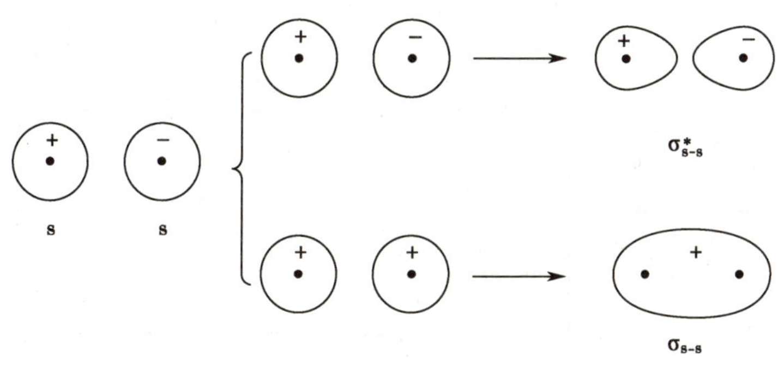

图 6-19　s-s 原子轨道组成分子轨道示意图

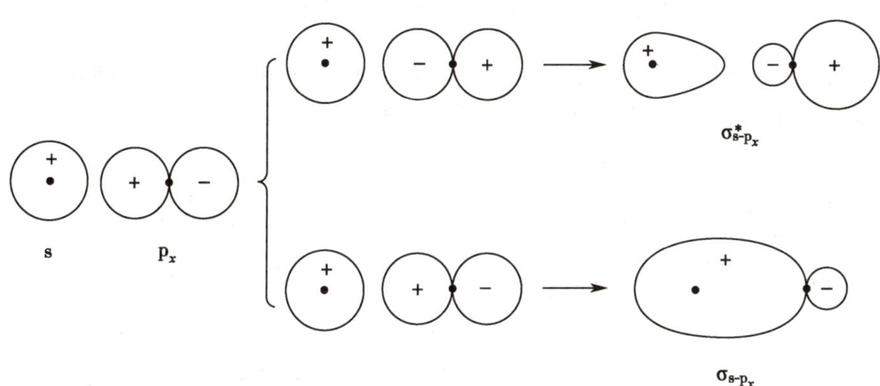

图 6-20　s-p_x 原子轨道组成分子轨道示意图

3. p 轨道与 p 轨道的组合　每个原子的 np 轨道共有 3 条（np_x、np_y 和 np_z），它们在空间的分布是互相垂直的。因此，不同原子的 np 轨道有 2 种重叠方式，即“头碰头”和“肩并肩”方式。

2 个原子的 np_x 轨道沿键轴方向以“头碰头”方式组合，形成 2 个分子轨道（σ_{np_x} 和 $\sigma^*_{np_x}$），如图 6-21 所示。

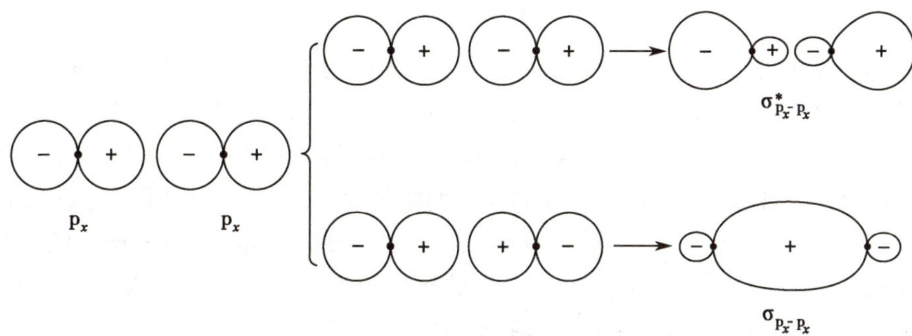

图 6-21　p_x-p_x 原子轨道组成分子轨道示意图

与此同时，这 2 个原子的 p_y-p_y 或 p_z-p_z 将以“肩并肩”方式发生重叠，形成成键 π 分子轨道 π_{np_y} 或 π_{np_z}，反键 π 分子轨道 $\pi^*_{np_y}$ 或 $\pi^*_{np_z}$。如图 6-22 所示。

这样，2 个原子的 np 轨道组合共形成 6 个分子轨道（σ_{np_x} 和 $\sigma^*_{np_x}$，π_{np_y} 和 $\pi^*_{np_y}$，π_{np_z} 和 $\pi^*_{np_z}$）。其中，σ_{np_x} 轨道因重叠程度较大，能量最低。π_{np_y} 和 π_{np_z} 轨道或 $\pi^*_{np_y}$ 和 $\pi^*_{np_z}$ 轨道的形

笔记栏

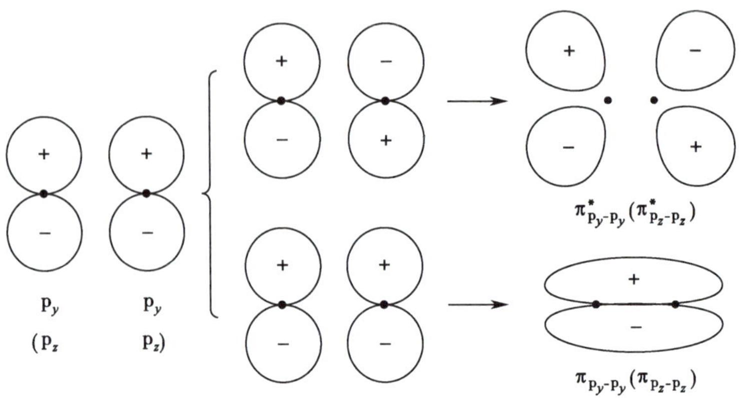

图 6-22　$p_y(p_z)$-$p_y(p_z)$ 原子轨道组成分子轨道示意图

状和能量完全相同，是简并轨道，只是在空间位置上相差 90°而已。*n*p 轨道形成的分子轨道的能量关系如图 6-23 所示。需要注意的是，图 6-23 提供的只是一般情况，不同分子的分子轨道的能量关系不尽相同，正如原子轨道能级图存在能级交错现象，分子轨道能级图也有能级交错现象。

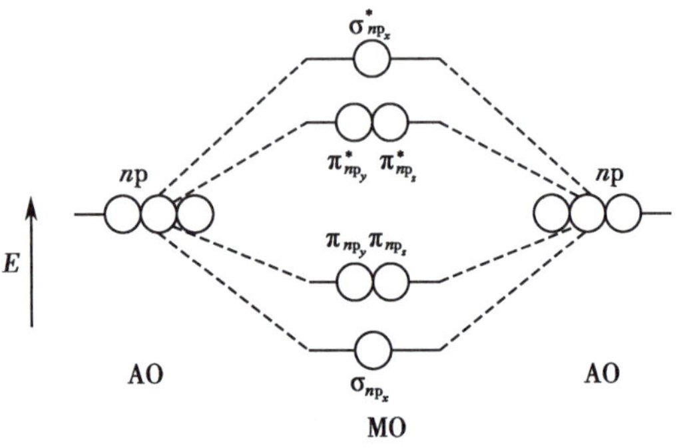

图 6-23　*n*p 原子轨道组合形成分子轨道能级图示意

分子轨道的类型还有许多，在此不一一介绍。

（三）第二周期同核双原子分子的结构

1. 第二周期同核双原子分子的分子轨道能级　像原子轨道一样，尽管分子轨道的能量可以通过求解薛定谔方程得到，但实际上，除了最简单的 H_2 分子外，其他分子的薛定谔方程还不能精确求解。目前，分子轨道能量高低的次序主要是根据分子光谱的实验数据来确定的。把分子中各分子轨道按能级高低顺序排列，即可得到分子轨道能级图。图 6-24 是第二周期同核双原子分子的分子轨道能级图。

当原子的 2s 和 2p 轨道能量差较大时，2s 和 2p 轨道之间影响较小，形成如图 6-24(b) 所示的能级顺序，此时，π_{2p} 轨道的能量高于 σ_{2p}；如果原子的 2s 和 2p 轨道能量差较小时，当原子相互接近时，不仅会发生 s-s 重叠和 p-p 重叠，还会发生 s-p 重叠，以致改变了分子轨道的能级顺序，发生了能级交错现象，形成如图 6-24(a) 所示的能级顺序，此时，π_{2p} 轨道的能量低于 σ_{2p}。

第二周期共有 8 个元素，其中只有 O 原子和 F 原子的 2s 和 2p 能级相差较大，不发生 s-p 轨道重叠，在形成 O_2 和 F_2 分子时，其分子轨道按图 6-24(b) 能级顺序排列。其他双原子分子如 N_2、C_2、B_2 等，其分子轨道按图 6-24(a) 所示的能级顺序排列。

分子轨道能级顺序有 2 种表示方法，一种是如图 6-24 所示的分子轨道能级图；另一种是分子轨道表示式，按分子轨道能量由低至高顺序依次排列，括号内的为简并轨道。如第 2 周期同核双原子分子的二种分子轨道表示式分别为：

$$[\sigma_{1s}\sigma^*_{1s}\sigma_{2s}\sigma^*_{2s}(\pi_{2p_y}\pi_{2p_z})\sigma_{2p_x}(\pi^*_{2p_y}\pi^*_{2p_z})\sigma^*_{2p_x}]$$ 适用于从 Li_2 到 N_2

$$[\sigma_{1s}\sigma^*_{1s}\sigma_{2s}\sigma^*_{2s}\sigma_{2p_x}(\pi_{2p_y}\pi_{2p_z})(\pi^*_{2p_y}\pi^*_{2p_z})\sigma^*_{2p_x}]$$ 适用于 O_2 和 F_2

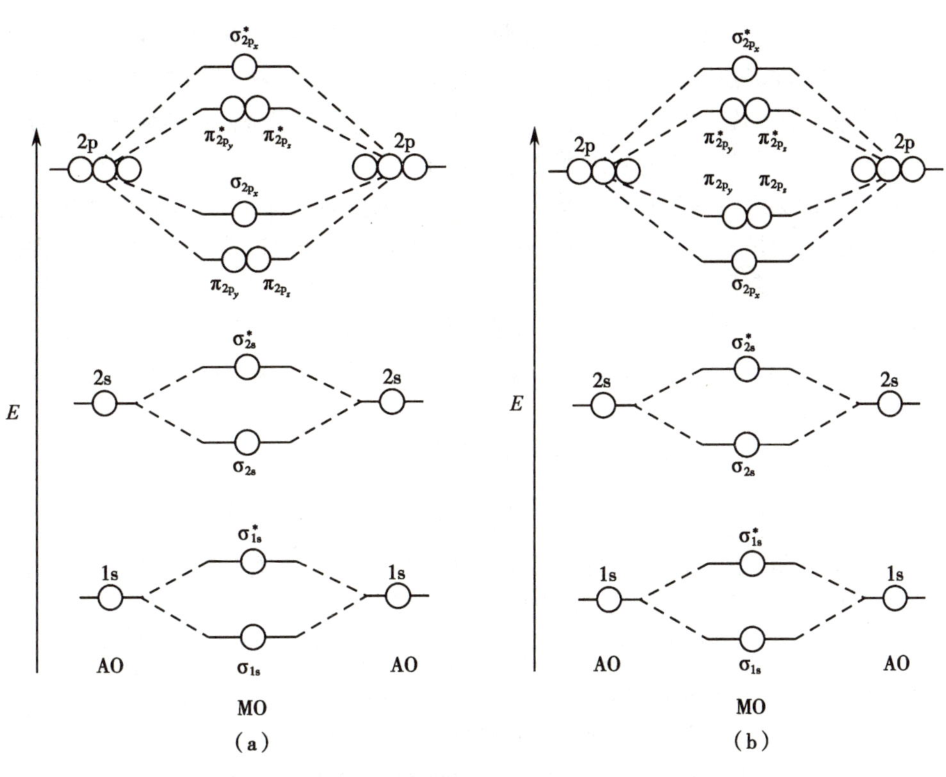

图 6-24　第二周期同核双原子分子的 2 种分子轨道能级示意图
(a) 2s 和 2p 能级相差较小　(b) 2s 和 2p 能级相差较大

下面结合分子轨道理论讨论一些同核双原子分子的结构。

2. 第一、二周期同核双原子分子的分子轨道能级示例

(1) H_2、H_2^+、He_2 和 He_2^+ 分子：2 个 H 原子的 1s 原子轨道组成 2 个分子轨道 σ_{1s} 和 σ_{1s}^*。H_2 分子中的 2 个电子按能量最低原理自旋相反进入 σ_{1s} 轨道，组成分子后系统的能量比组成分子前系统的能量要低，因此 H_2 分子可以稳定存在。σ_{1s} 轨道上的 1 对电子形成 1 个 σ 键。见图 6-25(a)。

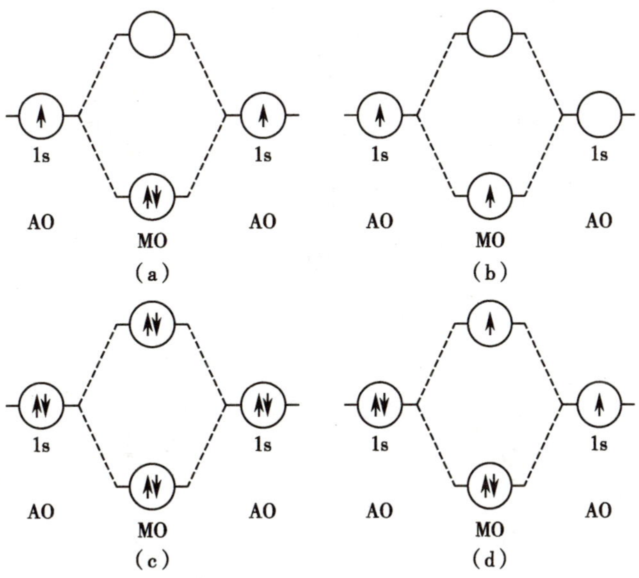

图 6-25　H_2、H_2^+、He_2 和 He_2^+ 分子轨道能级示意图

笔记栏

通过 H_2 的分子轨道能级示意图，我们可以很容易得到 H_2^+、He_2 和 He_2^+ 的分子轨道能级图。由图 6-25(b)可知，在 H_2^+ 分子离子中，有 1 个电子进入 σ_{1s} 分子轨道，所以 H_2^+ 分子离子有共价键能，即形成 1 个单电子 σ 键，可以稳定存在。而用价键理论则无法说明 H_2^+ 存在的事实，这说明分子轨道理论比价键理论更全面。

分子轨道理论认为，假如 He 能形成双原子分子 He_2，则应有如图 6-25(c)所示的电子排布，即 σ_{1s} 和 σ_{1s}^* 轨道填满电子。由于成键轨道上电子的能量与反键轨道上电子的能量抵消，分子体系能量净增加为零，所以 He 原子没有形成双原子分子的倾向。事实上氦气是单原子气体。

由图 6-25(d)可知，He_2^+ 分子离子中成键轨道上电子的能量与反键轨道上电子的能量未完全抵消，He_2^+ 分子离子中存在 1 个 3 电子 σ 键。事实上在宇宙空间中可以发现 He_2^+ 分子离子的存在。

H_2、H_2^+ 和 He_2^+ 分子的分子轨道电子排布式如下：

$$H_2:(\sigma_{1s})^2 \qquad H_2^+:(\sigma_{1s})^1 \qquad He_2^+:(\sigma_{1s})^2(\sigma_{1s}^*)^1$$

(2) Li_2 分子：Li 的 1s、2s 原子轨道组成相应的分子轨道，其能级顺序如图 6-26 所示。双原子 Li_2 分子中共有 6 个电子，它们分别进入 σ_{1s}、σ_{1s}^* 和 σ_{2s} 轨道，在 σ_{1s} 和 σ_{1s}^* 轨道上分布的电子能量相互抵消，对成键不起作用；只有进入 σ_{2s} 轨道上的 2 个电子对成键有贡献，所以图 6-26 只给出外层 2 个 2s 原子轨道组成的分子轨道及电子在其中分布的情况（下面对其他分子也做类似处理）。因此 Li_2 分子可以存在，分子中有 1 个 σ 键。事实上在锂蒸气中确实存在 Li_2 分子。Li_2 分子的分子轨道电子排布式为 $[(\sigma_{1s})^2(\sigma_{1s}^*)^2(\sigma_{2s})^2]$ 或 $[KK(\sigma_{2s})^2]$（KK 代表内层已填满的分子轨道）。

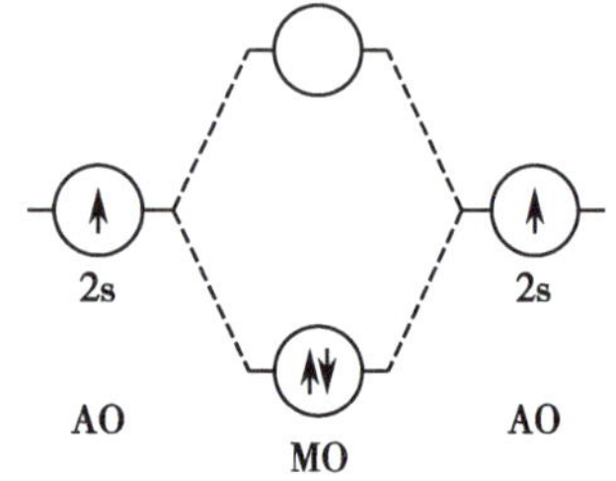

图 6-26　Li_2 分子轨道能级示意图

(3) O_2 分子：O 的 1s、2s、2p 原子轨道组成相应的分子轨道，其能级顺序如图 6-27 所示。O_2 分子中的 16 个电子依次进入分子轨道，其分子轨道电子排布式为：

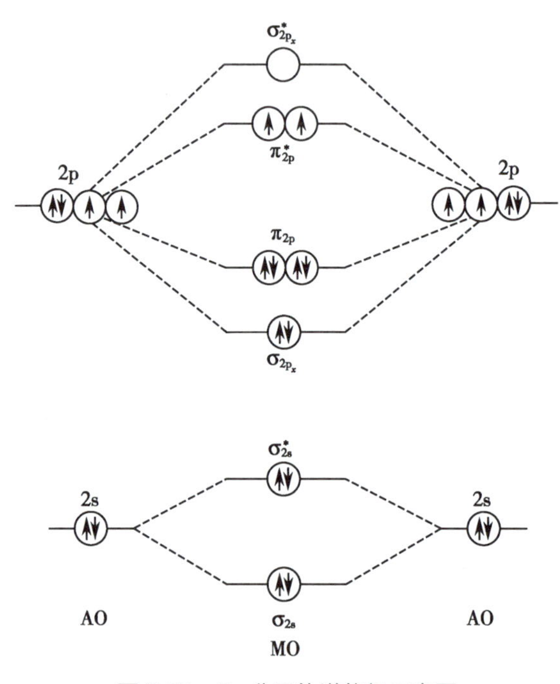

图 6-27　O_2 分子轨道能级示意图

$$[(\sigma_{1s})^2(\sigma_{1s}^*)^2(\sigma_{2s})^2(\sigma_{2s}^*)^2(\sigma_{2p})^2(\pi_{2p_y})^2(\pi_{2p_z})^2(\pi_{2p_y}^*)^1(\pi_{2p_z}^*)^1]\text{或}$$

$$[KK(\sigma_{2s})^2(\sigma_{2s}^*)^2(\sigma_{2p})^2(\pi_{2p})^4(\pi_{2p}^*)^2]$$

按分子轨道电子填充原则，O_2 分子中的最后 2 个电子以自旋平行方式分别占据 $\pi_{2p_y}^*$ 和 $\pi_{2p_z}^*$ 分子轨道，分子中有 2 个成单电子，因此 O_2 分子应有顺磁性。这与 O_2 分子的磁性实验事实相符。

在 O_2 分子中，σ_{2p_x} 轨道上的 2 个电子对成键有贡献，形成 1 个 σ 键，而 $(\pi_{2p_y})^2(\pi_{2p_y}^*)^1$ 和 $(\pi_{2p_z})^2(\pi_{2p_z}^*)^1$ π 键，简记为 $:\mathrm{O}\overset{\cdots}{\underset{\cdots}{—}}\mathrm{O}:$，中间实线代表 σ 键，上下各 3 个点代表 2 个三电子 π 键。由于每个三电子 π 键中有 2 个电子在成键轨道上，1 个电子在反键轨道上，所以每个三电子 π 键相当于半个 π 键，2 个三电子 π 键相当于 1 个正常 π 键，O_2 分子中仍相当于形成 1 个双键。这与价键理论的结论是一致的。O_2 分子的活泼性与其分子中存在的三电子 π 键有一定关系。分子轨道理论对 O_2 分子顺磁性和活泼性的解释证明了分子轨道理论的成功。

（4） N_2 分子：N_2 分子的分子轨道能级如图 6-28 所示。共有 14 个电子进入分子轨道，其分子轨道电子排布式为：

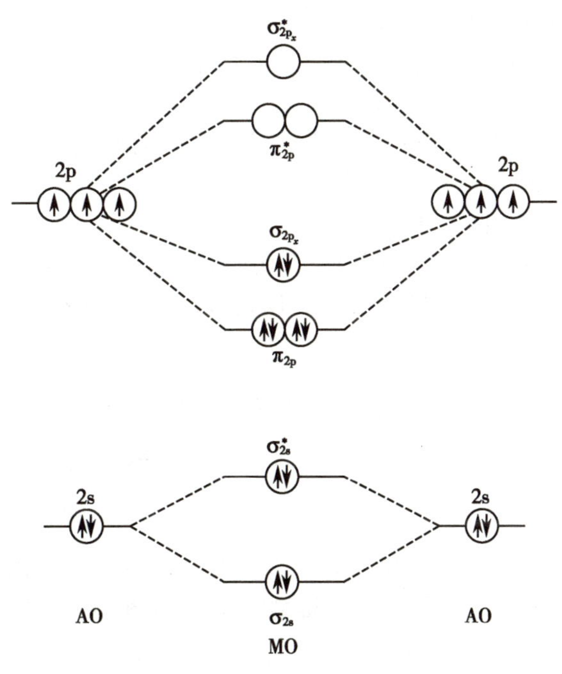

图 6-28　N_2 分子轨道能级示意图

$$[(\sigma_{1s})^2(\sigma_{1s}^*)^2(\sigma_{2s})^2(\sigma_{2s}^*)^2(\pi_{2p_y})^2(\pi_{2p_z})^2(\sigma_{2p_x})^2]\text{或}[KK(\sigma_{2s})^2(\sigma_{2s}^*)^2(\pi_{2p})^4(\sigma_{2p})^2]$$

在 N_2 分子中，$(\pi_{2p_y})^2$、$(\pi_{2p_z})^2$ 和 $(\sigma_{2p_x})^2$ 轨道上的电子对成键有贡献，构成 N_2 分子中的 1 个 σ 键和 2 个 π 键。由于 N_2 分子存在三重键，2 个 π 分子轨道能量较低，所以欲破坏 N_2 的化学键需要很高的能量，致使 N_2 分子具有特殊的稳定性。

（四）键级

按照分子轨道理论，占据成键轨道上的电子使体系能量降低，对成键有贡献，而反键轨道上的电子使体系能量升高，对成键起抵消作用，因此分子中净的成键电子数可以说明成键的强度。故分子轨道理论常用键级来衡量成键的强度。双原子分子键级的定义式为：

$$键级=\frac{成键轨道电子数-反键轨道电子数}{2}$$

可见，键级是衡量共价键相对强弱的参数。一般来说，同周期同区元素组成的双原子分子，键级愈大，键的强度愈大，分子愈稳定。若键级为零，意味不能形成稳定的分子。如 Be_2 分子的键级为零，因此可以预期该分子不能稳定存在。以上介绍的各分子的键级分别为：

$$H_2\ 的键级=\frac{2-0}{2}=1 \qquad H_2^+\ 的键级=\frac{1-0}{2}=0.5$$

$$He_2\ 的键级=\frac{2-2}{2}=0 \qquad Li_2\ 的键级=\frac{4-2}{2}=1$$

$$O_2\ 的键级=\frac{10-6}{2}=2 \qquad N_2\ 的键级=\frac{10-4}{2}=3$$

六、键参数

共价键的性质可以通过一些物理量来描述，如键长、键角、键能、键的极性等，这些表征共价键性质的物理量统称为键参数（bond references）。键参数可以由实验直接或间接测定，也可以由分子的运动状态通过理论计算求得。下面分别讨论一些键参数。

（一）键能

在 298.15K 和 100kPa 下，1mol 气态共价分子 AB 拆成气态 A 原子和 B 原子所吸收的能量称为 AB 键的离解能，用符号 D 表示。

例如，$Cl_2(g) \longrightarrow 2Cl(g) \qquad D_{Cl-Cl}$

对于双原子分子，D 在数值上等于键能 E，例如 $D_{Cl-Cl}=E_{Cl-Cl}$。而对于多原子分子，键能是一种平均值。例如，H_2O 分子中有 2 个 O—H 键，H_2O、OH 中的 O—H 键所处的化学环境不同，则显示不同的离解能。

$$H_2O(g) \longrightarrow H(g)+OH(g) \qquad D_1=502\text{kJ/mol}$$

$$HO(g) \longrightarrow H(g)+O(g) \qquad D_2=426\text{kJ/mol}$$

$$H_2O(g) \longrightarrow 2H(g)+O(g) \qquad D=(D_1+D_2)/2=464\text{kJ/mol}=E_{O-H}$$

一般化学手册上给出 $E_{O-H}=465\text{kJ/mol}$，这是测定一系列化合物中的 O—H 键的离解能取其平均值得到的。所以键能数据不是直接测定的，而是根据大量实验数据综合得到的一种近似平均值。

一般来说，键能越大，表明键越牢固，该键构成的分子就越稳定。因此，化学键键能的数据是常用的物理和化学参数之一。表 6-3 列出一些常见共价键的平均键能数据。

表 6-3 常见共价键的键能和键长数据（298.15K，100kPa）

共价键	键能/（kJ/mol）	键长/pm	共价键	键能/（kJ/mol）	键长/pm
H—H	436	74	Br—Br	193	228.4
H—F	565	92	I—I	151	266.6
H—Cl	431	127.4	O—H	465	96
H—Br	368	140.8	N—H	389	101
H—I	297	160.8	C—C	346	154
F—F	155	141.4	C═C	602	134
Cl—Cl	243	198.8	C≡C	835	120

笔记栏

（二）键长

分子中2个相邻原子核之间的平衡距离称为键长（或核间距），常用单位为pm。在理论上，可以用量子力学近似法计算出键长，但实际上由于分子结构的复杂性，键长往往是通过光谱或衍射等实验方法测定的。

例如Cl_2分子中2个Cl原子的核间距为198.8pm，所以Cl—Cl键的键长为198.8pm。键长与键的强度（即键能）有关，键能越大，键长越短；随着共用电子对数目的增加，键长缩短，键的强度增加。一些化学键键长的数据见表6-3。

键长和键能虽然可以判断化学键的强弱，但要了解分子的几何形状，还需要键角的参数。

（三）键角

分子中相邻2个键的夹角称为键角。键角往往通过实验的方法确定。键长和键角确定了，分子的几何形状就确定了。

在上述3个键参数中，键能和键长是表征化学键强度的，键长又和键角一起可以确定分子的几何形状。而下面介绍的键的极性是表征化学键基本性质的一个参数。

（四）键的极性

键的极性可以用成键2个原子电负性的差异来表示。**当成键原子的电负性不同时，成键电子对（或共用电子对）将偏向电负性大的原子一方，化学键就在该原子的一端显负电，另一端显正电，化学键则表现出极性。**如HCl分子中Cl的电负性大于H的电负性，则H—Cl键中Cl端为负，H端为正，HCl分子中的H—Cl键为极性共价键。而在H_2分子中，成键原子的电负性相同，意味着2个H原子对成键电子对的吸引力相同，电子云均匀分布在2个氢原子核间，则H—H键无极性，属于非极性共价键。

化学键的极性大小可以用键矩来衡量。键矩的定义式如下：

$$\vec{\mu}=q\times d$$

式中，$\vec{\mu}$为键矩，是一个矢量，其方向规定为从正到负，其大小等于共价键正、负两极的电量q（C，库仑）与两极中心间的距离d（m，米）的乘积。键矩的单位是C·m（库仑·米），在分子物理学中常用德拜（Debye）为键矩的单位，以D表示。$1D=3.336\times10^{-30}C\cdot m$。键矩的数值一般在$10^{-30}C\cdot m$数量级。

不难理解，成键原子的电负性差值越大，键矩越大，键的极性就越大。当成键原子电负性差值大到一定程度时，成键电子对几乎完全偏向电负性大的原子一端，使其变成负离子，另一方成为正离子，这就是离子键。而若成键原子的电负性相同时，成键电子对不偏向任何一方，则该共价键的键矩为零，即为非极性共价键。因此，随着成键元素原子电负性差值减小，化学键将由离子键通过极性共价键向非极性共价键过渡。

元素的爱和恨

第二节　分子间作用力与氢键

从前面的讨论可以知道，分子内原子之间有较强的作用力，即化学键。不仅分子内原子之间有相互作用，分子之间也有作用力。气体分子可以凝聚成液体，直至固体。气体凝聚成固体后，具有一定的形状和体积。如F_2、Cl_2、Br_2、I_2的状态依次由气态、液态变到固态，这些都是由于分子之间作用力的存在。

荷兰物理学家范德瓦耳斯最早注意到这种作用力的存在，并对此进行了卓有成效的研

笔记栏

究，所以人们又称分子之间的作用力为范德华力（又称范德瓦耳斯力）。与化学键相比，分子间力要弱得多，一般只有化学键强度的百分之几到十分之几。然而，分子间力对物质的物理性质如沸点、熔点和硬度等具有重要影响。1930 年，伦敦（London）应用量子力学原理阐明了分子间力是一种电性作用力。为了说明这种电性作用的来源，首先介绍分子极性的概念。

一、分子的极性与偶极矩

在任何分子中都有带正电荷的原子核和带负电荷的电子，可以把每一种电荷设想为集中于一点，该点叫电荷中心。按分子中正、负电荷中心是否重合，可将共价分子分为极性分子和非极性分子。正、负电荷中心不重合的分子叫极性分子（polar molecule），如 HF 分子等。正、负电荷中心重合的分子叫非极性分子（nonpolar molecule），如 H_2、F_2 分子等。

正如键的极性大小可以用键矩来衡量，分子极性的强弱可以用偶极矩（dipole moment）来表示。偶极矩的概念是美国物理学家德拜在 1912 年提出的。与键矩相同，偶极矩也是矢量，其方向规定为从正到负，用符号 $\vec{\mu}$ 表示。偶极矩的大小等于分子中正、负电荷中心间的距离 d（m，米）与偶极电量 q（C，库仑）的乘积，即 $\vec{\mu}=q\times d$。偶极矩与键矩的单位同为 Debye。不难理解，分子的偶极矩越大，分子的极性越大。偶极矩为零的分子，是非极性分子。

分子的偶极矩为分子中各化学键键矩的矢量和。因此，分子的偶极矩不仅与分子中化学键的键矩有关，还应与分子的几何构型有关。表 6-4 给出某些分子的偶极矩和几何构型。从表 6-4 可知，双原子分子的极性只与键的极性有关，键有（无）极性，分子就有（无）极性；但在多原子分子中，键的极性与分子的极性不完全一致。例如，H_2O 和 CCl_4 分子中 O—H 键和 C—Cl 键都有极性，但 H_2O 是极性分子，而 CCl_4 是非极性分子。因此，多原子分子的极性不仅与键的极性有关，还与分子几何构型的对称性有关。如果分子呈直线、平面正三角或正四面体等中心对称结构时，由于各键的键矩可以互相抵消，即各键矩的矢量和为零，分子则无极性，如 CS_2（或 CO_2）、BF_3 以及 CCl_4 等分子。而另一些结构对称的分子，如 V 形、三角锥形以及变形四面体等无中心对称成分的构型，由于键的键矩不能抵消，即各键矩的矢量和不为零，因此分子有极性，如 H_2O、NH_3 和 H_2S 分子等。

表 6-4　分子的偶极矩和几何构型

分子	$\vec{\mu}$（$\times10^{-30}$）/ C·m	几何构型	分子	$\vec{\mu}$（$\times10^{-30}$）/ C·m	几何构型
H_2	0	直线形	HCl	3.44	直线形
CS_2	0	直线形	NH_3	4.90	三角锥形
BF_3	0	平面正三角形	H_2O	6.17	角形
CCl_4	0	正四面体形	H_2S	3.67	角形

分子是否有极性以及极性的大小对分子的性质有明显的影响。分子的极性不同，分子间的作用力也不同。

二、分子间作用力

伦敦应用量子力学原理研究表明，分子间力（intermolecular force）是一种静电力，即分子间偶极与偶极之间的静电力。根据产生的原因和特点，一般将分子间力分为 3 种类型——取向力、诱导力和色散力。

（一）取向力

取向力只存在于极性分子之间。极性分子由于正、负电荷中心不重合，始终存在一个正

极和负极。极性分子本身存在的这种偶极称为固有偶极或永久偶极。当极性分子彼此靠近时,最稳定的排列方式是一个分子的正极与相邻分子的负极尽可能地靠近,这样就使得极性分子有按一定方向排列的趋势,因而产生的作用力称为**取向力**(orientation force)。取向力的产生如图 6-29 所示。

分子的极性越大,分子间的取向力就越大。

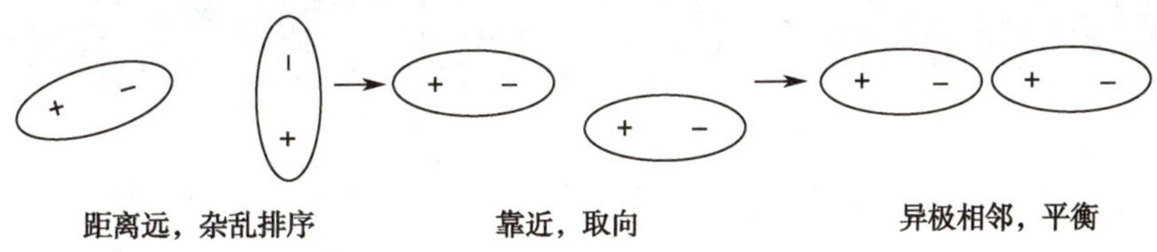

图 6-29　取向力形成示意图

(二) 诱导力

诱导力存在于极性分子之间、极性分子与非极性分子之间。非极性分子中正、负电荷中心是重合在一起的,但在外电场(可以是邻近的极性分子或离子)影响下,带正电的原子核被引向负极而电子云被引向正极,结果电子云与核产生了相对位移,分子发生了变形,导致非极性分子在外电场作用下产生了诱导偶极,如图 6-30(a)所示。这种诱导偶极与固有偶极之间的作用力叫**诱导力**(induction force)。同样,极性分子在外电场(可以是邻近的极性分子或离子)影响下电子云也可以发生变形,产生诱导偶极,如图 6-30(b)所示。诱导偶极的产生使极性分子的偶极矩增大,进一步加强了它们之间的吸引力,因此极性分子之间也有诱导力。

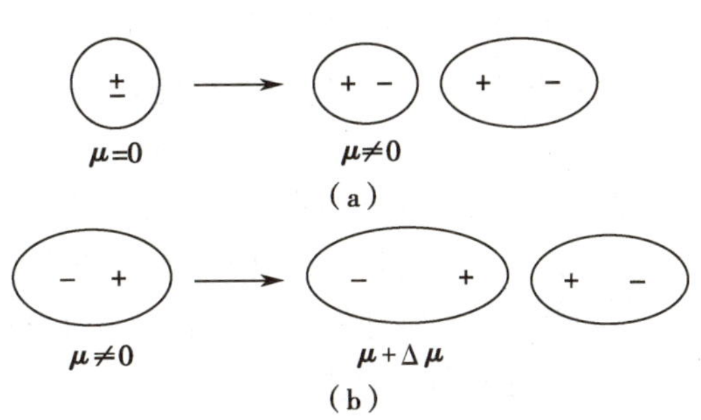

图 6-30　诱导偶极形成示意图

(a)非极性分子的诱导偶极　(b)极性分子的诱导偶极

极性分子的极性越大,非极性分子越容易变形,它们之间的诱导力越大。

(三) 色散力

色散力存在于任何分子之间。由于每个分子中的电子在核外无规则运动,任何一个瞬间都不可能在核周围对称分布,可以发生瞬时的电子与原子核之间的相对位移,造成正、负电荷中心的分离,这样产生的偶极称为瞬时偶极。瞬时偶极间的相互作用力则称为**色散力**(dispersion force)。分子越容易变形,瞬时偶极越大,色散力越大。不难理解,任何分子,不论其原来是否存在偶极,都会有瞬时偶极产生,因此色散力是普遍存在的。

色散力的强度与分子的变形性有关,变形性越大,色散力越大。一般来说,分子大小是随相对分子质量递变的。分子的相对分子质量越大,分子的变形性越大,分子间的色散力也越大。

综上所述,取向力、诱导力和色散力统称分子间力(也叫范德华力),其中取向力和诱导力只有极性分子参与作用时才存在,而色散力普遍存在于任何相互作用的共价分子中。

(四) 分子间力的特点

首先,分子间力来源于分子中各种偶极之间的作用,因此作用力的本质是静电力。其次,分子间力是一种短程力,作用范围很小,一般只有几个皮米(pm)。因此,在液态和固态

笔记栏

的情况下，分子间作用力比较显著；在气态时，分子间作用力往往可以忽略。此外，对大多数分子来说，色散力是最主要的作用力。只有偶极矩很大的分子（如水分子），取向力才显得很重要，而诱导力通常都是很小的。表 6-5 的数据表明，即使在 HCl 这样强的极性分子间的作用力中，色散力仍高达 79%。

表 6-5 一些分子的分子间作用能组成

分子	偶极矩（$\times10^{-30}$）/C·m	$E_{取向力}$/（kJ/mol）	$E_{诱导力}$/（kJ/mol）	$E_{色散力}$/（kJ/mol）	$E_{总}$/（kJ/mol）	$E_{色散力}$/$E_{总}$
Ar	0	0	0	8.50	8.50	100%
HCl	3.60	3.31	1.00	16.83	21.14	79.61%
HBr	2.67	0.69	0.502	21.94	23.13	94.86%
HI	1.40	0.025	0.113	25.87	26.00	99.50%
NH_3	4.90	13.31	1.55	14.73	29.59	49.78%
H_2O	6.17	36.39	1.93	9.00	47.32	19.02%

分子间作用力虽然比较小（与化学键相比），但可以影响物质的许多物理性质。通常物质的分子间作用力越大，沸点、熔点越高。

对结构相似的同系物，如稀有气体、卤素单质、直链烷烃、直链烯烃等，分子间作用力大小由色散力决定，故这些同系物的熔点和沸点都随着相对分子质量的增大而升高。

对于相对分子质量相近而极性不同的分子，极性物质的熔点和沸点往往高于非极性物质。如 CO 和 N_2 的相对分子质量相近，但 CO 的熔点和沸点高于 N_2。这是因为前者除存在色散力外，还有取向力和诱导力。

三、氢键

分子之间除了存在范德华力外，还有一种特殊的作用力，称为**氢键**（hydrogen bond）。如果按照相对分子质量增加、沸点升高的原则，H_2O 的沸点应该比 H_2S 低，但事实正好相反。此外，HF 在卤化氢系列中，NH_3 在氮族氢化物中也有类似的反常现象。这说明在 H_2O、HF 和 NH_3 分子中除了前面讨论过的范德华力外，还有一种特殊的作用力存在，即氢键。

（一）氢键的形成

研究结果表明，当 H 原子与电负性很大、半径又很小的原子 X（如 F、O、N）结合形成共价型氢化物时，由于成键电子对强烈偏向这些元素，使得氢原子几乎呈质子状态。由于质子的半径特别小（30pm），正电荷密度特别高，可以吸引另一个电负性大且含有孤对电子的原子 Y（如 F、O、N），产生静电吸引作用，即 X—H···Y，这种引力称为氢键。

（二）氢键的类型和特点

氢键可分成分子间氢键和分子内氢键两类。分子间氢键是由分子中 X—H（X 为 F、O、N）与另一个含有 Y 原子（Y 为 F、O、N）的分子之间形成的氢键，用 X—H···Y 表示。分子间氢键的存在使简单分子聚合在一起。这种由于分子间氢键而结合的现象称为缔合。图 6-31 表示 HF 分子间、甲酸分子间的氢键。

某分子的 X—H 键与其分子内部的 Y 原子在位置适合时形成的氢键称为分子内氢键。例如，HNO_3 分子中存在如图 6-32（a）所示的分子内氢键。分子内氢键还常见于邻位有合适

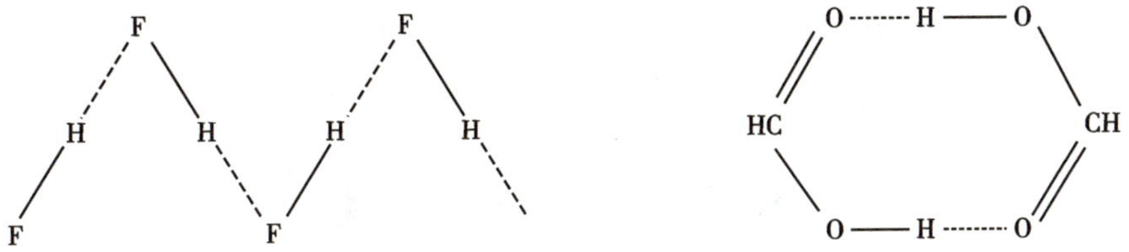

图 6-31　分子间氢键示例

取代基的芳香族化合物，如邻硝基苯酚、邻羟基二酚等，如图 6-32（b）和图 6-32（c）所示。分子内氢键往往在分子内形成较稳定的多原子环状结构，使化合物的极性下降，因而熔点和沸点降低，由此可以理解为什么硝酸是低沸点酸（83℃），而硫酸是高沸点酸（338℃，形成分子间氢键）。

与范德华力不同，氢键具有饱和性和方向性。氢键的饱和性是由于氢原子的体积较小，当 X—H 中的 H 与 Y 形成氢键后，另一个电负性较大的原子就难以再向它靠近，即 X—H 只能与 1 个 Y 原子形成氢键，这就是氢键的饱和性。氢键的方向性是由于 H 原子体积小，为了减少 X 和 Y 之间的斥力，它们尽量远离，键角接近 180°，即 X—H⋯Y 几乎在一直线上，但分子内氢键的键角不是 180°。

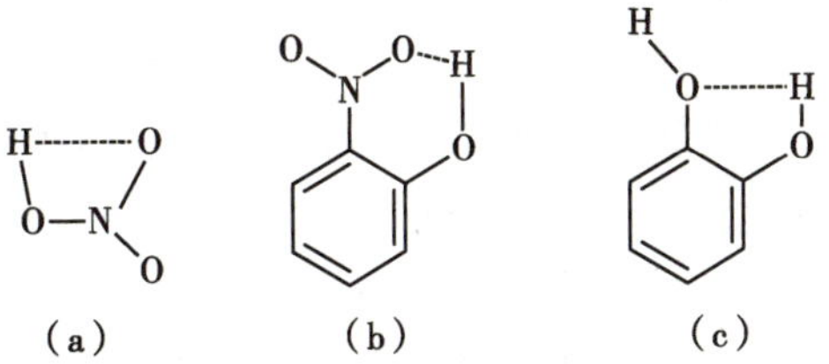

（a）　（b）　（c）

图 6-32　分子内氢键示例

（三）氢键对物质性质的影响

氢键的键能一般小于 42kJ/mol，比共价键弱得多，但比范德华力要强，因而对含有氢键物质的性质产生较大的影响。

1. 对熔点、沸点的影响　分子间氢键的形成增加了分子间的作用力，会使物质的熔点和沸点显著升高。例如 HF、H_2O 和 NH_3 的熔、沸点与同族氢化物相比都特别高。因为要使固体融化或液体汽化，除了要克服范德华力外，还要破坏比范德华力大得多的氢键。但需要指出的是，分子内氢键的形成，常使其熔点和沸点低于同类化合物。如邻硝基苯酚的沸点是 45℃，而间位和对位硝基苯酚分别为 96℃和 114℃。这是因为前者形成分子内氢键，而后者可以形成分子间氢键之故。

2. 对溶解度的影响　如果溶质分子和溶剂分子间能形成分子间氢键，将有利于溶质的溶解。例如 H_2O_2 与 H_2O 可以以任意比例混溶，NH_3 易溶于 H_2O，这些都是由于形成分子间氢键的结果。若溶质能形成分子内氢键，则其在极性溶剂中的溶解度降低。如邻硝基苯酚在水中的溶解度小于对硝基苯酚。

3. 水的一些反常性质　水的一些不同寻常的性质是氢键作用的直接结果。例如，水比其他液体或固体的比热大，反映了破坏氢键需要很大的能量。当温度升高时，氢键的数目将减少，但仍然有足够多的氢键，使得水的蒸发热大于其他液体的蒸发热。另外，冰的密度比水小也是来源于氢键的作用。

4. 对生物体的影响　虽然氢键的形成条件比较苛刻，但含有氢键的物质很多，除了常见的水、醇、羧酸等简单化合物外，一些对生命具有重要意义的基本物质，如蛋白质、脂类及糖类等，都含有氢键。在某种意义上来说，氢键对于生命比水还重要，因为许多生物大分子都含有 N—H 键和 O—H 键，所以在这类物质中氢键非常普遍，并且对这些物质的性质产生重要的影响。如 DNA（脱氧核糖核酸）是由具有 2 根主链的多肽链组成，2 根主链间以大量的氢键连接形成螺旋状的立体构型。同时，DNA 分子的每根主链也可以通过氢键使其碱基

笔记栏

配对而复制出相同的 DNA 分子，物种从而可以繁衍。因此，没有氢键的存在，也就没有这些特殊而又稳定的大分子结构，也正是这些大分子支撑了生物机体。

第三节 离 子 键

1916 年，与路易斯（Lewis）提出经典共价键理论的同时，德国化学家科塞尔（Kossel）通过对实验现象的归纳总结，提出了离子键理论（theory of ionic bond），对离子型化合物的形成及性质作出了科学的解释。

一、离子键的形成和特点

科塞尔的离子键理论认为，原子化合时有达到稀有气体稳定电子结构的倾向。当电负性较小的活泼金属元素的原子与电负性较大的活泼非金属元素的原子相互接近时，为达到稀有气体稳定的电子结构，将发生电子的转移，即金属原子失去电子形成具有稀有气体稳定结构的正离子，非金属原子获得金属原子失去的电子形成具有稀有气体稳定结构的负离子。正、负离子通过静电引力相互接近、紧密堆积，过程中放出能量，形成离子键和离子晶体。例如 Na 是第ⅠA 族元素，具有很强的金属性，容易失去电子；Cl 是第ⅦA 族元素，具有很强的非金属性，容易得到电子。NaCl 晶体及离子键的形成过程如下：

$$\left.\begin{array}{l} n\mathrm{Na(g)} \rightarrow n\mathrm{Na^+(g)} + ne^- \\ n\mathrm{Cl(g)} + ne^- \rightarrow n\mathrm{Cl^-(g)} \end{array}\right\} \longrightarrow n[\mathrm{Na^+Cl^-}](\mathrm{s})$$

离子键的本质是静电作用力。近代 X 射线衍射技术可以通过测定晶体中各个质点的电子密度，证明 NaCl 晶体是由具有 10 个电子的 Na^+ 和 18 个电子的 Cl^- 按一定方式排列而成，从而证明离子晶体中正、负离子的存在及离子键的本质的正确性。

离子键的特点是**没有方向性和饱和性**。这是因为离子所带的电荷呈球形对称分布，在空间任何方向的静电效应相同，对它周围的任何异号电荷离子都有吸引力，所以离子键没有方向性。而且只要空间条件许可，正、负离子总是尽可能多地吸引各个方向上的异号电荷离子，所以离子键没有饱和性。但因为正、负离子都有一定的大小，因此限制了邻接异号电荷离子的数目。每个离子邻接的异号电荷离子的数目称为该离子的配位数。例如，由于 Cs^+ 的离子半径比 Na^+ 的大，在 CsCl 晶体中，每个 Cs^+ 周围有 8 个最相邻的 Cl^-；而在 NaCl 晶体中，每个 Na^+ 周围有 6 个最相邻的 Cl^-。但是离子的配位数并不意味着离子的电场达到饱和，在 NaCl 晶体中每个 Na^+ 不仅受到最邻近它的 6 个 Cl^- 的吸引，而且还受到稍远一些及更远一些的 Cl^- 的吸引。

二、离子的特征

离子是离子化合物的基本结构单元，离子的性质决定着离子键的强度和离子化合物的性质。离子一般具有 3 个重要的特征：**离子的电荷、离子的半径和离子的电子构型**。

（一）离子的电荷

正离子或负离子的电荷是离子化合物形成过程中相应原子失去或得到的电子数。离子电荷（ionic charge）往往会影响离子化合物的一些化学性质和物理性质。例如 Co^{2+} 和 Co^{3+}，尽管是同种元素形成的离子，但由于电荷不同，性质差别较大，前者在水溶液中可以稳定存在，后者具有极强的氧化性，在水溶液中不能存在。另外，根据库仑定律，离子的电荷越高，

笔记栏

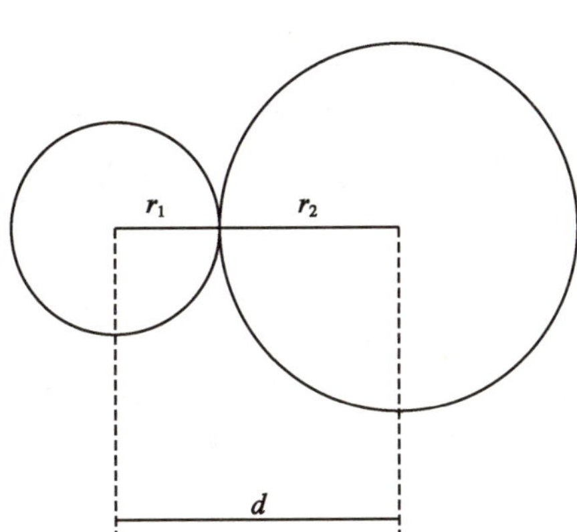

图 6-33 离子半径与核间距关系

对异号电荷离子的吸引力越大，形成的离子键越强，离子化合物的熔点和沸点就越高。例如：NaCl 的熔点约为 1 074K，而 MgO 的熔点约为 3 073K，说明离子型化合物电荷越高，相互作用力越强，熔点越高。

（二）离子的半径

按离子键模型，处于平衡位置的正、负离子，可近似看作 2 个半径不同、相互接触的带电小球，如图 6-33 所示。正、负离子的核间距 d 可以通过 X 射线衍射实验测定。如果已知一个离子的半径，则可以通过 d 值求出另一个离子的半径。表 6-6 列出一些离子半径。

表 6-6 一些简单离子的离子半径

pm

离子	半径	离子	半径	离子	半径	离子	半径
Li^{+}	60	Sc^{3+}	81	Fe^{3+}	60	As^{3+}	47
Na^{+}	95	Y^{3+}	93	Co^{2+}	72	Sb^{3+}	90
K^{+}	133	La^{3+}	106	Mn^{2+}	80	F^{-}	136
Rb^{+}	148	Cu^{+}	96	Mn^{7+}	46	Cl^{-}	181
Cs^{+}	169	Ag^{+}	126	B^{3+}	20	Br^{-}	195
Be^{2+}	31	Au^{+}	137	Al^{3+}	50	I^{-}	216
Mg^{2+}	65	Zn^{2+}	74	Ga^{3+}	62	O^{2-}	140
Ca^{2+}	99	Cd^{2+}	97	H^{-}	208	S^{2-}	184
Sr^{2+}	113	Hg^{2+}	110	N^{3-}	171	Se^{2-}	198
Ba^{2+}	135	Fe^{2+}	75	P^{3-}	212	Te^{2-}	221

离子半径的大小可近似反映离子的相对大小，是分析离子化合物物理性质的重要依据之一。离子半径越小，离子间引力越大，离子化合物的熔、沸点越高。如 MgO、CaO、SrO、BaO 熔点依次降低。

（三）离子的电子构型

离子的电子构型（electronic configuration）是指原子失去或得到电子后的外层电子构型。原子获得电子趋于使其电子构型与相应的稀有气体原子相同，因此常见的简单负离子一般具有稳定稀有气体构型，即 8 电子构型，如 F^{-}、Cl^{-}、O^{2-}、S^{2-}等。原子失去电子时，由于失去的价电子数不同，而使正离子的电子构型比较多样化。正离子一般具有下列 5 种电子构型：

（1）2 电子构型（$1s^2$）：最外层有 2 个电子的离子，如 Li^{+}、Be^{2+}等。

（2）8 电子构型（ns^2np^6）：最外层有 8 个电子的离子，如 Na^{+}、Mg^{2+}、Al^{3+}等。

（3）9～17 电子构型（$ns^2np^6nd^{1\sim9}$）：最外层有 9～17 个电子的离子，具有不饱和电子构型，如 Mn^{2+}、Fe^{2+}、Fe^{3+}、Co^{2+}、Ni^{2+}等 d 区元素的离子。

（4）18 电子构型（$ns^2np^6nd^{10}$）：最外层有 18 个电子的离子，如 Zn^{2+}、Cd^{2+}、Hg^{2+}、Cu^{+}、Ag^{+}、Au^{+}等 ds 区元素的离子，Sn^{4+}、Pb^{4+}、Bi^{5+}等 p 区高氧化数金属离子。

（5）18+2 电子构型[$(n-1)s^2(n-1)p^6(n-1)d^{10}ns^2$]：次外层有 18 个电子，最外层有 2 个电子的离子，如 Sn^{2+}、Pb^{2+}、Sb^{3+}、Bi^{3+}等 p 区低氧化数金属离子。

离子的电子构型对离子的性质及离子之间的相互作用具有一定影响，从而影响离子化合物的性质。例如，碱金属与铜分族都能形成氧化数为+1 的离子，但形成的离子分别是 8 电子构型和 18 电子构型，导致两族元素形成化合物的性质有较大差异。如 NaCl 与 CuCl 在性质上具有较大的差别，这是因为发生了离子极化。

三、离子极化理论

离子极化理论认为，正、负离子之间除了存在静电引力外，还存在相互极化作用，这种相互极化作用将导致离子的电子云发生变形，使化学键的键型发生变化，从而对化合物的性质产生影响。

（一）离子极化的产生

离子极化（ionic polarization）是指离子在外电场影响下发生变形而产生诱导偶极的现象。

孤立的简单离子的电荷分布是球形对称的，离子的正、负电荷中心重合，所以无偶极存在[图 6-34(a)]。但离子在外电场的影响下，原子核与电子云会发生相对位移，即电子云发生了变形，偏离了球形对称，产生了诱导偶极[图 6-34(b)]。实际上，离子带电荷本身就可以产生电场，使其相邻带有异号电荷的离子产生诱导偶极而变形。

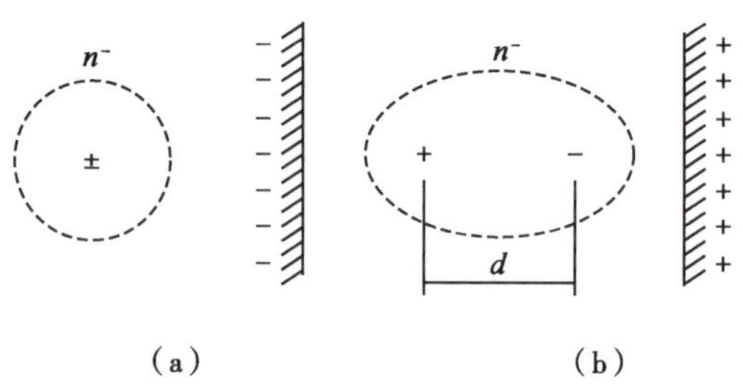

图 6-34　离子在外电场中的极化

在离子晶体中，每个离子都处于邻近带异号电荷离子产生的电场中，因此离子极化现象在离子晶体中普遍存在。正离子产生的电场，可以使负离子极化而变形；负离子产生的电场，也可使正离子极化而变形。正、负离子相互极化的结果，使正、负离子都产生了诱导偶极（图 6-35）。

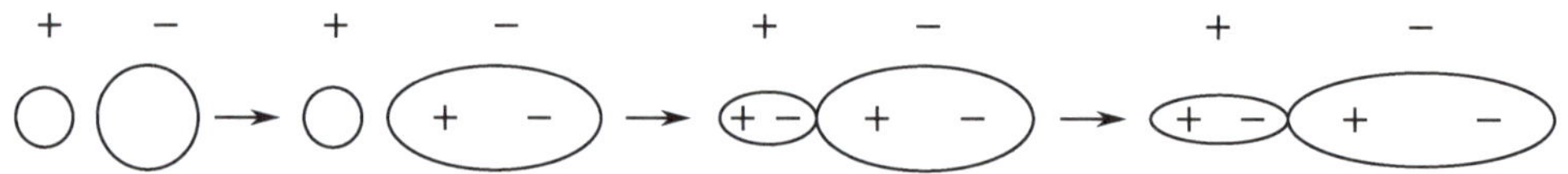

图 6-35　离子的相互极化过程示意图

（二）离子的极化作用、变形性

某离子使异号电荷离子产生诱导偶极而变形的能力叫**离子的极化作用**（polarization power）；一种离子在异号电荷离子的极化作用下发生电子云变形的能力叫**离子的变形性**（distortion）。显然，无论正离子或负离子都具有极化作用和变形性两个方面的能力，但是正离子半径一般小于负离子半径，所以正离子通常表现出较强的极化作用，而负离子通常表现出较强的变形性。

离子的极化作用具有如下规律：

（1）一般来说，正离子的电荷数越多，半径越小，其极化作用越强。

（2）在离子电荷相同、半径相近的情况下，不同电子构型正离子极化作用的变化规律是：8 电子构型<9~17 电子构型<18 电子构型或 18+2 电子构型。

（3）复杂负离子的极化作用较小。

离子的变形性具有如下规律：

笔记栏

（1）正离子电荷越低，半径越大，越容易变形；负离子电荷越多，半径越大，越容易变形。

（2）在离子电荷相同、半径相近的情况下，不同电子构型正离子变形性的变化规律是：8 电子构型<9~17 电子构型<18 电子构型或 18+2 电子构型。

（3）复杂负离子的变形性较小。

（三）离子的附加极化作用

从上述两种作用的分析可以看出，当正离子的电子构型为 18 电子构型或 18+2 电子构型、9~17 电子构型时，极化作用和变形性都很大，此时的正离子既要考虑其极化作用，也要考虑它的变形性。例如，AgCl 虽然由 Ag^+ 和 Cl^- 组成，但却表现出某些共价化合物的性质，如溶解度较小。这是因为 Ag^+ 为 18 电子构型，极化作用强，使 Cl^- 电子云变形，而 Ag^+ 的变形性也较大，其电子云变形后产生的诱导偶极反过来又加强了对 Cl^- 的极化能力。由于这种附加极化作用的结果，正、负离子的电子云均产生较大程度的变形，导致正、负离子的电子云发生重叠，致使键的极性减弱。随着正、负离子相互极化作用的增强，键的类型开始向共价型过渡，由离子型晶体转变成共价型晶体。图 6-36 表示出离子相互极化作用导致离子键逐步向共价键过渡的情况示意图。

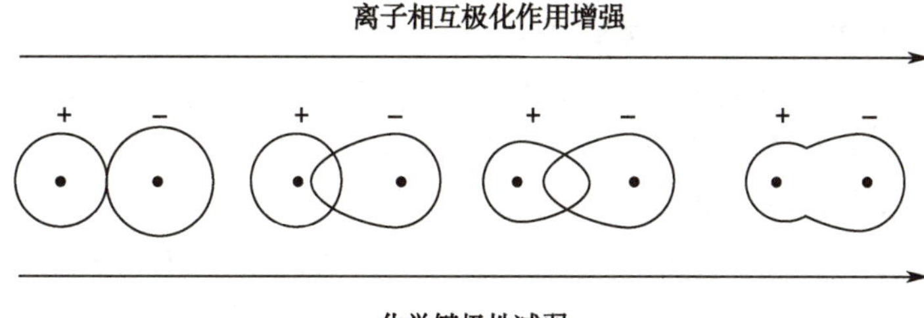

图 6-36 离子极化对键型的影响

（四）离子极化对物质性质的影响

1. 对物质熔点、沸点的影响　离子型化合物一般具有较高的熔点和沸点，而共价化合物的熔点和沸点较低。由于离子极化作用将导致离子键向共价键过渡，因此随着离子极化作用的增强，物质的熔、沸点将相应下降。如 $AlCl_3$ 和 NaCl，Na^+ 和 Al^{3+} 均属于 8 电子构型的离子，但由于 Al^{3+} 的电荷高于 Na^+ 的电荷，而且 Al^{3+} 的半径也比较小，因此 Al^{3+} 的极化能力比较强，可以使 Cl^- 发生比较显著的变形，故 $AlCl_3$ 的熔点（463K）显著低于 NaCl 的熔点（1 074K）。又如 $HgCl_2$，Hg^{2+} 的离子半径较大，同时 Hg^{2+} 属于 18 电子构型，因此 Hg^{2+} 的极化能力和变形性均比较强；Cl^- 也具有一定的变形性，离子的相互极化使得 $HgCl_2$ 的化学键具有显著的共价性，导致 $HgCl_2$ 的熔点（550K）和沸点（577K）都很低。

2. 对物质溶解度的影响　由于离子极化作用的结果使化学键由离子键向共价键过渡，键的极性减小，导致物质在极性溶剂水中的溶解度下降。表 6-7 列出 AgX 的溶解度变化规律。从 AgF 至 AgI，卤素离子半径依次增大，其变形性增加，Ag^+ 与 X^- 之间的相互极化作用增强。AgF 基本属于离子键，易溶于水。而其他 AgX，由于离子极化作用的逐渐增强，键型向共价键过渡，键的极性减小，溶解度也随之减小。又如前文提到过的 NaCl 和 CuCl，尽管 Cu^+ 和 Na^+ 电荷相同，离子半径相近，但 Cu^+ 是 18 电子构型，极化作用和变形性都很强，Na^+ 是 8 电子构型，极化作用和变形性都很弱。因此，NaCl 易溶于水，是典型的离子型化合物，而 CuCl 具有较大的共价性，难溶于水。

笔记栏

表 6-7　离子极化对 AgX 性质的影响

AgX	溶解度/(mol/L)	颜色	键型
AgF	14	白	离子键
AgCl	1.3×10^{-5}	白	过渡键
AgBr	7.1×10^{-7}	浅黄	过渡型
AgI	9.2×10^{-9}	黄	共价键

3. 对物质颜色的影响　颜色的产生与离子的变形性有关。离子容易变形则价电子活动范围加大，与核结合松弛，基态与激发态的能量差变小，可吸收部分可见光而使化合物具有颜色或颜色加深。离子极化作用强的化合物颜色比较深。表 6-7 列出 AgX 的颜色变化规律，从 AgF 至 AgI，由于离子极化作用的逐渐增强，颜色逐渐加深。又如，由于 S^{2-} 的变形性强于 O^{2-}，所以硫化物的颜色通常比氧化物深。

综上所述，离子极化理论从离子键理论出发，把化合物的组成元素看成正、负离子，并在此基础上讨论正、负离子之间的相互作用，因此离子极化理论是离子键理论的重要补充，在无机化学中具有一定的实用价值。但该理论也存在一定的局限性，仅仅是一个粗略的定性理论，一般只适用于同系列物质性质的定性比较。

（五）化学键的离子性——离子性百分数

根据离子极化理论的观点，在离子晶体中，由于正、负离子之间存在相互极化作用导致电子云重叠，因此在离子键中，存在一定的共价键成分。近代实验及量子化学的计算也证明，即使在电负性最小的 Cs 与电负性最大的 F 所形成的 CsF 中，离子之间的作用力也不完全是静电作用，仍有原子轨道重叠的成分，即有部分共价键的性质。另一方面，共价键具有极性，说明共价键中包含一定程度的离子性成分。所以离子键与共价键虽然有本质的区别，但两者是相对的，没有严格的界限。为了表示化学键中存在的这种关系，鲍林提出了“离子性百分数”的概念。

离子性百分数大小由成键元素的电负性差值(ΔX)决定，ΔX 越大，键的离子性百分数就越大。表 6-8 给出 AB 型化合物键的离子性百分数与 A 和 B 两种元素电负性差值 ΔX 之间的关系。

表 6-8　单键离子性百分数与元素电负性差值（ΔX）之间的关系

ΔX	离子性百分数/%	ΔX	离子性百分数/%
0.2	1%	1.8	55%
0.4	4%	2.0	63%
0.6	9%	2.2	70%
0.8	15%	2.4	76%
1.0	22%	2.6	82%
1.2	30%	2.8	86%
1.4	39%	3.0	89%
1.6	47%	3.2	92%

鲍林认为，当 $\Delta X>1.7$，单键的离子性>50%时，此键为离子键；$\Delta X=0$ 时，键的离子性百分数为 0，该键是非极性共价键；当 $0<\Delta X<1.7$ 时，主要形成极性共价键。例如在 CsF 中，$\Delta X=3.2$，则 CsF 中键的离子性百分数约为 92%，说明 CsF 是一个典型的离子型化合物。需要指出的是，由于影响化学键极性的因素比较复杂，单用来判断化学键的键型并不总是可靠的。例如 HF 中，$\Delta X=1.9$，但 H—F 键却是典型的共价键。因此，$\Delta X=1.7$ 只是一个判断离子型化合物与共价型化合物分界的近似标准，是一个有用的参考数据。

笔记栏

（六）离子晶体

离子晶体（ionic crystal）是由正、负离子通过离子键结合而成，组成晶体的质点是离子。由于离子键没有方向性和饱和性，所以正、负离子在晶体中尽可能地紧密堆积在一起。因多数负离子的体积比正离子大得多，故离子晶体的结构主要由负离子的堆积方式决定。我们可把离子化合物中的负离子看作圆球，按类似于金属晶体中金属圆球的堆积方式进行堆积，可紧密堆积成简单立方、面心立方、六方等方式。体积小的正离子存在于由负离子紧密堆积后形成的空隙中（例如四面体空隙、八面体空隙，或立方体空隙）。最后使得每个负离子周围存在一定数目的正离子，而每个正离子周围存在着一定数目的负离子。每个离子邻接的异号电荷离子的数目称为该离子的配位数。在离子晶体中，正、负离子的空间排布不同，因而空间结构也不同。晶体结构可用 X 射线衍射法分析测定。

1. 氯化铯型结构　在氯化铯晶体中，氯离子位于立方体的 8 个顶角为简单立方格，铯离子位于每个立方体的空隙中。图 6-37（a）表示了氯化铯的一个晶胞。把位于空隙中的铯离子联系起来也形成一个简单立方点阵，2 个立方点阵平行交错，一个简单立方点阵的结点位于另一个简单立方点阵的体心，如图 6-37（b）所示。氯离子周围有 8 个铯离子，铯离子周围有 8 个氯离子，配位数为 8，晶胞中正、负离子数各等于 1。

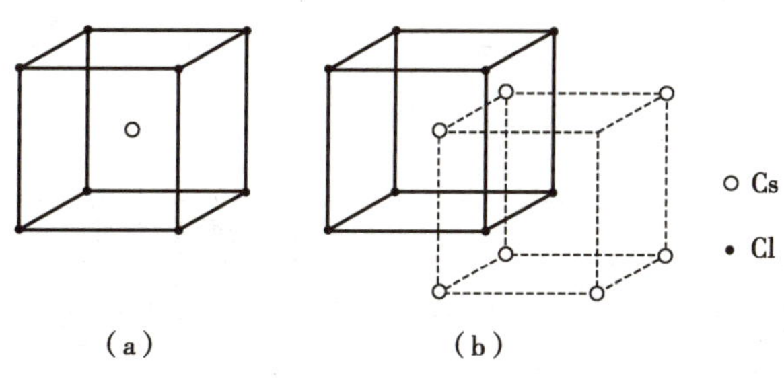

图 6-37　氯化铯（CsCl）型结构

2. 氯化钠型结构　图 6-38 表示了氯化钠晶体中，氯离子是按面心立方密堆积方式排布，氯离子位于立方体的 8 个顶角和面心，属面心立方晶格。钠离子则位于面心立方密堆积八面体空隙中，若把空隙中的钠离子联系起来也形成一个面心立方点阵。钠离子的面心立方点阵与氯离子的面点立方点阵平行交错，一个面心立方点阵的结点位于另一个面心立方点阵的中点。这样的交错方式是由 N 个圆球进行面心立方堆积后的圆球位置和堆积层中 N 个八面体空隙位置决定的。从图 6-38 中还可以看到每个氯离子周围有 6 个钠离子，每个钠离子周围有 6 个氯子，配位数均为 6。一个晶胞中有 4 个钠离子和 4 个氯离子。

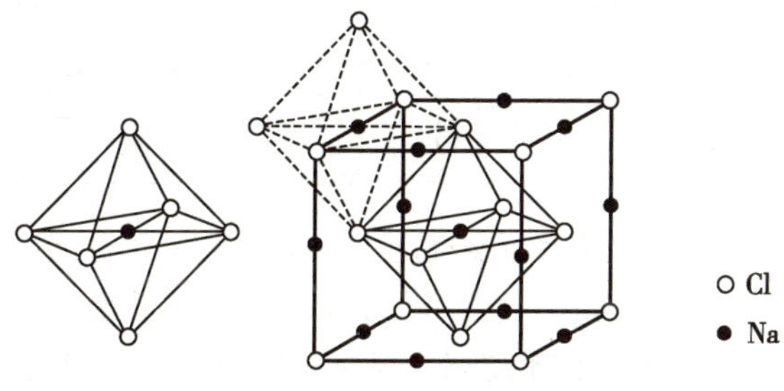

图 6-38　氯化钠（NaCl）型结构

3. 硫化锌型结构　在化合物硫化锌中，硫、锌之间的化学键以共价占优势，所以硫化锌属原子晶体，但有些 AB 型离子化合物具有硫化锌的点阵结构，正离子处于锌的置，负离子处于硫的位置。硫化锌与氯化钠的晶体结构相似，也属面心立方晶格。硫离子位于立方体 8

笔记栏

个顶角和面心，而体积比钠离子还小的锌离子均匀地填充在四面体空隙中，构成了另一个面心立方点阵。这两个面心立方点阵平行交错的方式比较复杂，是一个面心立方点阵的结点位于另一个面心立方点阵的对角线的 1/4 处，如图 6-39 所示。正、负离子的配位数都等于 4。晶胞中正、负离子数也分别等于 4。

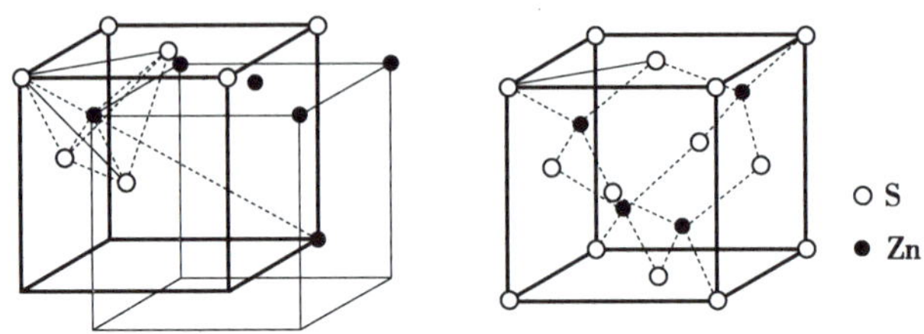

图 6-39　硫化锌（ZnS）型结构

其他离子晶体类型还很多，AB 型晶体中还有六方硫化锌型；AB_2 型离子晶体中有碳化钙型、氟化钙型；ABX_3 型晶体中有碳酸钙型（方解石型）等。

学习小结

1. 学习内容

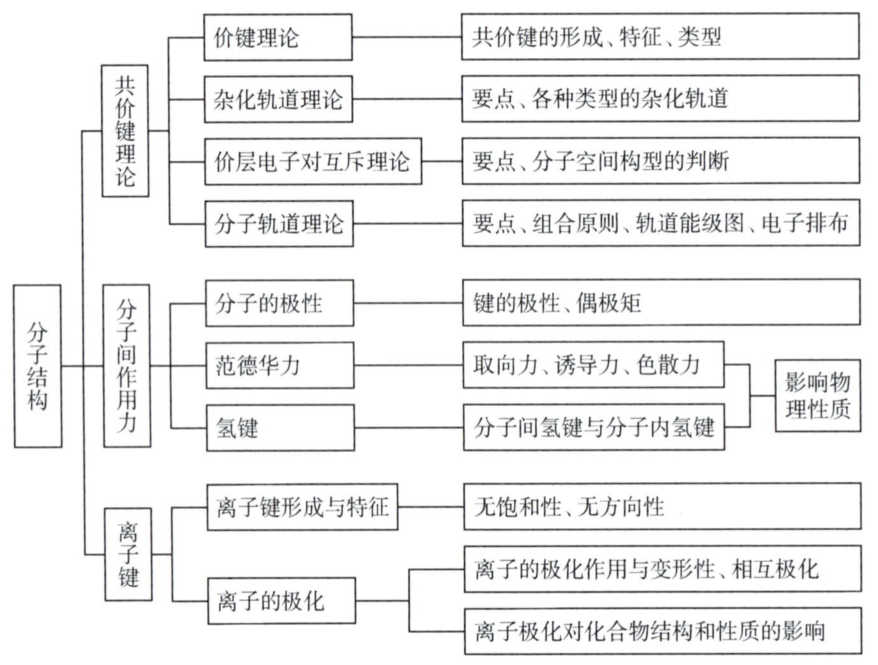

2. 学习方法　首先复习有关原子结构理论，尤其是原子轨道角度分布图。充分预习，知道本章学习的重点、难点所在。在预习的基础上带着问题学习，对有疑问的地方敢于提问题，认真听课，积极思考。由于空间的概念比较抽象，所以要多提问，多看一些参考教材。课后组织小组讨论，对于不理解的地方进行讨论，分子结构以及性质是物质本身具有的，学习分子结构理论都是为了解释分子的结构和性质的关系，各种理论可相互补充。

扫一扫，测一测

（关　君　邹淑君　贾力维　姚慧琴　姚　远）

笔记栏

复习思考题与习题

1. 价键理论的基本要点是什么？

2. 请简述杂化轨道理论的要点，并举例说明何为等性杂化和不等性杂化。

3. 请根据价层电子对互斥理论推断下列情况下 AB_n 型的分子或离子的几何形状，并以此判断 I_3^-、ICl_4^-、$XeOF_4$ 的空间构型。

(1) 中心原子 A 的周围有 5 对电子，配体 B 数目为 2。

(2) 中心原子 A 的周围有 6 对电子，配体 B 数目为 4。

(3) 中心原子 A 的周围有 6 对电子，配体 B 数目为 5。

4. 请简述分子轨道理论的进步意义。

5. 请举例说明什么是极性分子、什么是非极性分子。它们与键的极性有何不同？

6. 分子间作用力包括哪些力？它们如何影响物质的性质？

7. 分子间氢键与分子内氢键对化合物的沸点和熔点有什么影响？请举例说明。

8. 离子的特征有哪些？举例说明它们如何影响离子化合物的性质。

9. 请结合 NaCl 和 H_2 的形成，说明离子键和共价键的形成条件分别是什么。

10. 请说明共价键、离子键、氢键、分子间作用力各具有什么特点。

11. 请简述极化作用和变形性对物质性质的影响。

12. 下列轨道沿 x 轴方向分别形成何种共价键？

(1) p_y-p_y　　(2) p_x-p_x　　(3) s-p_x　　(4) p_z-p_z　　(5) s-s

13. 请指出下列分子中，每个 N 原子或 C 原子所采取的杂化类型。

(1) NO_2^+　　(2) NO_2　　(3) NO_2^-　　(4) $CH \equiv CH$　　(5) $CH_2=CH—CH_3$

14. 试用价层电子对互斥理论推断下列分子的空间构型，并用杂化轨道理论分析中心原子的杂化方式。

$AsCl_3$　　SiF_4　　BF_3

15. 请根据价层电子对互斥理论推断下列分子的空间构型。

$BeCl_2$　　PCl_5　　SF_6　　OF_2　　NO_2

16. 请根据分子轨道理论比较下列分子或离子的稳定性，并指出其磁性。

(1) O_2^{2+}　　O_2^+　　O_2　　O_2^-　　O_2^{2-}

(2) N_2^{2+}　　N_2　　N_2^-

17. 请用分子轨道理论解释下列现象。

(1) He_2 分子不存在。

(2) O_2 分子为顺磁性。

(3) 分子比离子稳定。

18. 请指出下列分子是极性分子还是非极性分子，并说明原因。

(1) CH_3Cl　　(2) H_2S　　(3) PCl_5　　(4) SO_2　　(5) SF_2

(6) CS_2　　(7) BrF_5　　(8) SF_6

19. 试判断下列共价键极性的大小。

(1) HCl、HBr、HI　　(2) H_2O、OF_2、H_2Se　　(3) NH_3、PH_3、AsH_3

20. 试比较下列物质溶解度的大小。

(1) 邻硝基苯酚和对硝基苯酚　　(2) AgCl、AgBr、AgI　　(3) CuCl、NaCl

笔记栏

21. 请指出下列分子间存在的作用力。

(1) CH_3CH_2OH 和 H_2O (2) C_6H_6 和 H_2O (3) C_6H_6 和 CCl_4

(4) HBr 和 HI (5) HF 和水 (6) CO_2 和 CH_4

22. 请指出下列物质中是否存在氢键。如果存在氢键,请指出氢键的类型。

(1) HF (2) CH_3COOH (3) HNO_3 (4) 邻硝基苯酚 (5) CH_3Cl

(6) N_2H_4

23. 下表中列出了一些元素的电负性值,试根据这些电负性值判断下列物质中存在的是共价键还是离子键。

SiH_4 CO NaCl NaF BCl_3 SiO_2 NaO PH_3

元素	F	Cl	O	C	H	Si	B	P	Na
电负性	3.90	3.16	3.44	2.55	2.20	1.90	2.04	2.19	0.93

24. 试比较下列哪个物质的熔点高,并解释原因。

(1) NaCl 和 NaI (2) NaF 和 MgO (3) $BaCl_2$ 和 MgF_2 (4) CaO 和 MgO

25. NaF、MgO 为等电子体,但 MgO 的硬度几乎是 NaF 的 2 倍,MgO 的熔点也比 NaF 高得多,为什么?

26. 请比较下列阳离子和阴离子极化能力和变形性的大小。

(1) $ZnSO_4$、$FeSO_4$、$CaSO_4$、K_2SO_4 (2) NaCl、$MgCl_2$、$AlCl_3$、$SiCl_4$

(3) NaF、NaCl、NaBr、NaI (4) NaCl、Na_2S、NaF

27. 请解释以下现象。

(1) 乙醇的沸点比二甲醚的高。

(2) $BeCl_2$ 的熔点比 $MgCl_2$ 低。

(3) CH_4 的沸点比 CCl_4 低。

(4) 邻羟基苯甲酸的熔点低于对羟基苯甲酸。

(5) $AlCl_3$ 是共价键而 AlF_3 是离子键。

(6) 室温下水是液体而 H_2S 是气体。

(7) BF_3 是非极性分子而 NF_3 是极性分子。

(8) P 元素可以形成 PCl_3 和 PCl_5,而 N 元素只能形成 NCl_3。

(9) HgS 颜色比 ZnS 颜色深。

(10) $PbCl_2$ 的热稳定性比 $PbCl_4$ 要高。

PPT 课件

第七章 氧化还原反应

学习目标

1. 理解氧化还原反应、氧化值、电极电势、原电池的基本概念。
2. 掌握氧化还原方程式的配平方法。
3. 掌握电池符号和电极反应的书写,能斯特方程的计算。
4. 理解影响电极电势的因素:浓度、酸度、沉淀反应及配合反应对电极电势的影响。
5. 熟悉元素电势图的构成及应用。

氧化还原反应是一类非常重要的化学反应,不仅在工农业生产和日常生活中有重要的意义,而且在医药学上也有极其重要的应用。药物在体内的许多化学反应都属于氧化还原反应,药物的质量、药效及其稳定性也与氧化还原反应密切相关。同时,它还在生命过程中扮演着十分重要的角色,如光合作用、呼吸过程、能量转换、新陈代谢、神经传导等都伴有氧化还原反应。

第一节 氧化还原反应的基本概念

一、氧化还原反应的实质

人们对氧化还原反应是逐步认识的。化学发展初期,把物质与氧结合的过程称为氧化;把含氧物质失去氧的过程称为还原。随着对化学反应的进一步研究,人们认识到物质失去电子的过程称为氧化,物质得到电子的过程称为还原。

$$\overset{2e^-}{\overbrace{Fe + Cu^{2+}}} = Fe^{2+} + Cu$$

上述反应中,Fe 失去电子发生氧化反应,本身是还原剂,又称为电子的供体;Cu^{2+}得到电子发生还原反应,本身为氧化剂,又称为电子的受体。

在上述有简单离子参与或生成的反应中,反应物之间电子的转移是很明显的。而在仅有共价化合物参与的反应中,虽然没有上述那种电子的完全转移,但发生了电子对的偏移。例如:

$$H_2+Cl_2 = 2HCl$$

笔记栏

由于氯的电负性大于氢，所以在 HCl 分子中共用的电子对偏向氯的一方，尽管其中的氯和氢都没有获得电子或失去电子，却有一定程度的电子转移（或偏移）。此类反应同样属于氧化还原反应。

综上所述，氧化还原反应的实质是反应前后伴有电子得失或电子对偏移。

二、氧化值

IUPAC

在氧化还原反应中，电子转移引起某些原子的价电子层结构发生变化，从而改变了这些原子的带电状态。为了描述原子带电状态的改变，描述其氧化或还原的程度，定义氧化剂、还原剂以及氧化还原反应，引入了氧化值的概念。氧化值也称氧化数。1970 年，国际纯粹化学和应用化学联合会（IUPAC）对氧化值作了较严格的定义：**任意化学实体中一个元素的氧化值是该元素的原子所带的表观电荷数，该电荷数通过把每一化学键上参与成键的所有电子全部划定给电负性更大的原子而求得。**例如在 HBr 中，Br 元素的电负性比 H 元素大，则 HBr 分子中 H—Br 键的共用电子对被指定为 Br 原子所有，因此 Br 元素的氧化值为-1，H 元素的氧化值为+1。确定氧化值的规则如下：

（1）在单质中，元素的氧化值为零。

（2）氢在化合物中的氧化值一般为+1，但在金属氢化物（如 KH、CaH_2 等）中，氢的氧化值为-1。

（3）在化合物中，氧的氧化值通常为-2，但在过氧化物（如 Na_2O_2、H_2O_2）中，氧的氧化值为-1。在 OF_2 中氧的氧化值为+2。在所有的氟化物中，氟的氧化值都为-1。

（4）在中性分子中，所有元素的氧化值的代数和为零。在多原子离子中，所有元素的氧化值的代数和等于离子所带的电荷数。对于简单离子，元素的氧化值等于离子所带的电荷数。

利用上述规则，可以求出各种元素的氧化值。

例 7-1 试计算 $Na_2S_2O_3$、Fe_3O_4 中 S、Fe 的氧化值。

解：设 S 在 $Na_2S_2O_3$ 中的氧化值为 x。

$$2\times(+1)+2x+3\times(-2)=0$$

$$x=+2$$

故 S 的氧化值为+2。

设 Fe_3O_4 中 Fe 的氧化值为 y，由于氧的氧化值为-2，则：

$$3y+4\times(-2)=0 \qquad y=+\frac{8}{3}$$

故 Fe 的氧化值为$+\frac{8}{3}$。

可见氧化值是为了说明物质的氧化状态而人为引入的一个概念，是指元素在其化合态中的表观电荷数，因此元素的氧化值可以是正数、负数或分数。在某些情况下，元素具体以什么物种形式存在并不十分明确，如铁在盐酸中，除以 Fe^{3+} 存在外，还可能有以 $FeOH^{2+}$、$FeCl^{2+}$、$FeCl_2^+$ 等物种的形式存在，这时通常用罗马数字写成铁（Ⅲ）或 Fe（Ⅲ），表明铁的氧化值是+3，而不强调它究竟以何物种存在。

氧化值与化合价的区别在于：化合价只表示原子结合成分子时，原子数目的比例关系；从分子结构来看，化合价也就是离子型和共价型化合物的电价数和共价数，只能为整数。虽

笔记栏

然化合价比氧化值更能反映分子内部的基本属性，但氧化值在分子式的书写和方程式的配平中很有实用价值。例如 Fe_3O_4，它实际的存在形式为 $FeO \cdot Fe_2O_3$，但人们可以不知道其中 Fe 的化合价为+2、+3，只要知道 Fe 的氧化值为$\frac{8}{3}$即可。

三、半反应

氧化还原反应可以根据其电子转移方向的不同拆成 2 个半反应，或者说，氧化还原反应可以看成由 2 个半反应构成。例如：

$$Zn+Cu^{2+} \rightleftharpoons Cu+Zn^{2+}$$

反应中 Zn 失去电子（电子转移出去），生成 Zn^{2+}，发生氧化反应。

其氧化半反应为： $Zn-2e^- \longrightarrow Zn^{2+}$

Cu^{2+}得到电子（电子转移进来），生成 Cu，发生还原反应。

其还原半反应为： $Cu^{2+}+2e^- \longrightarrow Cu$

在半反应中，同一元素的 2 种不同氧化值的物种组成了电对。由 Zn^{2+}与 Zn 所组成的电对可表示为 Zn^{2+}/Zn；由 Cu^{2+}与 Cu 所组成的电对可表示为 Cu^{2+}/Cu。电对中氧化值较大的物种为氧化型，氧化值较小的物种为还原型。电对表示为氧化型/还原型。则半反应的通式可表示为：

$$\text{氧化型}+ne^- \rightleftharpoons \text{还原型}$$

或

$$Ox+ne^- \rightleftharpoons Red$$

任何氧化还原反应系统都是由 2 个电对构成的。如果以（1）表示还原剂所对应的电对，（2）表示氧化剂所对应的电对，则氧化还原反应方程式可写为：

$$\text{还原型}(1)+\text{氧化型}(2) \rightleftharpoons \text{氧化型}(1)+\text{还原型}(2)$$

其中，还原型（1）为还原剂，在反应中被氧化为氧化型（1）；氧化型（2）是氧化剂，在反应中被还原为还原型（2）。

在氧化还原反应中，还原剂失去电子，氧化剂得到电子，得到电子与失去电子是相互矛盾的双方。"事物发展过程中的每一种矛盾的两个方面，各以和它对立着的方面为自己存在的前提，双方共处于一个统一体中。"氧化与还原的关系就是对立统一的关系。在氧化还原反应中，电子不能游离存在，一个原子失去电子则有另一个原子得到电子，故氧化还原总是同时发生而共存于一个反应之中。据此，氧化还原反应也可定义为两对氧化还原电对之间电子的传递反应。

第二节　氧化还原反应方程式的配平

写出并配平氧化还原反应方程式，首先要知道反应条件，如温度、压力、介质的酸碱性等，然后找出氧化剂及其还原产物、还原剂及其氧化产物。若根据氧化剂和还原剂氧化值变化相等的原则进行配平，则称为氧化值法；若根据氧化剂和还原剂得失电子数相等的原则进行配平，则称为离子-电子法（或半反应法）。

笔记栏

一、氧化值法

用氧化值法配平的原则为：氧化剂中元素氧化值降低的总数与还原剂中氧化值升高的总数必须相等。

例 7-2 用氧化值法配平 $KMnO_4$ 在稀 H_2SO_4 溶液中氧化 $FeSO_4$ 的反应方程式。

解：(1) 写出反应物和生成物的化学式，并标出氧化值有变化的元素，计算出反应前后氧化值的变化。其中，氧化值增加或减小的数值，以数字前面加"+""-"号表示。

(2−7=−5) × 2

$$\overset{+7}{K}MnO_4 + \overset{+2}{Fe}SO_4 + H_2SO_4 \rightarrow \overset{+2}{Mn}SO_4 + \overset{+3}{Fe_2}(SO_4)_3 + K_2SO_4$$

(3−2=+1) × 2 × 5

(2) 根据元素的氧化值升高和降低的总数必须相等的原则，确定氧化剂和还原剂的化学式前面的系数。由这些系数可得到下列不完全的方程式：

$$2KMnO_4+10FeSO_4+H_2SO_4 \longrightarrow 2MnSO_4+5Fe_2(SO_4)_3+K_2SO_4$$

(3) 根据反应式两边同种原子的总数相等的原则，逐一调整系数，用观察法配平反应式两边其他原子数目。通常先配平非氢非氧原子，最后再核对 H 原子和 O 原子是否相等。由于左边多 16 个 H 原子和 8 个 O 原子，右边应加 8 个水分子，得到配平的氧化还原方程式：

$$2KMnO_4+10FeSO_4+8H_2SO_4 = 2MnSO_4+5Fe_2(SO_4)_3+K_2SO_4+8H_2O$$

例 7-3 配平下列离子方程式：

$$Cr_2O_7^{2-}+H^++Cl^- \longrightarrow Cr^{3+}+Cl_2+H_2O$$

解：(1) 按物质的实际存在形式，调整分子式前的系数：

$$Cr_2O_7^{2-}+H^++2Cl^- \longrightarrow 2Cr^{3+}+Cl_2+H_2O$$

(2) 标出氧化值，调整分子式前的系数：

(3−6=−3) × 2

$$Cr_2O_7^{2-} + H^+ + 2Cl^- = 2Cr^{3+} + H_2O + Cl_2$$

[0−(−1)=+1] × 2 × 3

得：$Cr_2O_7^{2-}+H^++6Cl^- = 2Cr^{3+}+3Cl_2+H_2O$

(3) 要配平离子方程式，必须使方程式两边的离子所带电荷相等。左边的离子电荷是 −7，右边的离子电荷是 +6，H^+ 前乘以系数 14，则两边电荷相等，都是 +6，14 个 H^+ 可以生成 7 个 H_2O 分子，得到配平的离子反应方程式：

$$Cr_2O_7^{2-}+14H^++6Cl^- = 2Cr^{3+}+3Cl_2+7H_2O$$

二、离子-电子法（或半反应法）

配平氧化还原方程式是学习氧化还原反应的重要环节，一般在中学化学中已经学习过利用氧化值法来配平氧化还原方程式。但本章学习的重点是电极电势，在原电池中或电解池中的氧化还原反应都是半反应，即氧化与还原反应是分开的。因此，我们重点讲解离子-

笔记栏

电子法配平氧化还原反应方程式，以便与后面的内容相衔接。另外，该法也特别适合于氧化还原离子方程式的配平。

用离子-电子法配平的原则为：

（1）反应过程中氧化剂得到的电子数必须等于还原剂失去的电子数。

（2）反应前后各元素的原子总数相等。

例 7-4　以 $KMnO_4+HCl \longrightarrow MnCl_2+Cl_2$ 反应为例说明离子-电子法配平氧化还原反应方程式的具体步骤。

解：（1）写出离子反应式。

$$MnO_4^-+Cl^- \longrightarrow Mn^{2+}+Cl_2$$

（2）根据氧化还原电对，将离子反应式拆成氧化和还原 2 个半反应。

还原半反应：　$MnO_4^- \longrightarrow Mn^{2+}$

氧化半反应：　$Cl^- \longrightarrow Cl_2$

（3）根据物料平衡和电荷平衡，配平氧化和还原 2 个半反应。其配平方法是：首先根据物料平衡使半反应式两边各原子的总数相等，然后根据电荷平衡使半反应式两边净电荷相等。此时可以根据介质的不同在半反应的左边或右边加上适当的 H^+ 或 OH^- 数来配平电荷数，最后加上水使物料平衡。

MnO_4^- 还原为 Mn^{2+} 时，要得到 5 个电子，这样左边所带电荷数为-6，右边所带电荷数为+2；为使电荷平衡，在酸性介质中，左边应加上 8 个 H^+；为使原子守恒，右边需添加 4 个 H_2O 方可使半反应平衡。

还原半反应：　$MnO_4^-+8H^++5e^- = Mn^{2+}+4H_2O$　　①

配平第 2 个半反应时，左边 Cl^- 前加系数 2，可使半反应物料平衡。Cl^- 氧化为 Cl_2 时右边要得到 2 个电子，这样左边所带电荷数为-2，右边所带电荷数也为-2，电荷平衡，故半反应平衡。

氧化半反应：　$2Cl^- = Cl_2+2e^-$　　②

（4）根据氧化剂和还原剂得失电子数相等的原则，找出 2 个半反应最小公倍数，并把它们合并成一个配平的离子方程式。

$$①\times 2\quad 2MnO_4^-+16H^++10e^- \longrightarrow 2Mn^{2+}+8H_2O$$

$$②\times 5\quad 10Cl^- \longrightarrow 5Cl_2+10e^-$$

两式相加得：$2MnO_4^-+16H^++10Cl^- = 2Mn^{2+}+5Cl_2+8H_2O$

（5）将配平的离子方程式写为分子方程式，注意反应前后氧化值没有变化的离子的配平。

$$2KMnO_4+16HCl = 2KCl+2MnCl_2+5Cl_2+8H_2O$$

例 7-5　配平方程式 $Cr_2O_7^{2-}+H_2S \longrightarrow Cr^{3+}+S$（$H_2SO_4$ 介质中）。

解：（1）写出未配平的离子反应式。

$$Cr_2O_7^{2-}+H_2S \longrightarrow Cr^{3+}+S$$

（2）将上述未配平的反应式拆成氧化、还原 2 个半反应。

$$Cr_2O_7^{2-} \longrightarrow Cr^{3+} \quad （还原反应）$$

$$H_2S \longrightarrow S \quad （氧化反应）$$

（3）配平 2 个半反应式，使等式两边的原子个数和净电荷数相等。

$$Cr_2O_7^{2-}+14H^{+}+6e^{-}=\!=\!=2Cr^{3+}+7H_2O \quad ①$$

$$H_2S=\!=\!=S+2H^{+}+2e^{-} \quad ②$$

（4）根据氧化剂和还原剂得失电子数必须相等的原则，在 2 个半反应式中乘上适当的系数（由得失电子数的最小公倍数确定），然后两式相加，得到配平的离子方程式。

$$①\times1 \quad Cr_2O_7^{2-}+14H^{+}+6e^{-}=\!=\!=2Cr^{3+}+7H_2O$$

$$②\times3 \quad 3H_2S+6e^{-}=\!=\!=3S+6H^{+}$$

两式相加得：$Cr_2O_7^{2-}+8H^{+}+3H_2S=\!=\!=2Cr^{3+}+7H_2O+3S$

（5）加上未参与氧化还原反应的正、负离子，使上述配平的离子方程式改写成分子反应方程式。得：

$$K_2Cr_2O_7+3H_2S+4H_2SO_4=\!=\!=Cr_2(SO_4)_3+3S\downarrow+7H_2O+K_2SO_4$$

上述 2 种配平方法中，氧化值法既适用于水溶液中反应的配平，也适用于非水高温熔融状态下反应的配平，应用范围比较广泛。离子-电子法只适用于水溶液中的反应，对配平有复杂化合物及某些有机物参加的反应比较方便。

第三节 电极电势

一、原电池

（一）原电池的概念

氧化还原的实质是在反应过程中电子发生了转移。当我们把一块锌片放在 $CuSO_4$ 溶液中，就会观察到有一层红棕色的铜沉积在锌片的表面上，蓝色硫酸铜溶液的颜色逐渐变浅，与此同时，锌片也慢慢溶解，这就说明锌与硫酸铜之间发生了氧化还原反应，这是一个自发进行的过程。

$$Zn+CuSO_4=\!=\!=ZnSO_4+Cu$$

在一般反应中，氧化剂和还原剂的热运动产生了有效碰撞和电子转移。由于分子热运动没有方向性，不会形成电子的定向运动——电流，因此我们不能直接观察到金属和溶液接触处的电子转移现象。而随着氧化还原反应的进行，一般有热量放出，说明反应过程中化学能转变成了热能。

为了证明氧化还原反应过程中确有电子转移，可让上述反应在如图 7-1 所示的装置中进行。在烧杯（a）中盛有 $ZnSO_4$ 溶液并插入锌棒，在烧杯（b）中盛有 $CuSO_4$ 溶液并插入铜棒，把 2 个烧杯的溶液用 1 个装满饱和 KCl 和琼脂冻胶的倒置 U 型管（称为盐桥）连通起来，然后，将锌棒和铜棒用导线连接起来，并在导线中间接 1 个检流计。可以观察到，检流计的指针向一方偏转，说明导线中确有电流通过。根据检流计指针偏转的方向，说明电子是由锌

棒流向铜棒。随着电子不断由锌棒流向铜棒，锌棒逐渐溶解，铜则在铜棒上不断沉积。这些现象可作如下分析：

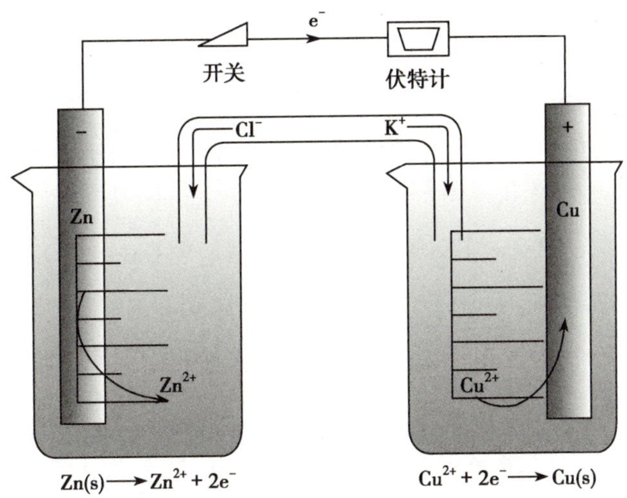

图 7-1　铜锌原电池

由于锌比铜活泼，锌释放出电子，发生氧化反应，本身变为 Zn^{2+} 进入溶液。

$$Zn \longrightarrow Zn^{2+}+2e^{-}$$

电子由锌棒经金属导线流向铜棒，溶液中的 Cu^{2+} 在铜棒上获得电子，发生还原反应，本身变为金属铜沉积在铜棒上。

$$Cu^{2+}+2e^{-} \longrightarrow Cu$$

此时 $ZnSO_4$ 溶液因含过多的 Zn^{2+} 而带上正电，$CuSO_4$ 溶液因含过多的 SO_4^{2-} 离子而带上负电，这将影响电子从锌棒向铜棒的移动。由于盐桥的存在，其中的 Cl^- 向 $ZnSO_4$ 溶液扩散，K^+ 向 $CuSO_4$ 溶液扩散，分别中和了过剩的电荷，使反应持续地进行，电流不断地产生。在上述装置中进行的总反应为：

$$Zn+Cu^{2+} \longrightarrow Zn^{2+}+Cu$$

该反应与将锌棒直接插入 $CuSO_4$ 溶液中的反应完全一致，只不过在这个装置里，氧化剂和还原剂互不接触，氧化和还原分别在 2 个烧杯中进行，电子是通过电线由锌棒到铜棒做有规则的流动，从而形成了电流，将化学能转变为电能。这样，通过上述装置也就证明了氧化还原过程中确有电子转移发生。这种借助氧化还原反应产生电流的装置称为原电池。上述原电池称为铜锌（Cu-Zn）原电池，也叫丹聂尔（Daniell）电池。

原电池是由 2 个半电池组成。在 Cu-Zn 原电池中，锌和锌盐溶液组成一个半电池（a 烧杯），铜和铜盐溶液组成另一个半电池（b 烧杯）。每个半电池也叫一个电极，给出电子的电极因电势低叫负极，得到电子的电极因电势高叫正极。在电极的金属与溶液界面处所发生的氧化或还原反应，称为电极反应（也叫半电池反应）。负极发生了氧化反应，正极发生了还原反应。在 Cu-Zn 原电池中，锌极（锌半电池）为负极，铜极（铜半电池）为正极。电极反应为：

负极　$Zn \longrightarrow Zn^{2+}+2e^{-}$　（氧化）　　(1)

正极　$Cu^{2+}+2e^{-} \longrightarrow Cu$　（还原）　　(2)

笔记栏

每一个电极反应都包含同一元素高氧化值的氧化型物质和对应的低氧化值的还原型物质，即每一个电极都含有一个可表示为“氧化型/还原型”的氧化还原电对。例如(1)(2)式中的电对可分别表示为 Zn^{2+}/Zn 和 Cu^{2+}/Cu。2 个电极反应构成 1 个电池反应。

$$Zn+Cu^{2+} \rightleftharpoons Zn^{2+}+Cu$$

(二) 原电池的符号

为了书写简便，电化学上习惯将原电池的装置用符号来表示。例如 Cu-Zn 原电池表示为：

$$(-)Zn(s) \mid ZnSO_4(c_1) \parallel CuSO_4(c_2) \mid Cu(s)(+)$$

原电池符号的书写惯例：

(1) 左边为负极，发生氧化反应；右边为正极，发生还原反应。电解质溶液依次写在中间，最外侧标明正负极。

(2) 用单垂线“|”表示不同物相之间的界面，同一相内不同物质用逗号隔开。

(3) 用双垂线“||”表示连接 2 个半电池的盐桥。

(4) 注明电池物质及其状态(s、l、g)、组成(活度 a 或浓度 c)、压力与温度($P^{\ominus}$,298.15K 常可省略)等。

例 7-6 将氧化还原反应 $Cu+2Fe^{3+} \rightleftharpoons Cu^{2+}+2Fe^{2+}$ 设计成原电池，并写出该原电池的符号。

解：组成 2 个电极反应的电对是 Fe^{3+}/Fe^{2+} 和 Cu^{2+}/Cu。但在电对 Fe^{3+}/Fe^{2+} 中氧化型和还原型都不是金属导体，因此通常需用金属铂(Pt)或碳棒作为导体(金属铂和石墨这类固体导体不参与氧化或还原反应，只起输送或接受电子的作用，故称为“惰性”电极)，方可组成半电池。这样，我们将铂片插入盛有 Fe^{3+} 和 Fe^{2+} 的混合溶液的烧杯中，将铜片插入盛有 $CuSO_4$ 溶液的烧杯中，用盐桥、导线连接组成原电池，则会有电流产生。电极反应为：

负极 $Cu \longrightarrow Cu^{2+}+2e^-$ (氧化)

正极 $Fe^{3+}+e^- \longrightarrow Fe^{2+}$ (还原)

该原电池的符号为：

$$(-)Cu(s) \mid Cu^{2+}(c_1) \parallel Fe^{3+}(c_2), Fe^{2+}(c_3) \mid Pt(s)(+)$$

其中，c_1、c_2、c_3 分别表示各物质的浓度；(-)和(+)分别表示负极和正极，其中 Fe^{3+} 与 Fe^{2+} 处于同一液相中，故用逗号分开，而盐桥和惰性电极插入时是同时接触到 2 种离子，故它们写出的顺序不分先后。

例 7-7 将氧化还原反应 $2MnO_4^-+10Cl^-+16H^+ \rightleftharpoons 2Mn^{2+}+5Cl_2\uparrow+8H_2O$ 设计成原电池，并写出该原电池的符号。

解：先将氧化还原反应分解成 2 个半反应。

氧化反应： $2Cl^- \longrightarrow Cl_2\uparrow+2e^-$

还原反应： $MnO_4^-+8H^++5e^- \longrightarrow Mn^{2+}+4H_2O$

在原电池中正极发生还原反应，负极发生氧化反应，因此组成原电池时，MnO_4^-/Mn^{2+} 电对为正极，Cl_2/Cl^- 电对为负极。因为半反应中没有相应固体导体，所以可选用碳棒或 Pt 作惰性电极。故原电池的符号为：

$(-)Pt(s) \mid Cl_2(p) \mid Cl^-(c_1) \parallel H^+(c_2), Mn^{2+}(c_3), MnO_4^-(c_4) \mid Pt(s)(+)$

（三）常用电极的类型

常用电极也就是半电池，通常有 4 种类型：

1. 金属-金属离子电极　将金属插入到其盐溶液中构成的电极。如 Zn^{2+}/Zn 电极。

电极组成式　　$Zn^{2+}(c) \mid Zn(s)$

电极反应　　$Zn^{2+} + 2e^- \rightleftharpoons Zn$

2. 气体-离子电极　将气体通入其相应离子溶液中，并用惰性导体作导电极板所构成的电极。如氯气电极。

电极组成式　　$Pt(s) \mid Cl_2(p) \mid Cl^-(c)$

电极反应　　$Cl_2 + 2e^- \rightleftharpoons 2Cl^-$

3. 氧化还原电极　将惰性导体浸入含有同一元素的 2 种不同氧化值的离子溶液中所构成的电极。如将 Pt 浸入含有 Fe^{3+}、Fe^{2+} 的溶液，就构成了 Fe^{3+}/Fe^{2+} 电极。

电极组成式　　$Pt(s) \mid Fe^{2+}(c_1), Fe^{3+}(c_2)$

电极反应　　$Fe^{3+} + e^- \rightleftharpoons Fe^{2+}$

4. 金属-金属难溶盐电极　将金属表面镀有金属难溶盐的固体，浸入与该盐具有相同阴离子的溶液中所构成的电极。如 Ag-AgCl 电极，在 Ag 的表面镀有 AgCl，然后浸入一定浓度的 KCl 溶液中。

电极组成式　　$Ag-AgCl(s) \mid Cl^-(c)$

电极反应　　$AgCl(s) + e^- \rightleftharpoons Ag(s) + Cl^-$

又如，饱和甘汞电极（简写为 SCE，见图 7-2）由汞和甘汞混合物与饱和 KCl 溶液组成。

电极组成式　　$Hg(l)-Hg_2Cl_2(s) \mid Cl^-(c)$

电极反应　　$Hg_2Cl_2(s) + 2e^- \rightleftharpoons 2Hg(l) + 2Cl^-$

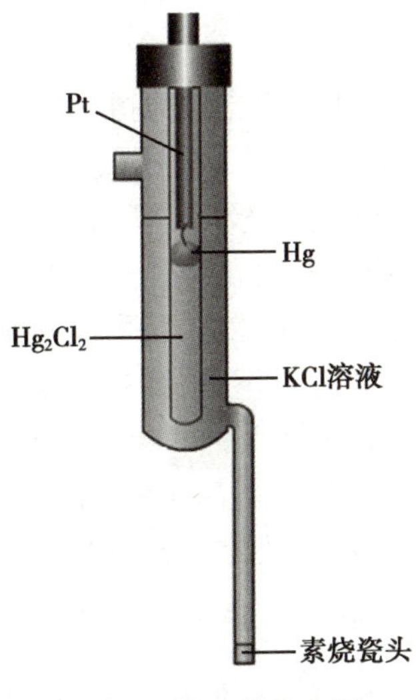

图 7-2　饱和甘汞电极

笔记栏

以上讨论了原电池产生电流的基本原理。原则上,每 2 个电极就可以组成原电池,而实际上要用作化学电源的电池,必须符合一定的要求:具有较高的电压、较大的电容量、成本低并且便于携带。

思政元素

新能源电池

日常生活中常用的原电池,如锌锰电池、碱性锌锰电池、锌银电池一般都使用汞或汞的化合物作缓蚀剂。汞或汞的化合物是剧毒物质,随意丢弃或作为生活垃圾进行焚烧处理,对环境和人类危害很大。习近平总书记强调:"生态环境保护是功在当代、利在千秋的事业。要清醒认识保护生态环境、治理环境污染的紧迫性和艰巨性,清醒认识加强生态文明建设的重要性和必要性,以对人民群众、对子孙后代高度负责的态度和责任,真正下决心把环境污染治理好、把生态环境建设好,努力走向社会主义生态文明新时代,为人民创造良好生产生活环境。"秉承习近平总书记生态文明思想和"绿水青山就是金山银山"的发展理念,当今时代节能环保已成为人们生活的首要选择。因而,近年来,氢燃料电池、微生物燃料电池等新能源电池由于在环境保护上的优势得以大力发展。

氢燃料电池是将氢气和氧气的化学能直接转换成电能的发电装置。氢燃料电池早期主要应用在航天领域,随着制氢新技术的发展,氢燃料电池开始主要被运用于汽车行业。氢燃料电池汽车具有高能效、无污染、低噪声、长寿命等优点,被视为终极环保方案。

微生物燃料电池是一种以产电微生物为阳极催化剂,将有机物中的化学能直接转化为电能的装置。微生物燃料电池实现了水污染治理同步发电,且具有原料来源广泛、常温常压运行、成本低、安全性能好、清洁环保等诸多优势,因而在废水处理和新能源开发领域具有广阔的应用前景。

二、电极电势

(一)电极电势的产生

在测定 Cu-Zn 原电池的电流方向时,检流计的指针指示电流从 Cu 电极流向 Zn 电极,说明 Cu 电极的电势比 Zn 电极的电势高。那么,是什么原因使原电池的 2 个电极的电势不同呢?下面以金属-金属离子电极为例讨论电极电势产生的原因。

金属晶体是由金属原子、金属离子和自由电子所组成。当把金属(M)片插入含有该金属离子(M^{n+})的盐溶液中时,会出现 2 种可能性:一种是金属表面的原子由于本身的热运动和受到极性水分子的作用以离子形式进入溶液,而把电子留在金属表面,金属越活泼,金属离子浓度越小,这种倾向越大;另一种是溶液中的金属离子受金属表面自由电子的吸引而沉积在金属表面上,金属越不活泼,溶液中金属离子浓度越大,这种沉积倾向越大。当金属溶解的速率与金属离子沉积的速率相等时,就建立了如下动态平衡:

$$M^{n+}(aq)+ne^- \rightleftharpoons M$$

若金属溶解的倾向大于金属离子沉积的倾向,则达到平衡时,金属表面带负电,靠近金属附近的溶液带正电。这样,在金属表面和溶液的界面处就形成了双电层,如图 7-3(a)所

示。相反，若金属离子沉积的倾向大于金属溶解的倾向，平衡时金属表面带正电，附近溶液带负电，形成了如图 7-3(b) 所示的双电层结构。这种在金属和它的盐溶液之间因形成双电层结构而产生的电势差称为金属的平衡电极电势，简称电极电势，用符号 $E_{M^{n+}/M}$ 表示。单位为 V(伏)。如锌的电极电势用 $E_{Zn^{2+}/Zn}$ 表示，铜的电极电势用 $E_{Cu^{2+}/Cu}$ 表示。由于不同的电极所产生的电极电势不同，若将 2 个不同的电极组成原电池时，两电极之间必然存在电势差，从而产生电流。由此可见，原电池中的电流是由于 2 个电极的电极电势不同而引起的。

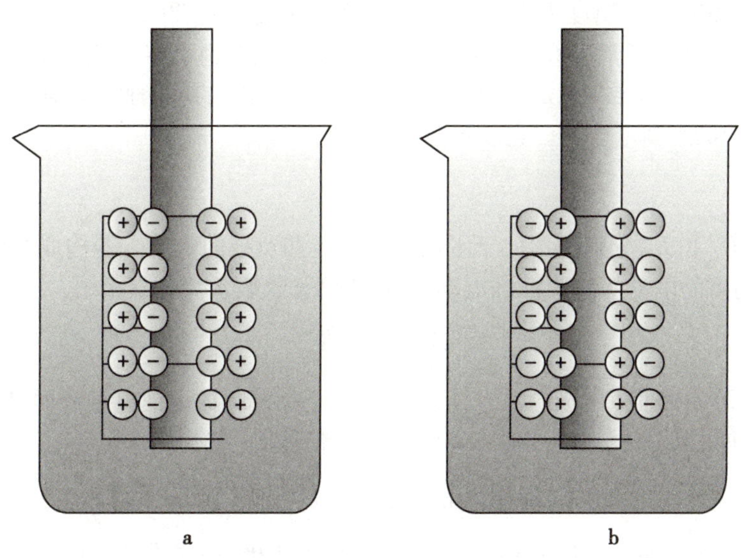

图 7-3 金属的双电层结构

（二）标准氢电极

如前所述，金属电极电势的大小反映了金属在水溶液中得失电子能力的大小。但是因为双电层的厚度很小，约为 10^{-8}cm 数量级，迄今为止，任一半电池电极电势的绝对值仍无法测定。但从实际需要来看，只需知道其相对值即可。因此可以选定某个电极为标准。IUPAC 规定：在 298.15K 下，氢气分压为 100kPa，氢离子活度为 1mol/L 时，这样的电极叫标准氢电极(可简写为 SHE，standard hydrogen electrode，或 NHE，normal hydrogen electrode。如图 7-4 所示)，电极电势表示为 $E^{\ominus}_{H^+/H_2}=0.0000V$。为了增强吸附氢气的能力并提高反应速率，通常要在金属铂片上镀上一层铂粉即铂黑，然后将镀有铂黑的铂电极插入含氢离子的酸性溶液中，不断通入纯氢气气流，使铂电极上的铂黑吸附的氢气达到饱和，并与溶液中的氢离子达到如下平衡：

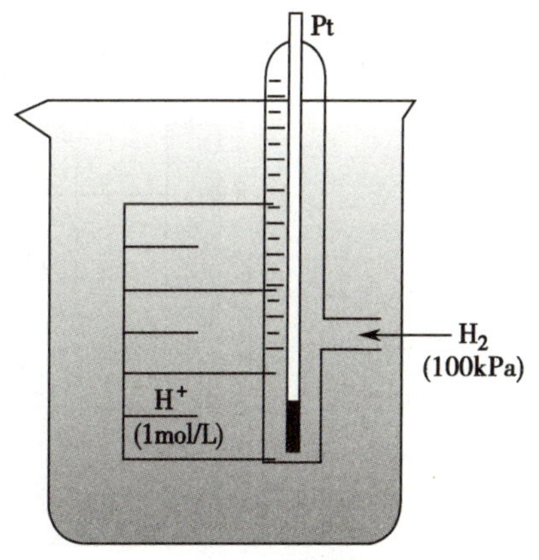

图 7-4 标准氢电极

$$2H^+(aq)+2e^- \rightleftharpoons H_2(g)$$

将待测电极和标准氢电极组成一个原电池，通过测定该电池的电动势，就可以求出待测电极电势的相对值。

（三）标准电极电势的测定

根据 IUPAC 规定，定义任何电极的相对平衡电势为以下电池的平衡电势：

笔记栏

$$Pt(s) \mid H_2(100kPa) \mid H^+(a=1) \parallel M^{n+}(a=1) \mid M(s)$$

并规定如果电子在外电路中由标准氢电极流向待测标准电极，则待测电极的电极电势为正号；而如果电子通过外电路由待测标准电极流向标准氢电极，则待测电极的电极电势为负号。在标准状态下，以标准氢电极为比较标准而测得的相对平衡电势称为某电极的标准电极电势，用符号 $E^{\ominus}$表示，单位为 V。需要说明的是，电极的标准态与热力学标准态是一致的，即对于溶液，各电极反应物浓度为 1mol/L（严格地说是活度为 1）；若有气体参加反应，则气体分压为 100kPa，反应温度未指定，IUPAC 推荐参考温度为 298.15K。

电池平衡电动势（通常也称电池电动势）是在电流强度趋于零、电池反应极为微弱、电池中各反应物浓度基本上维持恒定的可逆过程的条件下测定的。因此，电池电动势 E_{MF} 是指电池正负极之间的平衡电势差。它表示为：

$$E_{MF}=E_{正}-E_{负} \qquad 式(7\text{-}1)$$

上式中的 $E_{正}$和 $E_{负}$分别表示处于平衡态的正极和负极的电势。若构成原电池的两电极均为标准态，测得的电动势就为标准电动势，用符号 $E^{\ominus}_{MF}$表示为：

$$E^{\ominus}_{MF}=E^{\ominus}_{正}-E^{\ominus}_{负} \qquad 式(7\text{-}2)$$

因为式(7-2)中标准氢电极的电极电势已规定，根据测得的电池电动势即可求出待测电极的标准电极电势。以图 7-5 测定 Zn^{2+}/Zn 电对的标准电极电势为例进行说明，电池符号为：

$$(-)Zn(s) \mid Zn^{2+}(1mol/L) \parallel H^+(1mol/L) \mid H_2(100kPa) \mid Pt(s)(+)$$

实测该电池的电动势为 0.761 8V，标准氢电极为正极，根据式(7-2)：

$$E^{\ominus}_{MF}=E^{\ominus}_{H^+/H_2}-E^{\ominus}_{Zn^{2+}/Zn}=0.000\,0-E^{\ominus}_{Zn^{2+}/Zn}=0.761\,8V$$

$$E^{\ominus}_{Zn^{2+}/Zn}=-0.761\,8V$$

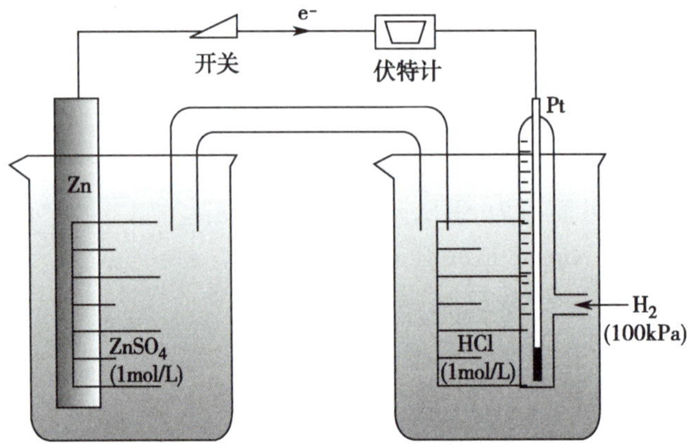

图 7-5　测定 Zn^{2+}/Zn 电对标准电极电势的装置

用同样的方法可以测定其他各种电极的标准电极电势，包括非金属以及一些复杂化合物的标准电极电势。电极电势数据也可以用热力学方法计算得到。

（四）标准电极电势表

将各种氧化还原电对的标准电极电势按一定的方式汇集在一起就构成了标准电极电势表。编制成表的方式有多种，本书按半反应中介质的酸碱性分成酸表和碱表，按电极电势从负到正的次序编制。部分常见氧化还原电对的标准电极电势见表 7-1（其他氧化还原电对的标准电极电势数据见本书末的附录四）。

笔记栏

表 7-1　标准电极电势（298.15K）

在酸性溶液中							
电极反应				电极反应			
氧化型	电子数	还原型	$E^{\ominus}$/V	氧化型	电子数	还原型	$E^{\ominus}$/V
Li^+	$+e^- \rightleftharpoons$	Li	-3.045	Cu^{2+}	$+2e^- \rightleftharpoons$	Cu	+0.340
K^+	$+e^- \rightleftharpoons$	K	-2.931	Cu^+	$+e^- \rightleftharpoons$	Cu	+0.521
Ca^{2+}	$+2e^- \rightleftharpoons$	Ca	-2.868	I_2	$+2e^- \rightleftharpoons$	$2I^-$	+0.535 5
Na^+	$+e^- \rightleftharpoons$	Na	-2.714	$H_3AsO_4+2H^+$	$+2e^- \rightleftharpoons$	$H_3AsO_3+2H_2O$	+0.560
Mg^{2+}	$+2e^- \rightleftharpoons$	Mg	-2.372	O_2+2H^+	$+2e^- \rightleftharpoons$	H_2O_2	+0.695
Al^{3+}	$+3e^- \rightleftharpoons$	Al	-1.662	Fe^{3+}	$+e^- \rightleftharpoons$	Fe^{2+}	+0.771
Zn^{2+}	$+2e^- \rightleftharpoons$	Zn	-0.761 8	Ag^+	$+e^- \rightleftharpoons$	Ag	+0.799 6
Fe^{2+}	$+2e^- \rightleftharpoons$	Fe	-0.447	Br_2（水）	$+2e^- \rightleftharpoons$	$2Br^-$	+1.087
Co^{2+}	$+2e^- \rightleftharpoons$	Co	-0.280	$Cr_2O_7^{2-}+4H^+$	$+6e^- \rightleftharpoons$	$2Cr^{3+}+7H_2O$	+1.33
Ni^{2+}	$+2e^- \rightleftharpoons$	Ni	-0.257	Cl_2	$+2e^- \rightleftharpoons$	$2Cl^-$	+1.358 3
Sn^{2+}	$+2e^- \rightleftharpoons$	Sn	-0.137 5	$MnO_4^-+8H^+$	$+5e^- \rightleftharpoons$	$Mn^{2+}+4H_2O$	+1.51
Pb^{2+}	$+2e^- \rightleftharpoons$	Pb	-0.126 2	$H_2O_2+2H^+$	$+2e^- \rightleftharpoons$	$2H_2O$	+1.776
$2H^+$	$+2e^- \rightleftharpoons$	H_2	0.000 0	F_2	$+2e^- \rightleftharpoons$	$2F^-$	+2.866
Sn^{4+}	$+2e^- \rightleftharpoons$	Sn^{2+}	+0.151				
在碱性溶液中							
电极反应				电极反应			
氧化型	电子数	还原型	$E^{\ominus}$/V	氧化型	电子数	还原型	$E^{\ominus}$/V
$ZnO_2^{2-}+2H_2O$	$+2e^- \rightleftharpoons$	$Zn+4OH^-$	-1.215	Ag_2O+H_2O	$+2e^- \rightleftharpoons$	$2Ag+2OH^-$	+0.342
$2H_2O$	$+2e^- \rightleftharpoons$	H_2+2OH^-	-0.827 7	$ClO_4^-+H_2O$	$+2e^- \rightleftharpoons$	$ClO_3^-+2OH^-$	+0.36
S	$+2e^- \rightleftharpoons$	S^{2-}	-0.508	O_2+2H_2O	$+4e^- \rightleftharpoons$	$4OH^-$	+0.401
$Cu(OH)_2$	$+2e^- \rightleftharpoons$	$Cu+2OH^-$	-0.224	$ClO_3^-+3H_2O$	$+6e^- \rightleftharpoons$	Cl^-+6OH^-	+0.62
$CrO_4^{2-}+4H_2O$	$+3e^- \rightleftharpoons$	$Cr(OH)_3+5OH^-$	-0.13	ClO^-+H_2O	$+2e^- \rightleftharpoons$	Cl^-+2OH^-	+0.89
$NO_3^-+H_2O$	$+2e^- \rightleftharpoons$	$NO_2^-+2OH^-$	+0.01				

为了能正确使用标准电极电势表，现将使用时有关注意事项概述如下：

（1）在 $M^{n+}(aq)+ne^- \rightleftharpoons M$ 电极反应中 M^{n+} 为电对的氧化型，M 为电对的还原型。即：

$$\text{氧化型}+ne^- \rightleftharpoons \text{还原型}$$

它们之间是互相依存的。同一种物质在某一电对中是氧化型，在另一电对中也可以是还原型。例如，Fe^{2+} 在 $Fe^{2+}+2e^- \rightleftharpoons Fe$（$E^{\ominus}=-0.447V$）中是氧化型，在 $Fe^{3+}+e^- \rightleftharpoons Fe^{2+}$（$E^{\ominus}=+0.771V$）中是还原型。

（2）从表 7-1 中可看出，氧化型物质获得电子的倾向或氧化能力自上而下依次增强；还原型物质失去电子的倾向或还原能力自下而上依次增强。其强弱程度可以从 $E^{\ominus}$ 值的大小来判断。较强的氧化剂对应的还原剂的还原能力较弱，较强的还原剂对应的氧化剂的氧化能力较弱。

笔记栏

（3）较强的氧化剂和较强的还原剂相互作用，向生成它们较弱的还原剂和较弱的氧化剂的方向进行。如：

$$Pb+Cu^{2+} \rightleftharpoons Cu+Pb^{2+}$$

由于 $E^{\ominus}_{Cu^{2+}/Cu}=0.340V$ 较高，$E^{\ominus}_{Pb^{2+}/Pb}=-0.1262V$ 较低，所以较强的氧化剂 Cu^{2+} 与较强的还原剂 Pb 发生反应，变成它们较弱的还原剂 Cu 与较弱的氧化剂 Pb^{2+}。

（4）标准电极电势反映了氧化还原电对得失电子的趋向。它是一个强度性质，与反应方程式的写法无关。标准电极电势的数值亦与半反应的方向无关。

例如：$\frac{1}{2}Zn^{2+}+e^- \rightleftharpoons \frac{1}{2}Zn$　　　　$E^{\ominus}_{Zn^{2+}/Zn}=-0.7618V$

也可以书写为：$Zn^{2+}+2e^- \rightleftharpoons Zn$　　　　$E^{\ominus}_{Zn^{2+}/Zn}=-0.7618V$

（5）查表时应注意介质：若电极反应中有 H^+ 出现，则查酸表；若有 OH^- 出现，则查碱表；若没有 H^+ 或 OH^- 出现时，可以从存在状态来考虑。

例如：$Al^{3+}+3e^- \rightleftharpoons Al$，$Al^{3+}$ 只能在酸性溶液中存在，故查酸表，而 ZnO_2^{2-}/Zn 查碱表。另外，若电极反应不受 H^+、OH^- 的影响，其电极电势也列在酸表中。如：

$$Cl_2(g)+2e^- \rightleftharpoons 2Cl^-$$

第四节　电极电势的影响因素

科学家能斯特

一、能斯特方程

标准电极电势是在标准状态下测定的电极电势，但绝大多数氧化还原反应都是在非标准状态下进行的。如果把非标准状态下的氧化还原反应组成原电池，其电极电势及电动势也是非标准状态的。影响电极电势的因素很多，除了电极本性外，还有温度、各物质的浓度、气体的分压、溶液的 pH 等诸多外界因素。这些影响因素可由能斯特方程（Nernst equation）联系起来。

对于任意一个电极反应：

$$Ox+ne^- \rightleftharpoons Red$$

其电极电势的能斯特方程为：

$$E=E^{\ominus}+\frac{RT}{nF}\ln\frac{[Ox]}{[Red]} \qquad 式(7\text{-}3)$$

式中 $E^{\ominus}$ 为标准电极电势（V），R 为气体常数［8.314J/(mol・K)］，F 为法拉第常数（96 485C/mol），T 为绝对温度，n 为电极反应中转移的电子数。应该注意的是，[Ox]/[Red] 的表示式与标准平衡常数的书写方式相同。即［氧化型］/［还原型］表示在电极反应中，氧化态一边各物质浓度幂次方的乘积与还原态一边各物质浓度幂次方的乘积之比。当 Ox 及 Red 为气体时，其分压应除以标准态压力 100kPa；当 Ox 及 Red 为溶液时，其浓度应除以标准态浓度 1mol/L。由于除以 1mol/L 的结果在数值上与原浓度数值相同，仅仅是消去了浓度单位，为简便起见，本章的有关计算均直接代入浓度数值进行计算。当 T 为 298.15K 时，代入有关常数，得：

笔记栏

$$E=E^{\ominus}+\frac{0.0592}{n}\lg\frac{[Ox]}{[Red]}$$ 式(7-4)

从式(7-4)可以看出，在一定温度下，氧化型[Ox]、还原型[Red]的浓度改变，或者$\frac{[Ox]}{[Red]}$的比值变化，都将影响电极电势。氧化型浓度愈大，E值愈大；还原型浓度愈大，E值愈小。但是浓度对电极电势的影响是对数关系，还要乘上小于1的量0.0592/n，因此在一般情况下，直接加大或减小参与反应的物质的浓度并不会对电极电势产生太大影响，而电极电势的大小主要还是决定于体现电极本性的$E^{\ominus}$值。但当氧化型、还原型的浓度受其他平衡的影响变化较大或在反应式中其相关物质的系数较大时，对电极电势的影响则较大。

二、浓度对电极电势的影响

对于一给定的电极，在一定温度下，无论是氧化型还是还原型物质，浓度的变化都将引起电极电势的变化。**增大氧化型物质的浓度或减小还原型物质的浓度，都会使电极电势增大；反之，电极电势将减小。**

例 7-8 求下列电极在298.15K时的电极电势。

(1) 金属Zn放在1.50mol/L Zn^{2+}盐溶液中。

(2) 非金属I_2放在0.100mol/L KI溶液中。

(3) 0.0100mol/L Fe^{3+}和0.100mol/L Fe^{2+}盐溶液。

(4) Pt(s) | Cl_2(100kPa) | Cl^-(0.0100mol/L)气体电极。

解：(1) $Zn^{2+}+2e^- \rightleftharpoons Zn$

$$E^{\ominus}_{Zn^{2+}/Zn}=-0.7618V$$

$$E_{Zn^{2+}/Zn}=E^{\ominus}_{Zn^{2+}/Zn}+\frac{0.0592}{2}\lg[Zn^{2+}]=-0.7618+\frac{0.0592}{2}\lg 1.50=-0.757(V)$$

(2) $I_2+2e^- \rightleftharpoons 2I^-$ $E^{\ominus}_{I_2/I^-}=0.5355V$

$$E_{I_2/I^-}=E^{\ominus}_{I_2/I^-}+\frac{0.0592}{2}\lg\frac{[I_2]}{[I^-]^2}=0.5355+\frac{0.0592}{2}\lg\frac{1}{0.100^2}=+0.595(V)$$

(3) $Fe^{3+}+e^- \rightleftharpoons Fe^{2+}$ $E^{\ominus}_{Fe^{3+}/F^{2+}}=0.771V$

$$E_{Fe^{3+}/Fe^{2+}}=E^{\ominus}_{Fe^{3+}/Fe^{2+}}+\frac{0.0592}{1}\lg\frac{[Fe^{3+}]}{[Fe^{2+}]}=0.771+\frac{0.0592}{1}\lg\frac{0.0100}{0.100}=0.712(V)$$

(4) $Cl_2+2e^- \rightleftharpoons 2Cl^-$ $E^{\ominus}_{Cl_2/Cl^-}=1.3583V$

$$E_{Cl_2/Cl^-}=E^{\ominus}_{Cl_2/Cl^-}+\frac{0.0592}{2}\lg\frac{p_{Cl_2}/p^{\ominus}}{[Cl^-]^2}=1.3583+\frac{0.0592}{2}\lg\frac{1}{0.0100^2}=1.48(V)$$

由该例题可以看出：相对于标准态浓度1mol/L来说，在(1)中氧化型浓度增大，锌电对的电极电势增大；(2)中还原型I^-降低了10倍，电极电势增大较多；(3)中氧化型浓度比标准态低100倍，但还原型浓度低10倍，总的来说，是氧化型的降低多一些，故电极电势下降；在(4)中还原型浓度低了100倍，故电极电势增大也较多。

高锰酸钾在不同介质中的氧化还原反应

三、溶液酸度对电极电势的影响

在许多电极反应中，H^+或OH^-参加了反应，溶液酸度变化常常显著影响电极电势。

例 7-9 今有电极反应：

笔记栏

$$MnO_4^- + 8H^+ + 5e^- \rightleftharpoons Mn^{2+} + 4H_2O \qquad E^{\ominus} = 1.51V$$

若 MnO_4^- 和 Mn^{2+} 仍为标准态，即浓度均为 1mol/L，求 298.15K，(1) $[H^+] = 1.0\times10^{-6}$mol/L 时，以及(2) $[H^+] = 3.00$mol/L 时，此电极的电极电势。

解：(1) $[H^+] = 1.0\times10^{-6}$mol/L 时，

$$E = E^{\ominus} + \frac{0.0592}{5}\lg\frac{[MnO_4^-][H^+]^8}{[Mn^{2+}]}$$

$$[Mn^{2+}] = [MnO_4^-] = 1\text{mol/L}$$

$$E = E^{\ominus} + \frac{0.0592}{5}\lg[H^+]^8$$

$$\therefore E = 1.51 - \frac{0.0592\times8}{5}\times6 = 0.94(V)$$

电极电势从 +1.51V 降到 0.94V，降低了 0.57V。说明在 $[H^+] = 1.0\times10^{-6}$mol/L 时，MnO_4^- 的氧化性比在标准态下大大降低了。

(2) $[H^+] = 3.00$mol/L 时，

$$E = E^{\ominus} + \frac{0.0592}{5}\lg\frac{[MnO_4^-][H^+]^8}{[Mn^{2+}]}$$

$$= 1.51 + \frac{0.0592}{5}\lg3.00^8 = 1.56(V)$$

电极电势从 +1.51V 升到 1.56V，升高了 0.05V。说明在 $[H^+] = 3$mol/L 时，MnO_4^- 的氧化性比在标准态下增强了。

上例说明了一个普遍规律：当含氧酸或含氧酸盐作为氧化剂时，溶液酸度的提高总是使电对的 E 值增大，有利于加强它们的氧化能力。反之，一些较低氧化态的含氧酸及其盐，或氢氧化物的还原能力总是随着溶液碱性的加强而增强。

四、沉淀的生成对电极电势的影响

如果在反应体系中加入某一种沉淀剂，则由于沉淀的生成，必然降低氧化型或还原型离子的浓度，则电极电势值将发生改变。

如电对 $Ag^+ + e^- \rightleftharpoons Ag$，$E^{\ominus} = +0.7996V$，可以看出 Ag^+ 是一个中强氧化剂。若在其溶液中加入 NaCl 则产生 AgCl 沉淀：

$$Ag^+ + Cl^- \rightleftharpoons AgCl\downarrow$$

当达到平衡时，如果 Cl^- 浓度控制为 1mol/L，Ag^+ 浓度则为：

$$[Ag^+] = \frac{K_{sp}^{\ominus}}{[Cl^-]} = \frac{K_{sp}^{\ominus}}{1} = 1.77\times10^{-10}$$

此时 $E_{Ag^+/Ag} = E^{\ominus}_{Ag^+/Ag} + 0.0592\times\lg\dfrac{1.77\times10^{-10}}{1} = 0.7996 - 0.5773 = +0.2223(V)$

沉淀剂 Cl^- 的加入减小了 Ag^+ 的浓度，使电对 Ag^+/Ag 的电极电势显著降低，下降了

笔记栏

0.577 3V，此时 Ag^+ 还原成 Ag 的倾向大大削弱。但这时被还原的实际不是 Ag^+ 而是 AgCl，因为已控制 $[Cl^-]=1mol/L$，所以上面计算的电极电势已属于下列电对的标准电极电势：

$$AgCl(s)+e^- \rightleftharpoons Ag(s)+Cl^-$$

并有：$E^{\ominus}_{AgCl/Ag}=E^{\ominus}_{Ag^+/Ag}+0.059\ 2\lg[Ag^+]=E^{\ominus}_{Ag^+/Ag}+0.059\ 2\lg K^{\ominus}_{sp,AgCl}$

用同样的方法可以算出 $E^{\ominus}_{AgBr/Ag}$ 和 $E^{\ominus}_{AgI/Ag}$ 的数值，现将这些电对对比如下：

$K^{\ominus}_{sp}$ 减小 ↓	$[Ag^+]$ 减小 ↓	$E^{\ominus}$ 减小 ↓	电对	$E^{\ominus}$/V
			$Ag^+ + e^- \rightleftharpoons Ag$	+0.799 6
			$AgCl(s) + e^- \rightleftharpoons Ag + Cl^-$	+0.222 3
			$AgBr(s) + e^- \rightleftharpoons Ag + Br^-$	+0.071 3
			$AgI(s) + e^- \rightleftharpoons Ag + I^-$	−0.152

由上面数据可以看出：卤化银的溶度积越小，对电极电势的影响越大，Ag^+ 的氧化能力越弱，即 Ag^+ 显得更稳定了。

五、配合物的生成对电极电势的影响

已知电对：

$$Cu^{2+}+2e^- \rightleftharpoons Cu,E^{\ominus}=+0.340V$$

在该体系中加入氨水时，Cu^{2+} 和 NH_3 分子生成了难解离的 $[Cu(NH_3)_4]^{2+}$ 配离子。

$$Cu^{2+}+4NH_3 \rightleftharpoons [Cu(NH_3)_4]^{2+}$$

上述反应使溶液中 $[Cu^{2+}]$ 浓度降低，因而电极电势值也随之下降。铜离子浓度减少越多，电极电势值越小，金属铜的还原性越强，Cu 更容易转变成 Cu^{2+}。一般来说，由于难溶化合物或配合物的生成使氧化型的离子浓度减小时，电极电势值会变小，氧化型的氧化性减小，还原型的还原性加大。若难溶化合物或配合物的生成使还原型的离子浓度减小时，电极电势值会变大，氧化型的氧化性加大，还原型的还原性减小。其相关的定量计算将在配位平衡章节中介绍。

第五节　电极电势的应用

一、判断氧化剂和还原剂的相对强弱

根据电极电势的高低可判断氧化剂和还原剂的相对强弱。电极电势的值愈高，表示氧化还原电对中氧化型物质得电子能力愈强，是较强的氧化剂；电极电势的值愈低，表示氧化还原电对中还原型物质失电子能力愈强，是较强的还原剂。较强的氧化剂对应的还原型物质的还原能力较弱，较强的还原剂对应的氧化型物质的氧化能力较弱。如比较 $E^{\ominus}_{MnO_4^-/Mn^{2+}}=1.51V$ 和 $E^{\ominus}_{Cr_2O_7^{2-}/Cr^{3+}}=1.33V$，$MnO_4^-$ 的氧化能力较 $Cr_2O_7^{2-}$ 强，而 Mn^{2+} 的还原能力较 Cr^{3+} 弱。

表 7-2 为一些常见氧化剂、还原剂能力的比较。

笔记栏

表 7-2 一些常见的氧化剂、还原剂能力的比较（298.15K）

半反应	$E^{\ominus}/V$
$Mg^{2+}+2e^- \rightleftharpoons Mg$	-2.372
$Zn^{2+}+2e^- \rightleftharpoons Zn$	-0.761 8
$Pb^{2+}+2e^- \rightleftharpoons Pb$	-0.126 2
$2H^++2e^- \rightleftharpoons H_2(g)$	0.000 0
$AgCl+e^- \rightleftharpoons Ag+Cl^-$	0.222 3
$O_2(g)+2H^++2e^- \rightleftharpoons H_2O_2$	0.695
$Fe^{3+}+e^- \rightleftharpoons Fe^{2+}$	0.771
$Br_2(l)+2e^- \rightleftharpoons 2Br^-$	1.066
$Cr_2O_7^{2-}+14H^++6e^- \rightleftharpoons 2Cr^{3+}+7H_2O$	1.33
$MnO_4^-+8H^++5e^- \rightleftharpoons Mn^{2+}+4H_2O$	1.51
$H_2O_2+2H^++2e^- \rightleftharpoons 2H_2O$	1.776
$S_2O_8^{2-}+2e^- \rightleftharpoons 2SO_4^{2-}$	2.01

氧化剂的氧化能力增强 ↓

还原剂的还原能力增强 ↑

通常实验室用的强氧化剂的电对的 $E^{\ominus}$ 值往往大于 1.0V，如 $KMnO_4$、$K_2Cr_2O_7$、H_2O_2 等；常用的强还原剂的 $E^{\ominus}$ 值往往小于零或稍大于零，如 Zn、Fe、Sn^{2+} 等。应当注意的是，用 $E^{\ominus}$ 判断氧化还原能力的强弱是在标准状态下进行的，如果在非标准状态下比较氧化剂和还原剂的相对强弱时，必须利用能斯特方程进行计算，求出在非标准状态下的 E 值，然后再进行比较。

二、判断氧化还原反应进行的方向

任何氧化还原反应原则上均可设计成原电池，根据电池电动势大小，判断其反应的方向。当 $E_{MF}>0$，反应正向自发进行；$E_{MF}<0$，反应逆向自发进行；$E_{MF}=0$，反应达到平衡。

当然，也可以用电极电势高的电对中的氧化型氧化电极电势低的电对中的还原型来判断反应方向。这两种方法本质上是一致的。

例 7-10 判断在 298.15K 时，$Pb^{2+}+Sn \rightleftharpoons Pb+Sn^{2+}$ 在标准状态下和 $c_{Pb^{2+}}=0.010mol/L$、$c_{Sn^{2+}}=0.100mol/L$ 时反应自发进行的方向。

解：假定反应是按所写方程式正向进行，则：

（1）标准状态下：$Pb^{2+}+2e^- \rightleftharpoons Pb \qquad E^{\ominus}=-0.126\,2V$

$$Sn^{2+}+2e^- \rightleftharpoons Sn \qquad E^{\ominus}=-0.137\,5V$$

$$E^{\ominus}_{MF}=E^{\ominus}_{正}-E^{\ominus}_{负}=-0.126\,2-(-0.137\,5)=0.011\,3(V)$$

因 $E^{\ominus}_{MF}>0$，此条件下反应实际将按所写方程式正向自发进行。

（2）$c_{Pb^{2+}}=0.010\,0mol/L$，$c_{Sn^{2+}}=0.100mol/L$ 时：

$$E_{正}=-0.126\,2+\frac{0.059\,2}{2}\lg 0.010\,0=-0.185(V)$$

$$E_{负}=-0.1375+\frac{0.0592}{2}\lg 0.100=-0.167(V)$$

$$E_{MF}=-0.185-(-0.167)=-0.0180(V)$$

因$E_{MF}<0$,此条件下反应实际将按所写方程式逆向自发进行。

例 7-11 根据反应 $MnO_2(s)+4HCl(aq)\rightleftharpoons MnCl_2(aq)+Cl_2(g)+2H_2O(l)$,请说明实验室不是在标准状态下而是用浓 HCl 反应制备氯气。

解:(1) 查附录可知:

$$MnO_2(s)+4H^++2e^-\rightleftharpoons Mn^{2+}+2H_2O(l) \quad E^\ominus=1.224V$$

$$Cl_2+2e^-\rightleftharpoons 2Cl^- \quad E^\ominus=1.3583V$$

$$E^\ominus_{MF}=E^\ominus_{正}-E^\ominus_{负}=1.224-1.3583=-0.1343(V)$$

因$E^\ominus_{MF}<0$,所以在标准状态下上述反应不能制备出氯气。

(2) 在浓盐酸条件下:$[H^+]=[Cl^-]=11.9mol/L$

$$E_{正}=1.224+\frac{0.0592}{2}\lg\frac{11.9^4}{1}=1.37(V)$$

$$E_{负}=1.3583+\frac{0.0592}{2}\lg\frac{1}{11.9^2}=1.30(V)$$

$$E_{MF}=E_{正}-E_{负}=1.37-1.30=0.0700(V)>0$$

因此,在实验室可利用 MnO_2 与浓 HCl 反应制备氯气。

三、判断氧化还原反应进行的程度

氧化还原反应进行的程度,可以用标准平衡常数 $K^\ominus$值的大小来衡量。当氧化还原反应达到平衡时,由该反应设计的原电池的电动势应该等于零,因此可推导出电池反应的标准平衡常数与标准电动势之间的关系如下:

$$\ln K^\ominus=\frac{nFE^\ominus_{MF}}{RT}$$

298.15K 时,有:

$$\lg K^\ominus=\frac{nE^\ominus_{MF}}{0.0592} \qquad 式(7-5)$$

上式中,n 是配平后的氧化还原反应方程式中转移的总电子数。从式(7-5)可以看出,给定温度下,氧化还原反应的平衡常数与标准态的电池电动势$E^\ominus_{MF}$及转移的电子数有关。也就是说,平衡常数只与氧化剂和还原剂的本性有关而与反应物的浓度无关。$E^\ominus_{MF}$愈大,反应进行愈完全。计算表明,对于 $n=2$ 的反应,$E^\ominus_{MF}=+0.2V$ 时,或者当 $n=1$,$E^\ominus_{MF}=+0.4V$ 时,均有 $K^\ominus>10^6$,此平衡常数已较大,可以认为反应进行得相当完全。

例 7-12 计算下列反应在 298.15K 时的标准平衡常数 $K^\ominus$。

$$Fe+Cu^{2+}\rightleftharpoons Cu+Fe^{2+}$$

解:查表得:正极 $E^\ominus_{Cu^{2+}/Cu}=+0.340V$

负极 $E^\ominus_{Fe^{2+}/Fe}=-0.447V$

笔记栏

$$E^{\ominus}_{MF}=E^{\ominus}_{正}-E^{\ominus}_{负}=0.340-(-0.447)=+0.787(V)$$

$$\lg K^{\ominus}=\frac{nE^{\ominus}_{MF}}{0.0592}=\frac{2\times0.787}{0.0592}=26.6$$

$K^{\ominus}=3.98\times10^{26}$，$K^{\ominus}$很大，说明该反应向右进行得很彻底。

根据氧化还原反应的标准平衡常数与原电池的标准电动势的定量关系，可以用测定原电池电动势的方法来推算弱酸的解离平衡常数、水的离子积、难溶电解质的溶度积和配离子的稳定常数等。

例 7-13 测定 298.15K 时 AgCl 的 $K^{\ominus}_{sp}$值。

解：用 Ag^+/Ag 和 AgCl/Ag，Cl^-电对组成原电池。查表可知：

$$Ag^++e^-\rightleftharpoons Ag \qquad E^{\ominus}_{Ag^+/Ag}=+0.7996V \qquad ①$$

$$AgCl(s)+e^-\rightleftharpoons Ag(s)+Cl^- \qquad E^{\ominus}_{AgCl/Ag}=+0.2223V \qquad ②$$

设计一个原电池，原电池符号为：

$$(-)Ag\text{-}AgCl(s)\mid KCl(1mol/L)\parallel AgNO_3(1mol/L)\mid Ag(s)(+)$$

电池反应式为式①-式②：

$$Ag^++Cl^-\rightleftharpoons AgCl(s)$$

电池电动势：$E^{\ominus}_{MF}=E^{\ominus}_{正}-E^{\ominus}_{负}=0.7996-0.2223=+0.5773(V)$

此电池反应的平衡常数：

$$\lg K^{\ominus}=\frac{1\times E^{\ominus}}{0.0592}=\frac{1\times0.5773}{0.0592}=9.752$$

$$\therefore K^{\ominus}=5.649\times10^{9}$$

AgCl 的溶度积为：$K^{\ominus}_{sp}=\dfrac{1}{K^{\ominus}}=\dfrac{1}{5.649\times10^{9}}=1.770\times10^{-10}$

例 7-14 测定 298.15K 时 $PbSO_4$ 的 $K^{\ominus}_{sp}$值。

解：用 Pb^{2+}/Pb 和 Sn^{2+}/Sn 电对组成原电池。查表可知：

$$Pb^{2+}+2e^-\rightleftharpoons Pb \qquad E^{\ominus}=-0.1262V$$

$$Sn^{2+}+2e^-\rightleftharpoons Sn \qquad E^{\ominus}=-0.1375V$$

在标准状态下，Pb^{2+}/Pb 电对为正极，Sn^{2+}/Sn 电对为负极。若在 Pb^{2+}/Pb 半电池中加入过量的 SO_4^{2-} 离子使其生成 $PbSO_4$ 沉淀，Pb^{2+}/Pb 电对的电极电势会随之下降，此时其电极电势值小于 Sn^{2+}/Sn 电对。故原电池符号为：

$$(-)Pb(s)\mid Pb^{2+}(c_1)\parallel Sn^{2+}(1mol/L)\mid Sn(s)(+)$$

在 Pb^{2+}/Pb 半电池中加入过量的 SO_4^{2-} 离子使其生成 $PbSO_4$ 沉淀，最后将 SO_4^{2-} 的平衡离子浓度控制为 1mol/L。这时原电池的电动势经测定为+0.219V。

$$E_{MF}=E_{正}-E_{负}=-0.1375-\left(-0.1262+\frac{0.0592}{2}\lg c_{Pb^{2+}}\right)=0.219(V)$$

笔记栏

$$\lg c_{Pb^{2+}} = -7.78$$

$$c_{Pb^{2+}} = 1.66 \times 10^{-8}$$

$$K_{sp}^{\ominus} = c_{Pb^{2+}} \times c_{SO_4^{2-}} = 1.66 \times 10^{-8} \times 1 = 1.66 \times 10^{-8}$$

四、元素电势图及其应用

（一）元素电势图

很多非金属元素和过渡金属元素具有多种氧化值，同一元素不同电对的氧化能力或还原能力不同。为了能更清楚地体现同一元素各种不同氧化值氧化还原能力以及它们之间的关系，Latimer 提出将它们的标准电极电势以图解方式表示。即将某一元素各种氧化值按从高到低（或从低到高）的顺序排列，在 2 种氧化值之间用直线连接起来并在直线上标明相应电对的标准电极电势值。以这样的图形表示某一元素各种氧化值之间标准电极电势变化的关系图称为元素电势图，又称 Latimer 图。根据溶液 pH 的不同，又可以分为两大类：$E_A^{\ominus}$（A 表示酸性溶液）表示溶液的 pH = 0；$E_B^{\ominus}$（B 表示碱性溶液）表示溶液的 pH = 14。书写某一元素的电势图时，既可以将全部氧化值列出，也可以根据需要列出其中的一部分。例如锰的元素电势图为：

$E_A^{\ominus}/V$

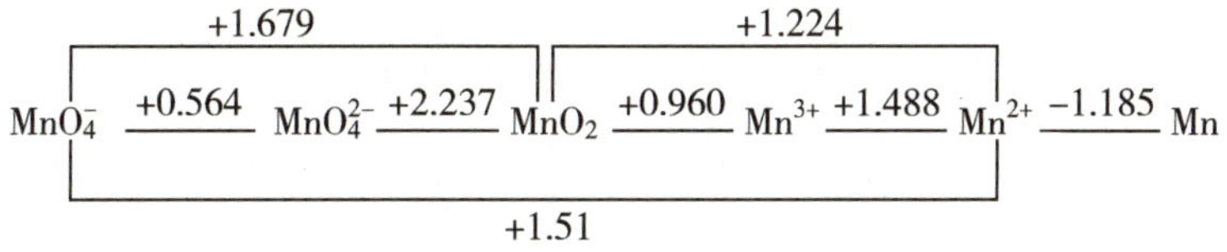

$$MnO_4^- \overset{+0.564}{\overline{\qquad\quad}} MnO_4^{2-} \overset{+2.237}{\overline{\qquad\quad}} MnO_2 \overset{+0.960}{\overline{\qquad\quad}} Mn^{3+} \overset{+1.488}{\overline{\qquad\quad}} Mn^{2+} \overset{-1.185}{\overline{\qquad\quad}} Mn$$

（MnO_4^-—MnO_2：+1.679；MnO_2—Mn^{2+}：+1.224；MnO_4^-—Mn^{2+}：+1.51）

$E_B^{\ominus}/V$

$$MnO_4^- \underline{+0.564} MnO_4^{2-} \underline{+0.60} MnO_2 \underline{-0.2} Mn(OH)_3 \underline{+0.1} Mn(OH)_2 \underline{-1.456} Mn$$

在元素电势图中，连线相邻的 2 种物质可组成 1 个电对，每个电对可写出其相应的半反应。

元素电势图不仅可以全面地看出一种元素各氧化值之间的电极电势高低和相互关系，还可以判断某些物质在酸性或碱性溶液中能否稳定存在。

（二）元素电势图的应用

1. 判断歧化反应能否发生　歧化反应即自身氧化还原反应，是指氧化反应和还原反应同时发生在某一元素上，该物质既是氧化剂，又是还原剂，既被氧化又被还原。

例如某元素的 3 种氧化值组成 2 个电对，从左至右按其氧化值由高到低排列。

$$A \overset{E_{左}^{\ominus}}{\overline{\qquad}} B \overset{E_{右}^{\ominus}}{\overline{\qquad}} C$$

$$\xrightarrow{\text{氧化值降低}}$$

假设 B 能发生歧化反应，那么 B 变成 C 发生还原反应为电池的正极，B 变成 A 发生氧化反应为电池的负极。所以：

$$E_{MF}^{\ominus} = E_{正}^{\ominus} - E_{负}^{\ominus} = E_{右}^{\ominus} - E_{左}^{\ominus} > 0 \qquad 即 E_{右}^{\ominus} > E_{左}^{\ominus}$$

假设 B 不能发生歧化反应，同理：

$$E_{MF}^{\ominus} = E_{正}^{\ominus} - E_{负}^{\ominus} = E_{右}^{\ominus} - E_{左}^{\ominus} < 0 \qquad 即 E_{右}^{\ominus} < E_{左}^{\ominus}$$

笔记栏

根据以上原则，试判断 Cu^+ 是否能够发生歧化反应。

$$E_A^{\ominus}/V \quad Cu^{2+} \xrightarrow{0.159} Cu^+ \xrightarrow{0.521} Cu$$

因为 $E^{\ominus}_{右}>E^{\ominus}_{左}$，所以在酸性溶液中，$Cu^+$ 不稳定，它将发生下列歧化反应：

$$2Cu^+ \rightleftharpoons Cu+Cu^{2+}$$

再看一个例子：$\cdot O_2^-$ 是超氧离子自由基，在水溶液中是不稳定的。其元素电势图为：

$$O_2 \xrightarrow{-0.33V} \cdot O_2^- \xrightarrow{+0.87V} O_2^{2-}$$

图中标明电极电势是 pH=7 条件下的。由于 $E^{\ominus}_{右}>E^{\ominus}_{左}$，所以 $\cdot O_2^-$ 在水溶液中会歧化：

$$2\cdot O_2^-+2H^+ \rightleftharpoons H_2O_2+O_2$$

从电极电势看，超氧自由基歧化趋势是很大的。但在生理 pH 范围(pH=7 左右)，$\cdot O_2^-$ 主要以游离的形式存在，歧化反应将在 2 个 $\cdot O_2^-$ 之间发生，由于负电荷间的排斥，使 2 个 $\cdot O_2^-$ 难以接近，所以反应速率不高，但超氧化物歧化酶(SOD；是一含 Cu 和 Zn 的酶)可以催化这一反应，使这一歧化反应达到极高的速率。

2. 由已知电对的 $E^{\ominus}$ 值求未知电对的 $E^{\ominus}$ 值

假设有一元素的电势图为：

$$A \xrightarrow[n_1]{E_1^{\ominus}} B \xrightarrow[n_2]{E_2^{\ominus}} C \xrightarrow[n_3]{E_3^{\ominus}} D \qquad (A \to D:\ E^{\ominus},\ n)$$

由热力学方法可推导出下式：

$$E^{\ominus}=\frac{n_1E_1^{\ominus}+n_2E_2^{\ominus}+n_3E_3^{\ominus}}{n_1+n_2+n_3}$$

若有 i 个相邻电对，则：

$$E^{\ominus}=\frac{n_1E_1^{\ominus}+n_2E_2^{\ominus}+\cdots+n_iE_i^{\ominus}}{n_1+n_2+\cdots+n_i}$$

根据此式，可以在元素电势图上，很直观地计算出欲求电对的 $E^{\ominus}$ 值。

例 7-15 已知 298.15K 时，溴元素在碱性溶液中的电势图，(1)试求 $E^{\ominus}_{BrO^-/Br^-}$=？(2)判断 BrO^- 能否歧化。

解：298.15K 时溴元素在碱性溶液中的电势图：

$$E_B^{\ominus}/V \quad BrO_4^- \xrightarrow{+0.98} BrO_3^- \xrightarrow{+0.54} BrO^- \xrightarrow{+0.45} Br_2(l) \xrightarrow{+1.066} Br^- \qquad (BrO^- \to Br^-:\ ?)$$

(1) $E^{\ominus}_{BrO^-/Br^-}=\dfrac{1\times0.45V+1\times1.066V}{2}=+0.76V$

(2) 因为 $E^{\ominus}_{BrO^-/Br^-}>E^{\ominus}_{BrO_3^-/BrO^-}$，所以在碱性溶液中 BrO^- 可以发生歧化反应。

$$3BrO^-=BrO_3^-+2Br^-$$

笔记栏

学习小结

1. 学习内容

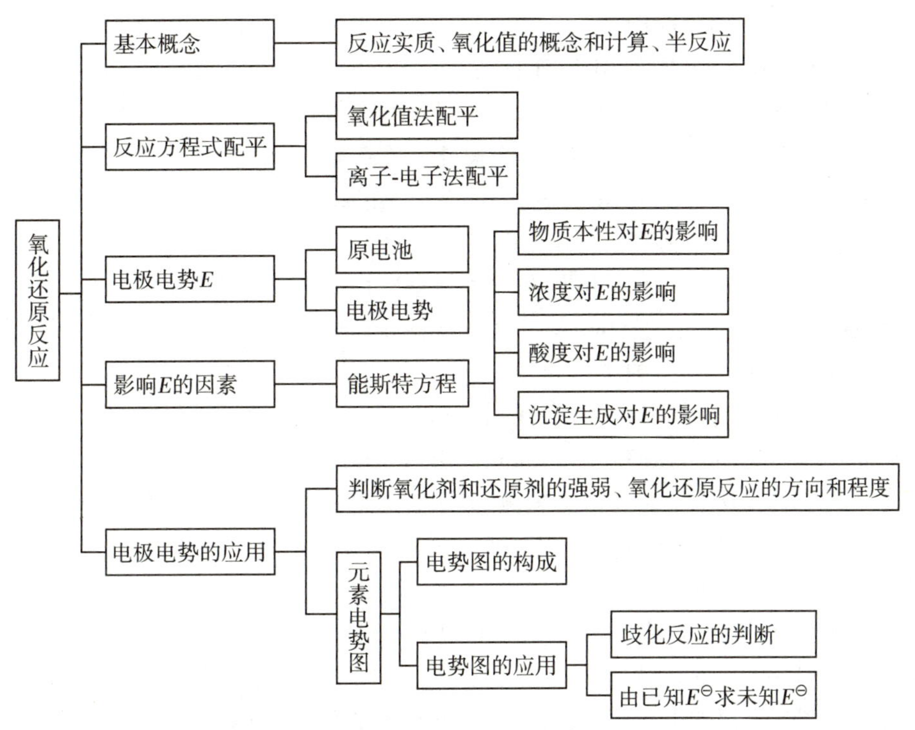

2. 学习方法　在物质结构的学习基础上，掌握氧化还原反应的基本概念及配平方法，理解电极电势产生的原因。通过能斯特方程的计算理解浓度、酸度、沉淀和配合物的生成对电极电势的影响，进一步判断氧化还原反应进行的方向和程度。多做练习，融会贯通。

扫一扫，测一测

（黄　莺　姚华刚　张凤玲　张晓青）

复习思考题与习题

1. 回答下列问题。

(1) 在原电池和电解池中，正极和负极分别是依据什么判断的？阳极、阴极分别依据什么判断？

(2) 氧化还原反应的实质是什么？什么是半反应？举例说明氧化还原反应中的氧化剂、还原剂、氧化还原电对。

(3) 原电池中盐桥的作用是什么？每个原电池都必须用盐桥吗？

(4) 原电池在什么情况下需要使用惰性电极？惰性电极的作用又是什么？

(5) 什么情况下可以用标准电极电势判断氧化还原反应的方向？

(6) 如何理解标准电极电势？

2. 写出下列分子或离子中硫的氧化数。

S_2^{2-}　　HSO_4^-　　$S_2O_3^{2-}$　　SO_3　　H_2S　　$S_4O_6^{2-}$　　SO_2

3. 指出下列电对的氧化型和还原型，并查表排列出标准状况下各电对中的氧化剂和还原剂的强弱顺序。

笔记栏

H_2O_2/H_2O Br_2/Br^- MnO_4^-/MnO_2 PbO_2/Pb^{2+}

Ag^+/Ag Fe^{3+}/Fe^{2+} Cu^{2+}/Cu

4. 用离子-电子法配平下列各反应式。

(1) $H_2O_2+KI \longrightarrow I_2+KOH$

(2) $Zn+NO_3^-+H^+ \longrightarrow Zn^{2+}+NH_4^++H_2O$

(3) $Cu_2S+HNO_3 \longrightarrow Cu(NO_3)_2+S\downarrow+NO\uparrow+H_2O$

(4) $S_2O_8^{2-}+Mn^{2+} \longrightarrow SO_4^{2-}+MnO_4^-$ (酸性介质)

(5) $As_2S_3+ClO_3^- \longrightarrow Cl^-+AsO_4^{3-}+SO_4^{2-}$(碱性介质)

5. 用氧化值法完成并配平下列各反应式。

(1) $Cr^{3+}+PbO_2 \longrightarrow Cr_2O_7^{2-}+Pb^{2+}$ (酸性介质)

(2) $AsO_3^{3-}+Br_2 \longrightarrow AsO_4^{3-}+Br^-$ (碱性介质)

(3) $H_2O_2+I^-+H^+ \longrightarrow I_2+H_2O$

(4) $KMnO_4+K_2SO_3+KOH \longrightarrow K_2SO_4+K_2MnO_4$

(5) $MnSO_4+NaBiO_3+H_2SO_4 \longrightarrow NaMnO_4+Bi_2(SO_4)_3$

6. 用下列各氧化还原反应组成原电池，分别用原电池符号表示之，并写出电极反应。

(1) $2Ag^++Cu \rightleftharpoons 2Ag+Cu^{2+}$

(2) $Pb+2H^+ \rightleftharpoons Pb^{2+}+H_2$

(3) $2MnO_4^-+10Br^-+16H^+ \rightleftharpoons 5Br_2+2Mn^{2+}+8H_2O$

(4) $Ag^++Cl^- \rightleftharpoons AgCl(s)$

7. 写出下列原电池的电池反应式，并计算它们的电动势(298.15K)。

(1) $(-)Pt(s) | I_2(s) | I^-(1.0mol/L) \| Cl^-(1.0mol/L) | Cl_2(50kPa) | Pt(s)(+)$

(2) $(-)Pt(s) | Cl_2(P^\ominus) | Cl^-(10mol/L) \| Mn^{2+}(1.0mol/L), H^+(10mol/L) | MnO_2(s) | Pt(s)(+)$

(3) $(-)Pt(s) | Sn^{2+}(0.10mol/L), Sn^{4+}(0.020mol/L) \| Hg^{2+}(0.010mol/L) | Hg(l)(+)$

8. 已知 $Cu^{2+}+e^- \rightleftharpoons Cu^+$ $E^\ominus_{Cu^{2+}/Cu^+}=0.159V$,

$Cu^{2+}+2e^- \rightleftharpoons Cu$ $E^\ominus_{Cu^{2+}/Cu}=0.340V, K^\ominus_{sp,CuI}=1.27\times10^{-12}$

试求 $CuI(s)+e^- \rightleftharpoons Cu+I^-$ 的$E^\ominus_{CuI/Cu}$值。

9. 实验测定 0.10mol/L HX 氢电极($P_{H_2}=100kPa$)和饱和甘汞电极组成的原电池电动势为 0.48V，求 HX 的解离平衡常数。已知：$E^\ominus_{Hg_2Cl_2/Hg}=0.268\ 1V$。

10. 计算 298.15K 时，下列反应的标准平衡常数。已知：$E^\ominus_{Fe^{3+}/Fe^{2+}}=0.771V$, $E^\ominus_{Sn^{4+}/Sn^{2+}}=0.151V$, $E^\ominus_{I_2/I^-}=0.535\ 5V$, $E^\ominus_{IO_3^-/I^-}=0.26V$。

(1) $2Fe^{3+}+Sn^{2+} \rightleftharpoons 2Fe^{2+}+Sn^{4+}$

(2) $3I_2+6OH^- \rightleftharpoons 5I^-+IO_3^-+3H_2O$

11. 已知：$H_3AsO_4+2e^-+2H^+ \rightleftharpoons H_3AsO_3+H_2O$ $E^\ominus_{H_3AsO_4/H_3AsO_3}=0.56V$

$I_2+2e^- \rightleftharpoons 2I^-$ $E^\ominus_{I_2/I^-}=0.535\ 5V$

(1) 求反应 $H_3AsO_4+2I^-+2H^+ \rightleftharpoons H_3AsO_3+I_2+H_2O$ 的标准平衡常数。

(2) 其他条件不变，分别判断 pH=8.00 时、$[H^+]=2.0mol/L$ 时反应朝什么方向进行？

12. 在 298.15K 时，测得原电池 $(-)Ag(s) | AgI(s) | I^-(1.0mol/L) \| Ag^+(1.0mol/L) | Ag(s)(+)$ 的标准电动势为 0.951V。

(1) 若已知$E^\ominus_{Ag^+/Ag}=0.799\ 6V$，求$E^\ominus_{AgI/Ag}$的值。

（2）写出电池反应式，并计算其平衡常数$K^{\ominus}$和$K^{\ominus}_{sp,AgI}$。

13. 已知$E^{\ominus}_{Fe^{3+}/Fe^{2+}}=0.771V$；$K^{\ominus}_{sp,Fe(OH)_3}=2.79\times10^{-39}$，$K^{\ominus}_{sp,Fe(OH)_2}=4.87\times10^{-17}$，求电极反应$Fe(OH)_3+e^- \rightleftharpoons Fe(OH)_2+OH^-$的标准电极电势的$E^{\ominus}_{Fe(OH)_3/Fe(OH)_2}$值。

14. 已知 298.15K，锰在酸性溶液中的电势图为：

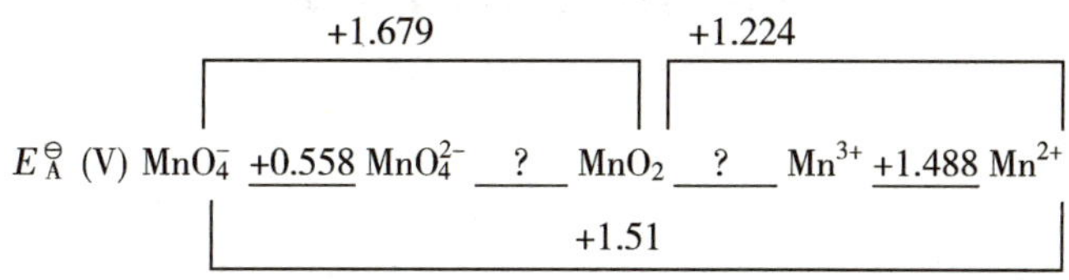

（1）计算$E^{\ominus}_{MnO_4^{2-}/MnO_2}$和$E^{\ominus}_{MnO_2/Mn^{3+}}$

（2）MnO_4^{2-}酸性介质中能否发生歧化反应？写出相应的反应方程式。上述还有哪些物种能够歧化。

PPT 课件

第八章 配位化合物

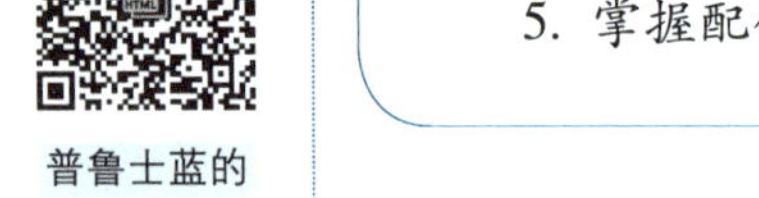

1. 掌握配位化合物的基本概念,包括定义、组成、命名、类型和结构。
2. 掌握配位化合物的价键理论,能进行配离子结构判断和磁性计算。
3. 理解晶体场理论的要点及分裂能和晶体场稳定化能的概念。
4. 掌握配位平衡、稳定常数和不稳定常数的概念;理解软硬酸碱规则。
5. 掌握配位平衡与酸碱平衡、沉淀平衡、氧化还原平衡的关系及相关计算。

普鲁士蓝的来历

中国最早的配合物染料使用

三氯化六氨合钴的发现

配位化学之父——伟大的化学家维尔纳

配位化合物的发展简史

配位化合物(coordination compound)简称配合物,过去也叫错合物、络合物(complex compound),是一类具有特征化学结构的化合物。

对于配合物,国外文献最早记载的是铁蓝[iron blue,又称普鲁士蓝(Prussian blue)],是1704年由名叫雅各布·迪什巴赫(Jacob Diesbach)的德国人发现的一种古老的蓝色染料,可用于上釉和作油画染料,可能是最早制备的配合物。我国《诗经》记载"缟衣茹藘""茹藘在阪",实际上是茜草根中的二羟基蒽醌和黏土或白矾中的铝、钙离子形成的红色配合物,比铁蓝早2 000多年。

现代配位化学的研究可追溯到1798年,法国化学家塔萨尔特(B. M. Tassaert)关于$CoCl_3 \cdot 6NH_3$的研究。他原想用过量氨水代替NaOH制备$Co(OH)_3$,没得到$Co(OH)_3$,却意外得到了橙黄色晶体$[Co(NH_3)_6]Cl_3$。起初认为它是复合物,但经一系列实验表明Co^{3+}和NH_3结合紧密,而Cl^-是游离的,后又陆续发现了$CoCl_3 \cdot 5NH_3 \cdot H_2O$和$CoCl_3 \cdot 4NH_3 \cdot 2H_2O$等许多化合物,开启了职业化学家研究配合物的序幕。直到1893年,瑞典化学家维尔纳(A. Werner)在总结前人大量工作的基础上,提出了"主价""副价"和"配位数"的概念,创立了Werner配位学说,对配合物的结构与性质作出合理解释,奠定了现代配位化学的基础。由于对配位学说的杰出贡献,维尔纳于1913年获诺贝尔化学奖。但维尔纳理论对主价和副价的实质仍无法解释。

1940年,美国化学家鲍林(Pauling)提出了著名的价键理论,并成功地将其用于解释配合物的几何结构和磁性,揭示了配位键的本质问题。但其只能定性解释某些性质,对激发态无法解释。同时,美国物理学家贝特(H. Bethe)和范弗里克(J. H. Van Vlack)基于中心原子和配体之间的静电作用,提出了晶体场理论,用于说明配合物的磁性、稳定性和电子光谱。但由于晶体场理论认为配位键完全具有离子键性质而无共价键成分,模型过于简单,不能解释电子云伸展效应。后来,范弗里克又将分子轨道理论用于配位化学键的研究,弥补了晶体场理论的不足,将分子轨道理论和晶体场理论互相结合来研究配合物,产生了配位场理论。目前,该理论在配合物的结构和性质方面得到了广泛的应用。

笔记栏

由于配合物的形成对中心原子和配位体都产生很大的影响，故配合物既具有无机化合物分子的坚硬性，又具有有机化合物的结构多样性，且还可能会产生无机物和有机物中均没有的新特性。鉴于配合物具有多种特性，近年来，在生物无机化学、元素分离技术、配位催化、功能配合物等实际需要的推动下，配位化学已成为无机化学中最重要的领域之一。配位化学也成为连接无机化学和其他化学分支学科及应用学科的纽带，在环境科学、生命科学、生物医药、材料科学、海洋化学、染料科学、电化学、催化动力学、尖端科技等领域具有广泛的应用。按照课程的要求，本章在原子结构和分子结构的基础上，概括地介绍一些配位化学中最基本的知识和理论，介绍配合物的基本概念、结构理论和配位平衡，掌握配位平衡的移动（酸碱平衡、沉淀平衡、氧化还原对配位平衡的影响），为进一步学习配合物药物奠定基础。

第一节 配合物的基本概念

一、配合物的定义及组成

（一）定义

$CuSO_4$、$AgNO_3$ 和 $Hg(NO)_3$ 均属于离子化合物，若在 3 个溶液中分别加入过量的 NH_3、KCN 和 KI，就会形成复杂的分子间化合物，即：

$$CuSO_4+4NH_3 \longrightarrow [Cu(NH_3)_4]SO_4$$
$$AgNO_3+2KCN \longrightarrow K[Ag(CN)_2]+KNO_3$$
$$Hg(NO_3)_2+4KI \longrightarrow K_2[HgI_4]+2KNO_3$$

实验证明，在 $[Cu(NH_3)_4]SO_4$、$K[Ag(CN)_2]$ 和 $K_2[HgI_4]$ 溶液中分别含有大量的复杂离子 $[Cu(NH_3)_4]^{2+}$、$[Ag(CN)_2]^-$ 和 $[HgI_4]^{2-}$，而 Cu^{2+}、Ag^+ 和 Hg^{2+} 及 NH_3、CN^- 和 I^- 的浓度均极低。

分析 $[Cu(NH_3)_4]^{2+}$ 的结构可知，每个 NH_3 分子中的 N 原子均提供 1 对孤对电子，进入 Cu^{2+} 外层的空轨道，形成 4 个配位键（coordination bond），称之为配位化合物。根据配位化合物的特点，中国化学会于 1980 年对配位化合物下定义：配位化合物是由具有空轨道（可接受电子对）的中心原子或离子（统称中心原子）和一定数目的可给出孤对电子的离子或分子配体 L 以配位键（按一定组成和空间构型）结合形成的化合物。由于形成配位共价键时电子对仅由配体 L 单方面提供，而由中心原子和配体 L 共享，故配位键可用箭头表示，如 M←L。

注意配合物与“复盐”（double salt）不同，如 $KAl(SO_4)_2\cdot12H_2O$（明矾）、$(NH_4)_2SO_4\cdot FeSO_4\cdot6H_2O$（莫尔盐）为复盐。复盐溶于水所解离出的离子与普通盐一样。而配合物却不是，除部分解离出简单离子外，尚存在稳定的配离子，但有时复盐和配合物又无绝对的界限，如复盐 $LiCl\cdot CuCl_2\cdot3H_2O$ 晶体中就存在 $[CuCl_3]^-$（配离子）。

（二）组成

由配位共价键结合且结构相对稳定的单元称配位实体，可以是阳离子{$[Cu(NH_3)_4]^{2+}$}、阴离子{$[Fe(CN)_6]^{4-}$}或电中性物质{$Fe(CO)_5$}，即配位实体可以是“配合物”，也可以是“配离子”。配位实体又称配合物的内界，其余部分则称外界。书写配合物化学式时，通常将内界

笔记栏

写在方括号内，外界写在方括号外。当无外界时，方括号可省略。如$[Cu(NH_3)_4]SO_4$、$Fe(CO)_5$（只有内界）等。

以$[Co(NH_3)_6]Cl_2$为例，配合物各部分的组成示意图如图8-1所示。

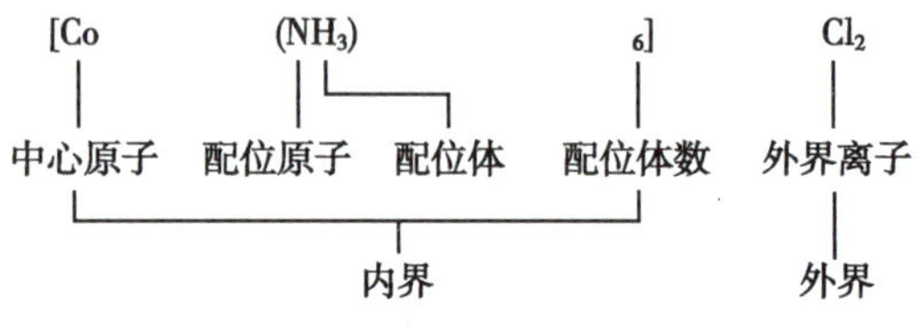

图8-1　配合物的组成示意图

内外界之间以离子键结合，在水中完全解离。通常内界含有2种或2种以上配体，这种配合物称为混合配体配合物（mixed-ligand complex），简称混配物。生物体内多以混配物形式存在。

1. 中心原子　中心原子位于内界的几何中心，是指具有$(n-1)d$、ns、np、nd等空轨道并能够接受电子对的原子或离子，是配合物的形成体。中心原子大多是过渡元素，常见的如铬、铁、钴、镍等元素的原子或离子，如配合物$[Co(NH_3)_6]Cl_3$中的Co^{3+}、$K_4[Fe(CN)_6]$中的Fe^{2+}和$[Fe(CO)_5]$中的Fe；一些具有高氧化态的非金属元素也可作为形成体，如$Na_2[SiF_6]$中的Si(Ⅳ)、$Na[BF_4]$中的B(Ⅲ)和$NH_4[PF_6]$中的P(Ⅴ)；此外，极少数的阴离子也可，如$HCo(CO)_4$中的Co(−1)。本章主要介绍前者。

2. 配位体和配位原子　以一定空间排布方式与中心原子键合的具有孤对电子的阴离子或中性分子称配位体，简称配体。配体中直接和中心原子键合的原子称配位原子（coordinate atom），位于元素周期表ⅣA～ⅦA族，如C、N、P、O、S和卤素等元素。

根据提供的配位原子的数目，可分为单齿（基或价）配体和多齿配体。单齿配体（monodentate ligand）仅提供1个配位原子的配体，如H_2O、NH_3、X^-、OH^-等。

多齿配体（polydentate ligand）是指能同时提供2个或2个以上配位原子的配体。如乙二胺$H_2N—CH_2—CH_2—NH_2$（缩写为en）、草酸根$C_2O_4^{2-}$（ox）、乙酰丙酮基$CH_3COC(CH_3)HCO^-$（acac）、乙二胺四乙酸（EDTA）等。见图8-2。

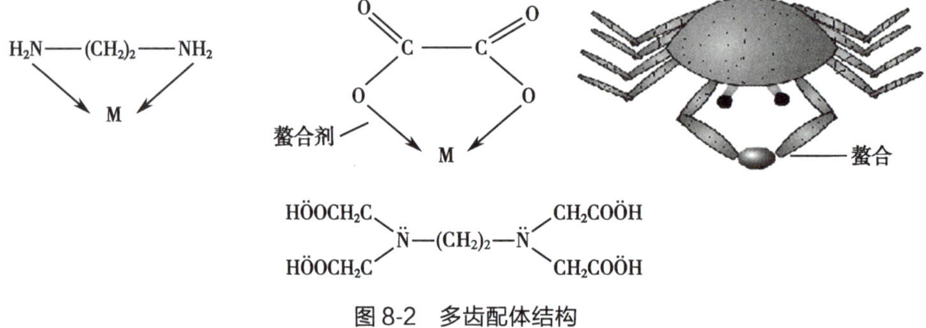

图8-2　多齿配体结构

常把多齿配体与中心原子形成的具有环状结构的配合物称为螯合物，多齿配体又称为螯合剂（chelating agent）。“螯”者，螃蟹的钳子，形象地说明配体像螃蟹一样将中心原子紧紧地抓住。常见配体见表8-1。

与螯合剂不同，有些配体虽也具有2个或多个配位原子，但仅用1个配位原子参与配位，这类配体称两可配体（ambidentate ligand）。如氰根（CN^-，C配位）与异氰根（NC^-，N配位）、硝基（NO_2^-，N配位）与亚硝酸根（ONO^-，O配位），以及硫氰根（SCN^-，S配位）与异硫氰根（NCS^-，N配位）等，均为两可配体，实际上仍起单齿配体的作用。

表 8-1　常见的配体

化学式	名称	缩写	齿数
F^-、Cl^-、Br^-、I^-	卤素离子		1
SCN^-、CN^-	硫氰酸根、氰根		1
NCS^-、NC^-	异硫氰酸根、异氰根		1
ONO^-、NO_2^-	亚硝酸根、硝基		1
NH_3、H_2O	氨、水		1
OH^-、NH_2^-、$S_2O_3^{2-}$	羟基、氨基、硫代硫酸根		1
CH_3NH_2	甲胺		1
$H_2NCH_2COO^-$、$^-OOC—COO^-$	氨基乙酸根、草酸根	gly、ox	2
$H_2NCH_2CH_2NH_2$	乙二胺	en	2
$CH_3COCH(CH_3)CO^-$	乙酰丙酮基	acac	2
	1，10-二氮菲	phen	2
	联吡啶	dipy	2
$N(CH_2COO)_3^-$	氨三乙酸根	NTA	4
$(^-OOCCH_2)_2NCH_2CH_2N(CH_2COO^-)_2$	乙二胺四乙酸根	EDTA	6

有些配体虽只有 1 个配位原子，若配位原子具有 1 对以上孤对电子时，可同时键合 2 个中心原子形成多核配合物，如 OH^-、Cl^-、NH_2^- 等配体，分别以 O、Cl、N 等原子在中心原子间起“搭桥”作用，称为桥联基团，又称桥基。

3. 配位数　配位数（coordination number）是指直接同中心原子配位的原子数目，也是该中心原子的配位键数。不难理解，若不知道配离子的结构，就难以确定配位数。

当配体为单齿配体时：配位数＝配体数

当配体为多齿配体时：配位数＝齿数×配体数

如：$[Cu(NH_3)_4]SO_4$　　配体数＝4，配位数＝4

$[Co(NH_3)_5H_2O]Cl_3$　　配体数＝6，配位数＝6

$[Cu(en)_2]^{2+}$　　配体数＝2，配位数＝4

$[Fe(C_2O_4)_3]^{3-}$　　配体数＝3，配位数＝6

$[CaEDTA]^{2-}$　　配体数＝1，配位数＝6

中心原子的配位数一般为 2、4、6，最常见的是 4 和 6。配位数的多少取决于中心原子和配体的性质（电荷、半径、电子层结构）以及形成配合物时的条件，特别是浓度和温度。

中心原子的电荷越高越有利于形成配位数较高的配合物。如 Ag^+、Cu^{2+} 和 Fe^{3+} 的配位数分别为 2、4、6，对应的配离子分别为 $[Ag(NH_3)_2]^+$、$[Cu(NH_3)_4]^{2+}$ 和 $[Fe(CN)_6]^{3-}$。配体电荷的增加则不利于形成较高配位数的配合物，因为配体之间的斥力增加，使配位数减少。如

笔记栏

Co^{2+}与H_2O和Cl^-分别形成[$Co(H_2O)_6$]$^{2+}$和[$CoCl_4$]$^{2-}$。因此，单从电荷因素考虑，中心原子电荷的增高及配体电荷的降低有利于配位数的增加。

中心原子的半径越大，在引力允许条件下，其周围可容纳的配体越多，配位数也就越大。如Al^{3+}和同族的B^{3+}与F^-分别形成配离子[AlF_6]$^{3-}$和[BF_4]$^-$。值得注意的是，中心原子半径的增大固然有利于形成高配位数的配合物，但若过大又会减弱其与配体的结合，有时反而降低配位数。如Hg^{2+}和Cd^{2+}（前者半径大）与Cl^-分别形成配离子[$HgCl_4$]$^{2-}$和[$CdCl_6$]$^{4-}$。配位体的半径越大，配位数就越小。如F^-可与Al^{3+}形成配离子[AlF_6]$^{3-}$，但Cl^-、Br^-、I^-与Al^{3+}只能形成配离子[AlX_4]$^-$（X代表Cl^-、Br^-、I^-）。

温度升高，常使配位数减小。这是因为热振动加剧时，中心原子与配体间的配位键减弱的缘故。

配体浓度增大有利于形成高配位数的配合物。例如，NCS^-与Fe^{3+}形成的配离子，随着浓度的增加，配位数可从1递增到6。

综上所述，影响配位数的因素是复杂和多方面的，除上述因素外，中心原子的电子构型及配体的特殊结构等均会影响配位数。但对于某一中心原子而言，与不同的配体结合时，常具有一定的特征配位数。

二、配合物的命名

配合物组成比较复杂，有必要根据系统命名原则对配合物进行命名。下面仅对较简单配合物的命名予以简介。

配合物的命名服从一般无机化合物的命名原则。

配合物的外界是氢离子	称某酸
配合物的外界是简单的阴离子（如卤素离子或OH^-）	称某化某
配合物的外界是金属离子、NH_4^+或复杂的阴离子（如SO_4^{2-}）	称某酸某

（一）内界

1. 化学式中，先列出配体及其配位数。依次说明配体数目、名称及中心原子名称。配体与中心原子之间用“合”字连接，表示配位键结合，配体数目以中文数字作前缀，中心原子的氧化值用罗马数字放在括号内作后缀。

命名顺序为：配体数→配体名称（不同配体用中圆点“·”分开）→合→中心原子（氧化值）。

2. 混合配体配合物中，配体列出次序：阴离子→中性分子；若配体中既有无机配体又有有机配体，则无机配体在前。同类配体，则按配位原子的元素符号在英文字母中的顺序排列；若配位原子相同，则原子数目少的排在前面；若原子数也相同，则按结构式中与配位原子相连原子的元素符号的英文字母顺序排列。

命名顺序为：无机离子→无机分子→有机配体→合→中心原子（氧化值）。

注意：配体数目用中文数字一、二、三、四等表示（其中“一”常可省略）。

（二）命名

例如：[$Zn(NH_3)_4$]SO_4 硫酸四氨合锌（Ⅱ）

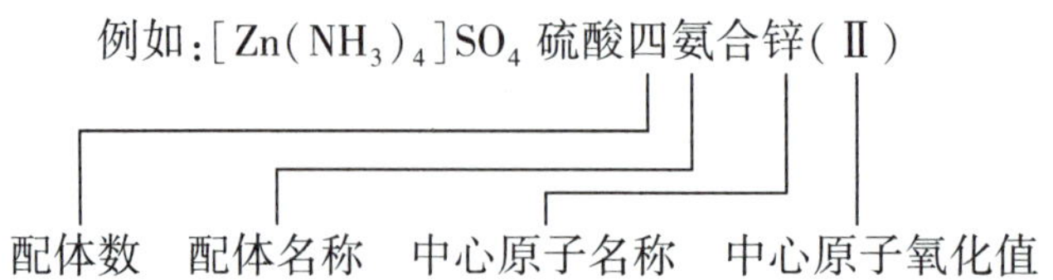

下面举一些实例说明:(包括由分子式写名称和由名称写分子结构式)

$Na_2[SiF_6]$	六氟合硅(Ⅳ)酸钠
$H_2[PtCl_6]$	六氯合铂(Ⅳ)酸
$K_2[Zn(OH)_4]$	四羟基合锌(Ⅱ)酸钾
$[Ag(NH_3)_2]Cl$	氯化二氨合银(Ⅰ)
$[Co(N_3)(NH_3)_5]SO_4$	硫酸叠氮·五氨合钴(Ⅲ)
$[Pt(NO_2)(NH_3)(NH_2OH)(Py)]Cl$	氯化硝基·氨·羟胺·吡啶合铂(Ⅱ)
cis-$[PtCl_2(Ph_3P)_2]$	顺式-二氯二(三苯基膦)合铂(Ⅱ)
$[Ca(EDTA)]^{2-}$	乙二胺四乙酸根合钙(Ⅱ)离子
三氯·三氨合钴(Ⅲ)	$[CoCl_3(NH_3)_3]$
羟基·草酸根·水·乙二胺合铬(Ⅲ)	$[Cr(OH)(C_2O_4)(H_2O)(en)]$
四氯合金(Ⅲ)酸	$H[AuCl_4]$
四硝基·二氨合钴(Ⅲ)酸钾	$K[Co(NO_2)_4(NH_3)_2]$
三异硫氰合铁(Ⅲ)	$[Fe(NCS)_3]$

两可配体具有相同的化学式,但由于配位原子不同,而有不同的命名,使用时一定要严加注意。

但一些常见的配合物,通常都用习惯的简单叫法,如$[Cu(NH_3)_4]^{2+}$称铜氨配离子,$[Ag(NH_3)_2]^+$称银氨配离子,$K_3[Fe(CN)_6]$称铁氰化钾(赤血盐),$K_4[Fe(CN)_6]$称亚铁氰化钾(黄血盐),H_2SiF_6 称氟硅酸,K_2PtCl_6 称氯铂酸钾等。

例 8-1 命名下列配合物,并指出中心原子、配体、配位原子、配位数、配位离子的电荷。

①$(NH_4)_2[Zn(OH)_4]$　　②$K_3[Ag(S_2O_3)_2]$

③$[CoCl(NH_3)_5]CO_3$　　④$[Cu(en)_2]Br_2$

解:题解见下。

题号	配合物名称	中心原子	配体	配位数	配位原子	配离子电荷
①	四羟基合锌(Ⅱ)酸铵	Zn^{2+}	OH^-	4	O	-2
②	二硫代硫酸根合银(Ⅰ)酸钾	Ag^+	$S_2O_3^{2-}$	2	S	-3
③	碳酸一氯·五氨合钴(Ⅲ)	Co^{3+}	Cl^-、NH_3	6	Cl、N	+2
④	二溴化二乙二胺合铜(Ⅱ)	Cu^{2+}	En	4	N	+2

三、配合物的类型

配合物可分为简单配合物、螯合物和多核配合物 3 种类型。

(一)简单配合物

由 1 个中心原子与单齿配体所形成的配合物称为简单配合物。如$[Ag(NH_3)_2]Cl$、$K_2[Cu(OH)_4]$、$K_3[FeF_6]$、$[Ni(CO)_5]$等均为简单配合物,在溶液中发生逐级生成和逐级解离现象。

(二)螯合物

螯合物(chelate)又称内配合物,是由中心原子和多齿配体所形成具有环状结构的配合物。如 Cu^{2+} 与乙二胺(en)形成的配合物:

笔记栏

$Cu^{2+}+H_2NCH_2CH_2NH_2 \rightleftharpoons$

多齿配体又称螯合剂。螯合剂通常具备下列2个条件:①配体必须含有2个或2个以上的配位原子(N、O、S等);②配位原子必须间隔2个或3个其他原子。这样即可形成稳定的五元或六元的环状结构。如联氨 $H_2N—NH_2$,虽有2个配位原子N,但中间没间隔其他原子,不能形成螯合物,因三元环和四元环是不稳定的结构。

螯合物具有五元环或六元环,通常比一般配合物稳定,稳定常数非常高,很少有逐级解离现象。

螯合物中,中心原子和配体数目之比称配合比。$[Cu(en)_2]^{2+}$ 的配合比为1∶2。常见的螯合剂乙二胺四乙酸(H_4Y),简称EDTA,因在水中溶解度不大,常用其二钠盐 Na_2H_2Y,分子中有6个配位原子(2个N和4个O),可与绝大多数金属离子形成配合比为1∶1的六配位且含5个五元环的特殊稳定的螯合物。

许多螯合反应都是定量进行的,可用于滴定及掩蔽金属离子。工业中常用螯合物除去金属杂质,如水的软化、去除有毒重金属离子等。一些生命必需的物质是螯合物,如血红蛋白和叶绿素中卟啉环上的4个氮原子把金属离子固定在环中心。

叶绿素(镁卟啉螯合物)

血红素(铁卟啉螯合物)

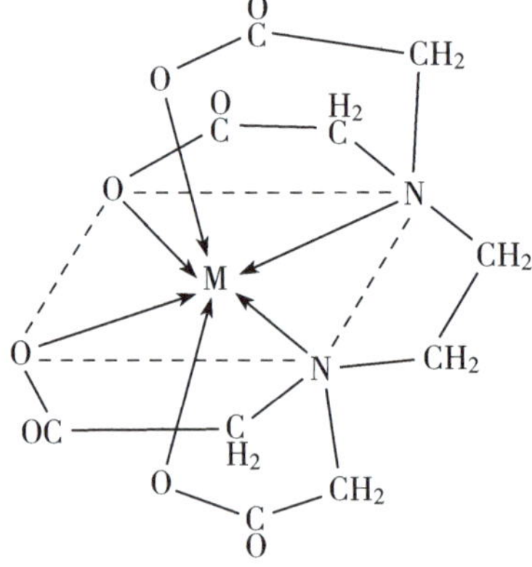

EDTA金属螯合物

(三)多核配合物

含有2个或2个以上的中心原子的配合物称为多核配合物。多核配合物中多个中心原

笔记栏

子之间靠配体的桥基连结。常见的桥基有 OH^-、NH_2^-、O^{2-}、O_2^{2-}、Cl^-、SO_4^{2-}等。最常遇到的是多核羟桥配合物，它们可以在金属离子水解过程中形成。如下所示。

四、几何异构

分子的化学组成相同但结构不同的现象称为异构(isomerism)，这些分子互称异构体(isomer)。异构是配合物的重要性质之一。它不仅影响配合物的物理和化学性质，而且与其稳定性、反应性和生物活性也有密切关系。配合物涉及多种异构，现简单介绍几何异构。

几何异构主要出现在配位数为 4 的平面正方形和配位数为 6 的八面体结构中，以顺式-反式异构体与面式-经式异构体的形式存在。顺式(*cis-*)是指相同的配体处于邻位，反式(*trans-*)则处于对位。八面体[MA_3B_3]中，面式(*face-*)指 3 个 A 和 3 个 B 各占八面体的三角面的顶点；经式(*mer-*)是指 3 个 A 和 3 个 B 在八面体外接球的子午线上并列，也称子午线式。

在平面正方形的[MA_2B_2]型配合物中存在顺式和反式 2 种异构。如[$PtCl_2(NH_3)_2$]有下列 2 种异构体。

顺式

顺式-二氯・二氨合铂(Ⅱ)
棕黄色
结构不对称，$\mu \neq 0$，有极性
易溶于极性溶液中
$S=0.252\,3g/100g\ H_2O$
化学反应：邻位 Cl^- 可被 OH^- 取代，再被草酸根取代
药理作用：具有抗癌活性（干扰 DNA 复制）

反式

反式-二氯・二氨合铂(Ⅱ)
淡黄色
结构对称，$\mu=0$，无极性
难溶于极性溶液中
$S=0.036\,6g/100g\ H_2O$
对位 Cl^- 可被 OH^- 取代后，能转变为草酸配合物
不具有抗癌活性

顺铂的历史

在八面体配合物[MA_2B_4]和[MA_3B_3]中同样存在 2 种异构现象，如[$CoCl_2(NH_3)_4$]$^+$和[$CoCl_3(NH_3)_3$]。

[MA_3B_3]　　[MA_2B_4]

面式　　经式　　顺式　　反式

同样，可知八面体配合物[$MA_2B_2C_2$]有 5 种异构体。配合物性质与其立体构型及几何结构密切相关。结构不同，化学性质和生物学作用都会不同。

笔记栏

第二节 配合物的化学键理论

配合物的化学键主要是中心原子与配体之间的配位键。为解释配合物的配位数、空间构型、磁性、颜色、热力学及动力学性质等,曾提出多种理论,目前主要有价键理论、晶体场理论和分子轨道理论等,限于篇幅本节仅介绍前 2 种理论。

一、价键理论

价键理论(valence bond theory,VBT)是从电子配对法的共价键引申,于 1928 年,由美国化学家鲍林将杂化轨道理论应用于配合物而形成的。

(一)基本要点

1. 形成配位键的必要条件是中心原子必须具有空轨道,是电子对的受体(acceptor);配体的配位原子必须具有孤对电子,是电子对的供体(donor)。

2. 形成配合物时,在配体的影响下中心原子所提供的空轨道进行杂化,形成能量相等且有一定空间取向的新的杂化轨道,它们分别和配位原子的孤对电子轨道在一定方向上彼此接近,发生最大重叠而形成配位键。

3. 中心原子提供的杂化轨道数目决定配位数,杂化方式决定配合物的空间构型、稳定性和磁性。

(二)外轨配合物和内轨配合物

中心原子采用哪些空轨道杂化,与中心原子的电子层结构及配体中配位原子的电负性有关。过渡金属离子内层的$(n-1)$d 轨道未填满,外层的 ns、np、nd 是空轨道,它们有 2 种杂化方式,可形成 2 种类型的配合物。而对于$(n-1)$d 轨道全充满的中心原子,则就只能采取 1 种杂化方式。

1. 外轨配合物 若配位原子为卤素、氧等电负性较大的原子时,不易给出孤对电子,对中心原子影响较小,中心原子原有的电子层结构不变(符合洪德规则),仅用外层的 ns、np、nd 空轨道杂化,生成一定数目且能量相等的杂化轨道与配体结合。这类配合物叫外轨配合物(outer orbital coordination compound)。

例如,配离子$[FeF_6]^{3-}$中,Fe^{3+}的价电子层结构为 $3d^5 4s^0 4p^0 4d^0$,当 Fe^{3+} 与 F^- 配位形成配离子时,Fe^{3+}原有的电子层结构不变,用外层的 1 个 4s、3 个 4p 和 2 个 4d 轨道进行杂化,形成 6 个 sp^3d^2 杂化轨道,接受 6 个 F^- 离子所提供的孤对电子,形成 6 个配位键,如图 8-3 所示。

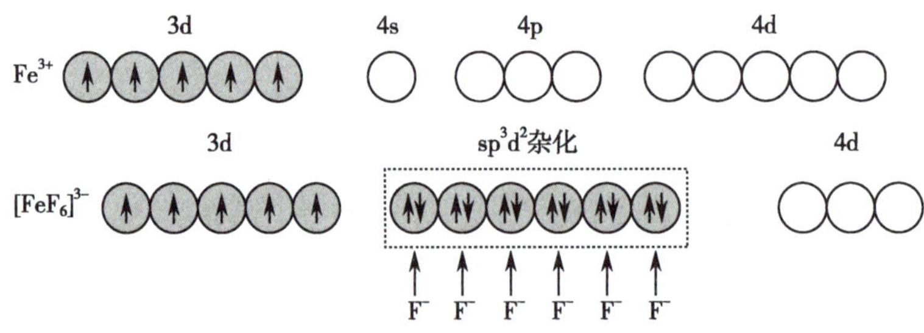

图 8-3 配离子$[FeF_6]^{3-}$形成示意图

这类配合物还有$[Fe(H_2O)_6]^{3+}$、$[CoF_6]^{3-}$、$[Co(NH_3)_6]^{2+}$、$[MnF_6]^{4-}$等。

又如,配离子$[NiCl_4]^{2-}$或$[Ni(NH_3)_4]^{2-}$中,Ni^{2+}用外层的 1 个 4s 和 3 个 4p 轨道杂化,形成 4 个 sp^3 杂化轨道来接受 Cl^-或 NH_3 提供的孤对电子,形成 4 个配位键,如图 8-4 所示。

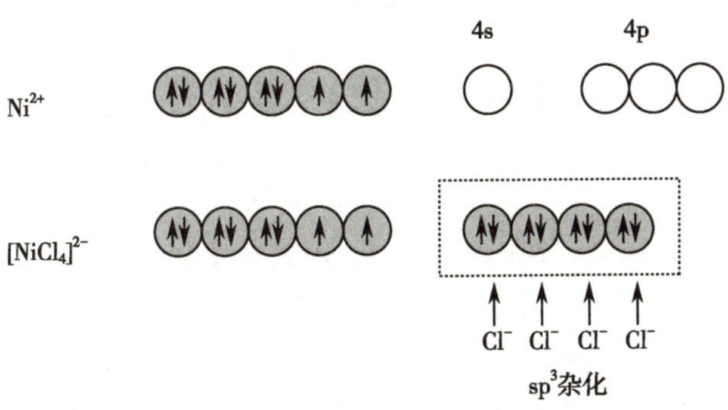

图 8-4 配离子$[NiCl_4]^{2-}$形成示意图

另有一些金属离子，如Ag^+、Cu^+、Zn^{2+}、Cd^{2+}、Hg^{2+}等，其$(n-1)$d 轨道全充满，无可利用的内层轨道，故与任何配体结合只能形成外轨配合物。如配离子$[Zn(NH_3)_4]^{2+}$，Zn^{2+}价电子层结构为$3d^{10}$，采用sp^3杂化，形成正四面体配合物；$[Ag(NH_3)_2]^+$采用 sp 杂化，形成直线形配合物。

外轨配合物仅用外层轨道杂化，能量较高，形成的配位键的键能较小，稳定性较小，在水中易解离。

2. 内轨配合物　配位原子为电负性较小的 C、N，当与电荷较高的中心原子(Fe^{3+}、Co^{3+})配位时，由于配体较易给出孤对电子，对中心原子的影响较大，使其$(n-1)$d 轨道上的成单电子强行配对，空出内层能量较低的$(n-1)$d 轨道与 ns、np 轨道进行杂化，生成一定数目且能量相等的杂化轨道与配体结合，形成内轨配合物(inner orbital coordination compound)。

例如，配离子$[Fe(CN)_6]^{3-}$中的Fe^{3+}在配体CN^-影响下，3d 轨道中的 5 个成单电子重排占据 3 个 d 轨道，剩余 2 个空的 3d 轨道同外层 4s、4p 轨道形成 6 个d^2sp^3杂化轨道与 6 个CN^-成键，形成八面体配合物，如图 8-5 所示。

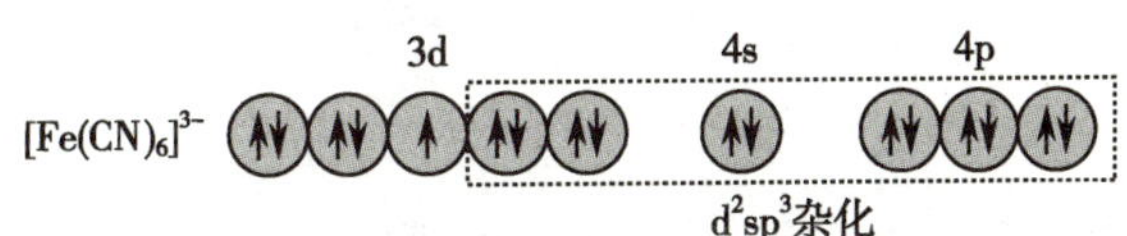

图 8-5 配离子$[Fe(CN)_6]^{3-}$形成示意图

配离子$[Ni(CN)_4]^{2-}$中的Ni^{2+}在配体CN^-影响下，3d 轨道电子重排占据 4 个 d 轨道，形成 4 个dsp^2杂化轨道与 4 个CN^-成键，形成平面四方形配合物，如图 8-6 所示。

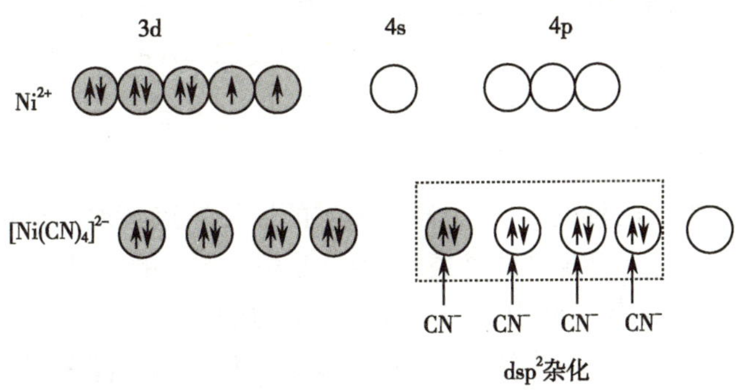

图 8-6 配离子$[Ni(CN)_4]^{2-}$形成示意图

笔记栏

内轨配合物由于使用了内层的$(n-1)$d轨道，能量较低，形成的配位键的键能较大，稳定性较高，在水中不易解离。

内轨配合物和外轨配合物的差别：内轨配合物的稳定性（稳定常数）、配位键的键能均大于外轨配合物。

（三）配合物的磁性

磁性是指配合物在磁场中表现出来的性质，用磁矩μ表示。它与单电子在轨道上的运动状态及电子的自旋方式有关。测定磁化率可推算出分子的磁矩，进一步推测分子中电子的运动状态。磁矩μ可用古埃磁天平测得。

磁矩μ与中心原子成单电子数n有关。其关系见经验公式（8-1）：

$$\mu=\sqrt{n(n+2)}\,\mu_B \qquad \text{式(8-1)}$$

μ_B为磁矩的单位，称玻尔磁子。表8-2列出磁矩近似值与未成对电子数n的关系。

表8-2　磁矩的近似值与n的关系

未成对电子数n	1	2	3	4	5	6	7
磁矩μ_B	1.73	2.83	3.87	4.90	5.92	6.93	7.94

例：$[Fe(H_2O)_6]^{2+}$　$\mu_{测}=5.25\mu_B$　$n=4$　推知为外轨配合物。

$[Fe(CN)_6]^{4-}$　$\mu_{测}=0.00\mu_B$　$n=0$　推知为内轨配合物。

某些配合物的电子结构和磁矩见表8-3。

表8-3　某些配合物的电子结构和磁矩

配离子	$(n-1)$d轨道电子排布	杂化类型	未成对电子数	理论磁矩μ_B	实测磁矩μ_B
$[FeF_6]^{3-}$	Fe^{3+} ↑ ↑ ↑ ↑ ↑	sp^3d^2	5	5.92	5.88
$[Fe(H_2O)_6]^{2+}$	Fe^{2+} ↑↓ ↑ ↑ ↑ ↑	sp^3d^2	4	4.90	5.30
$[CoF_6]^{3-}$	Co^{3+} ↑↓ ↑ ↑ ↑ ↑	sp^3d^2	4	4.90	-
$[Co(NH_3)_6]^{2+}$	Co^{2+} ↑↓ ↑↓ ↑ ↑ ↑	sp^3d^2	3	3.87	3.88
$[MnCl_4]^{2+}$	Mn^{2+} ↑ ↑ ↑ ↑ ↑	sp^3	5	5.92	5.88
$[Fe(CN)_6]^{3-}$	Fe^{3+} ↑↓ ↑↓ ↑ ＿ ＿	d^2sp^3	1	1.73	2.3
$[Co(NH_3)_6]^{3+}$	Co^{3+} ↑↓ ↑↓ ↑↓ ＿ ＿	d^2sp^3	0	0	0
$[Mn(CN)_6]^{4-}$	Mn^{2+} ↑↓ ↑↓ ↑ ＿ ＿	d^2sp^3	1	1.73	1.70
$[Ni(CN)_4]^{2-}$	Ni^{2+} ↑↓ ↑↓ ↑↓ ↑↓ ＿	dsp^2	0	0	0

（四）配离子的空间构型

价键理论认为，形成配位键时，中心原子提供的原子轨道必须先杂化，但究竟采用哪些轨道杂化，取决于中心原子和配体的种类、结构以及相互作用的情况。中心原子的配位数及杂化轨道类型同配离子立体空间构型的关系如表8-4所示。

注意：配位数大于6的配合物较少见，通常为第二和第三过渡系列元素的配合物，空间构型较复杂。目前，可采用X射线衍射分析、红外光谱、紫外-可见光谱、旋光光度法、顺磁共振等方法，来确定配合物的空间结构。

笔记栏

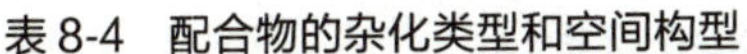

表 8-4 配合物的杂化类型和空间构型

配位数	杂化类型	立体构型	空间结构	实例
2	sp	直线型		$[Ag(CN)_2]^-$、$[Cu(CN)_2]^-$、$[Ag(NH_3)_2]^+$
3	sp^2	平面三角形		$[CuCl_3]^{2-}$、$[HgI_3]^-$
4	sp^3	四面体		$[Zn(NH_3)_4]^{2+}$、$[HgI_4]^{2-}$、$[Co(NCS)_4]^{2-}$
	dsp^2	平面四方形		$[Ni(CN)_4]^{2-}$、$[Cu(NH_3)_4]^{2+}$、$[AuCl_4]^-$
5	dsp^3	三角双锥		$[Fe(CO)_5]$
	d^4s	四方锥		$[TiF_5]^-$
6	sp^3d^2	正八面体		$[FeF_6]^{4-}$、$[AlF_6]^{3-}$、$[Co(NH_3)_6]^{2+}$
	d^2sp^3			$[Mn(CN)_6]^{4-}$、$[Fe(CN)_6]^{3-}$、$[Co(NH_3)_6]^{3+}$

（五）价键理论的应用和局限性

价键理论的优点：①可解释许多配合物的配位数和立体构型；②可解释含有离域 π 键的配合物特别稳定；③可解释配合物某些性质（稳定性和磁性）。

价键理论的局限性：①价键理论为定性理论，不能定量或半定量地说明配合物的性质；②不能解释配合物的可见和紫外吸收特征光谱，也无法解释过渡金属配合物普遍具有特征颜色等问题；③不能解释$[Cu(H_2O)_4]^{2+}$的正方形结构等。

为弥补价键理论的不足，可通过晶体场理论、配位场理论等得到比较满意的解释。

二、晶体场理论

1929 年，贝特（H. Bethe）首先提出了晶体场理论（crystal field theory，CFT）。该理论将金属离子和配体之间的相互作用完全看作静电的吸引和排斥，同时考虑到配体对中心原子 d 轨道的影响，在解释配离子的光学、磁学等性质方面比较成功。

（一）晶体场理论的基本要点

1. 晶体场理论认为，配合物中中心原子（金属离子）与配体之间通过静电作用结合形成配合物。配体为极性分子或阴离子，具有偶极。配体偶极的负端在中心原子周围形成静电场（即负电场），称为晶体场。中心原子与配体之间由于静电吸引而放出能量，体系能量降低。

2. 在晶体场的作用下，中心原子的 5 个 d 轨道发生能级分裂，分裂为能量不同的 2 组或更多组的轨道。能级分裂的方式取决于晶体场的对称性。

3. d 轨道的能级分裂，引起 d 电子的重新排布，体系总能量下降，由此产生晶体场稳定化能，造成了中心原子与配体的附加成键效应。

晶体场理论主要讨论中心原子在配体负电场作用下发生的 d 轨道能级分裂，以及这种分裂与配合物性质之间的关系。

笔记栏

（二）中心原子 d 轨道能级的分裂

作为中心原子的过渡金属离子，d 轨道共有 5 个简并轨道，即 $d_{x^2-y^2}$、d_{z^2}、d_{xy}、d_{yz}、d_{xz}，但在空间的伸展方向不同。

若将金属离子放在一个球形对称性的配体负电场的中心，由于 d 轨道在各方向所受的排斥作用相同，因此 d 轨道的能量会升高，但不分裂，仍为一组简并的 d 轨道。但若将其放在非球形对称性的配体负电场中，情况就不同。

1. 正八面体场中的能级分裂　如图 8-7 所示，将中心原子置于直角坐标系的原点，令 6 个配位体分别沿 $\pm x$、$\pm y$、$\pm z$ 轴方向接近中心原子，就构成了一个八面体晶体场（即配位数为 6 的八面体配位场）。由于配体与 $d_{x^2-y^2}$、d_{z^2} 轨道处于迎头相“撞”，距离较近，作用力较强，2 个轨道能量升高较多，形成二重简并轨道；而配体与 d_{xy}、d_{yz}、d_{xz} 轨道从侧面相互作用，距离较远，作用力较小，所以能量升高也较少。这 3 个轨道除极大值所在的平面不同外，形状和受周围环境影响均相同，所以形成三重简并轨道。即原来 5 个简并的 d 轨道，在正八面体场作用下分裂成 2 组：能量较高的 $d_{x^2-y^2}$、d_{z^2} 组，通常称 d_γ 轨道或 e_g 轨道；能量较低的 d_{xy}、d_{yz}、d_{xz} 组，通常称 d_ε 轨道或 t_{2g} 轨道，如图 8-8 所示。

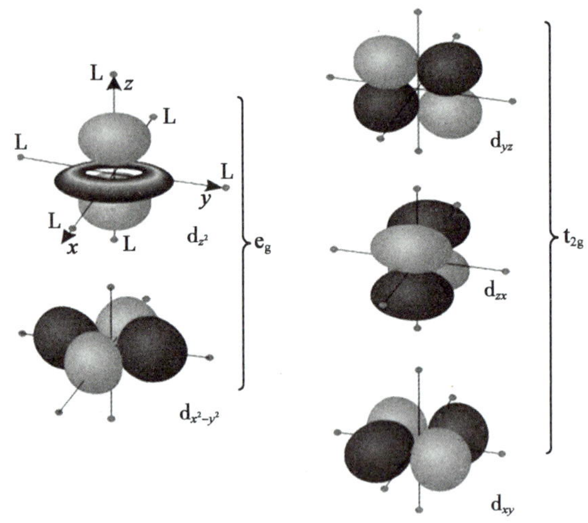

图 8-7　八面体场中的 d 轨道

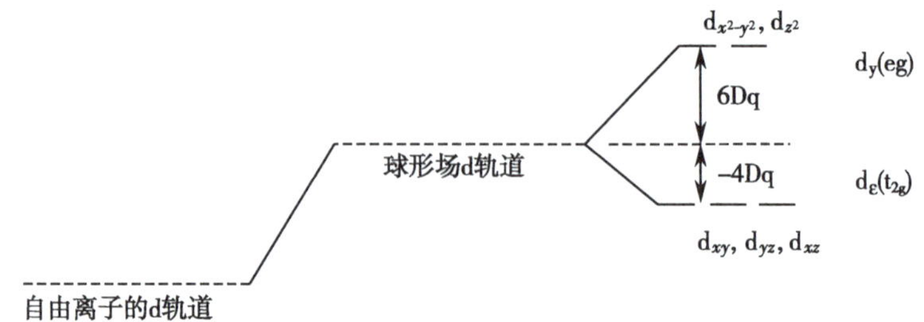

图 8-8　d 轨道在正八面体场中的能级分裂

中心原子 d 轨道分裂后，最高能级和最低能级间的能量之差叫晶体场分裂能（crystal field splitting energy），用符号 Δ 表示。以球形场中 5 个 d 轨道的能量为零点，可以计算出在晶体场中分裂后的 d 轨道的能量。电场的对称性的改变不影响 d 轨道的总能量。d 轨道分裂后，5 个 d 轨道的总能量仍与球形场的总能量一致，等于零。八面体场的 Δ_o（下标 o 表示八面体 octahedral）= 10Dq，在数值上 Δ_o 相当于 1 个电子从 d_ε 轨道激发到 d_γ 轨道所需的能量。

$$E(d_\gamma)-E(d_\varepsilon)=\Delta_o=10\text{Dq} \qquad \text{式(8-2)}$$

$$2E(d_\gamma)+3E(d_\varepsilon)=0 \qquad \text{式(8-3)}$$

将式（8-2）、式（8-3）联立求解得：

$$E(d_\gamma)=\frac{3}{5}\Delta_o=+6\text{Dq}$$

$$E(d_\varepsilon)=-\frac{2}{5}\Delta_o=-4Dq$$

2. 正四面体场中的能级分裂　将中心原子置于立方体的中心，直角坐标系的±x、±y、±z 轴分别指向立方体的面心，4 个配体占据立方体 8 个顶点中互相错开的 4 个顶点位置，这就构成一个四面体晶体场，如图 8-9 所示。

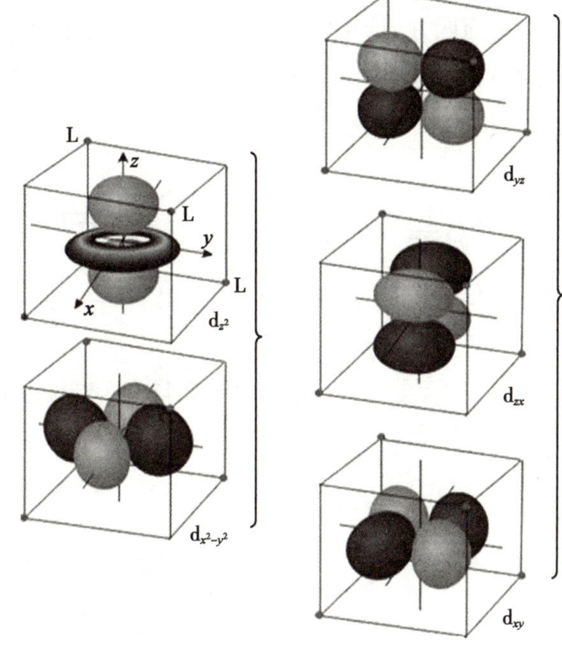

图 8-9　正四面体场中的 d 轨道

四面体场中，5 个 d 轨道与配体均没有迎头相“撞”，但因 $d_{x^2-y^2}$、d_{z^2} 轨道的极大值指向立方体的面心，d_{xy}、d_{yz}、d_{xz} 轨道的极大值指向立方体的每条棱的中点（边心），从边心到顶点比从面心到顶点更靠近配体，故在 $d_{x^2-y^2}$、d_{z^2} 轨道上的电子斥力比在 d_{xy}、d_{yz}、d_{xz} 轨道上的小，因而能量较低。在正四面体场中，d 轨道也分裂成 2 组：一组是能量较高的三重简并 d_ε 轨道，包括 d_{xy}、d_{yz}、d_{xz}3 个轨道，另一组是能量较低的二重简并 d_γ 的轨道，包括 $d_{x^2-y^2}$、d_{z^2} 2 个轨道。在四面体场中，中心原子的 d 轨道能级分裂的方式刚好与八面体场相反，又由于 d 轨道没有与配体处于迎头相“撞”的状态，又只有 4 个配体，因此静电排斥作用的程度也不像八面体配合物那样强烈，能级分裂不如八面体场大，见图 8-10。

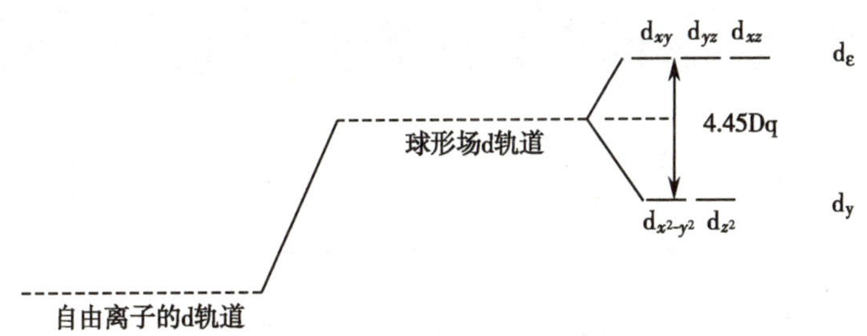

图 8-10　d 轨道在正四面体场中的能级分裂

在四面体场中，d_γ 和 d_ε 2 组轨道的能量差以分裂能 Δ_t 表示（下标 t 代表四面体 tetrahedral）。Δ_t 只有八面体场中 Δ_o 的 4/9。从晶体场效应来说，生成八面体配合物比生成四面体配合物更有利。可以算出：

$$\Delta_t=\frac{4}{9}\Delta_o=\frac{4}{9}\times10Dq=4.45Dq$$

$$E(d_\varepsilon)-E(d_\gamma)=\frac{4}{9}\times10Dq \qquad 式(8\text{-}4)$$

$$3E(d_\varepsilon)+2E(d_\gamma)=0 \qquad 式(8\text{-}5)$$

笔记栏

联立式(8-4)、式(8-5),解得:

$$E(d_\varepsilon)=+1.78Dq$$
$$E(d_\gamma)=-2.67Dq$$

3. 平面四方形场中的能级分裂 在四方形场中(图 8-11),4 个配位体 L 沿±x 和±y 轴方向,向中心原子 M^{n+} 趋近时,5 个 d 轨道分裂成 4 组。其能级次序见图 8-12。

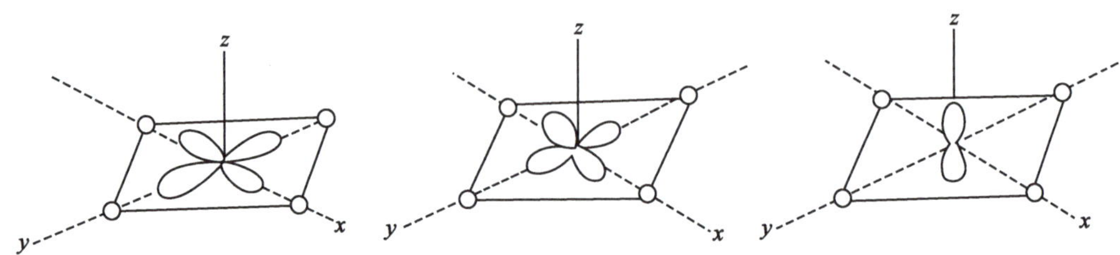

图 8-11 四方形场中的 d 轨道

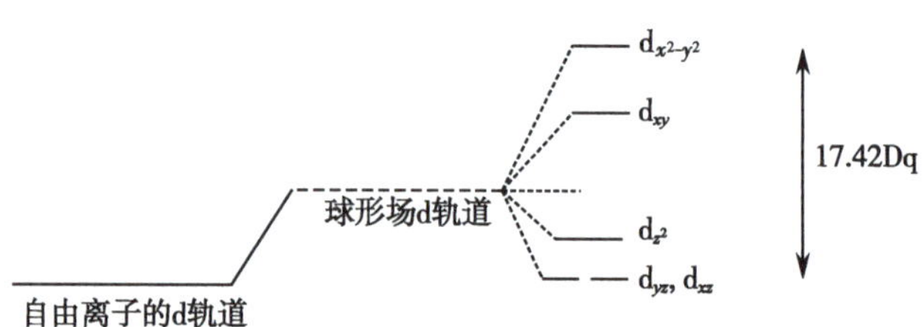

图 8-12 d 轨道在平面四方形场中的能级分裂

同理,也可算出平面正方形场中的 4 组轨道的相对能量(表 8-5),分裂能 Δ_s(下标 s 表示平面正方形 square planar)= 17.42Dq。

表 8-5 各种对称场中 d 轨道的能量

Dq

晶体场	$d_{x^2-y^2}$	d_{z^2}	d_{xy}	d_{yz}	d_{xz}
正方形场	12.28	-4.28	2.28	-5.14	-5.14
八面体场	6.00	6.00	-4.00	-4.00	-4.00
四面体场	-2.67	-2.67	1.78	1.78	1.78

现将八面体场、四面体场、平面四方形场中 d 轨道能级分裂的相对数值(以 Dq 作单位)列在表 8-5 中,它们的相对关系见图 8-13。

由上可知,由于 d 轨道的空间取向不同,因此在一定对称性的晶体场影响下,中心原子的 d 轨道必然会发生能级分裂,其分裂方式取决于晶体场的对称性。

(三)晶体场分裂能的影响因素

晶体场分裂能为 d 轨道分裂后最高能级和最低能级的能级差。晶体场分裂能在数值上相当于一个电子从最低能量 d 轨道跃迁到最高能量 d 轨道时所需要吸收的能量。Δ 值的大小一般用波数(cm^{-1})来表示。1 波数 = 1.986×10^{-23} 焦(J)。

1. 晶体场 一般来讲,晶体场同分裂能 Δ 的关系如下。

平面正方形>八面体>四面体

这由图 8-13 所述的 17.42Dq>10Dq>4.45Dq 可以看出。又如:

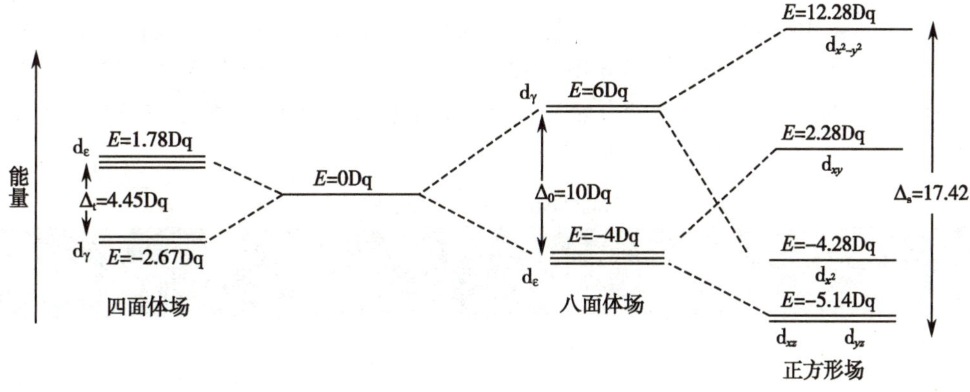

图 8-13 轨道在不同配位场 Δ 的相对值

平面正方形	$[Ni(CN)_4]^{2-}$	$\Delta_s = 35\,500cm^{-1}$
八面体	$[Fe(CN)_6]^{4-}$	$\Delta_o = 33\,800cm^{-1}$
八面体	$[MnCl_6]^{4-}$	$\Delta_o = 7\,600cm^{-1}$
四面体	$[CoCl_4]^{2-}$	$\Delta_t = 3\,100cm^{-1}$

2. 中心原子的电荷　正电荷越高,对配位体引力越大,M-L 的核间距越小,M 外层的 d 电子与配位体之间的斥力也越大,故 Δ 也越大。如第四周期过渡元素 M^{2+} 六水合物的 Δ_o 约在 7 500~14 000cm^{-1},而 M^{3+} 的 Δ_o 约在 14 000~21 000cm^{-1}。

3. 中心原子周期数的影响　配体和中心原子电荷相同时,同族金属离子的分裂能 Δ 值与其所属过渡系也有很大关系。分裂能 Δ 值按下列顺序增加:

第一过渡系<第二过渡系<第三过渡系

如:Co^{3+}、Rh^{3+}、Ir^{3+}的乙二胺配离子的 Δ 分别为 23 300cm^{-1}、34 400cm^{-1} 和 41 200cm^{-1}。

如:$[CrCl_6]^{3-}$(Δ_o = 13 600cm^{-1})<$[MoCl_6]^{3-}$(Δ_o = 19 200cm^{-1})

$[RhCl_6]^{3-}$(Δ_o = 20 300cm^{-1})<$[IrCl_6]^{3-}$(Δ_o = 24 900cm^{-1})

4. 配位体的种类　同一中心原子配体场强越强,则分裂能越大。在六配位的八面体配合物中,当 M^{n+} 相同时,可测得如下"光谱化学序列"(spectrochemical series)。序列中以 H_2O 的场强为 1.00,给出了部分配体场强的相对值:

I^-<Br^-(0.76)<Cl^-(0.80)<$\underline{S}CN^-$<F^-(0.9)<尿素(0.91)<OH^-≈—$\underline{O}NO$(亚硝酸根)≈$HCOO^-$<$C_2O_4{}^{2-}$(0.98)<H_2O(1.00)<—$\underline{N}CS^-$(1.02)<Y^{4-}<Py(吡啶,1.25)≈NH_3(1.25)<en(乙二胺,1.28)<$SO_3{}^{2-}$<bpy(联吡啶,1.33)<phen(1,10-邻二氮菲,1.34)≈—$\underline{N}O_2$(硝基)<CN^-(1.5~3.0)≈CO。

分裂能 Δ 的范围在 10 000~40 000cm^{-1},处于可见和近紫外光区。从光谱实验中总结出的光谱化学序列,即配体场强度的顺序。通常将 Δ 值大的配体(如 CN^-)称强场配体,而 Δ 值小的配体(如 I^-、Br^-等)称弱场配体。从光谱化学序列可粗略地看出,按配位原子来说 Δ 值的大小为:卤素<氧<氮<碳。

(四) d 轨道电子的排布与成对能

对于自由的过渡金属离子,5 个 d 轨道属于同一能级。根据能量最低原理、泡利不相容原理和洪德规则,d 电子尽可能分占不同的 d 轨道而且保持自旋平行。但若中心原子处于配体的负电场中,d 轨道能级发生分裂,此时 d 电子的排布虽也遵守上述 3 个原则,但分布情

笔记栏

况有所不同。

以正八面体为例，当中心原子的 d 电子数为 1、2、3、8、9、10 时，无论是在强场还是在弱场，d 电子分布方式只有 1 种，但当 d 电子数为 4、5、6、7 时，就可能有 2 种不同的分布方式（表 8-6）。这与成对能和晶体场分裂能二者能量的相对大小有关，要考虑中心原子在具体的配位场中，能量上对哪一种分布有利。

表 8-6　正八面体配合物中中心原子的 d 电子分布

d^n	弱场（$P>\Delta_o$）		未成对电子数	d^n	强场（$P<\Delta_o$）		未成对电子数
	d_ε	d_γ			d_ε	d_γ	
d^1	↑		1	d^1	↑		1
d^2	↑↑		2	d^2	↑↑		2
d^3	↑↑↑		3	d^3	↑↑↑		3
d^4	↑↑↑	↑	4	d^4	↑↓↑↑		2
d^5	↑↑↑	↑↑	5	d^5	↑↓↑↓↑		1
d^6	↑↓↑↑	↑↑	4	d^6	↑↓↑↓↑↓		0
d^7	↑↓↑↓↑	↑↑	3	d^7	↑↓↑↓↑↓	↑	1
d^8	↑↓↑↓↑↓	↑↑	2	d^8	↑↓↑↓↑↓	↑↑	2
d^9	↑↓↑↓↑↓	↑↓↑	1	d^9	↑↓↑↓↑↓	↑↓↑	1
d^{10}	↑↓↑↓↑↓	↑↓↑↓	0	d^{10}	↑↓↑↓↑↓	↑↓↑↓	0

电子成对能：当中心原子的一个轨道中已有 1 个电子占据之后，要使第 2 个电子进入同一轨道并与第 1 个电子成对时，必须克服电子间的相互排斥作用，并且电子要从自旋平行到反平行，这都需要一定的能量，此能量叫作电子成对能，简称成对能，以符号 P 表示。

分裂能：另一方面，当 1 个电子从中心原子的最低能级的 d_ε 轨道进入最高能级的 d_γ 轨道时，需要吸收的能量就是分裂能。

在正八面体场中：当 $P>\Delta_o$（即弱场）时，从能量最低原则看，电子易激发到高能量的 d 轨道中去，尽量分占最多轨道而具有较多自旋成单电子（表 8-6 中左边的状态），这种分布方式称为高自旋型分布。采取这种分布方式的配合物称为高自旋配合物。

若 $P<\Delta_o$（即强场）时，此时电子不易跃入能量较高的 d_γ 轨道，而是尽可能进入能量较低的 d_ε 轨道而成对，使成单电子数最少，这种分布方式称为低自旋型分布。采取低自旋型分布的配合物称为低自旋配合物。

总之，八面体配合物中只有 d^4、d^5、d^6、d^7 4 种电子排布才有高、低自旋 2 种可能的排布。高自旋态的成单电子多、磁距大，而低自旋态成单电子少、磁矩小。在对比相对稳定性时，高自旋态对应于外轨配合物，稳定性较差；低自旋态对应于内轨配合物，稳定性较好。但两者还是有区别的，因为两者所比较的依据是不同的。高、低自旋态比较的是稳定化能，内、外轨则是比较内外层轨道的能量差异。

（五）晶体场稳定化能

晶体场中，中心原子的 d 电子进入分裂轨道后的 d 轨道比在未分裂前的 d 轨道中的总

笔记栏

能量下降值称为晶体场稳定化能(crystal field stabilization energy,CFSE),它给配合物带来额外的稳定性。根据分裂后各轨道的相对能量和进入其中的电子数,就可计算出配合物的晶体场稳定化能。如对八面体配合物:

$$\begin{aligned} CFSE &= n_\varepsilon \times E_{d\varepsilon} + n_\gamma \times E_{d\gamma} + (n_1 - n_2)P = -\frac{2}{5}\Delta_o \times n_\varepsilon + \frac{3}{5}\Delta_o \times n_\gamma + (n_1 - n_2)P \\ &= (6n_\gamma - 4n_\varepsilon)\mathrm{Dq} + (n_1 - n_2)P \end{aligned} \qquad 式(8\text{-}6)$$

式中 n_ε 为进入 d_ε 轨道的电子数,n_γ 为进入 d_γ 轨道的电子数,n_1 为八面体场中 d 轨道的成对电子对数,n_2 为球形场中 d 轨道的成对电子对数。可见稳定化能的大小既与 Δ_o 的大小有关,又与 n_ε 和 n_γ 数目以及 d 轨道电子对数目等有关。当 Δ_o 一定时,n_ε 的数目越大,即进入低能量 d_ε 轨道的电子数目越多,d 轨道电子对数越多,则稳定化能越大,配合物越稳定。

$[FeF_6]^{3-}$弱场 $CFSE([FeF_6]^{3-}) = 3\times(-4\mathrm{Dq}) + 2\times(6\mathrm{Dq}) + (0-0)P = 0\mathrm{Dq}$

$[Fe(CN)_6]^{3-}$强场 $CFSE([Fe(CN)_6]^{3-}) = 5\times(-4\mathrm{Dq}) + 0\times(6\mathrm{Dq}) + (2-0)P = -20\mathrm{Dq} + 2P$

计算结果表明,d 轨道分裂后配合物的能量比不分裂时的能量降低了,配合物获得额外的稳定性。

表 8-7 列出了正八面体和四面体在强、弱配位场中的晶体场稳定化能。

表 8-7 晶体场稳定化能(CFSE)

Dq

d^n	弱场		d^n	强场	
	正八面体	正四面体		正八面体	正四面体
d^0	0	0	d^0	0	0
d^1	-4	-2.67	d^1	-4	-2.67
d^2	-8	-5.34	d^2	-8	-5.34
d^3	-12	-3.56	d^3	-12	$-8.01+P$
d^4	-6	-1.78	d^4	$-16+P$	$-10.68+2P$
d^5	0	0	d^5	$-20+2P$	$-8.90+2P$
d^6	-4	-2.67	d^6	$-24+2P$	$-7.12+P$
d^7	-8	-5.34	d^7	$-18+P$	-5.34
d^8	-12	-3.56	d^8	-12	-3.56
d^9	-6	-1.78	d^9	-6	-1.78
d^{10}	0	0	d^{10}	0	0

由表 8-7 中的数据可见,晶体场稳定化能与配离子空间构型、d 电子数和晶体场强弱有关。2 种构型在弱场中,d^0、d^5、d^{10} 型离子的 CFSE 均为零;而 d^1 与 d^6、d^2 与 d^7、d^3 与 d^8、d^4 与 d^9 相差 5 个 d 电子的各对 CFSE 值分别相等。这是因为在弱场中,无论何种几何形态的场,多出的 5 个电子能量降低部分恰与能量升高相抵消,所以对 CFSE 没有贡献。随 d 电子数的递变,八面体场 CFSE 在 d^3、d^8 和四面体场 CFSE 在 d^2、d^7 有 2 个峰值。在强场中,则是 d^0、d^{10} 型离子的 CFSE 为零,随 d 电子数的递变,八面体场 CFSE 在 d^6、四面体场 CFSE 在 d^4 有 1 个峰值。但因四面体场分裂能仅为八面体场的 4/9,因此大部分四面体场配合物的成对能大于分裂能,故电子排布多以弱场形式排布。

笔记栏

综上所述,晶体场理论的核心内容是:配位体的静电场与中心原子作用引起的 d 轨道的能级分裂及 d 电子进入低能级轨道时所产生的稳定化能。

(六)晶体场理论的应用与局限性

晶体场理论模型简单,图像清晰,可以简单地说明配合物的组成、形状、颜色、磁性和相对稳定性之间的关系。

1. 配合物的颜色 白光是由 7 种(严格说是 8 种)颜色的光组合而成。这些颜色的光两两互补,2 种互补的光混合即可组成白光。如图 8-14 所示。当白光透过溶液时,被选择性地吸收了某一种颜色的光,呈现该被吸收光的互补色。配合物的颜色是它对光选择性吸收的结果。含有 $d^1 \sim d^9$ 构型的过渡元素配合物大多是有颜色的,这是由于 d 轨道未充满,中心原子的 d 电子在分裂后的 d 轨道中跃迁(亦称 d-d 跃迁)所致,所吸收的能量一般在 10 000~30 000cm^{-1},它包括全部可见光(14 286~25 000cm^{-1}),因此会选择性地吸收某种颜色的光,而呈现其互补色。

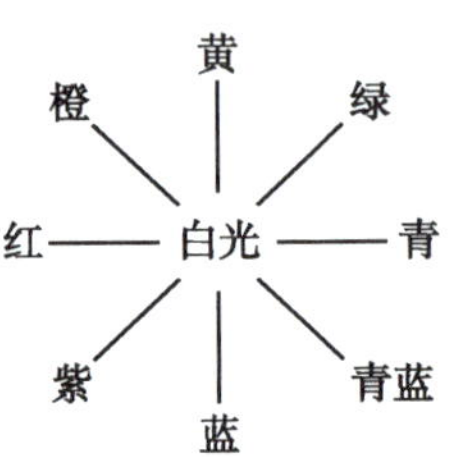

图 8-14 光的颜色及其互补色

以水配离子为例:

d^1	d^2	d^3	d^4
$[Ti(H_2O)_6]^{3+}$	$[V(H_2O)_6]^{3+}$	$[Cr(H_2O)_6]^{3+}$	$[Cr(H_2O)_6]^{2+}$
紫红	绿	紫	天蓝

d^5	d^6	d^7	d^8	d^9
$[Mn(H_2O)_6]^{2+}$	$[Fe(H_2O)_6]^{2+}$	$[Co(H_2O)_6]^{2+}$	$[Ni(H_2O)_4]^{2+}$	$[Cu(H_2O)_4]^{2+}$
肉红	淡绿	粉红	绿	蓝

$[Ti(H_2O)_6]^{3+}$呈紫红色。晶体场理论的解释是:由于 Ti^{3+} 只有 1 个 d 电子,在八面体场中的电子排布为 $d_\varepsilon{}^1$,当可见光照射到该配离子溶液时,处于 d_ε 轨道上的电子吸收了可见光中波长为 492. 7nm 附近的光而跃迁到 d_γ 轨道;这一波长光子的能量恰好等于配离子的分裂能,相当于 20 400cm^{-1},此时可见光中蓝绿色光被吸收,剩下红色和紫色的光,故溶液显紫红色,如图 8-15 所示。

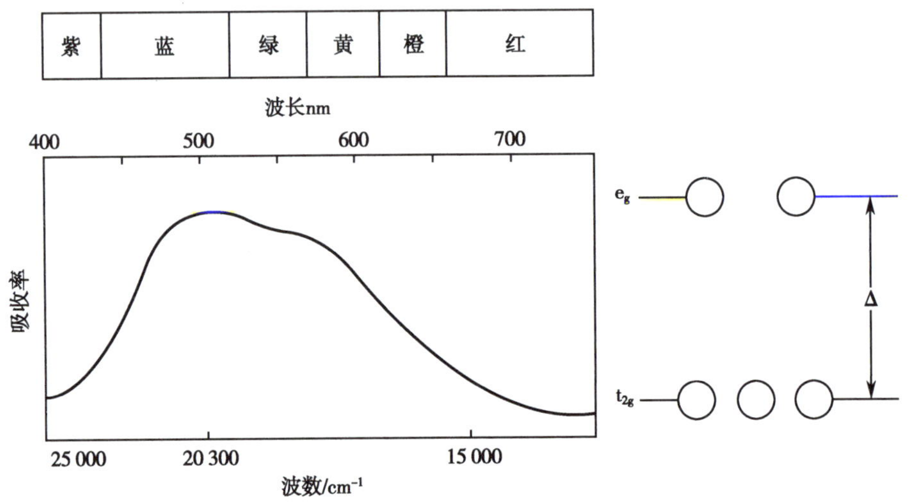

图 8-15 $[Ti(H_2O)_6]^{3+}$的可见吸收光谱和 d-d 跃迁

笔记栏

2. 配合物的磁性　物质的磁性主要来源于成单电子的自旋磁矩。根据晶体场理论，d电子有高自旋和低自旋2种排布方式，这就可解释同一中心原子与不同配体结合时磁性有强弱之分。

由表8-6可知，在八面体中，d^1、d^2、d^3型离子，d电子只有1种排布方式。而d^4、d^5、d^6、d^7型离子，各有2种可能排布，当$P>\Delta$时，d电子将呈高自旋态，成单电子多而磁矩高，具顺磁性；反之，当$P<\Delta$时，d电子将呈低自旋态，低自旋态即是Δ较大的强场排列，较稳定，成单电子少而磁矩低。

3. 配离子的空间构型　最常见的配合物是六配位的八面体，其次是四配位的四面体，再次为四配位的平面四方形。晶体场理论可以通过在不同构型的情况中CFSE的变化来进行解释。因为晶体场稳定化能既与分裂能有关，又与d电子数及其在d_ε与d_γ轨道中的分布有关。由表8-7可见，对于d^0（全空）、d^{10}（全满）及弱场中的d^5（半满）型过渡金属的配离子，其稳定化能均为零。除此以外，其余d电子数的过渡金属配离子的稳定化能均不为零，而且稳定化能愈大，则配离子愈稳定。除d^0、d^{10}、d^5（弱场）没有稳定化能的额外增益外，相同金属离子和相同配体的配离子的稳定性似应有如下顺序：平面正方形>正八面体>正四面体。

但实际情况却是正八面体配离子更常见（即更稳定）。这是因为正八面体配离子形成6个配位键，而平面正方形配离子只形成4个配位键，总键能前者大于后者，而且稳定化能的这些差别与总键能相比是很小一部分，因而正八面体更常见。

在强场时，低自旋的d^8构型的平面四方形与八面体CFSE值相差最大，以致形成六配位八面体时多生成2个配位键，但改变不了上述能量降低顺序，这时将形成平面四方形配合物，如强场中的Ni^{2+}（d^8）形成四方形的$[Ni(CN)_4]^{2-}$，还有弱场中Cu^{2+}（d^9）形成接近正方形的$[Cu(H_2O)_4]^{2+}$和$[Cu(NH_3)_4]^{2+}$。这种现象可用姜-泰勒（Jahn-Teller）效应来解释。

比较正八面体和正四面体稳定化能可以看出，只有d^0、d^{10}及弱场的d^5时二者才相等，因此这3种组态的配离子在适合的条件下才能形成四面体。例如d^0型的$TiCl_4$、CrO_4^{2-}，d^{10}型的$[Zn(NH_3)_4]^{2+}$、$[Cd(CN)_4]^{2-}$及弱场d^5型的$[FeCl_4]^-$等都是四面体构型。

配位场理论

晶体场理论在配位化学中有广泛的应用，可解释一些价键理论不能解释的现象。但也有局限性，如不能解释像共价为主的配合物、烯烃配合物和夹心配合物；也不能解释光化学顺序的本质。1952年开始把晶体场（或静电场）理论与分子轨道理论结合起来提出了配位场理论。配位场理论可更为合理地说明配合物结构及其性质的关系。限于篇幅，配位场理论在此不作介绍。

第三节　配位平衡

配合物的稳定性主要是指热力学稳定性，即在水溶液中的解离情况。解离程度越低，配合物的稳定性越大。配合物稳定性的影响因素主要有内因和外因，内因是指中心原子与配位体的性质，外因是指溶液的酸度、浓度、温度、压力等。本节讨论配合物稳定性的衡量标准、中心原子与配体性质对稳定性的影响。

一、配合物的稳定常数

（一）稳定常数和不稳定常数

在配合物中，配离子与外界离子是以离子键结合，在水溶液中能完全解离，产生配离子和外界离子，而外界离子很易被检出。配离子中的中心原子与配体之间是以配位键结合，在

水溶液中很少解离。例如:向 $CuSO_4$ 溶液中加入稀氨水,首先生成浅蓝色的 $Cu(OH)_2$ 沉淀,继续加氨水,则沉淀溶解形成含有 $[Cu(NH_3)_4]^{2+}$ 的深蓝色溶液。此时若向溶液中加稀 NaOH,则无 $Cu(OH)_2$ 沉淀产生,这似乎说明溶液中的 Cu^{2+} 全部配合生成 $[Cu(NH_3)_4]^{2+}$;但向溶液中通硫化氢气体则有黑色 CuS 沉淀生成,表明溶液中尚有游离的 Cu^{2+} 存在。即 Cu^{2+} 并没有全部被配合。可以认为,溶液中既存在 Cu^{2+} 和 NH_3 分子的配合反应,又存在 $[Cu(NH_3)_4]^{2+}$ 的解离反应,配合反应和解离反应最后达到平衡,这种平衡称为配位平衡。如 $[Cu(NH_3)_4]^{2+}$ 的生成反应为:

$$Cu^{2+}+4NH_3 \rightleftharpoons [Cu(NH_3)_4]^{2+}$$

根据化学平衡的原理,其平衡常数称为稳定常数(stability constant),用 $K_s^\ominus$ 表示。

$$K_s^\ominus=\frac{[Cu(NH_3)_4^{2+}]}{[Cu^{2+}][NH_3]^4} \qquad \text{式(8-7)}$$

$[Cu(NH_3)_4]^{2+}$ 的解离反应为:

$$[Cu(NH_3)_4]^{2+} \rightleftharpoons Cu^{2+}+4NH_3$$

其解离平衡常数即不稳定常数(instability constant),用 $K_d^\ominus$ 表示。

$$K_d^\ominus=\frac{[Cu^{2+}][NH_3]^4}{[Cu(NH_3)_4^{2+}]} \qquad \text{式(8-8)}$$

显然 $K_s^\ominus$ 与 $K_d^\ominus$ 互为倒数,都可以用来表示配合物的稳定性。$K_s^\ominus$ 越大,或 $K_d^\ominus$ 越小,说明生成配离子的倾向越大,而解离的倾向就越小,即配离子越稳定。一些常见配合物的稳定常数在附录五中列出。

(二)配离子的逐级稳定常数和累积稳定常数

设金属离子 M 和配体 L 在水溶液中只形成单核配离子 ML、ML_2、ML_3、…、ML_n。有关的配位反应是分步进行的可逆反应,相应于每一步反应,都应有 1 个平衡常数。(简便起见,金属离子、配体以及配离子可能有的电荷省略不写)。

$$M+L \rightleftharpoons ML \qquad K_1^\ominus=\frac{[ML]}{[M][L]} \qquad \text{式(8-9)}$$

$$ML+L \rightleftharpoons ML_2 \qquad K_2^\ominus=\frac{[ML_2]}{[ML][L]} \qquad \text{式(8-10)}$$

$$ML_{n-1}+L \rightleftharpoons ML_n \qquad K_n^\ominus=\frac{[ML_n]}{[ML_{n-1}][L]} \qquad \text{式(8-11)}$$

式中,n 代表金属离子对配体 L 的最大配位数,溶液中有 n 个平衡。$K_1^\ominus$、$K_2^\ominus$、…、$K_n^\ominus$ 是单核配合物体系中各级配离子的**逐级稳定常数**,可分别称为第一级、第二级、…、第 n 级稳定常数。

将式(8-9)、式(8-10)合并,得累积稳定常数 β_2。

$$M+2L \rightleftharpoons ML_2 \qquad \beta_2{}^\ominus=\frac{[ML_2]}{[M][L]^2} \qquad \text{式(8-12)}$$

合并上述前 n 个化学方程式,则得相应的累积稳定常数 β_n。

笔记栏

$$M+nL \rightleftharpoons ML_n \qquad \beta_n^{\ominus}=\frac{[ML_n]}{[M][L]^n}$$ 式(8-13)

其中：$$\beta_n^{\ominus}=K_1^{\ominus}\cdot K_2^{\ominus}\cdot K_3^{\ominus}\cdots K_n^{\ominus}=K_s^{\ominus}$$ 式(8-14)

最高级的累积稳定常数($\beta_n^{\ominus}$)称为总稳定常数。由于$\beta_n^{\ominus}$或$K_s^{\ominus}$数值往往很大，因此常用对数值表示。

如配离子$[Cu(NH_3)_4]^{2+}$的形成与解离分为4步进行，其$K_1^{\ominus}=10^{4.31}$，$K_2^{\ominus}=10^{3.67}$，$K_3^{\ominus}=10^{3.04}$，$K_4^{\ominus}=10^{2.30}$，总稳定常数$K_s^{\ominus}=\beta_4^{\ominus}=K_1^{\ominus}\cdot K_2^{\ominus}\cdot K_3^{\ominus}\cdot K_4^{\ominus}=10^{13.32}$。

稳定常数是配合物稳定性高低的特征值。大多数配离子的逐级稳定常数彼此相差不大，常是比较均匀地逐级减小，这是因为后面配合的配体受到已经配合的配体的排斥作用，因此在计算离子浓度时必须考虑各级配离子的存在。但实际工作中，往往总是加入过量的配位试剂，这时金属离子绝大部分处在最高配位数的状态，故其他较低级配离子可以忽略不计。若只求简单金属离子浓度，只需按总的稳定常数作计算，可大为简化。

例 8-2　在含有0.1mol/L的$[Cu(NH_3)_4]^{2+}$配离子溶液中，当NH_3浓度分别为(1)1.0mol/L、(2)2.0mol/L、(3)4.0mol/L时，溶液中Cu^{2+}浓度各为多少？

已知$[Cu(NH_3)_4]^{2+}$的$K_s^{\ominus}=2.1\times10^{13}$

解：

		$[Cu(NH_3)_4]^{2+}$	$\rightleftharpoons Cu^{2+}$	$+4NH_3$
平衡浓度 mol/L	(1)	$0.1-x$	x	$1.0+4x$
	(2)	$0.1-y$	y	$2.0+4y$
	(3)	$0.1-z$	z	$4.0+4z$

$$K_s^{\ominus}=\frac{[Cu(NH_3)_4^{2+}]}{[Cu^{2+}][NH_3]^4}=2.1\times10^{13}$$

(1) $$\frac{0.1-x}{x(1.0+4x)^4}=2.1\times10^{13}$$

由于$K_s^{\ominus}$值很大，x一定很小，则：

$0.1-x\approx0.1$　　$1.0+4x\approx1.0$　则：　$x=[Cu^{2+}]\approx4.8\times10^{-15}mol/L$

(2) $$\frac{0.1-y}{y(2.0+4y)^4}=2.1\times10^{13}$$

$0.1-y\approx0.1$　　$2.0+4y\approx2.0$　　$y=[Cu^{2+}]\approx3.0\times10^{-16}mol/L$

(3) $$\frac{0.1-z}{z(4.0+4z)^4}=2.1\times10^{13}$$

$\because$　$0.1-z\approx0.1$　　$4.0+4z\approx4.0$　　$\therefore$　$z=[Cu^{2+}]\approx1.9\times10^{-17}mol/L$

计算结果表明，NH_3浓度越大，$[Cu(NH_3)_4]^{2+}$的解离程度越小，Cu^{2+}浓度越低。即过量配位剂的存在可增加配离子的稳定性。

必须指出，用$K_s^{\ominus}$值大小比较配离子的稳定性时，配离子类型必须相同，否则会出差错。例如$[CuY]^{2-}$和$[Cu(en)_2]^{2+}$的$K_s^{\ominus}$分别为6.0×10^{18}和4.0×10^{19}，表面看来，似乎后者比前者稳定，事实恰好相反，这是因为前者是1∶1型，后者是1∶2型。对于不同类型的配离子，只能通过计算来比较它们的稳定性。

例 8-3　在1.0L起始浓度为0.10mol/L的$[Ag(NH_3)_2]^+$溶液中，加入0.20mol KCN晶

笔记栏

体(忽略体积变化),求溶液中$[Ag(NH_3)_2]^+$、$[Ag(CN)_2]^-$、NH_3及CN^-的平衡浓度。已知:$[Ag(NH_3)_2]^+$的$K_s^\ominus=1.1\times10^7$,$[Ag(CN)_2]^-$的$K_s^\ominus=1.3\times10^{21}$。

解:设反应达平衡时溶液中的$[Ag(NH_3)_2]^+$为$x$mol/L

$$[Ag(NH_3)_2]^+ + 2CN^- \rightleftharpoons [Ag(CN)_2]^- + 2NH_3$$

起始浓度 mol/L	0.10	0.20	0	0
平衡浓度 mol/L	x	$2x$	$0.10-x$	$2(0.10-x)$

根据多重平衡原理,反应的平衡常数:

$$K^\ominus=\frac{[Ag(CN)_2^-][NH_3]^2\cdot[Ag^+]}{[Ag(NH_3)_2^+][CN^-]^2\cdot[Ag^+]}$$

$$K^\ominus=\frac{K^\ominus_{s,[Ag(CN)_2]^-}}{K^\ominus_{s,[Ag(NH_3)_2]^+}}=\frac{1.3\times10^{21}}{1.1\times10^7}=1.2\times10^{14}$$

平衡常数$K^\ominus$值很大,说明平衡时未转化的$[Ag(NH_3)_2]^+$浓度极小,即x很小。

$\therefore\ 0.10-x\approx0.10$

则 $K^\ominus=\dfrac{(0.10-x)\cdot[2(0.10-x)]^2}{x(2x)^2}\approx\dfrac{0.10\times(0.20)^2}{4x^3}=1.2\times10^{14}$

$$x=2.0\times10^{-6}\text{mol/L}$$

$\therefore\ [Ag(NH_3)_2^+]=x=2.0\times10^{-6}$mol/L　　$[CN^-]=2x=4.0\times10^{-6}$mol/L

$[Ag(CN)_2^-]=0.10-x\approx0.10$mol/L　　$[NH_3]=2(0.10-x)\approx0.20$mol/L

上述结果表明,由于配离子$[Ag(NH_3)_2]^+$的稳定性远小于$[Ag(CN)_2]^-$,因此当加入足量的CN^-时,$[Ag(NH_3)_2]^+$几乎全部转化成$[Ag(CN)_2]^-$。

二、软硬酸碱理论与配合物的稳定性

配合物的稳定性大小由相应的稳定常数衡量。为探讨配离子在溶液中稳定性的一些规律,就要考虑和研究影响配合物稳定性的各种因素。总体上分内因和外因两方面,内因指中心原子和配体的本性以及它们间的相互作用,外因指溶液的酸度、浓度、温度、压力等。下面主要讨论中心原子和配位体性质对配合物稳定性的影响。

(一)软硬酸碱理论

路易斯(Lewis)酸碱电子论的定义:凡是能给出电子对的物质是碱,凡是能接受电子对的物质是酸。在配合物中,中心原子是电子对的接受体,是路易斯酸;配体是电子对给予体,是路易斯碱。1963年,皮尔逊(Pearson)提出了软硬酸碱(hard and soft acid and base,HSAB)概念。根据路易斯酸和路易斯碱对外层电子控制的程度,按“软”和“硬”进行分类。

硬酸:接受电子对的原子氧化值高,变形性小,没有易被激发的外层电子。

软酸:接受电子对的原子氧化值低,变形性大,有易被激发的外层电子(多数为d电子)。

交界酸:介于硬酸和软酸两者之间。

硬碱:给出电子对的原子电负性高,变形性小,难以被氧化。

软碱:给出电子对的原子电负性低,变形性大,易被氧化。

交界碱:介于硬碱和软碱两者之间。

笔记栏

表 8-8 列出了常见金属离子及配体的软硬分类。注意，一种元素的分类不是固定的，随电荷不同会改变。例如，Fe^{3+} 和 Co^{3+} 为硬酸，Fe^{2+} 和 Co^{2+} 则为交界酸；Cu^{2+} 为交界酸，Cu^{+} 则为软酸。${SO_4}^{2-}$ 为硬碱，${SO_3}^{2-}$ 为交界碱，而 ${S_2O_3}^{2-}$ 则为软碱。

表 8-8　常见的酸碱软硬分类

硬酸	H^+												
	Li^+	Be^{2+}											
	Na^+	Mg^{2+}	Sc^{3+}	Ti^{4+}	VO^{2+}	Cr^{3+}	Mn^{2+}	Fe^{3+}			Al^{3+}	Si^{4+}	
	K^+	Ca^{2+}	Y^{3+}	Zr^{4+}	MoO^{2+}						Ga^{3+}		
	Rb^+	Sr^{2+}	Hf^{4+}								In^{3+}	Sn^{4+}	As^{3+}
	Cs^+	Ba^{2+}											
交界酸							Fe^{2+}	Co^{2+}	Ni^{2+}	Cu^{2+}	Zn^{2+}		
							Ru^{2+}	Rh^{3+}				Sn^{2+}	Sb^{3+}
							Os^{2+}	Ir^{3+}				Pb^{2+}	Bi^{3+}
软酸									Pd^{2+}	Cu^+	Cd^{2+}	Tl^+	
									Pt^{2+}	Ag^+	Hg_2^{2+}	Tl^{3+}	
									Pt^{4+}	Au^+	Hg^{2+}		
硬碱	H_2O、OH^-、CH_3COO^-、${PO_4}^{3-}$、${SO_4}^{2-}$、${CO_3}^{2-}$、${NO_3}^-$、ROH、R_2O（醚）、F^-、Cl^-、NH_3												
交界碱	Br^-、${N_3}^-$（叠氮酸根）、${NO_2}^-$、${SO_3}^{2-}$、N_2、C_5H_5N（吡啶）、$C_6H_5NH_2$（苯胺）												
软碱	SCN^-、${S_2O_3}^{2-}$、I^-、CN^-、CO、C_6H_6（苯）、S^{2-}、C_2H_4（乙烯）												

从大量的酸碱反应及配合物性质的经验总结中得出了软硬酸碱规则："硬亲硬，软亲软，软硬交界就不管。"硬酸与硬碱，如 Al^{3+} 和 F^- 反应；软酸与软碱，如 Hg^{2+} 和 I^- 的反应，都可以形成稳定的配合物。硬酸与软碱，或软酸与硬碱并不是不形成配合物，而是形成的配合物不够稳定。至于交界的酸、碱就不论对象是软还是硬，都可以同它反应，所生成的配合物的稳定性差别不大。

硬酸与硬碱结合形成离子型较显著的键，因而硬酸类金属离子与电负性大的原子如 F、O、N 较易结合，生成的配合物稳定性较大；软酸与软碱结合时形成共价性较显著的键，因而软酸类金属离子与电负性小的 C、I 较易键合，生成的配合物较稳定。根据软硬酸碱规则，可以预测某些配合物的相对稳定性。例如 Cd^{2+} 是软酸，CN^- 为软碱，NH_3 为硬碱，可预测 $[Cd(CN)_4]^{2-}$ 较稳定而 $[Cd(NH_3)_4]^{2+}$ 较不稳定。这一预测是符合事实的，$[Cd(CN)_4]^{2-}$ 的 $K_s^{\ominus}=1.3\times10^{18}$，$[Cd(NH_3)_4]^{2+}$ 的 $K_s^{\ominus}=3.6\times10^{6}$。又如，$Fe^{3+}$ 是硬酸，F^- 是硬碱，SCN^- 是软碱，若在 $[Fe(NCS)_6]^{3-}$ 血红色溶液中加入 F^-，则发生配位体取代反应：

$$[Fe(NCS)_6]^{3-}+6F^- \rightleftharpoons [FeF_6]^{3-}+6SCN^-$$

形成配离子 $[FeF_6]^{3-}$ 而使溶液褪色，即 $[FeF_6]^{3-}$ 比 $[Fe(NCS)_6]^{3-}$ 更稳定。再如 CN^- 是软碱，它与软酸 Ag^+、Cd^{2+}、Hg^{2+}、Pt^{4+} 和交界酸 Cu^{2+}、Zn^{2+} 形成稳定或比较稳定的配合物，而与硬酸中的 Mn^{2+}、Cr^{3+} 等形成不稳定的配合物，还有一部分硬酸基本上不与 CN^- 形成配合物。对于两可配体如 SCN^- 可以作这样的解释，其中一个原子较硬（N），而另一个较软（S），于是当与硬酸 Fe^{3+} 结合时生成配离子 $[Fe(NCS)_6]^{3-}$，当与软酸 Ag^+ 配位时生成配离子 $[Ag(SCN)_2]^-$。

软硬酸碱规则，在一定范围内可以说明一些物质的性质和反应，也能说明一些配合物的稳定性。由于决定配合物稳定性的因素很多，不能全靠这个规则来解释配合物稳定性的所

笔记栏

有问题。

（二）影响配合物稳定性的因素

1. 中心原子的影响

（1）中心原子在元素周期表中的位置：处于元素周期表两端的金属元素形成配合物的能力较弱，尤其是碱金属和碱土金属；而中间的元素形成配合物的能力较强，特别是Ⅷ族元素及其相邻近的一些副族元素，形成配合物的能力最强。中心原子在元素周期表中的分布情况如图 8-16 所示。

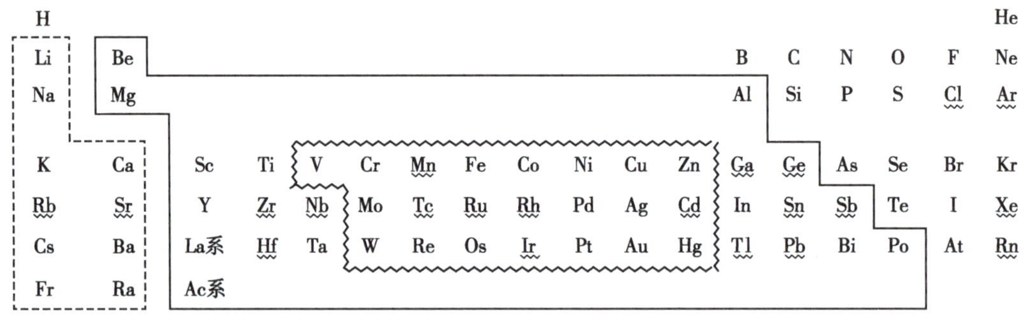

图 8-16　中心原子（金属元素）在元素周期表中的分布情况

图 8-16 中波浪线框内的元素均为良好的配合物形成体，形成的配合物较稳定。在虚线框内的ⅠA、ⅡA 族的元素，形成配合物的能力差，仅能形成少数螯合物。在黑线框内、波浪线框外的元素介于前二者之间，形成的简单配合物稳定性较差，但螯合物的稳定性比较好。

上述只是粗略比较，未涉及元素的不同氧化态。

（2）中心原子的电子层构型

1）2 电子或 8 电子层构型的中心原子：这类阳离子的价层结构，除 Li^+、Be^{2+}、B^{3+} 为 $1s^2$（$2e^-$）外，其余均为 ns^2np^6（$8e^-$）的稀有气体型（也可以说是 d^0 型）组态，属于硬酸。这类离子对核电荷的屏蔽作用大，极化率小，本身难变形，与 F^-、OH^-、O^{2-} 等硬碱易配位（硬亲硬），结合力主要为静电引力。一般来说，这类中心原子形成配合物的能力较差，它们和配体主要以静电作用相结合。金属离子的电场越强，离子电荷越高，对配体上的孤对电子吸引力越大，形成的配合物也越稳定。

也可用离子势 φ（$\varphi=Z/r$，Z 为离子电荷，r 为离子半径）作为参数来衡量这类配合物的稳定性。离子势 φ 越大，生成的配合物越稳定。

2）18 电子层构型的中心原子：这类中心原子又称 d^{10} 型中心原子，如 Cu^+、Ag^+、Au^+、Zn^{2+}、Cd^{2+}、Hg^{2+}、Ga^{3+}、In^{3+}、Tl^{3+}、Ge^{4+}、Sn^{4+}、Pb^{4+} 等。由于 18 电子构型中心原子的配合物中通常存在一定程度的共价键的性质，所以这些配合物一般比电荷相同、半径相近的 8 电子构型中心原子的相应配合物稳定，但它们的稳定性的变化情况较复杂。例如，配体为 Cl^-、Br^-、I^- 时，Zn^{2+}、Cd^{2+}、Hg^{2+} 配合物的稳定性顺序为 $Zn^{2+}<Cd^{2+}<Hg^{2+}$，这是由于随半径增大，共价性增加（可从离子极化的观点来理解），配合物的稳定性越大。

当电荷相同、半径相近、配位体相同的情况下，配合物稳定性有如下次序：

$Cu^+>Na^+$　　　　$Cd^{2+}>Ca^{2+}$　　　　$In^{3+}>Sc^{3+}$

适合与这类离子结合的是电负性小、体积较大、容易变形的阴离子配体。其强度顺序恰好与上述 8 电子层构型的离子相反，并以配位原子的电负性与体积起主要作用。其顺序是：

$S>N>O>F$　　　　$I^->Br^->Cl^->F^-$　　　　$CN^->NH_3>H_2O>OH^-$

如 Hg^{2+}（软酸）与 I^-、S^{2-} 和 CN^-（软碱）的结合符合软亲软的原则，特别稳定。

3）18+2 电子层构型的中心原子：这类中心原子又称 $(n-1)d^{10}ns^2$ 型中心原子，如 Ga^+、In^+、Tl^+、Ge^{2+}、Sn^{2+}、Pb^{2+}、As^{3+}、Sb^{3+}、Bi^{3+} 等。它们形成配合物时的情况，一般与 18 电子层构型的中心原子类似。

4）9~17 电子层构型的中心原子：这类中心原子具有未充满的 d 轨道，从电子层结构看，介于 8 电子（硬酸）和 18 电子（软酸）之间，应属于交界酸，容易接受配体的孤对电子，形成配合物的能力强。

（3）中心原子的电荷与半径：对于中心原子和配体之间主要以静电作用力形成的配合物，在中心原子的价层电子构型相同时，中心原子的电荷越高，半径越小，形成的配合物越稳定，即稳定常数越大。此外，电荷的影响明显大于半径的影响，这是因为电荷总是成倍增加，而半径的变化较小。

2. 配体的影响

（1）螯合效应：多齿配体与中心原子的成环作用使螯合物的稳定性比组成和结构相近的非螯合物的稳定性大得多，这种现象称为螯合效应（chelate effect）。例如，$[Cu(en)_2]^{2+}$（$\lg\beta_2^{\ominus}=20.00$）比 $[Cu(NH_3)_4]^{2+}$（$\lg\beta_4^{\ominus}=13.32$）稳定，$[Cd(en)_2]^{2+}$（$\lg\beta_2^{\ominus}=10.09$）比 $[Cd(NH_3)_4]^{2+}$（$\lg\beta_4^{\ominus}=6.55$）稳定。

螯合效应与螯环的大小有关。通常具有五原子螯环或六原子螯环的螯合物在溶液中很稳定。以饱和五原子螯环形成的螯合物普遍比以饱和六原子螯环或更大的螯环形成的螯合物稳定，但若螯环中存在共轭体系，则有六原子螯环的螯合物一般也很稳定。螯合效应还与螯环的数目有关。一般来讲，形成螯环的数目越多，螯合物越稳定。如 EDTA 与形成配合物能力较差的 Ca^{2+} 等 s 区元素能形成螯合物，这与 EDTA 螯合物中有 5 个五原子螯环有关。

（2）位阻效应和邻位效应：在螯合剂的配位原子附近有体积较大的基团时，会对螯合物的形成产生一定的阻碍，从而降低所形成的螯合物的稳定性，严重时甚至不能形成螯合物，这种现象称为位阻效应。

配位原子的邻位基团产生的位阻效应特别显著，称为邻位效应。例如检验 Fe^{2+} 的灵敏反应：1,10-二氮菲和 Fe^{2+} 可形成橘红色的螯合物 $[Fe(phen)_3]^{2+}$（$\lg\beta_3^{\ominus}=21.3$）。但若在 1,10-二氮菲的 2,9 位置上引入甲基或苯基后，就不和 Fe^{2+} 发生反应。又如，8-羟基喹啉可和许多金属离子形成螯合物，是分析中重要的试剂，但选择性差；它与 Al^{3+} 和 Be^{2+} 都能形成难溶配合物，在其 2 位上引入甲基后就不与 Al^{3+} 反应生成沉淀，却可和 Be^{2+} 反应生成沉淀。这是由于 Al^{3+} 半径小，形成八面体配合物时位阻大，而 Be^{2+} 形成的是四面体配合物，受位阻影响较小。故可利用位阻效应在 Al^{3+} 和 Be^{2+} 共存时对 Be^{2+} 进行定量分析。

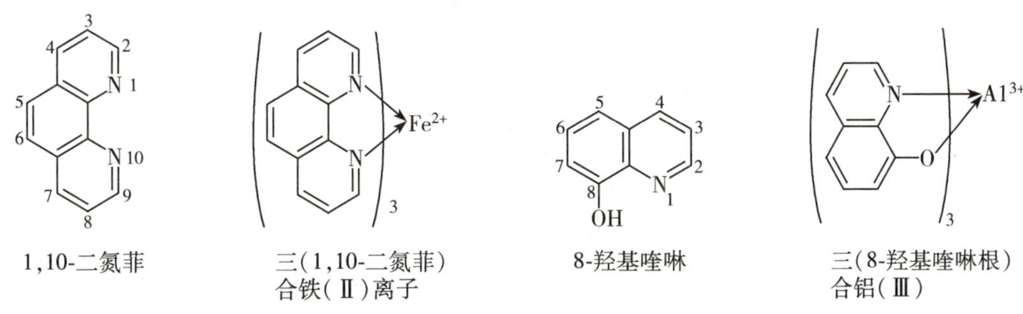

1,10-二氮菲　　三(1,10-二氮菲)合铁(Ⅱ)离子　　8-羟基喹啉　　三(8-羟基喹啉根)合铝(Ⅲ)

三、配位平衡的移动

与其他化学平衡一样，金属离子和配位体之间也存在配位平衡。以 M^{n+} 表示中心原子，L^- 表示配体，存在如下配位平衡：

笔记栏

$$M^{n+}+aL^{-} \rightleftharpoons [ML_a]^{n-a}$$

根据平衡移动原理，若改变溶液的酸度，使配体L^-或中心金属离子M^{n+}的浓度降低；向平衡体系中加入某种试剂使M^{n+}生成难溶化合物；或改变M^{n+}的氧化态，都会使配位平衡向左移动。若加入一种配体，使它与M^{n+}生成更稳定的配离子，同样使原来的配位平衡遭到破坏。

由此可见，配位平衡是一种相对的动态平衡。它同溶液的酸度、沉淀平衡、氧化还原平衡密切有关。下面分别进行讨论。

（一）配位平衡与酸碱平衡

1. 配合物的酸效应　根据路易斯（Lewis）酸碱理论，配位体 L 都是碱，但碱的强度各自不同，若 L 为强碱（如H_4Y中的Y^{4-}），则与H^+的结合力很强，因此当溶液中酸度增加时，L 会结合H^+变成弱酸分子从而降低[L]，使配合物稳定性降低。这种**酸度增大而导致配合物的稳定性降低的现象称酸效应。**

如在$[Cu(NH_3)_4]SO_4$配合物中，增大H^+浓度，溶液中游离的NH_3浓度降低，可导致配合物解离，即此时酸碱反应代替了配合反应

$$[Cu(NH_3)_4]^{2+}+4H^+ \rightleftharpoons Cu^{2+}+4NH_4^+$$

又如，在弱酸性介质中，F^-能与Fe^{3+}配合：

$$Fe^{3+}+6F^- \rightleftharpoons [FeF_6]^{3-}$$

但若酸度过大（$[H^+]>0.5mol/L$），会发生下列酸碱反应：

$$H^++F^- \rightleftharpoons HF$$

配位平衡向左移动，配离子$[FeF_6]^{3-}$发生解离。因此，如果配体碱性较强，酸度对配位平衡有影响，pH 越低，配合物越不稳定。即酸度增大，不利于配合物的稳定。如果配体是极弱的碱，则基本上不与H^+结合，它的浓度实际上不受溶液酸度的影响，这时酸度也就不会影响配合物的稳定性。如 HSCN 是强酸，其共轭碱SCN^-是弱碱，以SCN^-为配体的配合物在强酸性溶液中仍然很稳定。

2. 金属离子的水解效应　酸度不仅对配体的浓度发生影响，对金属离子的浓度也有影响。pH 较高时，很多金属离子特别是高价态的金属离子都有显著的水解现象，从而影响配离子的稳定性。如在$[FeF_6]^{3-}$的平衡体系中：

$$Fe^{3+}+6F^- \rightleftharpoons [FeF_6]^{3-}$$

若溶液的酸度太低，Fe^{3+}产生下列分步水解反应：

$$[Fe(H_2O)_6]^{3+}+H_2O \rightleftharpoons [Fe(H_2O)_5OH]^{2+}+H_3O^+$$
$$[Fe(H_2O)_5OH]^{2+}+H_2O \rightleftharpoons [Fe(H_2O)_4(OH)_2]^{+}+H_3O^+$$
$$[Fe(H_2O)_4(OH)_2]^{+}+H_2O \rightleftharpoons [Fe(H_2O)_3(OH)_3]+H_3O^+$$

其结果使配位平衡左移，$[FeF_6]^{3-}$发生解离被破坏。因此，要生成稳定的$[FeF_6]^{3-}$，必须增加溶液中H^+浓度，抑制Fe^{3+}的水解；同时考虑F^-的酸效应，选择合适的 pH。

综上所述，酸度对配位平衡的影响应从酸效应和水解效应两方面考虑，但通常以酸效应为主。至于在某一 pH 下，以哪一个变化为主，由配体的碱性、金属氢氧化物的溶度积和配离子的稳定因素来决定。

笔记栏

（二）配位平衡和沉淀平衡

配位平衡与沉淀平衡的关系，可以看作沉淀剂与配位剂共同争夺金属离子的过程。

若在配合物中加入沉淀剂，如果金属离子和沉淀剂生成沉淀，会使配位平衡向解离方向移动；反之，若在沉淀中加入能与金属离子形成配合物的配位剂，则沉淀可转化为配离子而溶解。如在 AgCl 沉淀中加入氨水，沉淀溶解生成配离子$[Ag(NH_3)_2]^+$；继续向此溶液中加入 KBr 溶液，则生成淡黄色的 AgBr 沉淀，再加 $Na_2S_2O_3$ 溶液，AgBr 溶解生成配离子$[Ag(S_2O_3)_2]^{3-}$；接着加入 KI 溶液，配离子$[Ag(S_2O_3)_2]^{3-}$解离生成黄色的 AgI 沉淀；再加 KCN 溶液，AgI 溶解生成配离子$[Ag(CN)_2]^-$；最后加入 Na_2S 溶液，则有黑色 Ag_2S 沉淀产生。系列反应为：

$$AgCl(s)+2NH_3 \rightleftharpoons [Ag(NH_3)_2]^+ + Cl^-$$

$$[Ag(NH_3)_2]^+ + Br^- \rightleftharpoons AgBr(s)+2NH_3$$

$$AgBr(s)+2S_2O_3^{2-} \rightleftharpoons [Ag(S_2O_3)_2]^{3-} + Br^-$$

$$[Ag(S_2O_3)_2]^{3-} + I^- \rightleftharpoons AgI(s)+2S_2O_3^{2-}$$

$$AgI(s)+2CN^- \rightleftharpoons [Ag(CN)_2]^- + I^-$$

$$2[Ag(CN)_2]^- + S^2 \rightleftharpoons Ag_2S(s)+4CN^-$$

与沉淀的生成和溶解相对应的是配合物的解离和形成。配合物的稳定常数值越大，越易形成相应的配合物，沉淀越易溶解；而沉淀的溶度积常数越小，则配合物越易解离生成沉淀。根据多重平衡原理，可计算出这些反应的平衡常数，以判断反应进行的程度，并计算出有关物质的浓度。

例 8-4　欲使 0.10mol AgCl 溶于 1L 氨水中，所需氨水的最低浓度是多少？已知：AgCl 的 $K_{sp}^{\ominus}=1.8\times10^{-10}$，$[Ag(NH_3)_2]^+$的 $K_s^{\ominus}=1.1\times10^7$。

解：设 0.10mol AgCl 溶解达到平衡时氨水的浓度为 $x$mol/L。

$$AgCl(s)+2NH_3 \rightleftharpoons [Ag(NH_3)_2]^+ + Cl^-$$

平衡浓度 mol/L　　x　　0.10　　0.10

$$\because K^{\ominus}=\frac{[Ag(NH_3)_2^+][Cl^-]}{[NH_3]^2}\times\frac{[Ag^+]}{[Ag^+]}$$

$$=K_{sp}^{\ominus}\cdot K_s^{\ominus}=1.8\times10^{-10}\times1.1\times10^7$$

$$=2.0\times10^{-3}$$

$$\therefore \frac{0.10\times0.10}{x^2}=2.0\times10^{-3}$$

$$x=[NH_3]=2.2\text{mol/L}$$

由反应式可知，溶解 0.10mol AgCl 必定消耗 0.20mol 氨水，故所需氨水的最低浓度为：

$$c_{NH_3}=2.2+0.20=2.4(\text{mol/L})$$

例 8-5　在例 8-4 的溶液中加入 KBr 晶体使 Br^- 浓度为 0.10mol/L（忽略溶液体积变化），问：（1）是否有 AgBr 沉淀生成？（2）欲阻止 AgBr 沉淀产生，NH_3 的浓度至少为多少？已知 AgBr 的 $K_{sp}^{\ominus}=5.35\times10^{-13}$。

解：（1）先计算溶液中的$[Ag^+]$。

笔记栏

由于例 8-4 中 AgCl 溶液达平衡时：

$$[Ag^+][Cl^-]=K_{sp}^{\ominus}$$

$$\therefore [Ag^+]=\frac{K_{sp}^{\ominus}}{[Cl^-]}=\frac{1.8\times10^{-10}}{0.10}=1.8\times10^{-9}(mol/L)$$

加入 0.10mol/L Br^-，则：

$$Q=[Ag^+][Br^-]=1.8\times10^{-9}\times0.10=1.8\times10^{-10}>K_{sp,AgBr}^{\ominus}$$

∴ 有 AgBr 沉淀析出。

(2) $$[Ag(NH_3)_2]^++Br^-\rightleftharpoons AgBr(s)+2NH_3$$

平衡浓度/(mol/L)　　0.10　　0.10　　　　y

$$\because K^{\ominus}=\frac{[NH_3]^2}{[Ag(NH_3)_2^+][Br^-]}\times\frac{[Ag^+]}{[Ag^+]}=\frac{y^2}{0.1\times0.1}$$

$$=\frac{1}{K_{sp}^{\ominus}\cdot K_s^{\ominus}}=\frac{1}{5.35\times10^{-13}\times1.1\times10^7}=\frac{y^2}{0.1\times0.1}=1.7\times10^5$$

$$\therefore y=41mol/L$$

市售浓氨水的最大浓度约为 15mol/L，因此无法通过加过量氨水阻止 AgBr 沉淀的产生。

例 8-6　有一含 2.0mol/L NH_4Cl 和 0.010mol/L $[Cu(NH_3)_4]^{2+}$ 的混合溶液，向其通入氨气至 1.0mol/L，有无沉淀生成？已知 $K_{sp,Cu(OH)_2}^{\ominus}=2.2\times10^{-20}$。

解：溶液中存在 3 个主要平衡反应——氨水的解离平衡、$[Cu(NH_3)_4]^{2+}$ 的配位平衡和 $Cu(OH)_2$ 的沉淀平衡。

氨水的解离平衡：$NH_3\cdot H_2O\rightleftharpoons NH_4^++OH^-$

$$\because K_b^{\ominus}=\frac{[NH_4^+][OH^-]}{[NH_3]}$$

$$\therefore [OH^-]=\frac{K_b^{\ominus}\cdot[NH_3]}{[NH_4^+]}=\frac{1.74\times10^{-5}\times1.0}{2.0}=8.7\times10^{-6}(mol/L)$$

$[Cu(NH_3)_4]^{2+}$ 的配位平衡：$Cu^{2+}+4NH_3\rightleftharpoons[Cu(NH_3)_4]^{2+}$

$$\because K_s^{\ominus}=\frac{[Cu(NH_3)_4^{2+}]}{[Cu^{2+}][NH_3]^4}=\frac{0.010}{[Cu^{2+}]\times1^4}=2.1\times10^{13}$$

$$\therefore [Cu^{2+}]=4.8\times10^{-16}mol/L$$

由沉淀平衡求离子积 Q：

$$Q=c_{Cu^{2+}}\cdot(c_{OH^-})^2=4.8\times10^{-16}\times(8.7\times10^{-6})^2=3.6\times10^{-26}$$

$\because Q<K_{sp,Cu(OH)_2}^{\ominus}$

∴ 溶液中无 $Cu(OH)_2$ 沉淀生成。

（三）配位平衡与氧化还原平衡

由于配合物的生成可使溶液中的金属离子的浓度大大降低，从而改变了该金属离子的氧化能力，因此配合反应不仅能改变金属离子的氧化性，甚至能改变氧化还原的方向。例如溶液中的 Cu^+ 不稳定，易歧化，生成 Cu^{2+} 和 Cu。若在 Cu^+ 溶液中加入 KCN，由于配离子

笔记栏

$[Cu(CN)_2]^-$的生成,溶液中Cu^+浓度大大降低,从而使其电极电势大大降低,使Cu(Ⅰ)状态趋于稳定。又如Fe^{3+}可以氧化I^-,反应为$2Fe^{3+}+2I^-=2Fe^{2+}+I_2$。若在$Fe^{3+}$溶液中加入$F^-$生成了较稳定的配离子$[FeF_6]^{3-}$后,溶液中$Fe^{3+}$浓度大大降低,导致电对的$E$值大大减小,当$E_{Fe^{3+}/Fe^{2+}}<E_{I_2/I^-}$时,上述反应逆向进行。

根据配位平衡关系和能斯特方程,可由金属离子的标准电极电势求出金属配离子的标准电极电势,再根据电动势的大小判断氧化还原反应的方向。

1. 配离子电对中有一个是零价金属　某一金属离子M^{n+}与单质M金属组成的电对,当M^{n+}形成$[ML_a]^{n-a}$后,按能斯特方程,可算出电对$[ML_a]^{n-a}/M$的平衡电势。若配体和配离子平衡浓度均为1mol/L时,则在298.15K时,$[ML_a]^{n-a}+ne^-\rightleftharpoons M+aL^-$的标准电极电势为:

$$E^{\ominus}_{[ML_a]^{n-a}/M}=E^{\ominus}_{M^{n+}/M}-\frac{0.059\,2}{n}\lg K^{\ominus}_s \qquad 式(8\text{-}15)$$

例 8-7　求电极反应$[Au(CN)_2]^-+e^-\rightleftharpoons Au+2CN^-$的标准电极电势值。

解:$E^{\ominus}_{[Au(CN)_2]^-/Au}=E^{\ominus}_{Au^+/Au}-\frac{0.059\,2}{1}\lg K^{\ominus}_s$

查附录五得:$\lg K^{\ominus}_{s,[Au(CN)_2]^-}=38.3$,$E^{\ominus}_{Au^+/Au}=1.68V$

$$E^{\ominus}_{[Au(CN)_2]^-/Au}=1.68-\frac{0.059\,2}{1}\times 38.3=-0.59(V)$$

由计算结果可知,形成配合物后,电极电势大大降低,Au^+的氧化能力也大大降低。

2. 同一金属不同价态的配离子电对　若同一金属的不同价态金属离子(M^{n+}、M^{m+})都能与配体L形成配离子$[ML_a]^{n-a}$和$[ML_a]^{m-a}$时,按能斯特方程,可算出电对$[ML_a]^{n-a}/[ML_a]^{m-a}$的平衡电势。

$[ML_a]^{n-a}+(n-m)e^-\rightleftharpoons[ML_a]^{m-a}$的标准电极电势为:

$$E^{\ominus}_{[ML_a]^{n-a}/[ML_a]^{m-a}}=E^{\ominus}_{M^{n+}/M^{m+}}+\frac{0.059\,2}{n-m}\lg\frac{K^{\ominus}_{s,[ML_a]^{m-a}}}{K^{\ominus}_{s,[ML_a]^{n-a}}} \qquad 式(8\text{-}16)$$

例如Co^{3+}/Co^{2+}电对:

$$Co^{3+}+e^-\rightleftharpoons Co^{2+} \qquad E^{\ominus}=+1.92V$$

加入NH_3后,Co^{3+}和Co^{2+}都形成相应的配合物$[Co(NH_3)_6]^{2+}$($K^{\ominus}_s=1.3\times10^5$)、$[Co(NH_3)_6]^{3+}$($K^{\ominus}_{稳}=1.6\times10^{35}$)。由能斯特方程,则可求标准状况下,下列反应的电极电势:

$$[Co(NH_3)_6]^{3+}+e^-\rightleftharpoons[Co(NH_3)_6]^{2+}$$

$$E^{\ominus}_{[Co(NH_3)_6^{3+}/Co(NH_3)_6^{2+}]}=E^{\ominus}_{Co^{3+}/Co^{2+}}+0.059\,2\lg\frac{K^{\ominus}_{s,[Co(NH_3)_6]^{2+}}}{K^{\ominus}_{s,[Co(NH_3)_6]^{3+}}}$$

$$=1.92+0.059\,2\lg\frac{1.3\times10^5}{1.6\times10^{35}}=0.11(V)$$

由此可见,当高价配离子的稳定常数较大时,高价离子浓度降低,因此氧化能力降低;反之,当低价配离子的稳定常数较大时,低价离子浓度降低,则高价离子氧化能力

笔记栏

增加。

(四)配合物的取代反应

配合物的大多数性质都与取代反应有关,由于配离子是由中心原子和配体组成,而配合物的取代反应可分为中心原子取代和配体取代2种。例如:

$$[Ag(NH_3)_2]^+ + 2S_2O_3^{2-} \rightleftharpoons [Ag(S_2O_3)_2]^{3-} + 2NH_3 \qquad \text{(配体取代)}$$

$$[CuY]^{2-} + Fe^{3+} \rightleftharpoons Cu^{2+} + [FeY]^- \qquad \text{(中心原子取代)}$$

$$[Fe(H_2O)_6]^{3+} + 6SCN^- \rightleftharpoons [Fe(NCS)_6]^{3-} + 6H_2O \qquad \text{(配体取代)}$$

这些取代反应是否能够发生,反应进行程度如何,则要看取代反应的平衡常数大小,而此平衡常数取决于反应前后配合物的稳定性。例如上述第一个取代反应的平衡常数可表示为:

$$K^{\ominus} = \frac{[Ag(S_2O_3)_2^{3-}]\times[NH_3]^2\times[Ag^+]}{[Ag(NH_3)_2^+]\times[S_2O_3^{2-}]^2\times[Ag^+]} = \frac{K^{\ominus}_{s,[Ag(S_2O_3)_2]^{3-}}}{K^{\ominus}_{s,[Ag(NH_3)_2]^+}} = \frac{2.88\times10^{13}}{1.12\times10^7} = 2.57\times10^6$$

取代反应平衡常数与配合物稳定常数的关系可概括为:

$$K^{\ominus} = \frac{K^{\ominus}_{s,新}}{K^{\ominus}_{s,旧}} \qquad \text{式(8-17)}$$

从上述计算的 $K^{\ominus}$ 值可知,上述反应进行得很彻底。若 $K^{\ominus}>1$,表明新生成的配合物比原配合物更稳定,取代反应可以自发进行。

第四节 配位化合物的应用

一、在分析化学中的应用

(一)检验离子的特效试剂

镍离子的鉴别反应

通常利用螯合剂与某些金属离子生成有色难溶的内配盐,作为检验这些离子的特征反应。例如:

1. Ni^{2+} 的检验 二甲基乙二肟是 Ni^{2+} 的特效试剂。在严格的 pH(5~10)的氨溶液中,它与 Ni^{2+} 反应生成鲜红色沉淀,用来检验 Ni^{2+} 的存在。

2. Fe^{2+} 的检验 邻菲罗啉螯合剂是 Fe^{2+} 的特效试剂。Fe^{2+} 与邻菲罗啉在微酸性溶液中反应,生成橘红色的配离子,用来检验 Fe^{2+} 的存在。

铜试剂

3. Cu^{2+} 的检验 N,N′-二乙基二硫代甲酸钠(铜试剂)是 Cu^{2+} 的特效试剂,与 Cu^{2+} 在含氨溶液中生成棕色螯合物沉淀。

4. Fe^{3+} 的检验 Fe^{3+} 可与硫氰酸盐生成血红色配合物,即使是少量 Fe^{3+} 也能进行检验。

另外,一些简单配合物反应也可用来检验离子。

(二)作掩蔽剂

掩蔽剂

当溶液中有多种金属离子共同存在,加入一种试剂测定某一种金属离子时,其他金属离子往往也会与该试剂发生同类反应而干扰测定。例如:

1. 消除 Fe^{3+} 对检验 Cu^{2+} 的干扰 Cu^{2+} 和 Fe^{3+} 都会氧化 I^- 成为 I_2。因此,在用 I^- 来测定 Cu^{2+} 时,共同存在的 Fe^{3+} 会产生干扰。若加入 F^- 或 PO_4^{3-},使 Fe^{3+} 与 F^- 配合生成稳定的

笔记栏

$[FeF_6]^{3-}$或$[Fe(HPO_4)]^+$，就能防止其对Cu^{2+}测定的干扰。

2. 消除Fe^{3+}对检验Co^{2+}的干扰　在Fe^{3+}和Co^{2+}的混合液中，先加NaF生成稳定的$[FeF_6]^{3-}$掩蔽Fe^{3+}，再加KSCN溶液使Co^{2+}生成$[Co(SCN)_4]^{2-}$（水中易解离），在丙酮、戊醇溶液中呈蓝色检出。

上述这种防止干扰的作用称为掩蔽作用。配合剂NaF和H_3PO_4称为掩蔽剂。

二、在医药方面的应用

无机药物分天然无机药物和合成无机药物。天然无机药物主要是矿物药和某些贵金属单质。金属配合物药物属于合成无机药物。

配合物在药物治疗中也日益显示其强大生命力，如有些药物是金属配合物，有些配体作为螯合药物用于解重金属中毒，有些配合物用作抗凝血剂和抑菌剂，配合反应在临床检验和生化实验中都有应用。

知识链接

你知道稀土金属螯合物在医学诊断中的应用吗？

稀土元素具有特殊的光、电、磁特性，有利于医学中的治疗及诊断。如钆可作为MRI的反差增进剂，在未来MRI发展中钆有助于探测微小病变。又如在TRFIA中，EU^{3+}、Tb^{3+}等稀土离子与某些螯合剂形成配合物增强荧光强度，从而可计算出人体抗体（抗原）浓度。

例如，EDTA的钙盐是排除人体内铀、钍、钚等放射性元素的高效解毒剂；柠檬酸铁配合物在临床上用于治疗缺铁性贫血；酒石酸锑钾不仅可以治疗糖尿病，而且和维生素B_{12}等含钴螯合物一样可用于治疗血吸虫病。又如风湿性关节炎与局部缺乏铜离子有关。用阿司匹林治疗风湿性关节炎就是把体内结合的铜生成低分子量的中性铜配合物透过细胞膜运载到风湿病变处而起治疗作用的。但阿司匹林会螯合胃壁的Cu^{2+}，引起胃出血。如改用阿司匹林的铜配合物，则疗效增加，即使较大剂量也不会引起胃出血。加少量EDTA的钠盐或柠檬酸钠可螯合血液中的Ca^{2+}，防止血液凝固，有利于保存。

知识链接

为何排除人体内的铅用$Na_2CaEDTA$而不用Na_2H_2EDTA？

用Na_2H_2EDTA排除人体内的铅时，会因同时螯合了钙而导致血钙水平降低，进而引起痉挛。医学上改用$Na_2CaEDTA$实现了顺利排铅而保持血钙水平基本不受影响。

钒的配合物表现出类胰岛素效应，正尝试用于糖尿病的治疗。对金、银复杂化合物（主要是配合物）药用价值的认识也越来越深入，如Au^+的—SH配合物用于治疗风湿性关节炎已60多年，近年来发现$[Au(CN)_2]^-$为其代谢产物之一，可抑制人类免疫缺陷病毒（HIV）的

笔记栏

复制。Au（Ⅰ）与Au（Ⅲ）配合物之间的转化与其药性和毒性关系密切。Ag^+的配合物可用于治疗烧伤和具有抗微生物活性。

20世纪70年代以来，配合物作为抗癌药物的研究也受到很大重视，如顺铂（*cis*-DDP）[$PtCl_2(NH_3)_2$]是一种十分有效的抗癌药物，临床上使用多年。但此药物毒副作用大，水溶性小，经过英国、美国科学家的研究，现在已经制出了第二代铂系抗癌药物，毒副作用大大降低。如二氨-（1，1-环丁二酸）合铂（Ⅱ）、二羟基二氯（二异丙胺）合铂（Ⅳ）等等。尽管顺铂抗癌药物的研究已经取得举世瞩目的进展，但其肾毒性、神经毒性、催吐性及易产生抗药性等缺点，使其应用受到限制。高效低毒的非铂类金属抗癌药物有待开发。

近几十年来，除了铂类抗癌药在临床使用外，其他金属配合物抗癌药物也在研制和使用中。如Bi、Au、Li、Cu、Cr、Mn、Fe、Co、Ni等和稀土元素的金属药物，在治疗糖尿病、细菌性感染、风湿性关节炎、脑血栓等方面发挥了重要的作用。

三、在生命体中的应用

现已知的1 000多种生物酶中，约有1/3是复杂的金属离子的配合物。它们对生物的各种代谢活动、能量转换与传递、电荷转移、化学键的形成或断裂、O_2的输送等，都起着重要的作用。许多酶的作用与其结构中含有金属离子有关。例如，植物生长中起光合作用的叶绿素是含Mg^{2+}的复杂配合物；动物血液中起着传递O_2的血红素是Fe^{2+}卟啉配合物，煤气中毒可能是CO与血红素的Fe^{2+}生成较稳定的配合物，从而失去了输送O_2的功能。又如维生素B_{12}和辅酶B_{12}都是含钴的配合物，它们的供给不足会导致巨幼红细胞性贫血。

植物固氮酶是铁、钼的蛋白质配合物，能固定空气中的N_2并还原为NH_4^+。近年来，随着仿生化学的发展，在固氮酶及光合作用的化学模拟方面，国内外均进行了大量研究并取得了一定成绩，期望在不久的将来能实现常温常压合成氨的工艺生产。

四、在生产生活中的应用

金属配合物在化学化工方面的应用很广，涉及领域也非常宽。例如，皮革工业用作鞣剂；钌配合物可在染料敏化太阳能电池中应用；镧系配合物转光剂可在农膜中应用；金属茂夹心配合物在烯烃催化聚合、电化学、医药等领域具有巨大的应用潜力。例如，催化加氢可用[$Rh(PPh_3)_2Cl$]催化，当金属有机化合物中存在手性配体时，它们还可以催化不对称氢化反应，并且可以达到较高的立体选择性；催化脱氢效率最高的配合物是[$RhCl(CO)(PMe_3)_2$]，用到铑配合物。目前，利用金属有机化合物进行催化，如镧系金属有机化合物对不饱和C—C基团的分子内、分子间的氢胺化、环化反应均具有很高的催化活性，很可能发展为一种新型的氢胺化催化剂。

王水溶金和电镀：在湿法冶金方面，金的提取冶炼，就是利用配合剂CN^-与Au^+从金矿中浸取出来，再用适当的还原剂还原为金属；在电镀工业中，被镀的金属往往是用配合剂先形成配合物，使其金属离子的浓度控制在一定范围，在电镀板上缓慢还原而得到光亮致密的镀层。

照相定影：大量的硫代硫酸钠在照相术中作定影剂，利用它与照片上的明胶凝胶中未感光的卤化银形成配合物。

笔记栏 

学习小结

1. 学习内容

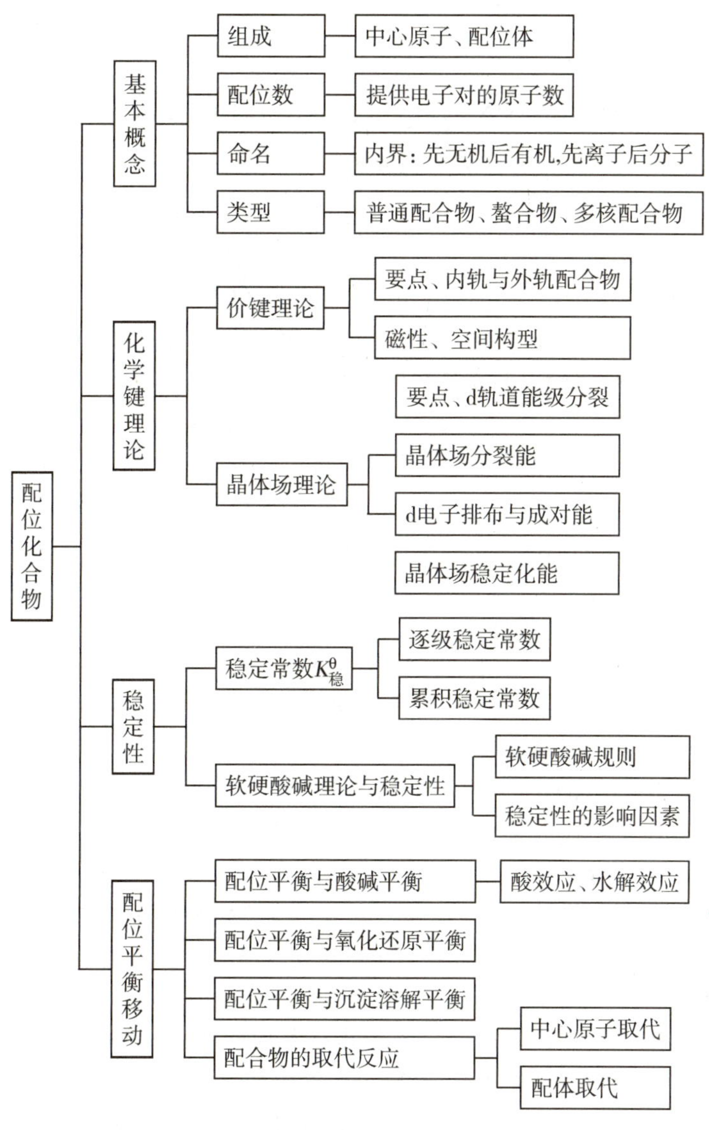

2. 学习方法　①首先要学习并掌握配合物的基本概念。内容比较多，要逐一理解，并加以练习。②配位平衡为化学平衡中最后一个平衡，注意配位平衡与其他 3 个平衡的区别与联系，进行综合计算。③本章是在分子结构理论的基础上进一步学习配合物的价键理论，要注意复习与巩固分子结构中的杂化轨道理论。④晶体场理论是本章的难点，复习巩固原子结构一章有关 d 轨道的知识。注意价键理论与晶体场理论的区别与联系。

扫一扫，测一测

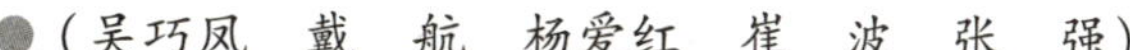（吴巧凤　戴　航　杨爱红　崔　波　张　强）

复习思考题与习题

1. 已知有 2 种钴的配合物，具有相同的分子式 $Co(NH_3)_5ClSO_4$。它们的区别在于：在第

笔记栏

一种配合物的溶液中加 $BaCl_2$ 时，产生 $BaSO_4$ 沉淀，但加 $AgNO_3$ 时不产生沉淀；第二种配合物的溶液与之相反。写出这 2 种配合物的化学式，并指出钴的配位数和中心离子氧化值。

2. 已知$[Mn(CN)_6]^{4-}$是内轨配合物，$[MnF_6]^{4-}$是外轨配合物，画出它们的电子分布情况，并指出各以何种杂化轨道成键。

3. 何谓螯合物和螯合效应？在下列化合物中哪些可能作为有效的螯合剂？

H_2O　　NH_3　　$(HOOCCH_2)_2N—CH_2—CH_2—N(CH_2COOH)_2$　　$(CH_3)_2N—NH_2$

4. 下列化合物中哪些是配合物？哪些是螯合物？哪些是复盐？哪些是简单盐？

(1) $(NH_4)_2[Fe(B)_5(H_2O)]$　　(2) $CaSO_4 \cdot 5H_2O$

(3) $[Ni(en)_2]Cl_2$　　(4) $(NH_4)_2SO_4 \cdot FeSO_4 \cdot 6H_2O$

(5) $KCl \cdot MgCl_2 \cdot 6H_2O$　　(6) $[Pt(OH)_2(NH_3)_2]Cl_2$

(7) $[Cu(NH_2CH_2COOH)_2]SO_4$　　(8) $KAl(SO_4)_2 \cdot 12H_2O$

5. 命名下列配合物，并指出配离子的电荷、中心原子的化合价及配位数。

(1) $[Co(NH_3)_6]Br_3$　　(2) $K_3[Co(SCN)_6]$

(3) $Na[Co(CO)_4]$　　(4) $[Co(ONO)(NH_3)_5]SO_4$

(5) $[PtCl_2(NH_3)_2]$　　(6) $[Ni(C_2O_4)(NH_3)_2]$

(7) $[Pt(NH_2)(NO_2)(NH_3)_2]$　　(8) $H_2[SiF_6]$

6. 写出下列配合物的化学式。

(1) 三氯化三乙二胺合铁(Ⅲ)　　(2) 硫酸亚硝酸根·五氨合钴(Ⅲ)

(3) 二氯·二羟基二氨合铂(Ⅳ)　　(4) 六氯合铂(Ⅳ)酸钾

7. 确定下列配合物是内轨还是外轨，说明理由。

(1) $K_4[Fe(CN)_6]$　测得磁矩 $\mu=0\mu_B$；

(2) $(NH_4)_2[FeF_5(H_2O)]$　测得磁矩 $\mu=5.78\mu_B$

8. 预测下列各组所形成的 2 种配离子之间的稳定性的大小，并简单说明原因。

(1) Ag^+ 与 $S_2O_3^{2-}$ 或 Br^- 配合　　(2) Pd^{2+} 与 SCN^- 或 ROH 配合

(3) Fe^{3+} 与 F^- 或 CN^- 配合　　(4) Cu^{2+} 与 NH_2CH_2COOH 或 CH_3COOH 配合

9. 第四周期某金属离子在八面体弱场中的磁矩为 $4.90\mu_B$，而它在八面体强场中的磁矩为零，该中心原子可能是哪个？

10. Cr^{2+}、Mn^{2+}、Fe^{3+}和 Co^{2+} 在强八面体晶体场和弱八面体晶体场中各有多少未成对电子？并写出 $d_\varepsilon(t_{2g})$和 $d_\gamma(e_g)$轨道的电子数目。

11. 计算配离子$[CoF_6]^{3-}$和$[Co(NH_3)_6]^{3+}$的晶体场稳定化能。

12. 将铜片浸在 1.00mol/L $[Cu(NH_3)_4]^{2+}$和 1.00mol/L NH_3 混合溶液中，用标准氢电极为正极，测得电动势为 0.054 3V，已知 $E^\ominus_{[Cu^{2+}/Cu]}=0.340V$，计算$[Cu(NH_3)_4]^{2+}$的 $K_s^\ominus$。

13. 向 1L 0.12mol/L 的 $CuSO_4$ 溶液中加入 1L 3.0mol/L 的氨水，求平衡时溶液中的 Cu^{2+}浓度（$K^\ominus_{s,[Cu(NH_3)_4]^{2+}}=2.1\times10^{13}$）。

14. 已知$[Ag(CN)_2]^-+e^- \rightleftharpoons Ag+2CN^-$　　$E^\ominus=-0.449\ 5V$

$[Ag(S_2O_3)_2]^{3-}+e^- \rightleftharpoons Ag+2S_2O_3^{2-}$　　$E^\ominus=+0.005\ 4V$

试计算反应：$[Ag(S_2O_3)_2]^{3-}+2CN^- \rightleftharpoons [Ag(CN)_2]^-+S_2O_3^{2-}$ 在 298.15K 时的平衡常数 $K^\ominus$，并指出反应自发进行的方向。

15. 试计算 298.15K 时 AgBr 在 1.0mol/L 氨水中的溶解度。已知 $K^\ominus_{sp,AgBr}=5.35\times10^{-13}$，$K^\ominus_{s,[Ag(NH_3)_2]^+}=1.12\times10^7$。

16. 298.15K 时，已知 $Au^++e^- \rightleftharpoons Au$　　$E_A^\ominus=+1.68V$；$[Au(CN)_2]^-+e^- \rightleftharpoons Au+2CN^-$

$E^\ominus=-0.58V$。求$[Au(CN)_2]^-$的$K_s^\ominus$。

17. 分别判断在标准状态下，下列 2 个歧化反应能否发生？其中，$E^\ominus_{Cu^{2+}/Cu^+}=+0.159V$，$E^\ominus_{Cu^+/Cu}=+0.521V$。已知$K^\ominus_{s,[Cu(NH_3)_4]^{2+}}=2.1\times10^{13}$；$K^\ominus_{s,[Cu(NH_3)_2]^+}=7.2\times10^{10}$。

(1) $2Cu^+ \rightleftharpoons Cu+Cu^{2+}$

(2) $2[Cu(NH_3)_2]^+ \rightleftharpoons Cu+[Cu(NH_3)_4]^{2+}$

18. 已知$[Ag(CN)_4]^{3-}$的累积稳定常数为$\beta_2=3.5\times10^7$，$\beta_3=1.4\times10^9$，$\beta_4=1.0\times10^{10}$，试求配合物的逐级稳定常数$K_3^\ominus$和$K_4^\ominus$。

19. 已知$Zn^{2+}+2e^- \rightleftharpoons Zn$的$E^\ominus=-0.763V$，$[Zn(CN)_4]^{2-}+2e^- \rightleftharpoons Zn+4CN^-$的$E^\ominus=-1.26V$，求算$[Zn(CN)_4]^{2-}$的$K_s^\ominus$。

20. 于 298.15K 时，在Cu^{2+}的氨水溶液中，平衡时$[NH_3]=4.7\times10^{-4}mol/L$，并认为有 50%的$Cu^{2+}$形成了配离子$[Cu(NH_3)_4]^{2+}$，余者以$Cu^{2+}$形式存在，求$[Cu(NH_3)_4]^{2+}$的不稳定常数。

笔记栏

PPT 课件

第九章 主族元素

学习目标

1. 掌握主族元素的性质与原子结构之间的关系。
2. 掌握 s 区元素、p 区元素的通性和重要化合物。
3. 熟悉主族元素重要化合物相关的化学反应。
4. 了解与主族元素相关的矿物药及其临床应用。

主族元素包括 s 区和 p 区元素。其中 s 区元素位于元素周期表的最左侧，包括价层电子分别为 ns^1 和 ns^2 的ⅠA 族和ⅡA 族元素。p 区元素包括元素周期表中的ⅢA～ⅦA 和 0 族等 6 个族的 31 种元素，包括了除氢以外的所有非金属元素、准金属元素和一部分金属元素。s 区、p 区元素中多数属于生命必需元素，在医药领域具有广泛应用。

第一节 s 区元素

一、氢

氢的 3 种同位素

氢的电子结构为 $1s^1$。氢的 3 种同位素分别是普通氢或称氕（^1_1H 或 H）、重氢或称氘（^2_1H 或 D）和氚（^3_1H 或 T）。存在于自然界中所有氢原子的约 99.98% 是 ^1_1H，约 0.02% 的是 ^2_1H，而 ^3_1H 的存在是极少的，大约 10^7 个普通氢原子才有 1 个氚原子。自然界中的氢主要以化合物的形式存在。在水、碳氢化合物及所有生物组织中都含有氢。

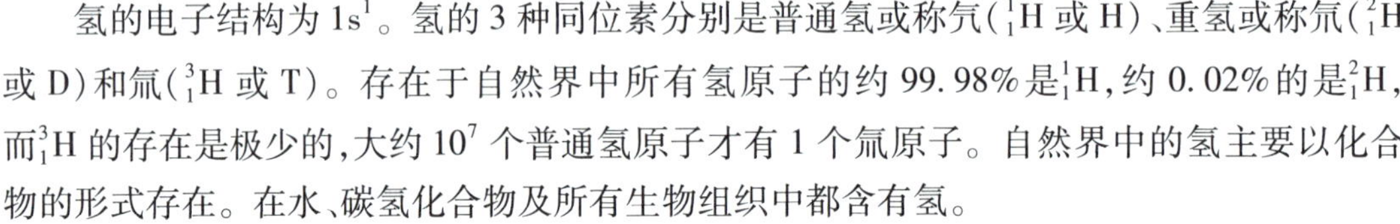

（一）氢原子的成键特征

氢原子在形成化学键时，其成键方式主要有以下几种情况：

1. 失去价电子形成 H^+（即质子） 质子的半径小，约为氢原子半径的几万分之一，所以质子具有很强的电场，能使邻近的原子或分子强烈变形而与它结合在一起。故除了气态的质子流以外，一般不存在自由质子。比如水溶液中的 H^+ 是水合离子 H_3O^+。

2. 形成共价键 氢很容易同其他非金属通过共用电子对结合，形成共价型氢化物。

氢能源及其存储

3. 获得 1 个电子形成 H^- 这是氢和活泼金属相化合形成离子型氢化物的价键特征。由于 H^- 有较大的半径，容易变形，仅存于离子型氢化物晶体中，在水中立即水解产生 H_2。

（二）氢的性质

氢的扩散性好，导热性强。氢是所有气体中最轻的。由于氢分子之间的引力小，致使其熔点和沸点极低，很难液化。氢在水中的溶解度很小，以体积计在 273K 时仅能溶解 2%，但可大量溶解于镍、钯、铂等金属中。

氢分子是相对稳定的。由于氢原子半径特别小,又无内层电子,因而氢分子中的共用电子对直接受核的作用,形成的 σ 键相当牢固,致使氢分子的解离能相当大。因此,单质氢在常温下不活泼。

现将单质氢的一些重要化学反应汇总列于下:

$$H_2 \xrightarrow[\text{光、热}]{Cl_2} 2HCl$$

$$H_2 \xrightarrow{\text{Li,Na,Ca 等金属}} \text{金属氢化物}$$

$$H_2 \xrightarrow[\text{加热}]{\text{非金属}} \text{非金属氢化物}$$

$$H_2 \xrightarrow[\text{催化剂、加压、加热}]{N_2} NH_3$$

$$H_2 \xrightarrow{\text{金属氧化物}} \text{低价金属氧化物} \longrightarrow \text{金属}$$

$$H_2 \xrightarrow[\text{催化剂}]{\text{烯烃、炔烃、不饱和有机物}} \text{饱和烃}$$

$$H_2 \xrightarrow[\text{催化剂}]{CO} CH_3OH(\text{醇类})$$

$$H_2 \xrightarrow{R_2C=CH_2,CO} R_2CHCH_2CHO(\text{醛类})$$

(三)离子型氢化物

氢几乎能和除稀有气体外的所有元素结合,生成不同类型的化合物。氢的化合物可分为 3 类:①离子型氢化物,即 s 区元素的氢化物;②共价型氢化物,即 p 区元素的氢化物;③过渡型氢化物,即 d 区、ds 区元素的氢化物。本节重点讨论离子型氢化物及其性质。

与卤素原子不同,氢形成 H^- 的过程是强烈吸热的。

$$1/2H_2(g)+e^- = H^-$$

由于这一过程的吸热性,氢原子只同活泼性最强的碱金属、碱土金属(铍和镁除外)形成离子型氢化物。

$$2M+H_2 = 2MH \qquad (\text{M 指碱金属})$$

$$M+H_2 = MH_2 \qquad (\text{M 指 Ca、Sr、Ba})$$

离子型氢化物又称盐型氢化物。电解熔融的盐型氢化物,在阳极上放出氢气,证明在这类氢化物中的氢是带负电的组分。

离子型氢化物都是白色盐状晶体,一般都是由金属和氢气在高温条件下直接反应来合成的。这类氢化物有很高的反应活性,遇水立即反应,生成 H_2 和金属氢氧化物。

$$MH+H_2O = MOH+H_2\uparrow$$

离子型氢化物受热后分解:

$$2MH \xrightarrow{\text{加热}} 2M+H_2\uparrow$$

$$MH_2 \xrightarrow{加热} M+H_2\uparrow$$

碱土金属氢化物的热稳定性强于碱金属氢化物。同族元素随原子序数的增大，热稳定性下降。

离子型氢化物都是极强的还原剂。例如，固态 NaH 在 673K 时能将 $TiCl_4$ 中的 4 价钛还原为金属钛。

$$TiCl_4+4NaH = Ti+4NaCl+2H_2\uparrow$$

H^- 能在非极性溶剂溶液中同 B^{3+}、Al^{3+} 等结合成复合氢化物。

$$4LiH+AlCl_3 \xrightarrow{乙醚} Li[AlH_4]+3LiCl$$

这类化合物包括 $Na[BH_4]$、$Li[AlH_4]$、$Al[BH_4]_3$ 等。在有机合成中，复合氢化物是一种重要的官能团还原剂，如将羧基还原为醇、将硝基还原为氨基等。

二、碱金属

元素周期表中ⅠA 和ⅡA 主族元素的价层电子构型分别为 ns^1 和 ns^2。它们的原子最外层有 1~2 个 s 电子，这些元素称为 s 区元素。ⅠA 族包括锂、钠、钾、铷、铯、钫 6 种金属元素，它们的氧化物溶于水呈强碱性，所以称为碱金属。碱金属元素在自然界中均以化合物存在。其中，钠和钾的元素丰度较大，分布较广，属于常见元素；锂、铷、铯在自然界中的元素丰度较小，属于稀有金属；钫属于放射性元素。

（一）碱金属元素的通性

碱金属原子最外层只有 1 个 ns 电子，而次外层是 8 个电子的饱和结构（Li 的次外层是 2 个电子）。它们的原子半径在同周期元素中（除稀有气体外）是最大的，而核电荷在同周期元素中是最小的。由于内层电子的屏蔽作用较强，故这些元素很容易失去最外层的 1 个 s 电子，从而使碱金属的第一解离能在同周期元素中最低。因此，碱金属是同周期元素中金属性最强的元素。碱金属的基本性质列于表 9-1。

课堂互动

自然界最软的金属是什么？

一般认为是铯。它甚至比石蜡还软。当然这不是一个绝对正确的答案，因为汞才是最软的金属，它是液态的。

铯的发现要归功于德国化学家罗伯特·威廉·本生（Robert Wilhelm Bunsen，1811—1899）。后来人们发现，铯原子最外层的电子绕着原子核总是极其精确的在 1/9 192 631 770 秒的时间内转完 1 圈，即 1 秒内总是极其精准地振动 90 亿次，稳定性超过了以地球自转作基准的世界时。利用铯原子的这个特点，人们制成了一种新型的时钟——铯原子钟，规定 1“秒”就是铯原子最外层电子绕着原子核旋转 9 192 631 770 次所需要的时间。铯原子钟的稳定性很高。最好的铯原子钟达到 2 000 万年才相差 1 秒。目前，国际上普遍采用铯原子钟的跃迁频率作为时间频率的标准，广泛使用在天文、大地测量和国防建设等各个领域中。

笔记栏

表 9-1 碱金属的基本性质

性质	元素				
	锂	钠	钾	铷	铯
元素符号	Li	Na	K	Rb	Cs
原子序数	3	11	19	37	55
价电子层结构	$2s^1$	$3s^1$	$4s^1$	$5s^1$	$6s^1$
金属半径/pm	152	186	232	248	265
离子半径/pm	60	95	133	148	169
第一解离能/(kJ/mol)	519	494	418	402	376
电负性	0.98	0.93	0.82	0.82	0.79
标准电极电势$E^{\ominus}_{M^+/M}$/V	-3.041	-2.714	-2.931	-2.925	-2.923
氧化值	+1	+1	+1	+1	+1
沸点/K	1 603	1 165	1 033	961	963
熔点/K	453.5	370.8	336.7	311.9	301.7
硬度（金刚石=10）	0.6	0.4	0.5	0.3	0.2
导电性（Hg=1）	11	21	14	8	8

由表 9-1 可知，从锂到铯，原子半径、离子半径、标准电极电势、单质的密度递增，电负性、解离能、单质的熔点、沸点和硬度递减。

元素的一个重要特点是各族元素通常只有一种稳定的氧化态。碱金属常见氧化态为+1，这与它们的族号数是一致的。从解离能的数据可以看出，碱金属的第一解离能较小，很容易失去 1 个电子，但碱金属的第二解离能很大，故很难再失去第 2 个电子。

碱金属是最活泼的金属元素，因此在自然界中不能以游离态存在，多以离子型化合物的形式存在。

碱金属中，只有钠、钾在地壳中分布很广，丰度也较高，其他元素含量较少而且分散。

碱金属是轻金属，具有金属光泽。碱金属的密度都小于 $2g/cm^3$，其中锂、钠、钾最轻，密度均小于 $1g/cm^3$，能浮在水面上。碱金属和钙、锶、钡可以用刀子切割。碱金属原子半径较大，又只有 1 个价电子，因此形成的金属键很弱。它们的熔点、沸点都较低，铯的熔点比人的体温还低。

人体内的钠元素

在碱金属的晶体中有活动性较高的自由电子，因而它们具有良好的导电性、导热性，其中以钠的导电性最好。碱金属可以相互溶解形成液体合金，如钾、钠合金在有机合成上用作还原剂；碱金属与汞形成汞齐（又称汞合金），如钠汞齐常用作有机合成的还原剂。

碱金属元素都能溶于液氨，生成蓝色的、可导电的溶液。碱金属氨溶液的蓝色，是电子氨合物 $e(NH_3)_y^-$ 的颜色，其导电能力强于任何电解质溶液。

$$M(s)+(x+y)NH_3(l) = M(NH_3)_x^+ + e(NH_3)_y^-$$

碱金属氨溶液的溶剂合电子 $e(NH_3)_y^-$ 是很强的还原剂，广泛应用于无机和有机制备中。

（二）碱金属单质的化学性质

碱金属的化学活泼性很强。碱金属单质能直接或间接与卤素、氧、硫、氮、磷等电负性较大的非金属作用，形成相应的化合物。新切开的锂、钠、钾单质断面具有银白色金属光泽，接

笔记栏

触空气后表面立即变得灰暗，这是因为它们极易与空气中的 O_2 反应，在金属表面生成一层氧化膜。铷和铯在空气中会立即燃烧，因此要将它们保存在无水的煤油中。锂的密度很小，能浮在煤油上，所以将其保存在液状石蜡中。

碱金属的 $E^{\ominus}_{M^+/M}$ 数值都很小，所以它们都是很强的还原剂。

碱金属与水反应形成稳定的氢氧化物，这些氢氧化物大多是强碱。在隔绝空气的条件下，锂、钠、钾均可与水反应，生成氢氧化物并放出氢气。Rb 和 Cs 遇 H_2O 就发生燃烧，甚至爆炸。暴露在空气中的碱金属单质遇水发生的反应更复杂、更剧烈。所以，实际上它们作为还原剂主要应用于干态反应或有机反应中，而不用于水溶液中的反应。

虽然锂的解离能大，其升华和解离过程吸收的能量大，但 Li^+ 的半径很小，水合热很大，导致金属锂失电子成为水合锂离子整个过程的焓变化数值小，所以锂的标准电极电势最小，其还原性应该最大。但锂与水反应较缓慢，反应活性比钠还低；这是因为锂的熔点高，升华热大，与水反应放出的热量不足以使它熔化成小球或液体，分散性较差；同时锂与水反应生成的氢氧化锂的溶解度小，覆盖在金属表面，从而减缓了反应速率。因此，金属锂与水反应还不如金属钠与水反应激烈。

（三）碱金属化合物的性质

1. 氢化物　碱金属在氢气流中加热，可以生成离子型化合物 MH。这些氢化物都是白色的似盐化合物，其中的氢以 H^- 的形式存在。氢化锂溶于熔融的 LiCl 中，电解时在阴极上析出金属锂，在阳极上放出氢气。

离子型氢化物的热稳定性差异较大，以 LiH 最稳定，其分解温度为 850℃。其他氢化物加热未到熔点时便分解为氢气和相应的金属单质。离子型氢化物与水都发生剧烈的水解作用而放出氢气

$$LiH+H_2O \xlongequal{} LiOH+H_2\uparrow$$

这些氢化物都具有强还原性，$E^{\ominus}_{H_2/H^-}=-2.23V$。

2. 氧化物　碱金属与氧能形成 3 种类型的氧化物，即普通氧化物、过氧化物和超氧化物。在这些氧化物中，碱金属的氧化值为+1。这些氧化物都是离子化合物，在其晶格中分别含有 O^{2-}、O_2^{2-} 和 O_2^-。在充足的空气中，碱金属燃烧的正常产物是：

Li 的主要产物为普通氧化物，化学式为 Li_2O。

Na 的主要产物为过氧化物，即 Na_2O_2。

K、Rb、Cs 的主要产物为超氧化物，化学式为 MO_2。

（1）普通氧化物：锂在空气中燃烧主要生成 Li_2O。其他碱金属在空气中燃烧生成的主要产物都不是普通氧化物。

$$4Li+O_2 \xlongequal{} 2Li_2O$$

它们的普通氧化物是用金属与它们的过氧化物或硝酸盐作用而制得的。例如：

$$Na_2O_2+2Na \xlongequal{} 2Na_2O$$

$$2KNO_3+10K \xlongequal{} 6K_2O+N_2\uparrow$$

碱金属氧化物的颜色从 Li_2O 到 Cs_2O 逐渐加深。它们的熔点比碱土金属氧化物的熔点低得多。

碱金属氧化物与水反应生成相应氢氧化物。

$$M_2O+H_2O \xlongequal{} 2MOH$$

上述反应的程度从 Li_2O 到 Cs_2O 依次加强。Li_2O 与水反应很慢，Rb_2O 和 Cs_2O 与水反应发生燃烧甚至爆炸。碱金属氧化物是稳定的化合物。

（2）过氧化物：过氧化物是含有过氧离子 O_2^{2-} 的化合物，可看作是 H_2O_2 的盐。碱金属都能形成过氧化物，其结构式如下：

$$[:O:O:]^{2-} \quad 或 \quad [—O—O—]^{2-}$$

按照分子轨道理论，O_2^{2-} 的分子轨道电子排布式为：

$$KK(\sigma_{2s})^2(\sigma_{2s}^*)^2(\sigma_{2p_x})^2(\pi_{2p_y})^2(\pi_{2p_z})^2(\pi_{2p_y}^*)^2(\pi_{2p_z}^*)^2$$

过氧离子 O_2^{2-} 中有 1 个 σ 键，键级为 1。由于不含有未成对电子，因而 O_2^{2-} 具有逆磁性。

过氧化钠 Na_2O_2 是最有应用价值的碱金属过氧化物。将金属钠在铝制容器中加热到 300℃，并通入不含二氧化碳的干燥空气，得到淡黄色的 Na_2O_2 粉末。

$$2Na+O_2 = Na_2O_2$$

过氧化钠与水或稀酸在室温下反应生成过氧化氢：

$$Na_2O_2+2H_2O = 2NaOH+H_2O_2$$

$$Na_2O_2+H_2SO_4(稀) = Na_2SO_4+H_2O_2$$

过氧化钠与二氧化碳反应，放出氧气：

$$2Na_2O_2+2CO_2 = 2Na_2CO_3+O_2\uparrow$$

过氧化钠是一种强氧化剂，工业上用作漂白剂，也可以用来作为制得氧气的来源。Na_2O_2 可作高空飞行和潜水时的供氧剂和 CO_2 的吸收剂。

（3）超氧化物：除了锂，其余碱金属都能形成超氧化物（MO_2）。其中，钾、铷、铯在空气中燃烧能直接生成超氧化物（MO_2）。

3. 氢氧化物　碱金属元素的氧化物遇水都能发生剧烈反应，生成相应的碱。

$$M_2O+H_2O = 2MOH$$

碱金属的氢氧化物都是白色固体。它们在空气中易吸水而潮解，故固体 NaOH 常用作干燥剂；在水中都是易溶的，溶解时还放出大量的热；都是强碱或中强碱。其溶解性、酸碱性强弱列入表 9-2 中。

表 9-2　碱金属氢氧化物的溶解度和酸碱性

	LiOH	NaOH	KOH	RbOH	CsOH
溶解度/（mol/L）	5.3	26.4	19.1	17.9	25.8
$\sqrt{\varphi}$	0.13	0.10	0.087	0.082	0.077
碱性	中强碱	强碱	强碱	强碱	强碱

碱性增强→

氢氧化物的酸碱性强弱取决于它本身的解离方式。如果以 ROH 表示氢氧化物，在水中它可以有如下 2 种解离方式：

$$R—OH \longrightarrow R^+ + OH^- \quad 碱式解离$$

$$R—O—H \longrightarrow RO^- + H^+ \quad 酸式解离$$

笔记栏

氢氧化物的解离方式与阳离子 R 的极化作用有关。极化力的大小主要取决于离子 R^+ 的电荷数(Z)和半径(r)的比值。用离子势 φ 来表示:

$$\varphi = Z/r$$

若阳离子 φ 值越大,R^+ 静电作用越强,对 O 原子上的电子云的吸引力也就越强。

R—O—H

结果,O—H 键的极性越强,即共价键转变为离子键的倾向越大,这时 ROH 按酸式解离的趋势越大。反之,则 O—H 键的极性越弱,ROH 按酸式解离的趋势越小,而按碱式解离的趋势越大。据此,有人提出了用 $\sqrt{\varphi}$ 值(r 的单位为 pm)判断金属氢氧化物酸碱性的经验规则。

$\sqrt{\varphi}<0.22$ 时:	氢氧化物呈碱性
$0.22<\sqrt{\varphi}<0.32$ 时:	氢氧化物呈两性
$\sqrt{\varphi}>0.32$ 时:	氢氧化物呈酸性

(四)常见的碱金属盐类

1. 碳酸盐　碱金属的碳酸盐中,除碳酸锂外,其余均溶于水。除锂外,其他碱金属都能形成固态碳酸氢盐。碳酸氢钠俗称小苏打,它的水溶液呈弱碱性,常用于治疗胃酸过多和酸中毒。它在空气中会慢慢分解生成碳酸钠,应密闭保存于干燥处。它与酒石酸氢钾在溶液中反应可生成 CO_2,它们的混合物是发酵粉的主要成分。

2. 硫酸盐　碱金属硫酸盐都易溶于水,其中以硫酸钠最重要。$Na_2SO_4 \cdot 10H_2O$ 即芒硝,在空气中易风化脱水变为无水硫酸钠。无水硫酸钠作中药用称为**玄明粉**,为白色的粉末,有潮解性。在有机药物合成中,无水硫酸钠可作为某些有机物的干燥剂。在医药上,芒硝和玄明粉都用作缓泻剂。芒硝还有清热、消肿作用。

3. 氯化物　氯化钠矿物药名为大青盐,是维持体液平衡的重要盐分,缺乏时会引起恶心、呕吐、衰竭和痉挛。故常把氯化钠配制成生理食盐水(0.85%~0.9%),供流血或失水过多的患者补充体液。氯化钾用于低钾血症及洋地黄中毒引起的心律不齐。氯化钙用于治疗钙缺乏症,也可作抗过敏药和消炎药。氯化钾可用于治疗各种原因引起的缺钾症,同时它也是一种利尿剂,多用于心性或肾性水肿。碘化钾用于配制碘酊。

4. 硫代硫酸钠　硫代硫酸钠($Na_2S_2O_3$)制剂内服可用于治疗氰化物、砷、汞、铅、铋、碘中毒,外用治疗慢性皮炎等。

5. 碳酸锂　Li_2CO_3 是一种抗狂躁药,主要用于治疗精神病、甲状腺功能亢进症、急性痢疾、白细胞减少症、再生障碍性贫血及某些妇科疾病等。

三、碱土金属

s 区元素中,ⅡA 族包括铍、镁、钙、锶、钡、镭 6 种元素,其中钙、锶、钡又称碱土金属(alkaline earth metal)。现在习惯上也常常把铍和镁包括在碱土金属之内。镭是放射性元素。

(一)碱土金属元素的通性

碱土金属的基本性质列于表 9-3 中。

表 9-3 碱土金属的基本性质

性质	元素				
	铍	镁	钙	锶	钡
元素符号	Be	Mg	Ca	Sr	Ba
原子序数	4	12	20	38	56
价电子层结构	$2s^2$	$3s^2$	$4s^2$	$5s^2$	$6s^2$
金属半径/pm	111.3	160	197.3	215.1	217.3
离子半径/pm	31	65	99	113	135
第一解离能/(kJ/mol)	900	736	590	548	502
第二解离能/(kJ/mol)	1 768	1 460	1 152	1 070	971
电负性	1.57	1.31	1.00	0.95	0.89
电极电势$E^{\ominus}_{M^{2+}/M}$/V	-1.85	-2.37	-2.87	-2.89	-2.91
氧化值	+2	+2	+2	+2	+2
沸点/K	3 243	1 380	1 760	1 653	1 913
熔点/K	1 550	923	1 111	1 041	987
硬度(金刚石=10)	4.0	2.0	1.5	1.8	-
导电性(Hg=1)	5.2	21.4	20.8	4.2	-

碱土金属原子最外层有 2 个 s 电子，属于活泼金属元素，但与相邻的碱金属元素相比，原子半径比碱金属小，解离能和电负性增大，失去电子能力减小，金属活泼性减小。由于碱土金属的第二解离能与第三解离能相差很大，因此，碱土金属元素通常呈+2 氧化态。铍所形成的化合物是共价型的，其他碱土金属元素所形成的化合物一般是离子型的。随着核电荷的增加，同族元素的原子半径、离子半径逐渐增大，解离能、电负性逐渐减小，金属性、还原性逐渐增强。

碱土金属（除镭外）在自然界主要以矿石的形式存在。另外，在海水中含有大量镁盐，生物体内含有大量钙盐。

碱土金属的密度都小于 $5g/cm^3$。碱土金属的硬度也很小，除铍、镁外，它们的硬度都小于 2。钙、锶、钡可以用刀子切割。碱土金属原子半径比碱金属小，具有 2 个价电子，所形成的金属键比碱金属的强，故它们的熔点、沸点及硬度比碱金属高。碱土金属的导电、导热性较好。

华清池“神女汤”中的神秘元素——锶

（二）碱土金属单质的化学性质

碱土金属是化学活泼性很强或较强的金属元素，但比碱金属的活泼性弱。铍和镁与冷水作用很慢，因为铍和镁表面有致密的氧化物保护膜，在水中形成一层难溶的氢氧化物，能阻止金属与水的进一步作用。

由于它们能同水反应而放出 H_2，所以实际上它们作为还原剂主要应用于干态反应或有机反应中，而不用于水溶液中的反应。与碱金属相似，M^{2+} 水合离子的生成热也是由金属的升华热、原子的解离能以及气态离子水合热 3 项决定的，所不同的是解离能为第一、第二解离能之和。

虽然碱土金属的气态离子水合热较大，似乎更有利于水合离子 $M^{2+}(aq)$ 的形成，但由于第一、第二解离能之和也较大，结果使其生成水合离子所吸收的热大于碱金属，因此碱土金属形成水合离子的趋势较碱金属小，$E^{\ominus}$ 值比碱金属大一些，还原性不及碱金属强。

笔记栏

碱金属和碱土金属中的钙、锶、钡及其挥发性化合物在无色的火焰中灼烧时，其火焰都具有特征的焰色，称为焰色反应。产生焰色反应的原因是它们的原子或离子受热时，电子容易被激发，被激发的电子从较高能级跃迁到较低能级时，相应的能量以光的形式释放出来，产生线状光谱。火焰的颜色往往是对应于强度较大的谱线区域。不同的原子因为结构不同而产生不同颜色的火焰。分析化学中常利用焰色反应来检定这些金属元素的存在。常见的几种碱金属、碱土金属的火焰颜色列于表 9-4 中。

表 9-4　常见碱金属、碱土金属的火焰颜色

元素	Li	Na	K	Rb	Cs	Ca	Sr	Ba
火焰颜色	红	黄	紫	紫	紫	橙红	洋红	绿

（三）碱土金属化合物的性质

1. 氢化物　碱土金属中活泼的 Ca、Sr、Ba 在氢气流中加热，可以生成离子型化合物 MH_2。这些氢化物都是白色的似盐化合物，其中的氢以 H^- 的形式存在。

离子型氢化物的热稳定性差异较大。碱土金属的氢化物比碱金属的氢化物热稳定性高。

离子型氢化物与水都发生剧烈的水解作用而放出氢气。

$$CaH_2+2H_2O = Ca(OH)_2+2H_2\uparrow$$

故 CaH_2 常用作野外作业的生氢剂。

2. 氧化物　碱土金属与氧能形成 3 种类型的氧化物，即普通氧化物、过氧化物和超氧化物。在这些氧化物中，碱土金属的氧化值为+2，但氧的氧化值分别为-2、-1 和-1/2。这些氧化物都是离子化合物，在其晶格中分别含 O^{2-}、O_2^{2-} 和 O_2^-。在充足的空气中，碱土金属燃烧的正常产物：①Be、Mg、Ca、Sr 的主要产物为普通氧化物，化学式为 MO；②Ba 的主要产物为过氧化物，即 BaO_2。

（1）普通氧化物：碱土金属在室温或加热时，能与氧气直接化合生成氧化物（MO），也可由碳酸盐或硝酸盐加热分解而制得。例如：

$$2Sr(NO_3)_2 \rightleftharpoons 2SrO+4NO_2+O_2\uparrow$$

碱土金属氧化物都是白色固体。碱土金属离子带 2 个单位的正电荷，且离子半径较小，其氧化物的晶格能很大，难以熔化。BeO 为两性氧化物，其他均为碱性氧化物。所有的碱土金属氧化物难以受热分解。BeO 和 MgO 因为有很高的熔点，常用于制造耐火材料。钙、锶、钡的氧化物都能与水剧烈反应生成碱，并放出大量的热，反应的剧烈程度从 CaO 到 BaO 依次增大。碱土金属氧化物都是稳定的化合物。

（2）过氧化物：过氧化物是含有过氧离子 O_2^{2-} 的化合物，可看作是 H_2O_2 的盐。除 Be 外，其他碱土金属元素在一定条件下都能形成过氧化物。其中过氧化钡较重要。BaO 与 O_2 加热到 400℃以上即可得到 BaO_2，但不能超过 800℃，否则生成的 BaO_2 又会分解。

$$2BaO+O_2 \xrightarrow{400℃} 2BaO_2$$

（3）超氧化物：除铍、镁外，其他碱土金属都能形成超氧化物。

3. 氢氧化物　BeO 几乎不与水反应，MgO 与水缓慢反应生成相应的碱。其他碱土金属元素的氧化物遇水都能发生剧烈反应，生成相应的碱。

$$MO+H_2O = M(OH)_2$$

碱土金属的氢氧化物都是白色固体。它们在空气中易吸水而潮解，故固体 $Ca(OH)_2$ 常用作干燥剂。

碱土金属的氢氧化物的溶解度较小，其中 $Be(OH)_2$ 和 $Mg(OH)_2$ 是难溶的氢氧化物。除 $Be(OH)_2$ 为两性氢氧化物外，其他氢氧化物都是强碱或中强碱。其溶解度、酸碱性强弱列入表 9-5 中。

表 9-5 碱土金属氢氧化物的溶解度和酸碱性

	$Be(OH)_2$	$Mg(OH)_2$	$Ca(OH)_2$	$Sr(OH)_2$	$Ba(OH)_2$
溶解度/(mol/L)	$8\sim10^{-6}$	5×10^{-4}	1.8×10^{-2}	6.7×10^{-2}	2×10^{-1}
$\sqrt{\varphi}$	0.254	0.175	0.142	0.133	0.122
酸碱性	两性	中强碱	强碱	强碱	强碱

碱性增强→

（四）常见的碱土金属盐类

1. 碳酸盐　碱土金属的碳酸盐，除 $BeCO_3$ 外，都难溶于水，但它们可溶于稀的强酸溶液中，并放出 CO_2，故实验室中常用 $CaCO_3$ 制备 CO_2。除 $BeCO_3$ 外的碱土金属的碳酸盐，在通入过量 CO_2 的水溶液中，由于形成酸式碳酸盐而溶解。

$$MCO_3+CO_2+H_2O = M^{2+}+2HCO_3^- \qquad (M=Ca、Sr、Ba)$$

碳酸钙是石灰石、大理石的主要成分，也是中药珍珠、钟乳石、海蛤壳的主要成分。

碱土金属碳酸盐的热稳定性变化规律可以用离子极化的理论来说明：CO_3^{2-} 较大，正离子极化力愈大，即 Z/r 值愈大，愈容易从 CO_3^{2-} 中夺取 O^{2-} 成为氧化物，同时放出 CO_2，则碳酸盐热稳定性愈差。碱土金属按 Be、Mg、Ca、Sr、Ba 的次序，M^{2+} 半径递增（电荷相同），极化力递减，因此碳酸盐的热稳定性依次增强。

2. 硫酸盐　碱土金属的硫酸盐大部分难溶于水。重要的硫酸盐有俗称生石膏的二水硫酸钙 $CaSO_4\cdot2H_2O$，受热脱去部分水生成烧石膏（煅石膏、熟石膏）$CaSO_4\cdot1/2H_2O$。

$$2CaSO_4\cdot2H_2O \rightleftharpoons 2CaSO_4\cdot1/2H_2O+3H_2O$$

这是一个可逆反应，熟石膏与水混合成糊状时逐渐硬化，重新又成生石膏，在医疗上用作石膏绷带。生石膏内服有清热泻火功效，熟石膏有解热消炎作用。

七水硫酸镁（$MgSO_4\cdot7H_2O$）俗称泻盐，内服可作为缓泻剂和十二指肠引流剂，其注射剂主要用于抗惊厥。硫酸钡又称重晶石，是唯一无毒的钡盐，对 X 射线有强烈的吸收作用，医药上常用于胃肠道 X 射线造影检查。

3. 氯化物　无水氯化钙有强吸水性，是一种重要干燥剂，但氯化钙与氨或乙醇能生成加合物，所以不能干燥乙醇和氨气。它的六水合物（$CaCl_2\cdot6H_2O$）和冰混合是实验室常用的制冷剂。氯化钡（$BaCl_2\cdot2H_2O$）是重要的可溶性钡盐，可用于医药，用作灭鼠剂和鉴定 SO_4^{2-} 的试剂。氯化钡有剧毒，切忌入口。

（五）对角线规则

对角线规则是指在 s 区和 p 区元素中，除了同族元素的性质相似外，元素周期表中相邻族左上方和右下方元素及化合物的性质有相似性，这种相似性称为对角线规则。如下所示：

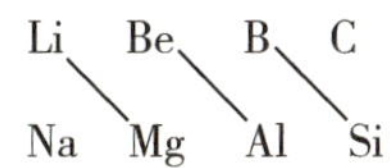

笔记栏

这里先讨论 Li 和 Mg 元素的相似性。锂、镁在过量的氧气中燃烧时不生成过氧化物，而生成普通氧化物。它们都能与氮和碳直接化合而生成氮化物和碳化物。它们与水反应均较缓慢。锂和镁的氢氧化物是中强碱，溶解度都不大，加热时可分别分解为 Li_2O 和 MgO。锂和镁的某些盐类如氟化物、碳酸盐、磷酸盐难溶于水。它们的碳酸盐在加热时均能分解为相应的氧化物和二氧化碳。

第二节 p 区元素

p 区元素包括ⅢA～ⅦA 族和 0 族共 6 个族的 31 种元素。元素周期表中的非金属除氢以外，其余 21 种都集中在 p 区。p 区（除 0 族元素性质特殊，这里不作讨论）的ⅦA 族是完整的典型非金属元素，其他各族都是由典型的非金属元素过渡到典型金属元素。

下面对 p 区元素按族进行讨论。

一、卤族元素

（一）卤族元素的通性

元素周期表中，ⅦA 族包括氟、氯、溴、碘和砹 5 种元素，因为它们都与碱金属作用生成典型的盐，故通称卤族元素或卤素。其中砹是放射性元素，以微量在短暂的时间内存在。卤族元素的基本性质汇总列于表 9-6 中。

表 9-6 卤族元素的一些基本性质

性质	氟	氯	溴	碘
原子序数	9	17	35	53
相对原子质量	18.99	35.45	79.90	126.90
价电子层结构	$2s^22p^5$	$3s^23p^5$	$4s^24p^5$	$5s^25p^5$
元素符号	F	Cl	Br	I
共价半径/pm	67	99	114	133
离子半径/pm	136	181	195	216
电负性	3.98	3.16	2.96	2.66
电子亲和能/（kJ/mol）	322	348.7	324.5	295
第一解离能/（kJ/mol）	1 682	1 251	1 140	1 008
离子水合能/（kJ/mol）	-507	-368	-335	-293
主要氧化值	-1，0	-1，0，+1 +3，+5，+7	-1，0，+1 +3，+5，+7	-1，0，+1 +3，+5，+7

卤素是各周期中原子半径最小，电负性、电子亲和能和第一解离能（除稀有气体）最大的元素，因而卤素是同周期中最活泼的非金属元素，如氟和氯都能与各种金属、大多数非金属直接化合。

卤素原子具有 ns^2np^5 的外层电子构型，这是卤素各元素性质相似的重要基础。但随着卤素原子序数增加，原子半径逐渐增大，它们的性质又有一定的差异。卤素单质都是非极性双原子分子，分子间靠色散力相结合，易溶于有机溶剂。它们的熔点、沸点、密度等由 $F_2 \rightarrow I_2$ 随分子间色散力的增大而增大。

笔记栏

卤素原子的价电子层结构比稀有气体的稳定电子层构型只缺少 1 个电子。在化学反应中,卤素原子都有夺取 1 个电子,成为卤素离子 X^- 的强烈倾向,因此卤素单质最突出的化学性质是它们的强氧化性。随着原子半径的增大,卤素单质的氧化能力依次减弱。

卤素的元素电势如下:

$E_A^\ominus/V$

$$\frac{1}{2}F_2 \xrightarrow{+3.05} HF$$

$$ClO_4^- \xrightarrow{+1.19} ClO_3^- \xrightarrow{+1.21} HClO_2 \xrightarrow{+1.64} HClO \xrightarrow{+1.61} Cl_2 \xrightarrow{+1.36} Cl^-$$

$$HClO \xrightarrow{+1.48} Cl^- \qquad ClO_3^- \xrightarrow{+1.47} Cl_2 \qquad ClO_3^- \xrightarrow{+1.45} Cl^- \qquad ClO_4^- \xrightarrow{+1.34} Cl^-$$

$$BrO_4^- \xrightarrow{+1.85} BrO_3^- \xrightarrow{+1.50} HBrO \xrightarrow{+1.596} Br_2 \xrightarrow{+1.066} Br^-$$

$$HBrO \xrightarrow{+1.13} Br^- \qquad BrO_3^- \xrightarrow{+1.52} Br_2$$

$$H_5IO_6 \xrightarrow{+1.601} IO_3^- \xrightarrow{+0.835} HIO \xrightarrow{+1.439} I_2 \xrightarrow{+0.535\,5} I^-$$

$$HIO \xrightarrow{+0.99} I^- \qquad IO_3^- \xrightarrow{+1.195} I_2 \qquad IO_3^- \xrightarrow{+1.063} I^-$$

$E_B^\ominus/V$

$$ClO_4^- \xrightarrow{+0.36} ClO_3^- \xrightarrow{+0.33} ClO_2^- \xrightarrow{+0.66} ClO^- \xrightarrow{+0.42} Cl_2 \xrightarrow{+1.36} Cl^-$$

$$ClO^- \xrightarrow{+0.89} Cl^- \qquad ClO_3^- \xrightarrow{+0.50} ClO^- \qquad ClO_4^- \xrightarrow{+0.56} Cl^-$$

$$BrO_4^- \xrightarrow{+0.93} BrO_3^- \xrightarrow{+0.54} BrO^- \xrightarrow{+0.45} Br_2 \xrightarrow{+1.066} Br^-$$

$$BrO^- \xrightarrow{+0.76} Br^-$$

$$H_3IO_6^{2-} \xrightarrow{\text{约}+1.7} IO_3^- \xrightarrow{+0.14} IO^- \xrightarrow{+0.434} I_2 \xrightarrow{+0.535\,5} I^-$$

$$IO_3^- \xrightarrow{+0.26} I^- \qquad IO^- \xrightarrow{+0.485} I^-$$

卤素具有较大的电负性、较大的第一解离能,所以卤素原子不易失去电子成为阳离子。氟的电负性最大,其价电子层中没有可利用的 d 轨道,因此氟只有-1 氧化态。氯、溴、碘的原子最外层电子结构中都存在着空的 nd 轨道。当这些元素与电负性更大的元素化合时,拆开成对电子,激发进入 nd 空轨道。每拆开 1 对电子,可形成 2 个共价键,加上原来的 1 个单电子,故这些元素可显示出+1、+3、+5、+7 的氧化态。这些氧化态突出表现在氯、溴、碘的含氧化物和卤素的互化物中。在卤素互化物中,原子半径大(电负性小)的原子作中心原子显正氧化态,原子半径小(电负性大)的原子显负氧化态,如 ClF_3、BrF_5、IBr_5 等。

(二)卤族元素化合物的性质

1. 卤化氢和氢卤酸　卤化氢都是无色且具有刺激性臭味的气体。卤化氢的熔点、沸点

笔记栏

按 HI→HBr→HCl 顺序逐渐降低，但 HF 异常，其原因是 HF 分子间存在氢键，存在其他卤化氢所没有的缔合作用。

卤化氢有较高的热稳定性，但对热的稳定性按 HF→HCl→HBr→HI 的顺序急剧下降。HF 在很高温度下并不显著地解离，HCl 和 HBr 在 1 000℃时略有分解，而 HI 在 300℃时即开始分解。

卤化氢是极性分子，都易溶于水，水溶液称为氢卤酸。在空气中，卤化氢与水蒸气结合形成细小的酸雾而发烟。氢卤酸在水溶液中可以解离出氢离子和卤素离子，因此酸性和卤素离子的还原性是卤化氢的主要化学性质。除氢氟酸外，其余的氢卤酸都是强酸。氢氟酸因具有特别大的键能而呈现弱酸性，只能发生部分解离。

$$HF+H_2O \rightleftharpoons F^-+H_3O^+ (298.15K, K_a^{\ominus}=6.61\times10^{-4})$$

但解离度随着浓度增大而增大，这是因为在浓溶液中部分 F^- 通过氢键与未解离的 HF 分子缔合，有利于 HF 的解离，当浓度大于 5mol/L 时，氢氟酸是一强酸。

$$F^-+HF \rightleftharpoons HF_2^- \qquad K_a^{\ominus}=5.1$$

氢卤酸有一定的还原性，其还原能力按 HF→HCl→HBr→HI 的顺序增强。如浓硫酸能氧化溴化氢和碘化氢，但不能氧化氟化氢和氯化氢。

$$2HBr+H_2SO_4(浓) = Br_2+SO_2\uparrow+2H_2O$$

$$8HI+H_2SO_4(浓) = 4I_2+H_2S\uparrow+4H_2O$$

故不能用浓硫酸与溴化物或碘化物反应制取溴化氢或碘化氢，须改用非氧化性的酸（如磷酸）。

氢氟酸不宜贮存于玻璃器皿中，因为它能与玻璃中的化学成分 SiO_2 或硅酸盐反应生成气态 SiF_4，因此应盛于塑料容器里。

$$SiO_2+4HF = SiF_4\uparrow+2H_2O$$

利用 HF 的这一特性可在玻璃上刻蚀标记和花纹。卤素和氢卤酸均有毒，能强烈刺激呼吸系统。氢氟酸有强的腐蚀性，对细胞组织、骨骼有严重的破坏作用。液态溴和氢氟酸与皮肤接触易引起难以治愈的灼伤，使用时应注意安全。如发现皮肤沾有氢氟酸时，需立即用大量清水冲洗，敷以稀氨水。

2. 卤化物和多卤化物

（1）卤化物：根据卤素原子与其他原子间的化学键不同，大体可分为离子型卤化物和共价型卤化物两大类型。

一般来说，碱金属、碱土金属（铍除外）和低价态的过渡元素与卤素形成离子型卤化物，如 KCl、$CaCl_2$、$FeCl_2$ 等。离子型卤化物在常温下是固态，具有较高的熔点和沸点，能溶于极性溶剂，在溶液及熔融状态下均导电。

卤素与非金属元素和高价态的金属元素形成共价型卤化物，如 $AlCl_3$、$FeCl_3$、CCl_4、$TiCl_4$、PCl_5 等。共价型卤化物在常温时是气体或易挥发的固体，具有较低的熔点、沸点，熔融时不导电，易溶于有机溶剂，难溶于水。溶于水的非金属卤化物往往发生强烈水解，大多生成非金属含氧酸和卤化氢。例如：

$$PCl_3+3H_2O = H_3PO_3+3HCl$$

不同氧化态的同一金属卤化物，低价态比高价态卤化物有较多的离子性。如 $FeCl_2$ 在

笔记栏

950K 以上才能熔化，显离子性；而 $FeCl_3$ 易挥发、易水解，熔点在 555K 以下，基本是共价化合物。卤素离子的大小和变形性对金属卤化物的性质影响较大。极化作用较强的银离子的氟化物中，F^- 几乎不变形，表现为离子化合物。Cl^-、Br^- 尤其是 I^- 在极化作用强的 Ag^+ 作用下可发生不同程度的变形，因而化合物产生相应的共价性质。

（2）多卤化物：金属卤化物能与卤素单质加合生成多卤化物。

$$KI+I_2 \longrightarrow KI_3$$

医药上配制药用碘酒（碘酊）时，加入适量的 KI 可使碘的溶解度增大，保持了碘的消毒杀菌作用。

课堂互动

为何 I_2 难溶于纯水，却易溶于 KI 溶液?

I_2 以分子状态存在，在水中歧化部分很小，按相似相溶原则，非极性的碘分子在水中溶解度很小。但 I_2 在 KI 溶液中与 I^- 互相作用生成 I_3^- 离子。$I_2+I^- \longrightarrow I_3^-$。$I_3^-$ 离子在水中的溶解度很大，因此碘在 KI 的溶液中溶解度增大。

3. 卤素含氧酸及其盐　氟的电负性大于氧，所以一般不生成含氧酸及其盐。氯、溴和碘可以形成 4 种类型的含氧酸（表 9-7），分别为次卤酸（HXO）、亚卤酸（HXO_2）、卤酸（HXO_3）和高卤酸（HXO_4）。

表 9-7　卤素含氧酸

名称	氯	溴	碘
次卤酸	$HClO^*$	$HBrO^*$	HIO^*
亚卤酸	$HClO_2{}^*$	$HBrO_2{}^*$	
卤酸	$HClO_3{}^*$	$HBrO_3{}^*$	HIO_3
高卤酸	$HClO_4{}^*$	$HBrO_4{}^*$	HIO_4　H_5IO_6

* 表示含氧酸仅存在于溶液中。

在卤素的含氧酸中，卤素原子采用了 sp^3 杂化轨道与氧原子成键。由于不同氧化态的卤素原子结合的氧原子数不同，酸根离子的形状也各不相同。XO^- 为直线形，$XO_2{}^-$ 为角形，$XO_3{}^-$ 为三角锥形，$XO_4{}^-$ 为四面体形（图 9-1）。

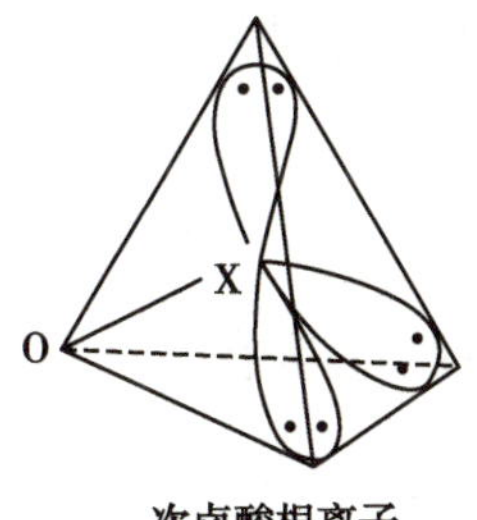

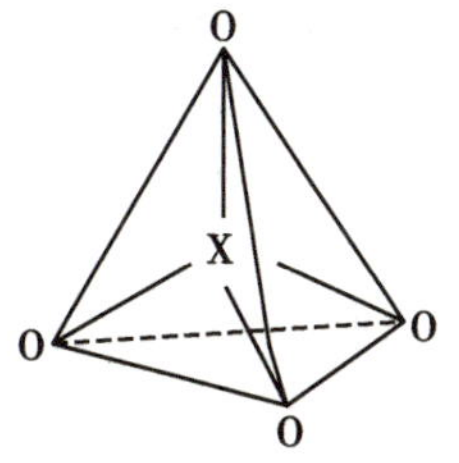

图 9-1　卤素含氧酸根的结构

笔记栏

卤素含氧酸及其盐主要的性质是酸性、氧化性和稳定性，并且随卤素种类及卤素氧化值的不同呈现一定的规律性。现分别讨论如下：

（1）含氧酸的酸性：卤素的含氧酸（H_mXO_n）中，可解离的质子均与氧原子相连（X—O—H 键）。氧原子的电子密度是决定酸性的关键。氧原子的电子密度在很大程度上受到中心原子（X）的电负性、原子半径及氧化值等因素的影响。

1）不同元素同一氧化值的含氧酸：X 原子的电负性越大，半径越小，氧原子的电子密度越小，O—H 键减弱，酸性越强。如：HClO>HBrO>HIO。

2）同一元素不同氧化值的含氧酸：高氧化数的含氧酸的酸性一般比低氧化数的强。氧化数越高，其正电性越强，对氧原子上的电子吸引力越强，使得与氧原子相连的质子易解离，酸性增强。如：$HClO_4>HClO_3>HClO_2>HClO$。

3）不同中心原子的含氧酸：中心原子的电负性越大，其酸性越强。如同一周期不同元素最高氧化数含氧酸的酸性变化规律为 $HClO_4>H_2SO_4>H_3PO_4>H_4SiO_4$。

（2）含氧酸及含氧酸盐的氧化性：含氧酸的氧化还原性比较复杂，目前还没有一个统一的解释，这里列出一般变化规律。

1）同一元素的不同氧化值的含氧酸：低氧化值含氧酸的氧化性较强，如 $HClO>HClO_3>HClO_4$；$HNO_2>HNO_3$（稀）。可以认为，含氧酸被还原的过程有中心原子和氧原子间键的断裂，X—O 键越强，或者需要断裂的 X—O 键越多，含氧酸越稳定，氧化性越弱。

2）含氧酸的氧化性强于含氧酸盐：含氧酸根在酸性介质中的氧化性强于在碱性介质中。

（3）含氧酸及含氧酸盐的稳定性：含氧酸及含氧酸盐的稳定性和分子对应的结构有关，分子结构越对称，稳定性越强，如 $HClO_4>HClO_3>HClO_2>HClO$。含氧酸盐的稳定性大于相应的含氧酸，如 $NaClO_3>HClO_3$。

下面具体讨论不同卤素含氧酸及其盐的性质。

1）次卤酸及其盐：次卤酸都是弱酸，其酸性随卤素原子电负性减小而减弱。它们的解离常数分别为：

	HClO	HBrO	HIO
$K_a^\ominus$	3.16×10^{-8}	2.40×10^{-9}	2.3×10^{-11}

次卤酸极不稳定，仅能存在于水溶液中，在室温时按下列 2 种方式进行分解：

$$2HXO = 2HX+O_2$$

$$3HXO = 2HX+HXO_3$$

次氯酸的强氧化性和漂白杀菌能力就是基于它的分解反应。

次卤酸的第 2 种分解反应，也是它的歧化反应。在中性介质中，仅次氯酸会发生歧化反应，而在碱性介质中，卤素单质、次卤酸盐都发生歧化反应。

$$X_2+2OH^- = X^-+XO^-+H_2O$$

XO^-易进一步歧化生成 XO_3^-。XO^-在碱性介质中的歧化速度与物种和温度有关。

$$3XO^- = 2X^-+XO_3^-$$

ClO^-在室温和低于室温时歧化速度缓慢，当加热到 348K 左右歧化反应速度非常快。因此氯气与碱溶液作用，在室温或低于室温时，产物是次氯酸盐，在高于 348K 时产物是氯酸

盐。BrO^-在室温时具有中等程度的歧化速度，只有在 273K 左右才能制备和保存 BrO^-。若在 323K 以上时，全部得到 BrO_3^- 和 Br^-。在任何温度下，IO^-的歧化速度都非常快，因此碘与碱溶液作用只能定量地得到 IO_3^-。

$$3I_2+6OH^- \xlongequal{} 5I^-+IO_3^-+3H_2O$$

次卤酸盐比较重要的是次氯酸盐。次氯酸及其盐的氧化性强于氯。将氯气与廉价的消石灰作用，通过歧化反应可制得漂白粉。

$$2Cl_2+3Ca(OH)_2 \xlongequal{} Ca(ClO)_2+CaCl_2 \cdot Ca(OH)_2 \cdot 2H_2O$$

次氯酸钙 $Ca(ClO)_2$ 是漂白粉的有效成分。它的漂白、消毒作用是 ClO^- 的氧化作用产生的。将氯气通入氢氧化钠后再加入少量硼酸，可得到一种活性更强的消毒剂。

2）卤酸及其盐：卤酸的稳定性较次卤酸高。常温下，氯酸和溴酸只能存在于水溶液中，加热或浓度较高时剧烈分解。

$$3HClO_3 \xlongequal{} HClO_4+Cl_2\uparrow+2O_2\uparrow+H_2O$$

$$4HBrO_3 \xlongequal{} 2Br_2+5O_2\uparrow+2H_2O$$

碘酸以白色晶体状态存在，常温下较为稳定。

卤酸中氯酸和溴酸都是强酸，碘酸是中强酸（$pK_a^\ominus=0.804$）。

卤酸的浓溶液都是强氧化剂，其中以溴酸的氧化性最强。它们还原为单质的电极电势值见卤素的元素电势图，故可发生下列置换反应。

$$2HClO_3+I_2 \xlongequal{} 2HIO_3+Cl_2\uparrow$$

$$2HBrO_3+I_2 \xlongequal{} 2HIO_3+Br_2\uparrow$$

$$2HBrO_3+Cl_2 \xlongequal{} 2HClO_3+Br_2\uparrow$$

卤酸盐的热稳定性皆高于相应的酸。它们在酸性溶液中都是强氧化剂，在水溶液中氧化性不明显。固体卤酸盐，特别是氯酸钾是强氧化剂，与易燃物如碳、硫、磷及有机物等混合，受撞击会猛烈爆炸。氯酸钾大量用于制造火柴、信号弹、焰火等。

卤酸盐的热分解反应较为复杂，如氯酸钾在催化剂的影响和不同的温度时分解方式不同。

$$2KClO_3 \xlongequal[MnO_2]{200℃左右} 2KCl+3O_2\uparrow$$

$$4KClO_3 \xlongequal{480℃左右} 3KClO_4+KCl\uparrow$$

3）高卤酸及其盐：高氯酸是无机酸中最强的酸之一，其酸性是硫酸的 10 倍。纯的高氯酸不稳定，在贮藏过程中可能会发生爆炸，市售试剂为 70%溶液。浓热的高氯酸氧化性很强，遇到有机化合物会发生爆炸性反应。而稀冷的高氯酸溶液没有明显的氧化性，当遇到活泼金属如锌、铁等，则放出氢气。

$$Zn+2HClO_4 \xlongequal{} Zn(ClO_4)_2+H_2\uparrow$$

高氯酸根为正四面体结构，结构对称，所有的价电子与氧共享，其对金属离子的配位能力很弱，因此高氯酸常用于配位测定中离子强度的调节。另外，高氯酸盐除了 K^+、Ru^+、Cs^+ 的盐外，其他高氯酸盐都易溶于水。

笔记栏

高溴酸也是极强的酸，是比高氯酸、高碘酸更强的氧化剂。浓度在55%以下的$HBrO_4$溶液才能长期稳定地存在。

高碘酸通常有2种形式，即正高碘酸（H_5IO_6）和偏高碘酸（HIO_4）。在强酸溶液中主要以H_5IO_6的形式存在。高碘酸的氧化性比高氯酸强，与一些试剂反应迅速、平稳，如它可将Mn^{2+}氧化为紫红色的MnO_4^-，

$$2Mn^{2+}+5IO_4^-+3H_2O = 2MnO_4^-+5IO_3^-+6H^+$$

分析化学中常把IO_4^-当作稳定的强氧化剂使用。

高卤酸盐较稳定，如$KClO_4$的分解温度高于$KClO_3$，而用$KClO_4$制成的炸药称“安全炸药”。

（三）卤族元素在医药中的应用

卤素中，碘可以直接药用，内服复方碘制剂用于治疗甲状腺肿大、慢性关节炎、动脉血管硬化等。碘和碘化钾或碘化钠配制成碘酊外用作消毒剂。在医药上很多时候用到有机碘分子，如甲状腺素、有机碘造影剂醋碘苯酸。

药用盐酸含HCl 9.5%～10.5%（g/ml），内服用于治疗胃酸缺乏症。

生理盐水中，氯化钠的质量浓度为9g/L，主要用于消炎杀菌及由于出血或腹泻等疾病引起的缺水症。氯化钾具有利尿作用，用于心性或肾性水肿及缺钾症等。

SnF_2可制成药物牙膏。人的牙釉质（珐琅质）中含氟（CaF_2）约0.5%，而氟的缺乏是产生龋齿的原因之一。用SnF_2制成的药物牙膏可增强珐琅质的抗腐蚀能力，预防龋齿。但是摄入过量时会出现氟中毒，牙釉质能出现黄褐色的斑点，形成氟斑牙。

漂白粉的有效成分是$Ca(ClO)_2$，作杀菌消毒剂。

二、氧族元素

（一）氧族元素的通性

元素周期表中，ⅥA族包括氧、硫、硒、碲、钋5种元素，通称氧族元素。氧族元素的电负性、电子亲和能和解离能均比同周期相应卤素的小，因此非金属性不如卤族元素活泼。随着解离能的降低，本族元素从非金属过渡到金属。氧和硫为非金属，硒和碲为半金属，钋是典型的金属。它们的若干性质汇总列在表9-8中。

表9-8 氧族元素的基本性质

性质	氧	硫	硒	碲
元素符号	O	S	Se	Te
原子序数	8	16	34	52
相对原子质量	15.99	32.05	78.96	127.60
价电子层结构	$2s^22p^4$	$3s^23p^4$	$4s^24p^4$	$5s^25p^4$
共价半径/pm	66	104	117	137
离子半径/pm	140	184	198	221
电负性	3.44	2.58	2.55	2.10
电子亲和能/（kJ/mol）	141	200.4	195	190.1
第一解离能/（kJ/mol）	1 310	1 000	941	870
离子水合能/（kJ/mol）	-507	-368	-335	-293
主要氧化值	-2，0	-2，0，+2	-2，0，+2	-2，0，+2

氧族元素的价电子层 ns^2np^4 中有 6 个价电子，决定了它们都具有非金属元素的特性。它们都能结合 2 个电子，形成氧化数为-2 的离子化合物或共价化合物。

氧的电负性仅次于氟。由于氧的价电层中没有可被利用的 d 轨道，所以在一般的化合物中，氧的氧化数为-2。由氧到硫，电负性和解离能突然降低，因此硫、硒、碲能显正氧化态，当同电负性大的元素结合时，它们价电子层中的空 nd 轨道也可参加成键，所以这些元素可显示+2、+4、+6 氧化态。

氧族元素都有同素异形体，如氧有 O_2 和 O_3 两种；硫的同素异形体较多，最常见的有晶状的菱形硫（斜方硫）、单斜硫和无定形硫。

课堂互动

为什么 O_2 为非极性分子而 O_3 为极性分子？

因为 O_2 的空间构型为直线型，而 O_3 中的中心 O 原子为 sp^2 杂化。理想模型为平面三角形，分子构型为 V 型，而 O_3 形成的是三中心四电子大 π 键，空间构型不对称。正负电荷中心不重合，所以是极性分子。

氧族元素的元素电势如下：

$E_A^{\ominus}$/V

$$O_3 \xrightarrow{+2.076} O_2 \xrightarrow{+0.695} H_2O_2 \xrightarrow{+1.776} H_2O \quad (O_2 \xrightarrow{+1.23} H_2O)$$

$$S_2O_8^{2-} \xrightarrow{+2.01} SO_4^{2-} \xrightarrow{+0.20} H_2SO_3 \xrightarrow{+0.40} S_2O_3^{2-} \xrightarrow{+0.50} S \xrightarrow{+0.14} H_2S \quad (H_2SO_3 \xrightarrow{+0.45} S)$$

$E_B^{\ominus}$/V

$$O_3 \xrightarrow{+1.24} O_2 \xrightarrow{-0.146} HO_2^- \xrightarrow{+0.88} OH^- \quad (O_2 \xrightarrow{+0.401} OH^-)$$

$$SO_4^{2-} \xrightarrow{-0.93} SO_3^{2-} \xrightarrow{-0.57} S_2O_3^{2-} \xrightarrow{-0.74} S \xrightarrow{-0.508} S^{2-} \quad (SO_3^{2-} \xrightarrow{-0.66} S;\ SO_3^{2-} \xrightarrow{-0.59} S^{2-})$$

（二）氧族元素化合物的性质

1. 过氧化氢　纯的过氧化氢（H_2O_2）是一种淡蓝色的黏稠液体，可与水以任意比例互溶。过氧化氢的水溶液俗称双氧水，质量浓度在 30~300g/L。市售 30%的试剂水溶液，有强烈的腐蚀性，使用时应当小心。

过氧化氢的分子结构如图 9-2 所示。过氧化氢分子中有 1 个过氧链（—O—O—），过氧链两端的氧原子上各连着 1 个氢原子。每个氧原子都是采取不等性 sp^3 杂化形成 4 个杂化轨道，2 个 sp^3 杂化轨道中各有 2 个成单电子，其中一个和氧原子的 sp^3 杂化轨道重叠形成 O—O σ 键，另一个则同氢原子的 1s 轨道重叠形成 O—H σ 键。其余 2 个含有孤电子对的杂化轨道不参与成键。由于每个氧原子上的 2 个孤电子对间的排斥作用，使得 O—H 键向

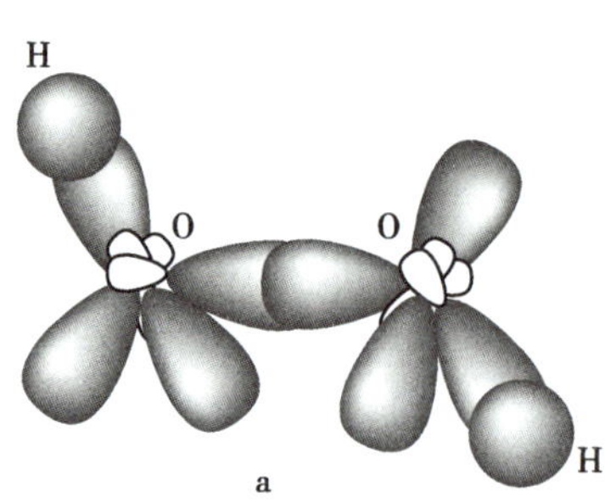

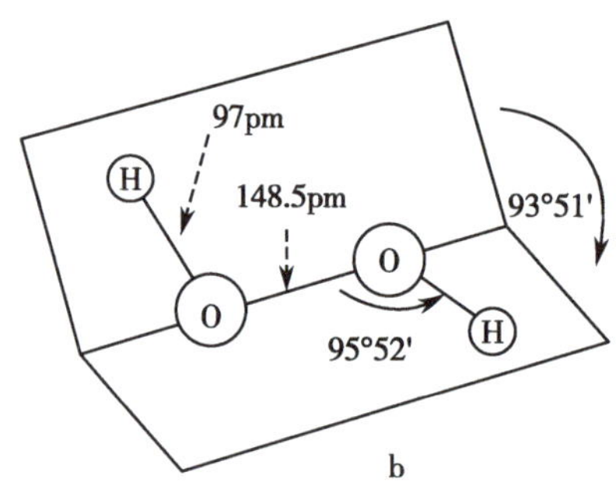

图 9-2 H_2O_2 分子的结构

O—O 键靠拢，故键角∠HOO 小于四面体键角值。过氧化氢分子不是直线形结构，它的几何构型可以形象地看作是一本半敞开的书，2 个氢原子分别在两页纸面上，两页纸之间的夹角为 93°51′，过氧键在书本的夹缝上。

H_2O_2 的化学性质与其结构密切相关。

H_2O_2 分子中的过氧键的键能较小（$E^{\ominus}_{O-O}=142kJ/mol$），故不稳定，容易分解放出 O_2。在较低温度和高纯度时分解速度慢，受热时分解速度急剧增大，若受热到 426K 以上便剧烈分解。

$$2H_2O_2 \xlongequal{} 2H_2O+O_2\uparrow$$

光照、碱性介质和少量重金属离子的存在，都将大大加快其分解速度。为了降低和防止过氧化氢分解，在实验室里常把过氧化氢避光保存在阴凉条件下的棕色瓶或塑料容器中。

过氧化氢是极弱的二元酸，在水中微弱地解离。

$$H_2O_2 \rightleftharpoons H^++HO_2^- \qquad K_1^{\ominus}=2.24\times10^{-12}$$

第二步解离常数小得多，约为 10^{-25}，所以 H_2O_2 可与碱作用生成盐，而所生成的盐称为过氧化物。

过氧化氢中的氧处于中间氧化态（-1），因此它既有氧化性又有还原性。由电极电势值可知，H_2O_2 在酸性或碱性介质中都是氧化剂，在酸性溶液中是一种强氧化剂。例如：

$$H_2O_2+2H^++I^- \xlongequal{} 2H_2O+I_2$$

$$H_2O_2+2H^++2Fe^{2+} \xlongequal{} 2H_2O+2Fe^{3+}$$

$$3H_2O_2+2CrO_2^-+2OH^- \xlongequal{} 2CrO_4^{2-}+4H_2O$$

利用 H_2O_2 的氧化性可以漂白丝、毛织物和油画，也可以用作杀菌剂。H_2O_2 是一种无公害的强氧化剂，纯 H_2O_2 是火箭燃料的高能氧化剂。

当遇到强氧化剂时，H_2O_2 表现出还原性。

$$Cl_2+H_2O_2 \xlongequal{} 2HCl+O_2$$

$$2KMnO_4+5H_2O_2+3H_2SO_4 \xlongequal{} 2MnSO_4+5O_2\uparrow+K_2SO_4+8H_2O$$

医疗上，在没有氧气瓶的情况下，可利用 H_2O_2 和 $KMnO_4$ 的反应设计输氧装置。H_2O_2 有消毒、防腐、除臭等功效，医疗上常用 3%的 H_2O_2 消毒杀菌。

《中华人民共和国药典》中鉴别 H_2O_2 就是利用它在酸性溶液中能与 $K_2Cr_2O_7$ 作用生成蓝紫色过氧化铬，相当于过氧链的转移。

$$4H_2O_2+Cr_2O_7^{2-}+2H^+ = 2CrO_5+5H_2O$$

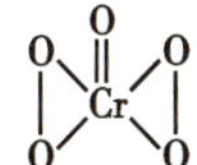

图 9-3 过氧化铬的结构

过氧化铬的结构如图 9-3 所示。

CrO_5 因含有过氧键，在水溶液中很不稳定易分解，放出氧气。

$$4CrO_5+12H^+ = 4Cr^{3+}+6H_2O+7O_2\uparrow$$

若将 CrO_5 萃取到乙醚层中，便可稳定存在，这也是检验 Cr(Ⅵ)的灵敏反应。

2. 硫化氢和金属硫化物

(1) 硫化氢：硫化氢是无色有臭鸡蛋味的有毒气体，比空气略重。空气中如含有 0.1% 的 H_2S 就会迅速引起头痛、眩晕等症状。大量吸入 H_2S 会引起严重的中毒，甚至死亡。H_2S 能与血红蛋白中的 Fe^{2+} 生成 FeS 沉淀，使 Fe^{2+} 失去正常的生理功能。空气中 H_2S 的允许含量不得超过 0.01mg/L。

H_2S 分子的结构与水类似，分子中的硫也采用不等性 sp^3 杂化，呈 V 形。它是一个极性分子，但极性弱于水分子。硫化氢稍溶于水，常温时饱和的 H_2S 的水溶液约为 0.10mo/L，其水溶液称为氢硫酸，是一种二元弱酸。

硫化氢和硫化物中的硫处于最低氧化态，因此只具有还原性。如：

$$H_2S+I_2 = 2HI+S\downarrow$$

$$4Cl_2+H_2S+4H_2O = H_2SO_4+8HCl$$

(2) 金属硫化物：电负性较硫小的元素与硫形成的化合物称为硫化物，其中大多数为金属硫化物。金属硫化物可以分为可溶性硫化物和难溶性硫化物 2 种。硫化物的主要性质就是难溶性和易水解性。

由于 S^{2-} 是弱酸根离子，所以不论是易溶硫化物还是难溶硫化物，都有不同程度的水解作用。

$$Na_2S+H_2O = NaHS+NaOH$$

$$2CaS+2H_2O = Ca(OH)_2+Ca(HS)_2$$

高价金属硫化物几乎完全水解：

$$Al_2S_3+6H_2O = 2Al(OH)_3\downarrow+3H_2S\uparrow$$

因此 Al_2S_3、Cr_2S_3 等硫化物在水溶液中实际是不存在的。

在金属硫化物中，碱金属硫化物和硫化铵是易溶于水的(同时水解)，其余大多数硫化物都难溶于水，并具有不同的特征颜色(表 9-9)。

表 9-9 几种金属硫化物的颜色

化合物	颜色	化合物	颜色	化合物	颜色
ZnS	白	MnS	肉色	NiS	黑
CdS	黄	SnS	灰白	PbS	黑
Cu_2S	黑	CuS	黑	HgS	红
FeS	黑	CoS	黑	Bi_2S_3	黑

难溶金属硫化物在酸中的溶解情况与溶度积常数的大小有一定关系。若使它们溶解，必须金属离子和硫离子浓度幂的乘积小于该金属硫化物的 $K_{sp}^{\ominus}$。可用控制溶液酸度的方法使一些金属硫化物溶解。难溶硫化物在酸中的溶解分为以下 3 种情况。

$K_{sp}^{\ominus}$ 较大(>10^{-24})的金属硫化物如 MnS、CoS、NiS 及 ZnS 等，可溶于盐酸。例如：

笔记栏

$$ZnS+2HCl=ZnCl_2+H_2S\uparrow$$

$K_{sp}^{\ominus}$ 较小（$10^{-25}>K_{sp}^{\ominus}>10^{-30}$）的金属硫化物不溶于稀盐酸，但溶于浓盐酸。例如：

$$CdS+4HCl=CdCl_4{}^{2-}+H_2S\uparrow+2H^+$$

$K_{sp}^{\ominus}$ 小（$<10^{-30}$）的金属硫化物如 CuS、AgS、PbS 等，能溶于硝酸。例如：

$$3CuS+2NO_3{}^-+8H^+=3Cu^{2+}+3S\downarrow+2NO\uparrow+4H_2O$$

$K_{sp}^{\ominus}$ 非常小的 HgS 只能溶于王水。

$$3HgS+2HNO_3+12HCl=3[HgCl_4]^{2-}+6H^++3S\downarrow+2NO\uparrow+4H_2O$$

在王水中，S^{2-} 和 Hg^{2+} 的浓度同时降低，使溶液中离子浓度幂的乘积小于它的 $K_{sp}^{\ominus}$。药物制造上，常利用金属硫化物的不同溶解性及特征颜色，鉴别、分离和判断重金属离子的含量限度。

3. 硫的含氧酸及其盐　硫能形成多种含氧酸，但许多不能以自由酸的形式存在，只能以盐的形式存在。硫的若干重要的含氧酸汇列于表 9-10 中。

表 9-10　硫的重要含氧酸

名称	化学式	硫的氧化值	结构式	存在形式
亚硫酸	H_2SO_3	+4	HO—S(=O)—OH	盐
焦亚硫酸	$H_2S_2O_5$	+4	HO—S(=O)—O—S(=O)—OH	盐
连二亚硫酸	$H_2S_2O_4$	+3	HO—S(=O)—S(=O)—OH	盐
硫酸	H_2SO_4	+6	HO—S(=O)(=O)—OH	盐、酸
焦硫酸	$H_2S_2O_7$	+6	HO—S(=O)(=O)—O—S(=O)(=O)—OH	盐、酸
硫代硫酸	$H_2S_2O_3$	+2	HO—S(=S)(=O)—OH	盐
连硫酸	$H_2S_xO_6$（x=2～6）		HO—S(=O)(=O)—S_x—S(=O)(=O)—OH（x=0～4）	盐
过一硫酸	H_2SO_5	+8	HO—O—S(=O)(=O)—OH	盐、酸
过二硫酸	$H_2S_2O_8$	+7	HO—S(=O)(=O)—O—O—S(=O)(=O)—OH	盐、酸

（1）亚硫酸及其盐：二氧化硫的水溶液称为亚硫酸（H_2SO_3）。H_2SO_3 不能从水溶液中被分离出来。亚硫酸是二元中强酸，可以形成它的正盐和酸式盐。亚硫酸及其盐中硫的氧化数为+4，因此亚硫酸及其盐既有氧化性又有还原性，通常以还原性为主。

$$Na_2SO_3+Cl_2+H_2O = Na_2SO_4+2HCl$$

基于这一反应原理，亚硫酸盐广泛用作印染工业中漂白织物的去氯剂，在医药中可作为卤素中毒的解除剂。

SO_2、亚硫酸及其盐的还原性强弱为 $SO_3^{2-}>H_2SO_3>SO_2$。亚硫酸盐具有更强的还原性，如亚硫酸钠溶液很容易被空气中的氧氧化。

$$2Na_2SO_3+O_2 = 2Na_2SO_4$$

亚硫酸钠常作为抗氧剂用于注射剂中，以保护药品中的主要成分不被氧化。

只有遇到强还原剂时才表现出氧化性。

$$SO_3^{2-}+2H_2S+2H^+ = 3S\downarrow+3H_2O$$

（2）硫酸及其盐：纯硫酸是无色的油状液体。市售浓硫酸一般含 96%～98%的 H_2SO_4，密度为 1.85g/cm^3，浓度为 18mol/L，是常用的高沸点（338℃）酸。

H_2SO_4 分子具有四面体构型，结构如图 9-4 所示。

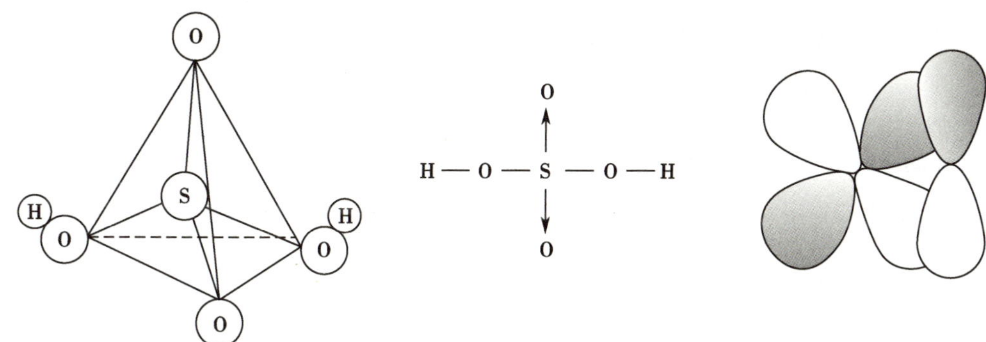

图 9-4 硫酸分子的结构

中心原子 S 采用不等性 sp^3 杂化，与 2 个羟基氧原子分别形成 σ 键，而硫原子与 2 个非羟基氧原子的键合方式是以 2 对电子分别与 2 个氧原子（将氧 2 个不成对电子并入同一个轨道，空出一个轨道）形成 S→O 的 σ 配键，这 4 个 σ 键构成硫酸分子的四面体骨架。同时，非羟基氧原子中含孤电子对的 p_y 和 p_z 轨道与硫原子空的 d 轨道重叠形成 2 个 O→S 的 p～d π 配键。它连同原子间的 σ 键统称 σ～π 配键，具有双键的性质。这种 p～d π 配键在其他含氧酸中也是较常见的，如 PO_4^{3-}、ClO_4^-、ClO_3^- 等。

硫酸是二元强酸，在水溶液中第一步解离是完全的，第二步是部分解离（$K^\ominus=1.2\times10^{-2}$）。

稀硫酸具有一般酸的通性，其氧化性是 H_2SO_4 中 H^+ 的作用，这和浓硫酸的氧化性是有区别的。在浓硫酸中，硫酸基本上以 H_2SO_4 分子的形式存在，由于 H^+ 的反极化作用，使其结构的稳定性下降，处于最高氧化态的硫（+6）易获得电子显示氧化性。

热的浓硫酸具有强氧化性，可以氧化多种金属和非金属，本身的还原产物通常是 SO_2，但在强还原剂作用下，可被还原为 S 或 H_2S。

$$C+2H_2SO_4(浓) = CO_2+2SO_2+2H_2O$$

笔记栏

$$3Zn+4H_2SO_4(浓) \xlongequal{} S+3ZnSO_4+4H_2O$$

浓 H_2SO_4 有强烈的吸水性和脱水性。浓 H_2SO_4 与水作用放出大量的热，并形成一系列稳定的水合物。正是由于浓硫酸有强吸水性，在工业和实验室中常用作干燥剂，如干燥氯气、氢气和二氧化碳等气体。它不但能吸收游离的水分，还能从糖类等有机化合物中夺取与水分子组成相当的氢和氧，使这些有机物炭化。

$$C_{12}H_{22}O_{11}(蔗糖) \xlongequal{} 11H_2O+12C$$

由于浓 H_2SO_4 严重地破坏动植物的组织，使用时必须注意安全。

硫酸可以形成 2 种类型的盐——正盐和酸式盐。

在酸式硫酸盐中，仅最活泼的碱金属能形成稳定的固态酸式硫酸盐。酸式硫酸盐受热可脱水生成焦硫酸盐。

$$2KHSO_4 \xlongequal{} K_2S_2O_7+H_2O$$

酸式硫酸盐能溶于水，由于 HSO_4^- 部分解离而使溶液显酸性。

正盐中除 Ag_2SO_4、$CaSO_4$ 微溶，$BaSO_4$、$PbSO_4$ 难溶外，其他都溶于水。可溶性的硫酸盐在水溶液中析出结晶时常带有结晶水，如 $CuSO_4 \cdot 5H_2O$；还容易形成复盐，如 $(NH_4)_2SO_4 \cdot FeSO_4 \cdot 6H_2O$（摩尔盐）、$K_2SO_4 \cdot Al_2(SO_4)_3 \cdot 24H_2O$（明矾）。

(3) 硫代硫酸及其盐：硫代硫酸（$H_2S_2O_3$）极不稳定，不能游离存在，但它的盐却能稳定存在。其中，最重要的是硫代硫酸钠 $Na_2S_2O_3 \cdot 5H_2O$，俗称海波或大苏打。$S_2O_3^{2-}$ 的 2 个 S 是不等价的，是 SO_4^{2-} 中的一个非羟基 O 原子被 S 原子所替代的产物，因此 $S_2O_3^{2-}$ 的构型与 SO_4^{2-} 相似，为四面体型。

硫代硫酸钠是无色透明的柱状结晶，易溶于水，其水溶液显弱碱性。硫代硫酸钠在中性、碱性溶液中很稳定，在酸性溶液中迅速分解，得到 H_2SO_3 的分解产物 SO_2 和固体 S。

$$Na_2S_2O_3+2HCl \xlongequal{} 2NaCl+S\downarrow+SO_2\uparrow+H_2O$$

利用此性质可定性鉴定硫代硫酸根离子。医药上根据这一反应，用 $Na_2S_2O_3$ 来治疗疥疮，先用 40%的 $Na_2S_2O_3$ 溶液擦洗患处，几分钟后再用 5%的盐酸擦洗，即生成具有高度杀菌能力的 S 和 SO_2。

$Na_2S_2O_3$ 是一个中等强度的还原剂，能和许多氧化剂发生反应。如较弱的氧化剂碘就可将它氧化为连四硫酸钠。

$$2Na_2S_2O_3+I_2 \xlongequal{} Na_2S_4O_6+2NaI$$

这个反应是定量分析中碘量法测定物质含量的基础。$Na_2S_2O_3$ 若遇到 Cl_2、Br_2 等强氧化剂可被氧化为硫酸。

$$Na_2S_2O_3+4Cl_2+5H_2O \xlongequal{} 2H_2SO_4+2NaCl+6HCl$$

因此，纺织和造纸工业上用硫代硫酸钠作过量氯气的脱除剂。

$S_2O_3^{2-}$ 离子有非常强的配合能力，是一种常用的配位剂。

$$S_2O_3^{2-}+AgBr \xlongequal{} [Ag(S_2O_3)_2]^{3-}+Br^-$$

照相术上用它作为定影液，溶去照相底片上未感光的 AgBr。医药上利用 $Na_2S_2O_3$ 的还原性和配位能力的性质，常用作卤素及重金属离子的解毒剂。

(4) 过二硫酸及其盐：含有过氧链的硫的含氧酸称为过氧硫酸，简称过硫酸。过二硫酸

笔记栏

$(H_2S_2O_8)$可以看成是过氧化氢中的 2 个氢原子同时被 2 个—SO_3H 基团取代的产物。

过二硫酸是无色结晶，化学性质与浓硫酸相似。过二硫酸也有强的吸水性、脱水性并有极强的氧化性，能使纸张炭化。过二硫酸的标准电极电势仅次于 F_2。

$$S_2O_8^{2-}+2e^- \rightleftharpoons 2SO_4^{2-} \qquad E^{\ominus}=+2.01V$$

常用的过二硫酸盐有 $K_2S_2O_8$ 和 $(NH_4)_2S_2O_8$，它们都是强氧化剂。在 Ag^+ 的催化作用下，能迅速将无色的 Mn^{2+} 氧化为紫色的 MnO_4^-。

$$2Mn^{2+}+5S_2O_8^{2-}+8H_2O = 2MnO_4^-+10SO_4^{2-}+16H^+$$

此反应在钢铁分析中用于含锰量的定量测定。

（三）氧族元素在医药中的应用

含有氧、硫、硒的药物较多。

H_2O_2 有消毒杀菌、防腐除臭等功效，医疗上常用 3% H_2O_2 溶液治疗口腔炎、化脓性中耳炎等。

天然的硫黄(S_8)含少量杂质，又叫石硫黄或土硫黄；制备的硫黄较为纯净。硫黄内服可以散寒、祛痰、壮阳通便，外用可以解毒、杀虫、疗疮，常用的是 10% 硫黄软膏。

硫代硫酸钠可内服、可外用，内服作为卤素和重金属的解毒剂，外用治疗疥疮等。

无水硫酸钠即中药玄明粉，$Na_2SO_4 \cdot 10H_2O$ 则称朴硝或芒硝，主要作用为泻热通便、润燥软坚，用于治疗痔疮、急性乳腺炎、腹胀、急性湿疹等疾病。

硒是人体必需的微量元素。亚硒酸钠是补硒药，具有降低肿瘤发病率和预防心肌损伤性疾病的作用。

ER-9-5

抗癌之王——硒

三、氮族元素

（一）氮族元素的通性

氮族元素属元素周期表的ⅤA 族，包括氮、磷、砷、锑、铋 5 种元素。本族元素表现出从典型非金属元素到典型金属元素的完整过渡。氮和磷是典型的非金属，随着原子半径增大，砷过渡为半金属，锑和铋为金属元素。氮族元素的一些基本性质汇列于表 9-11 中。

表 9-11 氮族元素的基本性质

性质	氮	磷	砷	锑	铋
元素符号	N	P	As	Sb	Bi
原子序数	7	15	33	51	83
相对原子质量	14.01	30.97	74.92	121.75	208.98
价电子层结构	$2s^22p^3$	$3s^23p^3$	$4s^24p^3$	$5s^25p^3$	$6s^26p^3$
共价半径/pm	70	110	121	141	146
电负性	3.04	2.19	2.18	2.05	2.02
第一电子亲和能/(kJ/mol)	-58	74	77	101	100
第一解离能/(kJ/mol)	1 402	1 012	944	832	703
主要氧化值	±1，±2，±3，+4，+5	-3，+3 +5，+1	-3，+3 +5	-3，+3 +5	-3，+3 +5

氮族元素原子的价电子层结构为 ns^2np^3，价电子层中 p 轨道处于半充满状态，结构稳定，与卤族、氧族比较，要获得或失去电子形成-3 或+3 价的离子都较为困难。因此，形成共

笔记栏

价化合物是本族元素的特征。主要氧化数是-3、+3、+5。

氮族元素原子随着原子序数的增加，原子半径增大，外层电子填充在 nd、nf 轨道上，由于电子的钻穿能力大小不同（$ns>np>nd>nf$），使 ns^2 上电子受核的吸引力增强，能级显著降低，不易参与成键，因此从氮到铋形成的稳定氧化态趋势是高氧化态（+5）过渡到低氧化态（+3）。氮、磷主要形成氧化数为+5 的化合物，砷和锑氧化数为+5 和+3 的化合物都是最常见的，而氧化数为+3 的铋的化合物要比氧化数为+5 的化合物要稳定得多。在ⅢA 族～ⅤA 族中，有明显的“惰性电子对效应”，即从上到下低氧化态比高氧化态化合物稳定。

氮元素是本族第一种元素，同该族中其他元素性质上有差别。氮的原子半径小，能形成较强的 π 键（如 $N \equiv N$ 等）及离域 π 键（如 NO_3^- 中的 π_4^6 键），所以氮有许多本族其他元素所没有的多重键化合物。由于氮原子没有可被利用的 d 轨道，不会形成配位数超过 4 的化合物。本族其他元素的原子在成键时，最外层空的 nd 也可能参与成键，形成配位数为 5 或 6 的化合物。

（二）氮族元素化合物的性质

1. 氨和铵盐

（1）氨：氨是氮的重要化合物。在氨分子中，氮原子采取不等性 sp^3 杂化，分子呈三角锥形。NH_3 分子的结构特点决定了它的许多物理性质和化学性质。

氨在常温下是一种有刺激性气味的无色气体。由于氨与水能以氢键结合，形成缔合分子，故它极易溶于水，在 293.15K 时 1 体积水可溶解 700 体积氨。溶有氨的水溶液通常称为氨水，一般市售氨水的密度为 0.91g/cm^3，浓度为 15mol/L，是常用的弱碱。氨有较大极性，同时在液态和固态 NH_3 分子间还存在氢键，所以 NH_3 的沸点、蒸发热都高于同族其他元素的氢化物。氨在常温下加压易液化。由于液态氨气化时需要吸收大量的热量，常用它来作冷冻机的循环致冷剂。由于液氨的介电常数小于水，因此它也是有机化合物的较好溶剂。

氨分子中的 N 原子处于最低氧化态（-3），因此氨具有还原性。在一定的条件下能被多种氧化剂氧化，生成氮气或氧化数较高的氮的化合物。例如：

$$3Cl_2+2NH_3 = 6HCl+N_2$$

氨分子中的氮原子上含有孤电子对，可作为路易斯碱，能与许多含有空轨道的离子或分子形成各种形式的配合物，如$[Ag(NH_3)_2]^+$等。氨的加合性还表现在氨水的碱性上。氨在水溶液中存在下列平衡：

$$NH_3+H_2O = NH_3 \cdot H_2O \rightleftharpoons NH_4^+ + OH^-$$

氨与水分子中的 H^+加合，并放出 1 个 OH^-，使氨水溶液呈弱碱性。

氨分子中的氢原子能被其他原子或原子团所取代，生成氨基（$—NH_2$）、亚氨基（$=NH$）和氮化物（$\equiv N$）的衍生物。

$$2Na+2NH_3 = 2NaNH_2+H_2\uparrow$$

（2）铵盐：氨和酸反应形成易溶于水的铵盐。NH_4^+ 与 Na^+ 是等电子体，其离子半径（148pm）与 K^+（133pm）和 Rb^+（148pm）相似，因此 NH_4^+ 具有+1 价碱金属离子的性质，在化合物分类时将铵盐归属于碱金属盐类。铵盐的晶形、溶解度和钾盐、铷盐十分相似。

铵盐都有一定程度的水解，其水溶液多显酸性。

$$NH_4^+ + H_2O \rightleftharpoons NH_3+H_3O^+$$

固体铵盐加热极易分解，其分解产物与酸根的性质有关，一般为氨和相应的酸。

$$NH_4Cl = NH_3\uparrow + HCl\uparrow$$

$$NH_4HCO_3 = NH_3\uparrow + CO_2\uparrow + H_2O$$

若是非挥发性酸形成的铵盐，则只有氨放出，残余有酸或酸式盐。

$$(NH_4)_3PO_4 = 3NH_3\uparrow + H_3PO_4$$

$$(NH_4)_2SO_4 = NH_3\uparrow + NH_4HSO_4$$

若相应酸具有氧化性，则分解出的氨被进一步氧化。

$$NH_4NO_2 = N_2 + 2H_2O$$

$$NH_4NO_3 = N_2O + 2H_2O$$

温度高于 300℃时 NH_4NO_3 分解时产生大量的热量和气体，引起爆炸性分解，因此 NH_4NO_3 可用于制造炸药。

$$2NH_4NO_3 = 2N_2 + O_2\uparrow + 4H_2O$$

2. 氮的含氧酸及其盐

(1) 亚硝酸及其盐：亚硝酸是不稳定的一元弱酸（$K_a^\ominus = 5.13\times10^{-4}$），酸性略强于醋酸。亚硝酸不稳定，只存在于冷的稀溶液中，浓溶液或加热时即歧化分解为 NO 和 NO_2。

$$2HNO_2 = N_2O_3 + H_2O = H_2O + NO\uparrow + NO_2\uparrow$$

亚硝酸盐比亚硝酸稳定。特别是碱金属、碱土金属的亚硝酸盐有很高的稳定性。亚硝酸盐一般都有毒，在体内容易与蛋白质结合，有致癌作用。

氧化还原性是亚硝酸及其盐的主要化学性质。在亚硝酸及其盐中，氮原子具有中间氧化态+3，NO_2^- 既有氧化性又有还原性，但氧化性大于还原性。特别是酸性介质中氧化性较强，例如它能将 I^- 定量氧化为 I_2。

$$2NO_2^- + 2I^- + 4H^+ = 2NO + I_2 + 2H_2O$$

分析化学上用此反应定量测定亚硝酸盐含量。只有遇到强氧化剂时，亚硝酸及其盐才显示还原性，被氧化产物为 NO_3^-。

$$2MnO_4^- + 5NO_2^- + 6H^+ = 2Mn^{2+} + 5NO_3^- + 3H_2O$$

NO_2^- 是一个很好的两可配位体，氧原子和氮原子上都有孤对电子，可以分别以 N 或 O 原子参加配位，与许多过渡金属离子生成配离子，前者叫硝基配合物，后者叫亚硝酸根配合物。如 NO_2^- 与钴盐生成配离子 $[Co(NO_2)(NH_3)_5]^{2+}$。

(2) 硝酸及其盐：纯硝酸是无色透明的油状液体。溶有过多 NO_2 的浓 HNO_3 叫发烟硝酸。硝酸可以任意比例与水混合。一般市售硝酸密度为 1.42g/cm^3，含 $HNO_3$68%~70%，浓度相当于 15mol/L。

硝酸分子是平面型结构，如图 9-5 所示。其中，N 原子采取 sp^2 杂化。它的 3 个杂化轨道分别与氧原子形成 3 个 σ 键，构成 1 个平面三角形。氮原子上垂直于 sp^2 杂化平面的 2p 轨道与 2 个非羟基氧原子的 p 轨道连贯重叠形成 1 个三中心四电子离域 π 键（π_3^4），在羟基上的 H 和非羟基氧之间还存在 1 个分子内氢键。

形成大 π 键的原子基本在一个平面上，这样它们平行的 p 轨道可以相互重叠成键，而且大 π 键轨道上的电子数比轨道数的 2 倍要少。大 π 键的符号用 π_n^m 表示，n 表示形成大 π 键

笔记栏

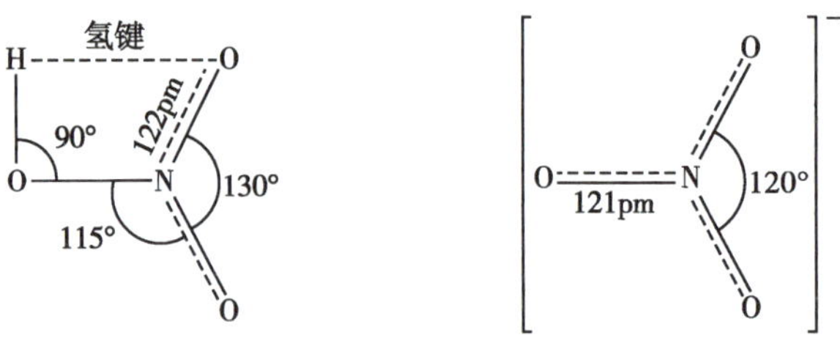

图 9-5 硝酸和硝酸根离子的结构

的原子数，m 表示形成大 π 键的电子数。

在 NO_3^- 离子中，N 原子与 3 个氧原子形成了 1 个四中心六电子离域 π 键(π_4^6)。NO_3^- 离子中 3 个 N—O 键几乎相等，具有很好的对称性，因而硝酸盐在正常状况下是足够稳定的。

硝酸比亚硝酸稳定，是具有挥发性的强酸，受热或见光时发生分解反应。所以实验室通常把浓 HNO_3 盛于棕色瓶中，存放于阴凉处。

$$4HNO_3 = 2H_2O + 4NO_2\uparrow + O_2\uparrow$$

硝酸分子中 N 原子具有最高价态，它最突出的性质是强氧化性。在氧化还原反应中，硝酸主要被还原为下列物质。

$$\overset{+4}{NO_2} — \overset{+3}{HNO_2} — \overset{+2}{NO} — \overset{+1}{N_2O} — \overset{0}{N_2} — \overset{-3}{NH_4^+}$$

有关电对电极电势如下(酸性溶液)：

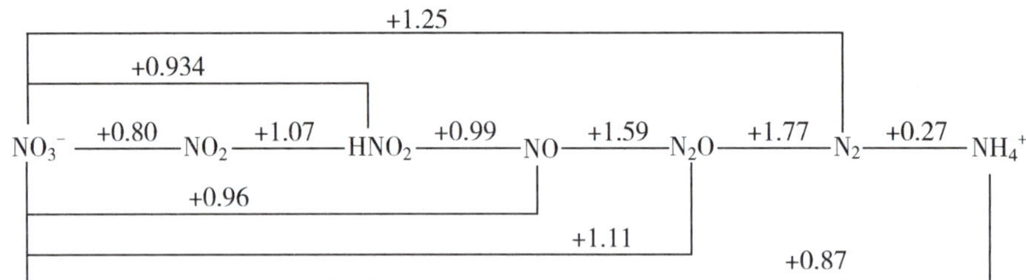

$E_A^\ominus$/V

硝酸可以将除氯、氧以外的非金属单质氧化成相应的氧化物或含氧酸，本身被还原为 NO。例如：

$$4HNO_3 + 3C = 3CO_2 + 4NO\uparrow + 2H_2O$$

$$2HNO_3 + S = H_2SO_4 + 2NO\uparrow$$

硝酸几乎可以氧化所有的金属(除 Au、Pt 等贵重金属外)，生成相应的硝酸盐。

$$Cu + 4HNO_3(浓) = Cu(NO_3)_2 + 2NO_2\uparrow + 2H_2O$$

$$3Cu + 8HNO_3(稀) = 3Cu(NO_3)_2 + 2NO\uparrow + 4H_2O$$

$$4Zn + 10HNO_3(稀) = 4Zn(NO_3)_2 + N_2O\uparrow + 5H_2O$$

$$4Zn + 10HNO_3(很稀) = 4Zn(NO_3)_2 + NH_4NO_3 + 3H_2O$$

铁、铝和铬能溶于稀 HNO_3，但在冷的浓 HNO_3 中因表面钝化，阻止了内部金属的进一步氧化。因此，可用铝制容器来盛装浓硝酸。

笔记栏

反应中，HNO_3 的还原程度主要取决于它的浓度和金属的活泼性。实际上，HNO_3 的还原产物不是单一的，反应方程式所表示的只是最主要的还原产物。一般来说，浓 HNO_3 作为氧化剂，其还原产物主要为 NO_2。稀 HNO_3 由于浓度的不同，它的主要还原产物可能是 NO、N_2O、N_2，甚至是 NH_4^+。稀 HNO_3 作为氧化剂，它的反应速度慢，氧化能力较弱。可以认为，稀 HNO_3 首先被还原成 NO_2，但是因为反应速度慢，NO_2 的产量不多，所以它来不及逸出反应体系就又被进一步还原成 NO 或 N_2、NH_4^+ 等。

浓 HNO_3 和浓 HCl 的混合液（体积比为 1∶3）称为王水，具有很强的氧化性（HNO_3、Cl_2、NOCl）和强的配位性（Cl^-），能够溶解 Au、Pt 等不与硝酸反应的金属。

$$Au+HNO_3+4HCl = H[AuCl_4]+NO\uparrow+2H_2O$$

$$3Pt+4HNO_3+18HCl = 3H_2[PtCl_6]+4NO\uparrow+8H_2O$$

硝酸盐大多为易溶于水的无色晶体。硝酸盐的水溶液不显示氧化性，但固体硝酸盐在受热时分解放出 O_2，表现出强的氧化性。硝酸盐的热分解产物决定于组成盐的阳离子的性质。碱金属和碱土金属的硝酸盐加热分解为亚硝酸盐，电极电势顺序在 Mg 和 Cu 之间的金属硝酸盐分解为相应的氧化物，电极电势顺序在 Cu 以后的金属硝酸盐分解为金属。

$$2NaNO_3 = 2NaNO_2+O_2\uparrow$$

$$2Pb(NO_3)_2 = 2PbO+4NO_2\uparrow+O_2\uparrow$$

$$2AgNO_3 = 2Ag+2NO_2\uparrow+O_2\uparrow$$

（3）磷酸及其盐：磷能形成多种含氧酸，根据磷的不同氧化态，有次磷酸（H_3PO_2）、亚磷酸（H_3PO_3）、正磷酸（H_3PO_4）。最重要的是正磷酸，简称磷酸。

磷酸是无色晶体，熔点 315.3K，易溶于水。市售磷酸是含 85%H_3PO_4 的黏稠状的浓溶液，浓度为 14mol/L。

磷酸是一种无氧化性、高沸点的中强酸。其解离常数为：

$$K_{a_1}^{\ominus}=7.59\times10^{-3} \qquad K_{a_2}^{\ominus}=6.31\times10^{-8} \qquad K_{a_3}^{\ominus}=4.37\times10^{-13}$$

磷酸经强热会发生脱水作用，根据脱去水分子数目的不同，可生成焦磷酸、三聚磷酸和四偏磷酸。

$$2H_3PO_4 = H_4P_2O_7+H_2O \quad （焦磷酸）$$

$$3H_3PO_4 = H_5P_3O_{10}+2H_2O \quad （三聚磷酸）$$

$$4H_3PO_4 = (HPO_3)_4+4H_2O \quad （四偏磷酸）$$

其分子结构式可表示如下：

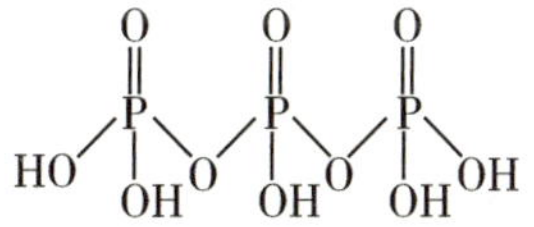

三聚磷酸

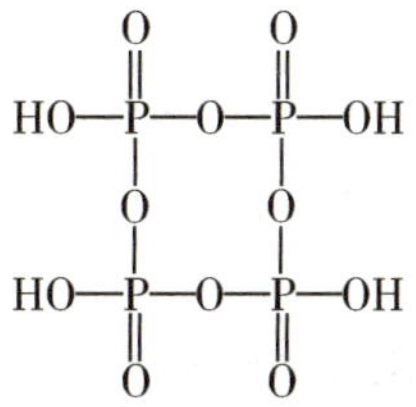

四偏磷酸

磷酸根离子具有强的配位能力，能与许多金属离子形成可溶性配合物。如与 Fe^{3+} 反应生成可溶性无色配合物 $H_3[Fe(PO_4)_2]$ 和 $H[Fe(HPO_4)_2]$。在分析化学中，常用磷酸掩

笔记栏

蔽 Fe^{3+}。

磷酸是三元酸，可形成正盐、磷酸一氢盐和磷酸二氢盐。绝大多数的磷酸二氢盐都易溶于水，而磷酸一氢盐和正盐除 K^+、Na^+、NH_4^+ 盐外都难溶于水。可溶性的磷酸盐在水中有不同程度的水解。如 Na_3PO_4、Na_2HPO_4 和 NaH_2PO_4 在水中发生如下水解反应：

$$PO_4^{3-}+H_2O \rightleftharpoons HPO_4^{2-}+OH^- \qquad \text{溶液显碱性}$$

$$HPO_4^{2-}+H_2O \rightleftharpoons H_2PO_4^-+OH^- \qquad \text{溶液显碱性(pH=9~10)}$$

$$H_2PO_4^-+H_2O \rightleftharpoons H_3PO_4+OH^- \qquad \text{溶液显酸性(pH=4~5)}$$

NaH_2PO_4 在水溶液中呈弱酸性，这是由于它的解离（$K_{a_2}^{\ominus}=6.31\times10^{-8}$）倾向强于它的水解（$K_{b_3}^{\ominus}=1.32\times10^{-12}$）。

（4）砷分族的化合物：砷分族包括砷、锑、铋 3 种元素，虽然它们的价电子构型也是 ns^2np^3，但次外层为 18 电子层构型，性质与氮、磷差异较大，多数以氧化数为+3、+5 的形式形成相应的离子型和共价型化合物，同时既可利用 d 轨道作中心原子，也可提供电子作配体，与中心离子形成配合物。

1）氢化物：都能生成无色、有恶臭的剧毒氢化物（MH_3）气体。在空气中加热会燃烧，如 AsH_3（胂）在空气中自燃生成 As_2O_3。

$$2AsH_3+3O_2 = 2As_2O_3+3H_2O$$

在缺氧的条件下，AsH_3 受热分解为单质砷。

$$2AsH_3 = 2As\downarrow+3H_2\uparrow$$

AsH_3 受热分解是检验砷的灵敏的方法，称为“马氏试砷法”。将试样、锌和稀酸混合，使生成的气体导入热玻璃管中。若试样中含有砷的化合物，则生成的 AsH_3 在玻璃管壁的受热部位分解，砷积聚出现亮黑色的“砷镜”。（能检出 0.007mg As）。有关反应方程式如下：

$$As_2O_3+6Zn+12H^+ = 2AsH_3\uparrow+6Zn^{2+}+3H_2O$$

砷、锑、铋的氢化物都具有还原性。砷化氢是一种很强的还原剂，能使重金属从其盐中沉积出来。

$$2AsH_3+12AgNO_3+3H_2O = As_2O_3+12HNO_3+12Ag\downarrow$$

此反应也是检出砷的方法，称为“马氏试砷法”，检出限量为 0.005mg。

2）氧化物和含氧酸：砷分族的氧化物有 2 种，氧化数为+3 的 M_2O_3 和氧化数为+5 的 M_2O_5。其中，As_2O_3 俗称砒霜，是白色剧毒粉末，微溶于水生成亚砷酸（H_3AsO_3）。0.1g 的 As_2O_3 就能致人死亡。

从 As 到 Bi，氧化物及其水合物的碱性增强。As_2O_3 是两性偏酸的氧化物，相应的水合物（H_3AsO_3）仅存在于溶液中，是两性偏酸性（$K_a^{\ominus}=6\times10^{-10}$，$K_b^{\ominus}=10^{-14}$）的物质。$Sb_2O_3$ 两性偏碱，Bi_2O_3 为碱性氧化物。

同一元素高氧化数氧化物及其水合物的酸性较强。如 As_2O_5 比 As_2O_3 的酸性强，其水合物砷酸（H_3AsO_4）是三元酸，易溶于水，酸的强度与磷酸相近。

砷分族氧化数为+3 的化合物，既有氧化性也有还原性，但以还原性为主。还原性顺序为 As(Ⅲ)>Sb(Ⅲ)>Bi(Ⅲ)。如亚砷酸盐有一定的还原性，在弱碱介质中弱氧化剂 I_2 将其氧化为砷酸盐。

$$AsO_3^{3-}+I_2+2OH^-=\!=\!=AsO_4^{3-}+H_2O+2I^-$$

砷分族氧化数为+5 的化合物具有氧化性，氧化性顺序为 Bi(Ⅴ)>Sb(Ⅴ)>As(Ⅴ)。在较强的酸性介质中，H_3AsO_4 是中等强度的氧化剂，可把 HI 氧化成 I_2。

$$H_3AsO_4+2HI=\!=\!=H_3AsO_3+I_2+H_2O$$

铋酸钠($NaBiO_3$)是一种很强的氧化剂。在 HNO_3 溶液中，铋酸钠能把 Mn^{2+} 氧化为 MnO_4^-。

$$2Mn^{2+}+5BiO_3^-+14H^+=\!=\!=2MnO_4^-+5Bi^{3+}+7H_2O$$

由于生成 MnO_4^- 使溶液呈特征性紫红色，故该反应属鉴定 Mn^{2+} 的特异反应。

(三) 氮族元素在医药中的应用

氮族元素中的氨水是我国药典法定的药物。因为氨能兴奋呼吸和循环中枢，常用来治疗虚脱和休克。亚硝酸钠能使血管扩张，用于治疗心绞痛、高血压等症。

磷酸的盐类中，磷酸氢钙、磷酸二氢钠和磷酸氢二钠都可作为药物。磷酸氢钙可补充人体所需的钙质和磷质，有助于儿童骨骼的生长。NaH_2PO_4 作缓泻剂，也用于治疗一般的尿道传染性疾病。

作为药用的砷的无机化合物主要有雄黄(As_2S_2)、雌黄(As_2S_3)和砒霜(主要成分是 As_2O_3)等。它们在传统中医中应用较广，如雄黄(As_2S_2)有活血的功效；As_2O_3 有去腐拔毒功效，用于慢性皮炎如牛皮癣等。中药回疗丹(消肿止痛、解毒拔脓)中含有 As_2O_3。近年来，临床用砒霜和亚砷酸内服治疗白血病，取得重大进展。

思政元素

中医药对急性早幼粒细胞白血病(APL)治疗的贡献

2020 未来科学大奖的生命科学奖授予了张亭栋、王振义，旨在表彰其发现三氧化二砷(俗称砒霜)和全反式维甲酸对急性早幼粒细胞白血病(APL)的治疗作用。APL 是最凶险的一种白血病，患者骨髓里积累大量的不成熟的早幼粒细胞，且具有严重的出血症状，早期死亡率较高。20 世纪 70 年代，张亭栋等首次明确三氧化二砷可以治疗 APL；20 世纪 80 年代，王振义等首次证明在患者体内全反式维甲酸对 APL 有显著的治疗作用。基于此，陈竺和陈赛娟团队受到中国传统医学复方协同、以毒攻毒、祛邪扶正、君臣佐使等思想的启发，设计了体现中医思维的研究方案，阐明了 APL 发病的分子机制，并且按照方药配伍原则联合全反式维甲酸和三氧化二砷两药协同靶向致癌蛋白治疗 APL。该方案成功地将传统中药的砷剂与西药结合起来治疗 APL，取得了显著效果，患者的 5 年生存率达到 90%以上，使过去高致命的疾病变成了高度可治愈的疾病。该治疗方案得到了世界公认，已成为国际上治疗 APL 的标准方案——“上海方案”。

中医药文化底蕴深厚，理论体系完备，是中华文明的瑰宝。我们要学习陈竺等对待中医药传承和创新的科学态度，既要追本溯源传承精华，又要与时俱进守正创新，在中医药理论的指导下运用现代科学技术深入发掘中医药宝库中的精华，为人类健康事业作出更大的贡献。

笔记栏

四、碳族元素

（一）碳族元素的通性

元素周期表中，ⅣA族包括碳、硅、锗、锡、铅5种元素，统称碳族元素。其中碳和硅为非金属元素，在自然界分布很广，硅在地壳中的含量仅次于氧，其丰度位居第二。锗是半金属元素，比较稀少。锡和铅是金属元素，矿藏富集易于提炼，有广泛的应用。碳族元素的一些基本性质汇列于表9-12中。

表9-12 碳族元素的一般性质

性质	碳	硅	锗	锡	铅
原子序数	6	14	32	50	82
元素符号	C	Si	Ge	Sn	Pb
原子量	12.011	28.086	72.59	118.7	207.2
价电子层结构	$2s^22p^2$	$3s^23p^2$	$4s^24p^2$	$5s^25p^2$	$6s^26p^2$
共价半径/pm	77	118	128	151	175
沸点/℃	4 329	2 355	2 830	2 270	1 744
熔点/℃	3 550	1 410	937	232	327
第一解离能/（kJ/mol）	1 086.1	786.1	762.2	708.4	715.4
电负性	2.55	1.99	2.01	1.96	2.33
主要氧化数	+4,+2, (-4,-2)	+4,(+2)	+4,+2	+4,+2	+2,+4
配位数	3，4	4	4	4，6	4，6

碳族元素原子的价电子层结构为 ns^2np^2，因此形成共价化合物是本族元素的特征。惰性电子对效应在本族元素中表现得比较明显。碳、硅主要的氧化态为+4，随着原子序数的增加，在锗、锡、铅中稳定氧化态逐渐由+4变为+2。例如，铅主要以+2氧化态的化合物存在，+4氧化态的铅化合物为强氧化剂。碳族元素有同种原子自相结合成链的特性，成链作用的趋势大小与键能有关，键能越高，成链作用就愈强。C—C键、C—H键和C—O键的键能都很高，C的成链作用最为突出。碳不仅可以单键或多重键形成众多化合物，且通过成链作用形成碳链、碳环，这是碳元素能形成数百万种有机化合物的基础。成链作用从C至Sn减弱，Si可以形成不太长的硅链，因此硅的化合物要比碳的化合物少得多。由于Si—O键的键能高，硅元素主要靠Si—O—Si链化合物以及其他元素一起形成整个矿物界。

ER-9-6

友好的碳元素

（二）碳族元素化合物的性质

1. 碳酸及其盐　二氧化碳溶于水成碳酸。碳酸仅存在于水溶液中，而且浓度很小，浓度增大时即分解出 CO_2。在 CO_2 溶液中只有一小部分 CO_2 生成 H_2CO_3，大部分是以水合分子的形式存在。

碳酸为二元弱酸，可形成正盐和酸式盐2种类型的盐。大多数酸式盐都易溶于水，铵和碱金属（锂除外）的碳酸盐易溶于水，其他金属的碳酸盐难溶于水。酸式盐和碱金属的碳酸盐都易发生水解，当碱金属的碳酸盐与水解性强的金属离子反应时，由于水解相互促进，得到的产物并不是该金属的碳酸盐，而是碱式碳酸盐或氢氧化物。水解性极强的金属离子如 Al^{3+}、Fe^{3+}、Cr^{3+} 等，可沉淀为氢氧化物。氢氧化物碱性较弱的金属离子如 Cu^{2+}、Zn^{2+} 等，可沉淀为碱式碳酸盐。因此，可溶性碳酸盐的水溶液遇其他金属离子时可能会产生碳酸盐、碱式碳酸盐或氢氧化物。

笔记栏

$$2Ag^{+}+CO_3^{2-} = Ag_2CO_3\downarrow \quad (包括 Ba^{2+}、Sr^{2+}、Mn^{2+}、Ca^{2+})$$

$$2Cu^{2+}+2CO_3^{2-}+H_2O = Cu_2(OH)_2CO_3\downarrow +CO_2\uparrow \quad (Pb^{2+}、Zn^{2+}、Co^{2+}、Ni^{2+}、Mg^{2+})$$

$$2Al^{2+}+3CO_3^{2-}+3H_2O = 2Al(OH)_3\downarrow +3CO_2\uparrow \quad (Fe^{3+}、Cr^{3+})$$

碳酸及其盐的热稳定性较差，酸式碳酸盐及大多数碳酸盐受热时都易分解。如：

$$CaCO_3 = CaO+CO_2\uparrow$$

$$Ca(HCO_3)_2 = CaCO_3+CO_2\uparrow +H_2O$$

后一个反应是自然界溶洞中石笋、钟乳石的形成反应。

碳酸及其盐的热稳定性规律是碳酸的热稳定性比酸式碳酸盐小，酸式碳酸盐的热稳定性又低于相应的碳酸盐。

$$H_2CO_3<MHCO_3<M_2CO_3$$

H_2CO_3 极不稳定，常温也易分解。$NaHCO_3$ 在 150℃ 时分解为 Na_2CO_3。Na_2CO_3 在 1 800℃以上才能分解为 Na_2O。

碱土金属的碳酸盐的热稳定性按 Be^{2+}、Mg^{2+}、Ca^{2+}、Sr^{2+} 的顺序依次增强，过渡金属碳酸盐稳定性差。这可以用离子极化理论来解释。

2. 硅酸及其盐　硅酸是极弱的二元酸（$K_{a_1}^{\ominus}=1.70\times10^{-10}$，$K_{a_2}^{\ominus}=1.60\times10^{-12}$）。它的溶解度极小，很容易被其他的酸从硅酸盐溶液中置换出来。用 Na_2SiO_3 与 HCl 或 NH_4Cl 溶液作用可制得硅酸。

$$Na_2SiO_3+2HCl = H_2SiO_3+2NaCl$$

$$Na_2SiO_3+2NH_4Cl = H_2SiO_3+2NaCl+2NH_3(g)$$

硅酸（H_2SiO_3）的酸性比碳酸还要弱。它的组成很复杂，其组成随形成的条件而变化，常以通式 $xSiO_2\cdot yH_2O$ 表示。硅酸中以简单的单酸形式存在的只有正硅酸（H_4SiO_4）和它的脱水产物偏硅酸（H_2SiO_3）。习惯上把 H_2SiO_3 称为硅酸。

课堂互动

1. 为什么 CO_2 是气体，而 SiO_2 是固体？

CO_2 是分子晶体，原子之间以共价键结合成分子，分子之间以分子间作用力相互作用；而 SiO_2 是原子晶体，尽管写成 SiO_2，但是其内部并没有单个的分子，原子之间以共价键结合。

共价键的强度远大于分子间作用力，所以 SiO_2 结合较为紧密，较为牢固，常温下是固体。但是 CO_2 分子之间的力较小，所以在常温下是气体。

2. 为什么 CCl_4 不水解，而 BCl_3 和 $SiCl_4$ 却强烈水解？

BCl_3 的中心原子 B 采用 sp^2 杂化，具有一个空的垂直于平面的 p 轨道，所以是一个很强的路易斯酸，所以 BCl_3 能够强烈水解；$SiCl_4$ 虽然内层没有空轨道，但是 Si 却有着外层的 d 轨道可以容纳水电离出的氢氧根离子，而且水解产物硅酸溶解度小，从而离开体系使得水解完全，所以四氯化硅也会强烈水解。CCl_4 的中心 C 原子既无内侧空轨道也无外层 d 轨道，所以不会水解。

硅酸有聚合特性，上述反应中生成的单分子硅酸并不随即沉淀出来，而是逐渐聚合成多硅酸后形成硅酸溶胶。若硅酸浓度较大或向溶液中加入电解质，即得黏稠而有弹性的硅酸凝胶，将它干燥后成为白色透明多孔性的固体，称为硅胶。硅胶有强烈的吸附能力，是很好的干燥剂、吸附剂。

3. 锡和铅的化合物

（1）二氯化锡：二氯化锡（$SnCl_2 \cdot 2H_2O$）是一种无色的晶体，易水解生成碱式盐沉淀。

$$SnCl_2+H_2O = Sn(OH)Cl\downarrow+HCl$$

$SnCl_2$ 是实验室中常用的还原剂，在酸性介质中能将 Fe^{3+} 还原为 Fe^{2+}，将 $HgCl_2$ 还原为 Hg_2Cl_2 及单质 Hg。

$$2HgCl_2+SnCl_2 = SnCl_4+Hg_2Cl_2\downarrow（白色）$$

$$Hg_2Cl_2+SnCl_2 = SnCl_4+2Hg\downarrow（黑色）$$

通常用 $SnCl_2$ 检验汞盐的存在。$SnCl_2$ 易被空气中的氧气氧化。

$$2Sn^{2+}+O_2+4H^+ = 2Sn^{4+}+2H_2O$$

在溶液中加入锡粒可防止 Sn^{2+} 氧化。$SnCl_2$ 溶液最好现用现配。

$$Sn^{4+}+Sn = 2Sn^{2+}$$

（2）铅的氧化物：铅有 4 种氧化物。它们在不同温度时的变化如下：

$$PbO_2 \xrightarrow{\sim 327℃} Pb_2O_3 \xrightarrow{\sim 420℃} Pb_3O_4 \xrightarrow{\sim 605℃} PbO$$

Pb_2O_3 及 Pb_3O_4 是氧化数为+2 及氧化数为+4 的 PbO 和 PbO_2 的混合氧化物。

PbO 俗称密陀僧，为黄色粉末，不溶于水，是两性偏碱性的氧化物。在医药上具有消毒、杀虫、防腐的功效。

PbO_2 在酸性溶液中是一个强氧化剂，能把浓盐酸氧化为氯气。

$$PbO_2+4HCl = PbCl_2+2H_2O+Cl_2\uparrow$$

PbO_2 受热易分解放出氧气。它与可燃物磷、硫一起研磨即着火，可用于制造火柴。

Pb_3O_4 为鲜红色的粉末，俗称铅丹或红丹，具有强氧化性。

$$Pb_3O_4+8HCl（浓） = 3PbCl_2+4H_2O+Cl_2\uparrow$$

（三）碳族元素在医药中的应用

药用活性碳为吸附药，具有强烈的吸附作用，作抗发酵剂内服可用于治疗腹泻、胃肠胀气；也可作为解毒剂，用于生物碱中毒和食物中毒。在制药工业中，药用活性碳大量用作脱色剂。

炉甘石的主要成分为 $ZnCO_3$，有燥湿、收敛、防腐、生肌功能，外用治疗创伤出血、皮肤溃疡、湿疹等。小苏打（碳酸氢钠）作制酸剂。

醋酸铅与蛋白质产生沉淀状的蛋白化合物，并在组织表面形成蛋白膜，故有收敛功效。醋酸铅软膏用于治疗痔疮，但不宜常用，以免铅中毒。铅丹（主要成分 Pb_3O_4）具有直接杀灭细菌、寄生虫和阻止黏液分泌的作用，有较好的消炎、止痛、收敛和生肌作用。因常会引起慢性铅中毒，现已很少内服，外科主要用于制作膏药。

三硅酸镁（$2MgO \cdot 3SiO_2 \cdot nH_2O$）为抗酸药，主要用于治疗胃酸过多、胃溃疡及十二指肠

笔记栏

溃疡等。阳起石是硅酸镁、硅酸钙、硅酸铁的混合物，温肾壮阳，主治阳痿、腰膝冷痹、月经不调等。

五、硼族元素

（一）硼族元素的通性

元素周期表中，ⅢA 族包括硼、铝、镓、铟、铊 5 种元素，通称硼族元素。本族元素中，硼为非金属元素，其他都是金属元素。铝在地壳中的含量仅次于氧和硅，占第 3 位。硼、镓、铊是分散的稀有元素，常与其他矿共生。硼族元素的一些基本性质汇列于表 9-13 中。

表 9-13 硼族元素的性质

性质	元素				
	硼	铝	镓	铟	铊
原子序数	5	13	31	49	81
元素符号	B	Al	Ga	In	Tl
原子量	10.81	26.98	69.72	114.82	204.37
价电子层结构	$2s^22p^1$	$3s^23p^1$	$4s^24p^1$	$5s^25p^1$	$6s^26p^1$
共价半径/pm	88	126	135	167	176
第一解离能/（kJ/mol）	801	578	579	558	589
电子亲和能/（kJ/mol）	23	44	36	34	50
电负性	2.04	1.61	1.81	1.78	1.62（Ⅰ） 2.04（Ⅲ）
主要氧化数	+3	+3	+1，+3	+1，+3	+1，+3

从表 9-13 可看出，硼和铝在原子半径、解离能、电负性等性质上有较大的差异。p 区第一排元素的反常性正是其性质的一个特征。在硼族元素中，硼是非金属性占优势的元素，其他元素都是金属。随着原子序数的增加，硼族元素的金属性大体上依次增加。硼族元素氧化物的酸碱性的递变情况是：硼的氧化物呈酸性，铝和镓的氧化物为两性，铟和铊的氧化物则是碱性。

铝元素的毒性

硼族元素原子的价电子层结构为 ns、np_x、np_y、np_z4 个轨道，但只有 3 个价电子，即价电子数少于价电子层轨道数，故称为“缺电子原子”。它们形成的氧化数为+3 的共价化合物，由于成键的电子对数少于中心原子的价键轨道数，比稀有气体构型缺少 1 对电子，被称为“缺电子化合物”。它们有非常强的继续接受电子对的能力，这种能力表现在分子自身的聚合以及和电子对给予体形成稳定的配合物等。例如 BF_3 很容易与具有孤电子对的氨形成配合物。

（二）硼族元素化合物的性质

1. 乙硼烷　硼能生成一系列有挥发性的共价型氢化物，通称硼烷。其中最简单的是乙硼烷。乙硼烷（B_2H_6）的结构如图 9-6 所示。

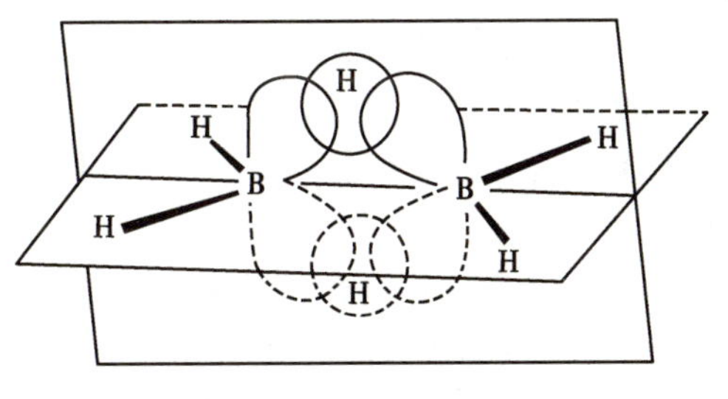

图 9-6 乙硼烷的结构图

乙硼烷是“缺电子”化合物，硼原子没有足够的价电子形成正常的 σ 键，而是形成了“缺电子多中心键”。在乙硼烷分子中每个

笔记栏

B 原子采取不等性 sp^3 杂化，2 个 B 原子与 4 个 H 原子形成 4 个普通的 σ 键，这 4 个 σ 键在同一平面上。B 原子的另外 2 个 sp^3 杂化轨道同平面上方、下方氢原子的 1s 轨道相互重叠，形成垂直于平面的 2 个二电子三中心氢桥键。

常温下硼烷为气体，不稳定，在空气中激烈燃烧且释放出大量的热量。

$$B_2H_6+3O_2 = B_2O_3+3H_2O$$

硼烷遇水，水解生成硼酸和氢气。

$$B_2H_6+6H_2O = H_2BO_3+6H_2\uparrow$$

硼烷曾被考虑用作火箭或导弹的高能燃料。但因硼烷的剧毒性和苛刻的贮存条件而放弃。乙硼烷在硼烷中具有特殊的地位，是制备一系列硼烷的原料，并应用于合成化学中。它对结构化学的发展还起了很大的作用。

2. 硼酸　硼酸是白色、有光泽的鳞片状晶体，微溶于水，有滑腻感，可作润滑剂。硼酸受热脱水时生成偏硼酸（HBO_2）和 B_2O_3；B_2O_3 又可与水反应生成偏硼酸（HBO_2）和硼酸。它们互为可逆过程。

$$B_2O_3 \underset{-H_2O}{\overset{+H_2O}{\rightleftharpoons}} 2HBO_2 \underset{-H_2O}{\overset{+H_2O}{\rightleftharpoons}} 2H_3BO_3$$

硼酸是一元弱酸（$K_a^\ominus = 5.75\times10^{-10}$）。$H_3BO_3$ 的酸性并不是它本身能给出质子，而是由于硼酸是一个缺电子化合物，其中硼原子的空轨道加合了 H_2O 分子中的 OH^-，从而释出 H^+。

$$B(OH)_3 + H_2O \rightleftharpoons [HO-B(OH)_2\leftarrow OH]^- + H^+$$

硼酸主要应用于玻璃、陶瓷工业。食品工业上用作防腐剂，医药上用作消毒剂。

3. 硼砂　硼砂是最重要的硼酸盐，化学名称是四硼酸钠，化学式为 $Na_2[B_4O_5(OH)_4]\cdot 8H_2O$，习惯上写为 $Na_2B_4O_7\cdot10H_2O$。

硼砂是无色透明的晶体，在干燥的空气中易失水风化，加热到较高温度时可失去全部结晶水成为无水盐。硼砂易溶于水，水溶液显示强碱性。硼砂主要用于洗涤剂生产中的添加剂。

在分析化学上，用硼砂来鉴定金属离子，称为硼砂珠实验。熔融硼砂可以溶解许多金属氧化物，生成不同颜色的偏硼酸的复盐。

$$Na_2B_4O_7+CoO = Co(BO_2)_2\cdot 2NaBO_2 \quad \text{蓝宝石色}$$

$$Na_2B_4O_7+NiO = Ni(BO_2)_2\cdot 2NaBO_2 \quad \text{热时紫色，冷时棕色}$$

（三）硼族元素在医药中的应用

硼和铝的化合物有药用价值。

硼酸医药上用作消毒剂。2%～5%的硼酸水溶液可用于洗眼、漱口等，10%的硼酸软膏用于治疗皮肤溃疡。用硼酸作原料与甘油制成的硼酸甘油是治疗中耳炎的滴耳剂。

硼砂，中药学又称盆砂，其作用与硼酸相似，可治疗咽喉炎、口腔炎、中耳炎。冰硼散及复方硼砂含漱剂的成分即为硼砂。

氢氧化铝能中和胃酸，保护胃黏膜，用于治疗胃酸过多、胃溃疡。

笔记栏

学习小结

1. 学习内容

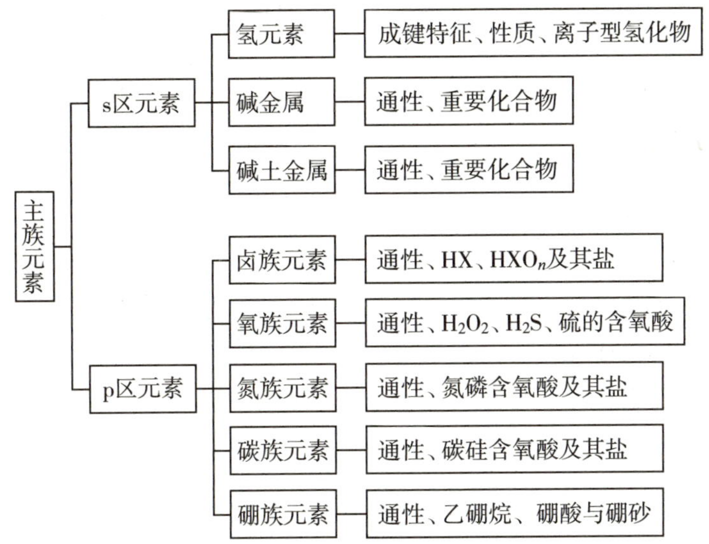

2. 学习方法　本章需要以基础结构理论为指导，归纳各族元素的理化性质，这些性质都来源于元素的结构特征，有其规律性，掌握好这些规律性对其化合物的性质就能更好地理解。对各族重要化合物的学习，也重在掌握其规律性，如含氧酸的酸性、氧化性、稳定性等，结合元素部分的学习，更好地理解原子、分子的结构在实际中的应用，从而巩固结构的学习。

扫一扫，测一测

（武世奎　卞金辉　曹　莉）

复习思考题与习题

1. 硼族元素为什么是缺电子原子？硼酸为什么是一元弱酸？
2. 如何从氨分子的结构说明氨水的碱性？
3. 为什么氢氟酸是弱酸（$K_a^\ominus=6.61\times10^{-4}$）？
4. 溴能从含碘离子的溶液中取代碘，碘又能从溴酸钾溶液中取代溴，这两个反应有无矛盾？
5. 为什么不能用浓 H_2SO_4 同卤化物作用来制备 HBr 和 HI？写出有关反应式。
6. 实验室中如何保存碱金属 Li、Na、K？
7. 简述碱金属和碱土金属的通性。
8. 写出下列反应式，并说明各反应是不是氧化还原反应。

（1）氯酸钾加热分解　（2）碘溶于碘化钾溶液　（3）氯和氢氧化钾

9. H_2S、Na_2S、Na_2SO_3 溶液为何不能在空气中长期放置？
10. 如何用马氏试砷法检验 As_2O_3？写出有关反应式。
11. 怎样用硅酸钠制造硅胶？
12. 如何配制 $SnCl_2$ 溶液？
13. 解释下列事实。

（1）用浓氨水检查氯气管道的漏气。

笔记栏

（2）向 $AgNO_3$ 溶液中通入 NH_3 气体，先有棕褐色沉淀生成，而后沉淀溶解，得无色溶液。

（3）为什么不能用 HNO_3 与 FeS 作用制备 H_2S?

（4）硝酸和 Na_2CO_3 反应能产生 CO_2，但和 Na_2SO_3 反应却得不到 SO_2。

14. 完成下列反应式

（1）$I_2+OH^- \longrightarrow$

（2）$CrO_2^-+H_2O_2+OH^- \longrightarrow$

（3）$I^-+NO_2^-+H^+ \longrightarrow$

（4）$Mn^{2+}+S_2O_8^{2-}+H_2O \longrightarrow$

（5）$CrO_7^{2-}+H_2O_2+H^+ \longrightarrow$

（6）$Na_2SiO_3+H_2O \longrightarrow$

（7）$Cu^{2+}+CO_3^{2-}+H_2O \longrightarrow$

（8）PbO_2+HCl(浓)$\longrightarrow$

第十章 副族元素

笔记栏

PPT 课件

学习目标

1. 掌握副族元素的性质与原子结构之间的关系。
2. 掌握 d 区元素、ds 区元素的通性。
3. 熟悉铬、锰、铁、铜、银、锌、汞等副族元素及其重要化合物的基本性质。
4. 了解副族元素在医药中的应用。

副族元素是指电子未完全充满 d 轨道或 f 轨道的元素。副族元素位于长式周期表的中部，典型的金属元素（s 区）与典型的非金属元素（p 区）之间，包括 d 区、ds 区和 f 区元素。从原子的电子层结构上看，价电子依次填充 $(n-1)$d 轨道［f 区元素，价电子依次填充 $(n-2)$f 轨道，称内过渡元素］，恰好完成了该轨道部分填充到完全充满的过渡。副族元素又称过渡元素或过渡金属。因同周期的副族元素性质差异不大，按照元素周期表，人们习惯上将副族元素分为 4 个过渡系：第四周期从钪到锌是第一过渡系，第五周期从钇到镉是第二过渡系，第六周期从镧到汞是第三过渡系，第七周期从锕以后的相应元素是第四过渡系。第四周期的第一过渡系，又称轻过渡元素；其余过渡系称重过渡元素。见表 10-1。

化学家西博格与锕系元素的发现

表 10-1　副族元素在元素周期表中的位置

ⅠA	ⅡA	ⅢB	ⅣB	ⅤB	ⅥB	ⅦB	Ⅷ			ⅠB	ⅡB	ⅢA	ⅣA	ⅤA	ⅥA	ⅦA	0
H																	He
Li	Be											B	C	N	O	F	Ne
Na	Mg											Al	Si	P	S	Cl	Ar
K	Ca	Sc	Ti	V	Cr	Mn	Fe	Co	Ni	Cu	Zn	Ga	Ge	As	Se	Br	Kr
Rb	Sr	Y	Zr	Nb	Mo	Tc	Ru	Rh	Pd	Ag	Cd	In	Sn	Sb	Te	I	Xe
Cs	Ba	La	Hf	Ta	W	Re	Os	Ir	Pt	Au	Hg	Tl	Pb	Bi	Po	At	Rn

La	Ce	Pr	Nd	Pm	Sm	Eu	Gd	Tb	Dy	Ho	Er	Tm	Yb	Lu
Ac	Th	Pa	U	Np	Pu	Am	Cf	Bk	Cf	Es	Fm	Md	No	Lr

轻过渡元素在自然界中储量丰富，其单质和化合物用途十分广泛。重过渡元素虽一般丰度较低，但一些重过渡元素单质及其化合物在许多领域也有非常重要的应用。

本章将在简要介绍 d 区、ds 区和 f 区元素通性的基础上，重点讨论 d 区、ds 区常见元素及其重要化合物的性质。鉴于过渡元素及其化合物应用较广，本章重点介绍第一过渡系中的某些代表性元素。

常见副族元素的应用

笔记栏

思政元素

徐光宪和中国稀土研究

稀土元素是指元素周期表中原子序数为57~71的15种镧系元素，以及与镧系元素化学性质相似的钪(Sc)和钇(Y)共17种元素。全部17种稀土元素都位于ⅢB族内。稀土由于优良的光电磁等物理特性，有"工业黄金"之称，是当今世界极其重要的战略资源。

徐光宪院士是"中国稀土之父"。他于1951年在美国哥伦比亚大学获博士学位后，放弃国外优越的研究条件，和许多爱国科学家一样，毅然回国参与新中国建设。在20世纪70年代，我国稀土资源丰富但生产水平落后。徐院士全身心扑在稀土研究工作中，通过艰苦卓越的科学探索，他建立了具有普适性的串级萃取理论并成功工业化，使中国成为了高纯稀土生产大国。由于稀土资源的重要战略地位，徐院士还先后2次上书国家总理，呼吁国家建立稀土储备制度，严控稀土开采量。徐光宪院士爱国、敬业，一心报国，令人肃然起敬。他也因为在稀土研究工作中的卓越贡献荣获2008年度"国家最高科学技术奖"。

第一节　d 区元素

一、通性

（一）原子结构特征与基本性质

d 区元素是指元素周期表ⅢB~Ⅷ族的元素(不包括镧系和锕系元素)，价电子层结构为$(n-1)d^{1\sim9}ns^{1\sim2}$(Pd 例外，为$4d^{10}5s^0$)。同一周期的 d 区元素，随着原子序数的增加，原子次外层 d 轨道中的电子数依次增加，而最外层只有1~2个电子，$(n-1)$d 轨道和 ns 轨道能量比较接近。在一定条件下，不仅最外层 ns 电子能参加成键，而且次外层 d 轨道也常部分或全部参与成键，因此 d 区元素的价层电子为最外层 ns 和次外层$(n-1)$d 电子。

d 区元素的最后一个电子填充在次外层(主族元素填充在最外层)，因而屏蔽作用较大，有效核电荷增加得不多，性质变化规律不同于主族元素，表现出同周期性质比较接近，从左至右随 d 电子数的增加而缓慢变化，呈现出一定的水平相似性。这种结构上的共同特点使过渡元素在基本性质上有许多共同之处，同时也决定了它们的性质与主族元素性质的差异性。第四周期 d 区元素的一些基本性质见表10-2。

表10-2　第四周期 d 区元素的基本性质

元素	钪	钛	钒	铬	锰	铁	钴	镍
原子序数	21	22	23	24	25	26	27	28
价电子层结构	$3d^14s^2$	$3d^24s^2$	$3d^34s^2$	$3d^54s^1$	$3d^54s^2$	$3d^64s^2$	$3d^74s^2$	$3d^84s^2$
共价半径/pm	162	147	134	128	127	126	124	124
第一电离能/(kJ/mol)	632	661	648	653	716	762	757	736
电负性	1.36	1.54	1.63	1.66	1.77	1.8	1.88	1.91
$E^\ominus_{M^{2+}/M}$/V		-1.63	-1.18	-0.91	-1.18	-0.44	-0.28	-0.25

笔记栏

1. 原子半径　同周期中，d 区元素的原子半径变化有一定的规律性。由表 10-2 可见，自左向右随着原子序数的递增，原子半径缓慢减小。这是由于同周期的过渡元素，随着原子序数的递增，新增加的电子依次填充到$(n-1)$d 轨道上，d 电子的屏蔽作用较大，这样增加的核电荷大部分被屏蔽掉，从左至右有效核电荷增加得比较缓慢，所以原子半径也就缓慢减小。但需要注意的是，到了ⅠB、ⅡB 族（属 ds 区），次外层 d 电子全满时，电子云接近球形对称，屏蔽效应进一步增强，有效核电荷减小，原子半径略有增大。

同族中，由于自上而下原子的电子层数逐渐增多，原子半径总趋势是增大的。但因镧系收缩的影响，同族中第五、六两周期元素的原子半径非常接近。所谓镧系收缩是指因内过渡元素新增电子依次填充在$(n-2)$f 轨道，使有效核电荷增加更少，镧系元素的原子半径和离子半径随着原子序数的递增而缩小的程度更小；但从镧到镥，经历 14 个元素，其累计的原子半径收缩作用可与周期增加导致的原子半径增大作用相互抵消。

2. 电离能、电负性和金属性　d 区元素的原子结构特征决定了它们的电离能、电负性变化不具备主族元素递变的规律性。d 区元素电离能变化从左到右，随着元素原子半径的减小，同周期过渡元素的电离能变化总趋势是逐渐增大的，从上到下同族过渡元素的电离能变化总趋势也是逐渐增大的，但也有不少交错的现象。d 区元素电负性值变化不大，无论是同周期还是同族元素，其电负性递变均无规律可循。总的变化趋势：从左到右或从上到下，电负性增大，但交错的现象也时有发生。

过渡元素的金属性变化规律基本上是从左到右、自上而下缓慢减弱（与主族不同）。从左到右，同周期各元素的标准电极电势$E^{\ominus}_{M^{2+}/M}$和第一电离能变化趋势逐渐增大，金属性也依次减弱。从上到下，除ⅢB 族外，过渡元素的金属性依次减弱，其原因是自上而下，原子半径增大不多，有效核电荷却增加显著，核对外层电子引力增强，元素的金属性随之减弱。第一过渡系的锰，其标准电极电势反常地小于铬，这是由于锰失去 2 个电子形成 Mn^{2+}，具有 $3d^5$ 稳定价电子构型的缘故。

（二）单质的物理性质

d 区元素的共同特点是：密度、硬度较大，熔沸点较高，导电、导热性能良好。由于 d 区元素一般比主族元素半径小，并且原子的 ns 和$(n-1)$d 电子均可参加形成金属键，所以它们的金属键能大、内聚力强、晶格能比较高，原子紧密堆积。这就导致了过渡元素的密度、硬度较大，熔沸点较高。

除 Sc、Y 外，其余元素均为重金属（密度大于 4.5g/cm^3），尤其重铂系金属的**密度最大**（Os 22.57g/cm^3，Ir 22.42g/cm^3，Pt 21.45g/cm^3）。除钪副族外，其余元素都有较大的硬度，其中以 **Cr 的硬度最大**（莫氏标准 9，仅次于金刚石）。大多数过渡元素都有较高的熔点和沸点，其中 **W 是熔点最高的金属**，熔点为 3 683K，沸点为 5 933K。

d 区元素及其化合物一般具有顺磁性。原因是这些元素的原子和离子一般都有未成对的 d 电子，未成对电子的自旋运动使其具有顺磁性。另外，Fe、Co、Ni 还具有铁磁性。

（三）氧化态的多变性

d 区元素通常具有多种氧化值，其原因是 ns 和$(n-1)$d 轨道的能级相近，在形成化合物时，除 ns 电子参与成键外，$(n-1)$d 电子也能部分或全部参与成键。

各元素的氧化态表现出一定的规律性：同周期从左至右随着原子序数的递增，元素氧化态的数目先增后减（呈倒三角形），最高氧化态的稳定性先升后降。氧化值大多从+2 开始依次增加到与族数相同的值（Ⅷ族元素除外，仅 Ru 和 Os 有+8 氧化值）。形成这一氧化值特征的原因是：在化学反应中，d 区元素的 ns 电子首先参加成键，随后在一定条件下，$(n-1)$d 电子也可以逐一参加成键，使元素的氧化值呈现依次递增的特征（表 10-3）。例如第一过渡系

笔记栏

表 10-3 第四周期过渡元素的氧化值

元素	Sc	Ti	V	Cr	Mn	Fe	Co	Ni	Cu	Zn
价层电子构型	$3d^14s^2$	$3d^24s^2$	$3d^34s^2$	$3d^54s^1$	$3d^54s^2$	$3d^64s^2$	$3d^74s^2$	$3d^84s^2$	$3d^{10}4s^1$	$3d^{10}4s^2$
氧化值	+2	+2	+2	+2	$\underline{+2}$	$\underline{+2}$	$\underline{+2}$	$\underline{+2}$	+1	$\underline{+2}$
	$\underline{+3}$	+3	+3	$\underline{+3}$	+3	$\underline{+3}$	+3	+3	$\underline{+2}$	
		$\underline{+4}$	+4	+4	$\underline{+4}$	+4	+4	+4		
			$\underline{+5}$	+5	+5	+5				
				$\underline{+6}$	+6	+6				
					$\underline{+7}$					

画横线的表示常见氧化值。

元素，从左至右随着 3d 电子参与反应，氧化态数目增多，最高氧化态的稳定性逐渐升高，到 Mn 时，达到最高。当 d 电子的数目达到 5 或超过 5 时，能级处于半充满状态，能量降低，稳定性增强，价电子参加成键的倾向减弱，氧化值逐渐降低，可变氧化态的数目随之减少。

从上到下，同一元素高氧化值趋于稳定。即第一过渡系元素低氧化值的化合物比较稳定，而它们的高氧化值化合物通常是强氧化剂，而第二、第三过渡系元素的高氧化值化合物比较稳定，它们的低氧化值化合物通常具有还原性。

（四）易形成配合物

d 区元素区别于主族元素的最重要特征之一是所有元素的原子和离子都易形成配合物。原因主要是 d 区元素原子的价层电子结构为 $(n-1)d^{1\sim9}ns^{1\sim2}np^0nd^0$，它们通常具有较多能级相近的空轨道；另外，由于过渡元素的离子具有较大的有效核电荷和较小的离子半径，对配体的极化作用强，这些因素促使它们具有强烈的形成配合物的倾向，而且它们的配合物在许多领域中都有极其重要的应用。

（五）化合物的颜色特征

d 区元素的化合物通常具有一定的颜色，这也是副族元素化合物区别于主族元素化合物的重要特性之一。以第一过渡系元素水合离子为例（表 10-4）：

表 10-4 第一过渡系元素水合离子的颜色特征

d 电子	d^0	d^1	d^2	d^3	d^4	d^5
水合离子	$Sc(H_2O)_6^{3+}$	$Ti(H_2O)_6^{3+}$	$V(H_2O)_6^{3+}$	$Cr(H_2O)_6^{3+}$ $V(H_2O)_6^{2+}$	$Cr(H_2O)_6^{2+}$ $Mn(H_2O)_6^{3+}$	$Mn(H_2O)_6^{2+}$
颜 色	无色	紫红	绿	紫	淡蓝	肉红
单电子数	0	1	2	3	4	5

d 电子	d^6	d^7	d^8	d^9	d^{10}
水合离子	$Fe(H_2O)_6^{2+}$	$Co(H_2O)_6^{2+}$	$Ni(H_2O)_4^{2+}$	$Cu(H_2O)_4^{2+}$	$[Zn(H_2O)_6]^{2+}$
颜 色	淡绿	粉红	绿	蓝	无色
单电子数	4	3	2	1	0

大多数过渡元素的水合离子均呈现出一定的颜色。其原因是，它们的 d 轨道未充满，d 电子能够在可见光区发生 d-d 跃迁。而具有 d^0、d^{10} 电子构型的过渡元素离子如 Sc^{3+}、Ti^{4+}、Zn^{2+} 等，因 d 电子在可见光范围内不能发生 d-d 跃迁，这些配合物通常是无色的。

笔记栏

过渡元素的含氧酸根离子一般也有颜色。如 $Cr_2O_7^{2-}$ 呈橙红色，CrO_4^{2-} 呈黄色，MnO_4^- 呈紫色，MnO_4^{2-} 呈绿色，VO_3^- 呈黄色等。这些离子之所以有颜色，是由于含氧酸根中，过渡元素的表观电荷高，半径小，对 O^{2-} 的极化作用强，在可见光的照射下，O^{2-} 的电子吸收部分可见光向过渡金属跃迁（M-O 跃迁），这种跃迁叫作电荷跃迁，而未被吸收可见光的复合色就是含氧酸根离子所呈现的颜色。

综上所述，d 轨道的电子结构特征决定了 d 区元素的一系列性质特征。d 区元素的化学可以说就是 d 电子的化学。

二、铬、锰、铁及其重要化合物

（一）铬及其重要化合物

铬（chromium，Cr）位于元素周期表第四周期ⅥB 族，价层电子构型为 $3d^54s^1$，常见氧化值为+2、+3 和+6。

铬是 1797 年由法国化学家 L. N. Vauquelin 在分析铬铅矿时首先发现，在自然界中丰度较大。单质铬有银白色金属光泽和延展性，含有杂质的铬硬而脆。由于铬未成对电子数多，金属键强，故硬度及熔沸点均高。铬是硬度最高的过渡金属。

铬的元素电势图如下：

$$E_A^\ominus/V \quad Cr_2O_7^{2-} \xrightarrow{1.33} Cr^{3+} \xrightarrow{0.41} Cr^{2+} \xrightarrow{-0.91} Cr$$

$$E_B^\ominus/V \quad CrO_4^{2-} \xrightarrow{-0.13} Cr(OH)_3 \xrightarrow{-1.1} Cr(OH)_2 \xrightarrow{-1.4} Cr$$

$$CrO_2^- \xrightarrow{-1.2} Cr$$

铬具有强还原性，能与稀 HCl 或稀 H_2SO_4 作用，反应时先生成蓝色的 Cr（Ⅱ）溶液，继而被空气中的 O_2 氧化为 Cr（Ⅲ），溶液显绿色。例如：

$$Cr+2HCl = CrCl_2+H_2\uparrow$$

$$4CrCl_2+O_2+4HCl = 4CrCl_3+2H_2O$$

铬因为表面易生成紧密的氧化物薄膜而呈钝态，因而具有很强的抗腐蚀性，不溶于浓、稀 HNO_3 或王水中。

铬主要用于电镀业和制造合金钢。单质铬被电镀在金属部件和仪器的表面，以增加光泽，增强耐磨性和抗腐蚀性。铬能增大钢材的硬度，增强耐磨性、耐热性和抗腐蚀性。通常不锈钢中的铬含量在 12%以上。

1. 铬（Ⅲ）化合物　铬（Ⅲ）的重要化合物有氧化物、氢氧化物、常见可溶性盐和配合物。

Cr（Ⅲ）的价层电子构型为 $3d^3$，属不规则电子构型，有效核电荷较大，价电子层中空轨道较多，因而 Cr（Ⅲ）化合物通常都有颜色，氧化物及其水合物具有明显的两性，Cr^{3+} 易水解，也有强配合性。

（1）氧化物和氢氧化物：Cr_2O_3 外观呈绿色，硬度大，熔点高（2 275℃），微溶于水，常用作玻璃工业、陶瓷工业和油漆工业中的绿色颜料或研磨剂。

Cr（Ⅲ）盐溶液中加入适量碱，可析出灰蓝色的胶状沉淀 $Cr(OH)_3$。

$$Cr^{3+}+3OH^- = Cr(OH)_3\downarrow$$

Cr_2O_3 和 $Cr(OH)_3$ 的最重要性质是两性。Cr_2O_3 和 $Cr(OH)_3$ 均具有明显的两性，与酸作用可生成蓝紫色的铬（Ⅲ）盐，与碱作用则生成深绿色的亚铬酸盐。例如：

笔记栏

$$Cr_2O_3+3H_2SO_4 \longrightarrow Cr_2(SO_4)_3+3H_2O$$

$$Cr(OH)_3+3HCl \longrightarrow CrCl_3+3H_2O$$

$$Cr_2O_3+2NaOH+3H_2O \longrightarrow 2Na[Cr(OH)_4]$$

$[Cr(OH)_4]^-$可简写为CrO_2^-(亚铬酸根离子)。

(2) 铬(Ⅲ)盐:常见的铬(Ⅲ)盐主要有硫酸铬$[Cr_2(SO_4)_3]$、氯化铬($CrCl_3$)和铬钾矾$[KCr(SO_4)_2 \cdot 12H_2O]$。它们均易溶于水。其主要性质如下:

1) 水解性:可溶性铬(Ⅲ)盐溶于水,易水解,溶液显酸性。

$$[Cr(H_2O)_6]^{3+}+H_2O \rightleftharpoons [Cr(OH)(H_2O)_5]^{2+}+H_3O^+$$

若降低溶液的酸度,则有$Cr(OH)_3$灰蓝色的胶状沉淀生成。

2) 还原性:在碱性溶液中,Cr(Ⅲ)具有还原性,可被H_2O_2、Cl_2等强氧化剂氧化成铬酸盐。例如:

$$2NaCrO_2+3H_2O_2+2NaOH \longrightarrow 2Na_2CrO_4+4H_2O$$

在酸性溶液中,Cr^{3+}很稳定,还原性很弱。在催化剂的作用下,只有过硫酸铵、高锰酸钾等少数强氧化剂才能将Cr(Ⅲ)氧化为Cr(Ⅵ)。例如:

$$2Cr^{3+}+3S_2O_8^{2-}+7H_2O \longrightarrow Cr_2O_7^{2-}+6SO_4^{2-}+14H^+$$

3) 配合性:Cr(Ⅲ)的价层电子排布为$3d^34s^04p^0$,易形成配位数为6的内轨配合物。例如,Cr^{3+}能与NH_3、H_2O、X^-、CN^-、$C_2O_4^{2-}$及许多有机配体形成稳定的配合物。此外,Cr(Ⅲ)也易形成2种或2种以上的混合配体配合物、桥联多核配合物。如Cr(Ⅲ)在溶液中发生水解反应时,若适当降低溶液的酸度,即有羟桥多核配合物形成。

2. 铬(Ⅵ)化合物 重要的铬(Ⅵ)化合物有三氧化铬(CrO_3)、铬酸盐和重铬酸盐。

Cr(Ⅵ)具有很强的极化作用,因此无论在晶体中或在溶液中都不存在简单的Cr^{6+}。Cr(Ⅵ)的化合物都具有一定的颜色。关于Cr(Ⅵ)含氧化合物呈色的原因可解释为:Cr-O间具有很强的极化效应,可使集中于氧原子一端的电子向Cr(Ⅵ)迁移而发生电荷跃迁,由于电荷跃迁对光有较强的吸收,所以能发生电荷跃迁的物质通常呈现较深的颜色。

(1) 三氧化铬:CrO_3俗名铬酐,呈暗红色,有毒,易溶于水,熔点较低,热稳定性较差。遇热(707~784K)会发生分解反应。

$$4CrO_3 \xlongequal{\triangle} 2Cr_2O_3+3O_2\uparrow$$

CrO_3具有强氧化性,遇有机物将发生剧烈反应,甚至起火、爆炸。例如CrO_3与乙醇(酒精)接触时即发生猛烈反应,以致着火。

$$4CrO_3+C_2H_5OH \longrightarrow 2Cr_2O_3+2CO_2\uparrow+3H_2O$$

CrO_3在工业上,主要用于电镀业和鞣革业,还可用作纺织品的媒染剂和金属清洁剂等。

(2) 铬酸盐和重铬酸盐的性质:重要的可溶性铬酸盐有铬酸钾(K_2CrO_4)和铬酸钠(Na_2CrO_4);重要的重铬酸盐有重铬酸钾($K_2Cr_2O_7$,俗称红矾钾)和重铬酸钠($Na_2Cr_2O_7$,俗称红矾钠)。其主要性质如下:

1) 氧化性:在酸性溶液中,$Cr_2O_7^{2-}$具有强氧化性,其还原产物为Cr^{3+}。

$$Cr_2O_7^{2-}+3H_2S+8H^+ \longrightarrow 2Cr^{3+}+3S\downarrow+7H_2O$$

$$Cr_2O_7^{2-}+6Fe^{2+}+14H^+ = 2Cr^{3+}+6Fe^{3+}+7H_2O$$

$$Cr_2O_7^{2-}+6I^-+14H^+ = 2Cr^{3+}+3I_2+7H_2O$$

实验室常用的铬酸洗液是 $K_2Cr_2O_7$ 加少量水溶解后缓缓加入浓硫酸混合而成。新配制的铬酸洗液呈棕红色，具有强氧化性，可用于洗涤玻璃器皿上附着的油污，当洗液变为黑绿色时，表明大部分 Cr(Ⅵ)已转化为 Cr(Ⅲ)，洗液失效，废液可用硫酸亚铁处理后再排放。由于 Cr(Ⅵ)具有明显的生物毒性，洗液的大量使用不利于保护环境，现在已逐渐被其他洗涤剂所代替。

铬酸根和重铬酸根的转化

2）CrO_4^{2-} 和 $Cr_2O_7^{2-}$ 的平衡关系：在铬酸盐或重铬酸盐溶液中存在下列平衡。

$$2CrO_4^{2-}+2H^+ \rightleftharpoons Cr_2O_7^{2-}+H_2O$$

由此可见，溶液中 CrO_4^{2-} 和 $Cr_2O_7^{2-}$ 的浓度受溶液酸度控制，在酸性溶液中主要以 $Cr_2O_7^{2-}$（橙红色）的形式存在，在碱性溶液中则主要以 CrO_4^{2-}（黄色）的形式存在。H_2CrO_4 和 $H_2Cr_2O_7$ 均是强酸，仅存在于水溶液中，其中 $H_2Cr_2O_7$ 酸性强于 H_2CrO_4。

3）沉淀反应：铬酸盐中除碱金属盐、铵盐和镁盐外，一般都难溶于水，而重铬酸盐的溶解度通常较铬酸盐大。因此，向铬酸盐或重铬酸盐溶液中加入某种沉淀剂时，生成的都是铬酸盐沉淀。如向铬酸盐或重铬酸盐溶液中加入 Ag^+、Pb^{2+}、Ba^{2+} 等离子时，均可生成难溶性的铬酸盐沉淀。例如：

$$2Ag^++CrO_4^{2-} = Ag_2CrO_4\downarrow \text{（砖红色）}$$

$$Ba^{2+}+CrO_4^{2-} = BaCrO_4\downarrow \text{（黄色）}$$

$$2Pb^{2+}+Cr_2O_7^{2-}+H_2O = 2H^++2PbCrO_4\downarrow \text{（黄色）}$$

铬酸盐沉淀易溶于强酸。这些反应可用于定性鉴别 $Cr_2O_7^{2-}$、CrO_4^{2-} 或 Ag^+、Pb^{2+}、Ba^{2+} 等金属离子。

4）生成过氧基配合物：在酸性溶液中，$Cr_2O_7^{2-}$ 与 H_2O_2 作用时，可生成蓝色过氧基配合物[$CrO(O_2)_2$]。过氧基配合物在水溶液中不稳定，易发生分解反应放出 O_2，但若加入乙醚或戊醇，显稳定深蓝色。分析化学上常利用该反应鉴定 Cr(Ⅵ)和 H_2O_2。

（二）锰及其重要化合物

锰(manganese，Mn)是第四周期ⅦB 族的元素，价层电子构型为 $3d^54s^2$，常见氧化值为 +2、+3、+4、+6 和+7。

锰通常认为是 1774 年由瑞典化学家甘英用木炭与软锰矿共热的方法首次制得。锰的外观呈银白色，质坚而脆，密度 7.2g/cm³，熔点 1 244℃，沸点 1 962℃。锰在地壳中分布广泛，其含量位居所有过渡元素的第 3 位，仅次于铁和钛。重要矿石有：软锰矿(MnO_2)、黑锰矿(Mn_3O_4)、水锰矿($Mn_2O_3\cdot H_2O$)及褐锰矿($3Mn_2O_3\cdot MnSiO_3$)等。

锰的元素电势图如下：

$$E_A^{\ominus}/V\quad MnO_4^- \xrightarrow{+0.558} MnO_4^{2-} \xrightarrow{+2.24} MnO_2 \xrightarrow{+0.95} Mn^{3+} \xrightarrow{+1.51} Mn^{2+} \xrightarrow{-1.185} Mn$$

（MnO_4^-—MnO_2：+1.679；MnO_2—Mn^{2+}：+1.224；MnO_4^-—Mn^{2+}：+1.507）

$$E_B^{\ominus}/V\quad MnO_4^- \xrightarrow{+0.56} MnO_4^{2-} \xrightarrow{+0.60} MnO_2 \xrightarrow{-0.25} Mn(OH)_3 \xrightarrow{+0.15} Mn(OH)_2 \xrightarrow{-1.56} Mn$$

（MnO_4^-—MnO_2：+0.59；MnO_2—$Mn(OH)_2$：-0.05）

笔记栏

锰单质无论在酸性还是碱性介质中，都具有强还原性；氧化值+3、+6的锰化物可发生歧化反应，在酸性介质中歧化反应进行的倾向很强烈。例如：

$$2Mn^{3+}+2H_2O \rightleftharpoons Mn^{2+}+MnO_2\downarrow+4H^+ \qquad K^{\ominus}=3.2\times10^{9}$$

$$3MnO_4^{2-}+4H^+ \rightleftharpoons 2MnO_4^-+MnO_2\downarrow+2H_2O \qquad K^{\ominus}=3.16\times10^{57}$$

锰的化学性质活泼，常温下能与非氧化性稀酸作用放出 H_2；高温下能与许多非金属单质直接化合。例如：

$$Mn+2HCl = MnCl_2+H_2\uparrow$$

$$Mn+Cl_2 \xrightarrow{\triangle} MnCl_2$$

$$Mn+S \xrightarrow{\triangle} MnS$$

$$2Mn+4KOH+3O_2 \xlongequal{熔融} 2K_2MnO_4+2H_2O$$

锰可用作炼钢过程中的脱氧剂和脱硫剂。含锰的钢材坚硬，且具有良好的抗冲击性和耐磨性。锰钢可用于制造钢轨及耐磨机衬板等。

1. 锰(Ⅱ)化合物　锰(Ⅱ)的重要化合物有氯化锰($MnCl_2$)、硫酸锰($MnSO_4$)和硝酸锰[$Mn(NO_3)_2$]等。锰(Ⅱ)的强酸盐均易溶于水，但在溶液中，Mn^{2+} 与 S^{2-}、PO_4^{3-}、CO_3^{2-}、$C_2O_4^{2-}$ 及大多数弱酸的酸根离子作用时，通常生成难溶性沉淀。利用在近中性或弱酸性介质中生成肉色的 MnS 沉淀可作为 Mn^{2+} 的鉴定反应(MnS 的溶度积常数较大，可溶于 HAc 等弱酸)。$MnCO_3$ 是白色沉淀。自然界中存在的碳酸锰称锰晶石。

锰(Ⅱ)的主要性质如下：

(1) 还原性：$Mn^{2+}(3d^5)$ 在酸性溶液中，十分稳定，只有铋酸钠($NaBiO_3$)或过二硫酸铵[$(NH_4)_2S_2O_8$]、PbO_2 等少数的强氧化剂才能将 Mn^{2+} 氧化成 MnO_4^-。例如：

$$2Mn^{2+}+5BiO_3^-+14H^+ = 2MnO_4^-+5Bi^{3+}+7H_2O$$

该反应因生成 MnO_4^- 使溶液显紫红色，是鉴定 Mn^{2+} 的特异反应(specific reaction)。

在碱性介质中，Mn(Ⅱ)的稳定性较差，空气中的氧即可把 Mn(Ⅱ)氧化为 Mn(Ⅳ)。例如，向 Mn(Ⅱ)盐溶液中加入强碱，可析出白色的 $Mn(OH)_2$ 沉淀，与空气接触后很快被氧化成水合二氧化锰($MnO_2\cdot nH_2O$)的棕色沉淀。

$$Mn^{2+}+2OH^- = Mn(OH)_2\downarrow(白色)$$

$$2Mn(OH)_2+O_2 = 2MnO(OH)_2\downarrow(棕色)$$

(2) 配合性：Mn^{2+} 的价层电子构型为 $3d^5$，是半充满状态，通常易形成八面体构型、配位数为 6 的高自旋配合物。根据晶体场理论，Mn^{2+} 在正八面体场中的 d 电子排布为 $t_{2g}^3e_g^2$，在能量较低的 t_{2g} 轨道上的电子向较高能量的 e_g 轨道跃迁时，必须改变自旋方向，因而所需能量较高，这种跃迁称为自旋禁阻跃迁(spin-forbidden transition)。故 Mn(Ⅱ)的配合物大多为无色或较淡粉红色。Mn(Ⅱ)与 CN^- 等强场配位体作用时，也可形成低自旋配合物，如 $[Mn(CN)_6]^{4-}$，Mn(Ⅱ)的价电子轨道中未成对电子数为 1。

2. 锰(Ⅳ)化合物　最重要的 Mn(Ⅳ)化合物是二氧化锰(MnO_2)，它是不溶于水的黑色粉末，常温下很稳定，以软锰矿(pyrolusite)形式存在于自然界中。MnO_2 有许多重要用途，常用作有机反应的氧化剂、催化剂，也用作制造干电池的原料、玻璃工业的除色剂等。

MnO_2 的主要性质如下：

（1）氧化还原性：MnO_2 在酸性介质中是强氧化剂。实验室常用 MnO_2 与浓盐酸作用制备少量氯气。

$$MnO_2+4HCl(浓)=\!=\!=MnCl_2+Cl_2\uparrow+2H_2O$$

MnO_2 溶解于浓硫酸可放出 O_2。

$$2MnO_2+2H_2SO_4(浓)\xlongequal{\triangle}2MnSO_4+O_2\uparrow+2H_2O$$

MnO_2 在碱性条件下具有还原性。如 $KClO_3$、KNO_3 等强氧化剂与 MnO_2 一起加热共熔时，MnO_2 可被氧化成深绿色的锰酸钾 K_2MnO_4。

$$3MnO_2+6KOH+KClO_3=\!=\!=3K_2MnO_4+KCl+3H_2O$$

（2）配合性：Mn(Ⅳ)可与一些有机或无机配体生成较稳定的配合物。例如，MnO_2 用 HF、KHF_2 处理时，可得到金黄色的六氟合锰(Ⅳ)酸钾晶体。

$$MnO_2+2KHF_2+2HF=\!=\!=K_2[MnF_6]+2H_2O$$

锰(Ⅳ)的配合物中较稳定的还有 $K_2[MnCl_6]$、$(NH_4)_2[MnCl_6]$ 和过氧基配合物 $K_2H_2[Mn(O_2)_4]$ 等。

3. 锰(Ⅵ)化合物　Mn(Ⅵ)化合物比较常见的是锰酸盐，如锰酸钾(K_2MnO_4)和锰酸钠(Na_2MnO_4)。K_2MnO_4 是外观为深绿色的固体，不太稳定，只能存在于强碱性介质中，在中性溶液、酸性溶液中均易发生歧化反应。

$$3MnO_4^{2-}+2H_2O=\!=\!=2MnO_4^-+MnO_2\downarrow+4OH^-(中性溶液)$$

$$3MnO_4^{2-}+4H^+=\!=\!=2MnO_4^-+MnO_2\downarrow+2H_2O(酸性溶液)$$

4. 锰(Ⅶ)化合物　最重要的 Mn(Ⅶ)化合物是高锰酸钾($KMnO_4$)，俗称灰锰氧。外观为深紫色晶体，常温下稳定，易溶于水，其水溶液显紫红色。

$KMnO_4$ 的主要性质如下：

（1）不稳定性：$KMnO_4$ 固体常温时比较稳定，加热至 473K 以上时，即发生分解反应。实验室常用该法制备少量的氧气。

$$2KMnO_4\xlongequal{\triangle}K_2MnO_4+MnO_2+O_2\uparrow$$

$KMnO_4$ 溶液在酸性条件下，会发生分解反应。

$$MnO_4^-+4H^+=\!=\!=4MnO_2\downarrow+3O_2\uparrow+2H_2O$$

光对 $KMnO_4$ 溶液的分解反应有催化作用，但在中性或微碱性条件下，特别是黑暗中分解很慢，因此 $KMnO_4$ 溶液需储存于棕色瓶中。

在浓 H_2SO_4 中加入较多 $KMnO_4$ 时，生成棕绿色的油状物质七氧化二锰(Mn_2O_7，高锰酸酐)。该物质有极强的氧化性，遇有机物即发生燃烧，稍遇热即发生爆炸，分解生成 MnO_2、O_2 和 O_3。

高锰酸钾的还原

（2）强氧化性：MnO_4^- 在酸性溶液中是强氧化剂，本身被还原为 Mn^{2+}。例如：

$$2MnO_4^-+5H_2O_2+6H^+=\!=\!=2Mn^{2+}+5O_2\uparrow+8H_2O$$

$$2MnO_4^-+5C_2O_4^{2-}+16H^+=\!=\!=2Mn^{2+}+10CO_2\uparrow+8H_2O$$

由于 Mn^{2+} 具有自催化(autocatalysis)作用,反应开始时进行得较慢,当溶液中有 Mn^{2+} 生成时,反应速率加快。分析化学中常用以上反应测定 H_2O_2 与草酸盐的含量。

$KMnO_4$ 在近中性溶液中作氧化剂时,还原产物为 MnO_2。例如:

$$2MnO_4^- + I^- + H_2O \xlongequal{} 2MnO_2 \downarrow + IO_3^- + 2OH^-$$

$KMnO_4$ 在强碱性介质中作氧化剂时,还原产物为 MnO_4^{2-}。例如:

$$2MnO_4^- + SO_3^{2-} + 2OH^- \xlongequal{} 2MnO_4^{2-} + SO_4^{2-} + H_2O$$

(三)铁及其重要化合物

铁(iron,Fe)是第四周期Ⅷ族元素,价层电子构型为 $3d^64s^2$,常见的氧化值为+2 和+3,最高氧化值为+6。

Ⅷ族元素在元素周期表中比较特殊,包括 3 个纵列 9 种元素。由于镧系收缩的缘故,第一过渡系的铁、钴、镍性质相似,称铁系元素;第二、三过渡系的钌、铑、钯、锇、铱、铂等 6 种性质也比较相似,称铂系元素。铁系元素是常见金属,化学性质活泼,在地壳中丰度大,分布广泛;铂系元素是稀有金属,性质稳定,和金、银一起被称为贵金属。

铁是分布最广的元素之一,在地壳中的质量百分含量为 5.1%,在所有元素中名列第四。铁的主要矿物有赤铁矿(主要成分为 Fe_2O_3)、磁铁矿(主要成分为 Fe_3O_4)、褐铁矿(主要成分为 $2Fe_2O_3 \cdot 3H_2O$)、黄铁矿(主要成分为 FeS_2)和菱铁矿(主要成分为 $FeCO_3$)。现今,钢铁工业已成为国民经济的支柱产业,钢铁是最重要的和应用最为广泛的金属材料。

单质铁具有银白色的金属光泽,延展性、导电性、导热性良好。纯铁在工业上用途不多。铁最重要的用途是冶炼钢材及制造合金。铁磁性是铁最重要的特性之一。铁可用于制造永磁材料。

铁的元素电势图如下:

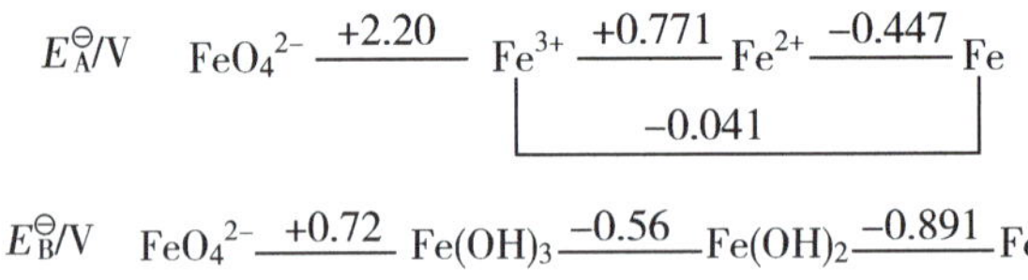

$$E_A^{\ominus}/V \quad FeO_4^{2-} \xrightarrow{+2.20} Fe^{3+} \xrightarrow{+0.771} Fe^{2+} \xrightarrow{-0.447} Fe$$

(Fe^{3+}—Fe:-0.041)

$$E_B^{\ominus}/V \quad FeO_4^{2-} \xrightarrow{+0.72} Fe(OH)_3 \xrightarrow{-0.56} Fe(OH)_2 \xrightarrow{-0.891} Fe$$

铁是中等活泼金属,与非氧化性稀酸作用时,生成 Fe(Ⅱ)盐;与氧化性稀酸作用时,生成 Fe(Ⅲ)盐。例如:

$$Fe + 2HCl \xlongequal{} H_2 \uparrow + FeCl_2$$

$$Fe + 4HNO_3 \xlongequal{} Fe(NO_3)_3 + NO \uparrow + 2H_2O$$

铁与冷浓硝酸、浓硫酸作用时,表面可被钝化。因此,可以用铁制容器贮运浓硫酸或浓硝酸。但铁能够被热的浓碱溶液所侵蚀。

铁在潮湿的空气中放置,表面易生成暗红色的铁锈(主要成分 $Fe_2O_3 \cdot nH_2O$)。铁锈结构疏松,容易剥落,逐渐向内层扩展导致铁锈蚀。因锈蚀每年造成的钢铁浪费约占全世界年总产量的 20%~30%,所以金属的腐蚀以及防护问题引起人们的高度重视。钢铁锈蚀的主要因素是空气和水,在金属表面覆盖防护层(镀铬、镀锡、镀锌、镀搪瓷、刷油漆、涂高分子材料等)是常用防止锈蚀的方法。

铁的重要化合物有氢氧化物、亚铁盐、铁盐以及配合物等。

1. 铁(Ⅱ)化合物 常见最重要的铁(Ⅱ)化合物是 $FeSO_4 \cdot 7H_2O$,外观是淡绿色晶体,俗称绿矾(中药称皂矾)。临床上可用于治疗缺铁性贫血,农业上也常用以防治病虫害。硫酸亚铁能与硫酸铵形成复盐硫酸亚铁铵[$FeSO_4(NH_4)_2SO_4 \cdot 6H_2O$,俗称摩尔盐],性质比硫酸亚铁稳定,容易保存,是分析化学上常用的还原剂,可用于标定 $KMnO_4$ 和 $K_2Cr_2O_7$ 溶液。

Fe(Ⅱ)盐的主要性质如下:

(1) 还原性:在空气中,Fe(Ⅱ)盐的固体或溶液易被氧化。如绿矾在空气中可逐渐风化失去部分结晶水,同时晶体表面被氧化生成黄褐色碱性硫酸铁(Ⅲ)。

$$4FeSO_4+O_2+2H_2O = 4Fe(OH)SO_4 \downarrow$$

亚铁盐溶液长时间保存时,常会有棕色的碱式铁(Ⅲ)盐沉淀生成。因此,亚铁盐固体应密闭保存,溶液使用时新鲜配制。配制时必须加适量的酸抑制 Fe^{2+} 的水解和少量的铁单质,防止 Fe^{2+} 被氧化。

(2) 沉淀反应:在溶液中,Fe^{2+} 与 OH^-、S^{2-}、CO_3^{2-}、$C_2O_4^{2-}$ 及许多弱酸根作用时,均生成难溶性沉淀。如向 Fe^{2+} 溶液中加入强碱可生成 $Fe(OH)_2$ 白色胶状沉淀。$Fe(OH)_2$ 不稳定,与空气接触后很快变成暗绿色,继而生成棕红色 $Fe(OH)_3$ 沉淀。

$$4Fe(OH)_2+O_2+2H_2O = 4Fe(OH)_3 \downarrow$$

$Fe(OH)_2$ 主要显碱性,酸性很弱。例如,$Fe(OH)_2$ 可溶于强酸形成亚铁盐,而与浓碱溶液作用时,生成 $[Fe(OH)_6]^{4-}$。

(3) 配合性:Fe(Ⅱ)有很强的形成配合物的倾向,常见的配位数为 6。重要的 Fe(Ⅱ)配合物有六氰合铁(Ⅱ)酸钾{$K_4[Fe(CN)_6]$,又名亚铁氰化钾,俗称黄血盐}、环戊二烯基铁[$(C_5H_5)_2Fe$,二茂铁]等。

黄血盐是实验室常用的试剂,可溶于水,常温相当稳定,加热至 373K 时,开始失去结晶水变成白色粉末,继续加热可发生分解反应。

$$K_4[Fe(CN)_6] \xrightarrow{\triangle} 4KCN+FeC_2+N_2 \uparrow$$

在溶液中,$[Fe(CN)_6]^{4-}$ 能与 Fe^{3+}、Cu^{2+}、Cd^{2+}、Mn^{2+}、Ni^{2+}、Zn^{2+} 等离子生成特定颜色的沉淀,这些反应可用于鉴定某些金属离子。

二茂铁[$(C_5H_5)_2Fe$]于 1951 年由 Kealy 和 Paulson 首次合成,常温下为橙黄色粉末,有樟脑气味。不溶于水,易溶于苯、乙醚等有机溶剂。现代结构研究表明,它是由 1 个 Fe^{2+} 和 2 个环戊二烯基离子($C_5H_5^-$)形成的配合物。Fe^{2+} 被夹在 2 个平行排列的 $C_5H_5^-$ 环平面之间(图 10-1)。$C_5H_5^-$ 的每个碳原子都提供 1 个与 $C_5H_5^-$ 平面垂直的 p 轨道,每个 p 轨道有 1 个未成对电子,5 个 p 轨道重叠形成离域 π 键(π_5^5),Fe^{2+} 与 $C_5H_5^-$ 的离域 π 键之间形成有效的配位键。二茂铁新奇的夹心结构,使其呈现出高度的热稳定性和化学稳定性,具有比苯更突出的芳香性,不易发生还原反应,但却比苯更容易发生亲电取代反应。二茂铁的出现打破了传统无机和有机化合物的界限,丰富和扩展了金属有机化学的研究领域,极大地推动了化学键理论和结构化学的发展。二茂铁常用作燃料的添加剂,可以提高油料的燃烧效率和除烟。此外,二茂铁还可用作紫外线吸收剂、航天飞船的外层涂料、汽油的抗爆剂和橡胶及硅树脂的熟化剂等。

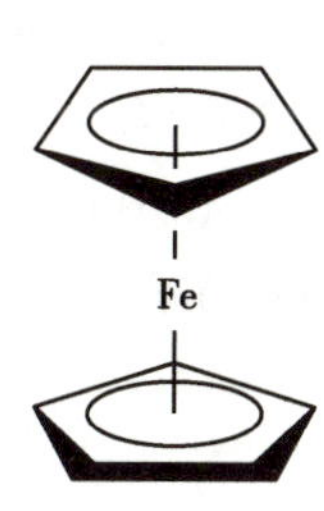

图 10-1 二茂铁的典型结构

2. 铁(Ⅲ)化合物 重要的 Fe(Ⅲ)化合物有氧化物、氢氧化物和可溶性 Fe(Ⅲ)盐。常用的 Fe(Ⅲ)盐有 $FeCl_3$、

$Fe_2(SO_4)_3$、$Fe(NO_3)_3$ 和 $NH_4Fe(SO_4)_2$ 等。

（1）氧化物和氢氧化物：Fe_2O_3 俗称氧化铁红，常用作制造防锈底漆，在橡胶工业中用作轮胎、三角带等制品的着色剂。Fe_2O_3 有 α 和 γ 两种构型，α 型是顺磁性的，γ 型是铁磁性的。自然界中存在的赤铁矿是 α 型。将 γ 型的 Fe_2O_3 加热至 673K 时，可转变成 α 型。

氧化物和氢氧化物都有颜色且难溶于水，均具有碱性和氧化性。Fe_2O_3 和 $Fe(OH)_3$ 均可与盐酸发生中和反应。

$$Fe_2O_3+6HCl \equiv 2FeCl_3+3H_2O$$

$$Fe(OH)_3+3HCl \equiv FeCl_3+3H_2O$$

（2）Fe(Ⅲ)盐：无水三氯化铁可由铁与干燥的氯气在高温下直接作用而制得。

$$2Fe+3Cl_2 \xrightarrow{\triangle} 2FeCl_3$$

三氯化铁可以用作净水剂，在有机合成中用作催化剂。由于它能使蛋白质迅速凝聚，所以常用作外伤的止血剂。在印刷制版业，$FeCl_3$ 常用于腐蚀铜制印刷电路。反应如下：

$$2FeCl_3+Cu \equiv CuCl_2+2FeCl_2$$

三氯化铁属于共价型化合物。无水三氯化铁的熔点（555K）和沸点（588K）较低，易升华，易溶解在乙醇、乙醚、苯、丙酮等有机溶剂中，也易溶于水中，溶于水时发生强烈的水解。在 673K 以下，其蒸气中有双聚分子 Fe_2Cl_6 存在。Fe_2Cl_6 的结构如图 10-2 所示。

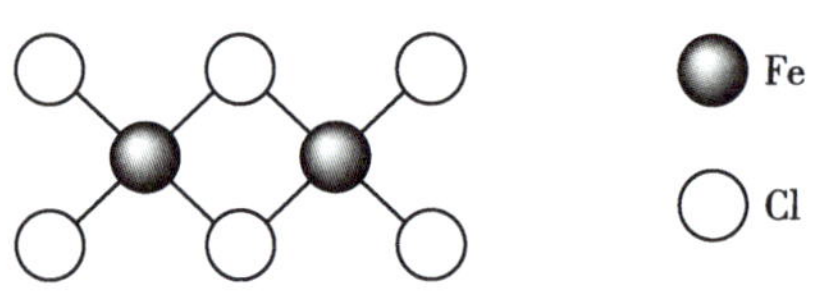

图 10-2　Fe_2Cl_6 的结构

在 673~1 023K 之间，双聚分子部分解离，Fe_2Cl_6 和 $FeCl_3$ 共存。在 1 023K 以上，完全以 $FeCl_3$ 形式存在。

Fe(Ⅲ)的主要性质如下：

1）氧化性：在酸性溶液中，Fe^{3+} 是较强的氧化剂，可以和 I^-、H_2S、Sn(Ⅱ)等许多还原性物质发生反应。例如：

$$2FeCl_3+2KI \equiv 2FeCl_2+I_2+2KCl$$

$$2FeCl_3+H_2S \equiv 2FeCl_2+S+2HCl$$

$$2FeCl_3+SnCl_2 \equiv 2FeCl_2+SnCl_4$$

2）水解性：由于 Fe^{3+} 的半径小（60pm），电荷大，电荷半径比（Z/r）大，极化作用强，在溶液中 $c(Fe^{3+})=0.10mol/L$、pH=1 时即发生显著水解。Fe^{3+} 水解过程比较复杂，依次经历逐级水解、缩合、聚合过程，最终生成棕红色的水合三氧化铁（$Fe_2O_3 \cdot nH_2O$）沉淀，习惯上写成 $Fe(OH)_3$。$Fe(OH)_3$ 略显两性，碱性强于酸性。只有新生成的 $Fe(OH)_3$ 沉淀才能溶于浓碱中，生成 $[Fe(OH)_6]^{3-}$（或写成 FeO_2^-）。例如：

$$[Fe(H_2O)_6]^{3+}+H_2O \equiv [Fe(OH)(H_2O)_5]^{2+}+H_3O^+$$

$$[Fe(OH)(H_2O)_5]^{2+}+H_2O \equiv [Fe(OH)_2(H_2O)_4]^{+}+H_3O^+$$

随着水解的进行，可发生一系列的缩合作用：

$$[Fe(H_2O)_6]^{3+} + [Fe(OH)(H_2O)_5]^{2+} \rightleftharpoons [(H_2O)_5Fe\text{-}OH\text{-}Fe(H_2O)_5]^{5+} + H_2O$$

$$2[Fe(OH)(H_2O)_5]^{2+} \rightleftharpoons \left[(H_2O)_4Fe\begin{matrix} \overset{H}{O} \\ \underset{H}{O} \end{matrix}Fe(H_2O)_4\right]^{4+} + 2H_2O$$

当 pH=2~3 时，缩合倾向增大，最终析出红棕色的胶状 $Fe(OH)_3$ 沉淀。

3）配合性：Fe^{3+} 是一个很好的配合物形成体，可与 X^-、CN^-、SCN^-、$C_2O_4^{2-}$ 和 PO_4^{3-} 等许多配体形成稳定的八面体型配合物。如 Fe^{3+} 与 SCN^- 作用，将生成血红色的 $[Fe(NCS)_n]^{3-n}$（通常 $n=1\sim6$，n 值随 SCN^- 的浓度增加而增大）。该反应为鉴定 Fe^{3+} 的特异反应。

$$Fe^{3+}+nSCN^- = [Fe(SCN)_n]^{3-n}（血红色，n=1\sim6）$$

$$Fe^{3+}+3C_2O_4^{2-} = [Fe(C_2O_4)_3]^{3-}（黄绿色）$$

六氰合铁（Ⅲ）酸钾 $\{K_3[Fe(CN)_6]\}$ 又名铁氰化钾，俗称赤血盐，外观为红色晶体，易溶于水，在碱性溶液中有一定的氧化性。例如：

$$4[Fe(CN)_6]^{3-}+4OH^- = 4[Fe(CN)_6]^{4-}+O_2\uparrow+2H_2O$$

在近中性溶液中，有较弱的水解性：

$$[Fe(CN)_6]^{3-}+3H_2O = Fe(OH)_3\downarrow+3HCN+3CN^-$$

故赤血盐溶液最好临用前新鲜配制。在含有 Fe^{2+} 的溶液中加入赤血盐，能够生成滕氏蓝沉淀。该反应为鉴定 Fe^{2+} 的特异反应。

$$K^++Fe^{3+}+[Fe(CN)_6]^{4-} = KFe[Fe(CN)_6]\downarrow（普鲁士蓝）$$

$$K^++Fe^{2+}+[Fe(CN)_6]^{3-} = KFe[Fe(CN)_6]\downarrow（滕氏蓝）$$

现代结构研究证明，普鲁士蓝和滕氏蓝是同分异构体。

Fe^{3+} 与 F^- 作用时，生成无色的 $[FeF_n]^{3-n}$（$n=1\sim6$）。在定性分析中，常加入 F^- 以掩蔽样品中微量的 Fe^{3+} 对反应的干扰。

三、d 区元素及其化合物在医药中的应用

世界卫生组织确认的人体必需微量元素有 14 种，其中锌、铜、铁、铬、钴、锰、钼、钒、镍等 9 种属于过渡元素，并且有 8 种位于第一过渡系。这些元素在人体的各种体液、许多器官以及组织中均有分布，对于维持人体的正常生理功能发挥着重要作用（表 10-5）。

体内微量元素作为构成金属蛋白、核酸配合物、金属酶和辅酶的重要元素及作为许多生物酶的激活剂，在机体生长发育、生物矿化、细胞功能调节、物质输送、信息传递、免疫应答、生物催化、能量转换及各种生理生化反应中起着重要的作用。随着现代医学和生命科学在分子、亚分子水平上研究生命的过程，探索机体生老病死与生物分子间的有机联系，体内微量元素的生物功能就越来越受到科学家们的重视，并已成为当今世界科学界瞩目的崭新的领域。

d 区元素的重要化合物，在医药领域有着广泛的应用。无机铬（Ⅲ）盐（如 $CrCl_3\cdot6H_2O$）已用于治疗糖尿病和冠状动脉粥样硬化。老年糖尿病患者每天补充铬（Ⅲ）150μg，患者糖耐量明显改善，血脂酶显著降低。

笔记栏

表 10-5 体内 d 区元素的含量、分布及生物功能

元素	氧化值	体内总量	主要分布部位	主要生物功能
钒	+4，+5	17～43μg	脂肪（>90%）	促进脂质代谢，抑制胆固醇合成，促进牙齿矿化等
铬	+3	5～10mg	各组织器官及体液	在糖和脂肪代谢中起着重要作用，并具有加强胰岛素功能的作用
锰	+2，+3	10～20mg	肌肉、肝及其他组织	参与构成锰酶、锰激活酶等，对机体的生长发育、维持骨结构、维持正常代谢及维持脑和免疫系统正常的生理功能具有重要作用
铁	+2，+3	约 4 200mg	血液（>70%）	参与构成血红蛋白、含铁酶及铁蛋白等，向机体各组织细胞输送 O_2 及贮存 O_2，并参与机体的氧化还原反应等
钴	+2，+3	1.1～1.5mg	肌肉、骨及其他软组织	参与构成维生素 B_{12} 及维生素 B_{12} 辅酶，影响骨髓造血功能，增强某些酶及甲状腺的活性，参与蛋白质的合成等
镍	+2	约 10mg	肾、肺、脑、心脏及皮肤	与血清蛋白、氨基酸形成配位个体，保护心血管系统，促进血细胞生成，并具有降低血糖的作用等
钼	+4，+5，+6	约 9.3mg	肝、肾、肌肉及体液	构成钼酶，参与许多生理生化反应

高锰酸钾（$KMnO_4$）也叫灰锰氧、PP 粉，有极强的杀灭细菌作用。临床上常用不同浓度的稀溶液洗胃、清洗溃疡及脓肿；日常生活中，可用于浸洗水果、茶具等。中药无名异的主要成分是 MnO_2，用于治疗痈肿、跌打损伤。

硫酸亚铁（$FeSO_4 \cdot 7H_2O$）俗称绿矾，中药上称皂矾，也可用于治疗缺铁性贫血。矿物药自然铜的主要成分为 FeS_2，煅烧后为 Fe_2O_3，临床上具有接骨、散瘀的功效。中药赭石、禹粮石的主要化学成分均为 Fe_2O_3，磁石的主要化学成分为 Fe_3O_4，是常用的矿物药。赭石可以平肝、镇逆，凉血止血；禹粮石可以涩肠止泻、收敛止血；磁石主要功效是平肝潜阳、纳气定喘、明目安神。

维生素 B_{12} 是 Co^{2+} 的卟啉类化合物，是目前已知的唯一含金属离子的维生素。维生素 B_{12} 主要参与蛋白质的合成、叶酸的储存及硫醇酶的活化等，主要生理功能是促进红细胞的发育成熟，使造血功能处于正常状态，预防和治疗恶性贫血，增强叶酸的利用率，促进糖类、脂类与蛋白质的代谢，参与特种蛋白质的合成，促进机体的发育和维护神经系统的健康。

第二节 ds 区元素

一、通性

ds 区元素是指元素周期表中 ⅠB 族（铜族元素）和 ⅡB 族（锌族元素）的元素，价电子层结构分别为 $(n-1)d^{10}ns^1$ 和 $(n-1)d^{10}ns^2$，电子结构特征是 $(n-1)d$ 轨道全充满，ns 轨道上有 1～2 个电子。ds 区元素的基本性质见表 10-6。

笔记栏

表 10-6 ds 区元素的基本性质

性质	铜	银	金	锌	镉	汞
原子序数	29	47	79	30	48	80
元素符号	Cu	Ag	Au	Zn	Cd	Hg
相对原子质量	63.546	107.86	196.966 5	65.39	112.41	200.59
价电子层构型	$3d^{10}4s^1$	$4d^{10}5s^1$	$5d^{10}6s^1$	$3d^{10}4s^2$	$4d^{10}5s^2$	$5d^{10}6s^2$
金属半径/pm	128	144	144	134	149	151
离子半径/pm	77	115	138	74	97	110
第一电离能/（kJ/mol）	745.3	730.8	889.9	915	873	1 013
第二电离能/（kJ/mol）	1 957.3	2 072.6	1 973.3	1 743	1 641	1 820
常见氧化值	+1，+2	+1	+1，+3	+2	+2	+2
标准电极电势（M^{n+}/M）/V	+0.521，0.340	+0.799 6	+1.68，+1.498	-0.761 8	-0.462 9	+0.851

1. 原子结构与基本性质　铜族元素、锌族元素与碱金属（ⅠA 族，ns^1）和碱土金属（ⅡA 族，ns^2）相比，具有相同的最外层电子构型，但次外层电子结构完全不同。铜族和锌族元素次外层为 18 电子层构型，而碱金属和碱土金属为 8 电子层构型（除锂外）。由于 d 电子的屏蔽效应小于同层的 s 电子、p 电子，因此 18 电子层构型比 8 电子层构型对核的屏蔽作用小得多，使得铜族和锌族元素原子的有效核电荷较大，对最外层 s 电子的吸引力较强，与具有同样最外层电子结构的碱金属和碱土金属相比，其原子半径、离子半径小，电离能高、电负性大。

铜族和锌族元素单质的熔点和沸点比相应的碱金属和碱土金属高，比其他过渡元素（d 区元素）低，这与它们的成键特征有关。锌族元素和铜族元素的（n-1）d 轨道全充满，然由于锌族元素的原子半径较大，不易形成金属键，所以熔点和沸点更低。其中，汞在常温下呈液态，是所有金属中熔点最低的。

2. 特征氧化态　相同的最外层电子构型和不同的次外层电子结构，使得铜族、锌族元素与碱金属、碱土金属在氧化态和某些性质方面既有相似，又有差别。如铜族元素有+1、+2 和+3 等 3 种氧化态，而碱金属（ⅠA 族，ns^1）元素只有+1 氧化态。原因是铜族元素的（n-1）d 和 ns 电子的能量相差不大，成键时次外层 d 电子也可部分参与。锌族元素的特征氧化态为+2；但次外层 d 电子能量与 ns 相差大，一般不参与成键，故不存在大于+2 的氧化态，但镉和汞有+1 氧化态。

3. 金属性　铜族和锌族元素的金属活泼性远低于碱金属和碱土金属；而且从上到下金属的活泼性依次降低，这与碱金属和碱土金属变化规律正好相反。原因是，这种从单质变为 M^{n+}（aq）的活泼性不能只根据电离势大小来衡量，应该综合整个过程的能量变化（如升华热、电离能、水合热等）来考虑，这也是 Cu^{2+} 比 Cu^+ 在水溶液中更稳定的原因。

4. 易形成共价化合物和配合物　铜族和锌族元素的离子具有 18 电子层构型，有很强的极化力和变形性，因此它们较易形成共价化合物。此外，与 d 区元素类似，这些离子（或原子）有较多能量接近的价电子轨道，如（n-1）d、ns、np 和 nd 等，形成配位化合物的能力也较强。但锌族元素 M^{2+} 的（n-1）d 轨道全充满，不能发生 d-d 电子跃迁，因此配合物通常是无色的。

ⅠB 族元素和ⅠA 族元素、ⅡB 族元素和ⅡA 族元素性质的对比分别见表 10-7、表 10-8。

笔记栏

表 10-7 ⅠB 族元素和ⅠA 族元素性质的对比

	铜族元素（ⅠB 族）	碱金属元素（ⅠA 族）
物理性质	金属键较强，具有较高的熔点、沸点和升华热，良好的延展性。导电性和导热性最好，密度也较大等	金属键较弱，熔点、沸点较低，密度、硬度较小
化学活泼性和性质变化规律	是不活泼的重金属，同族内金属活泼性从上至下减小	是极活泼的轻金属，同族自上而下金属性增强
氧化态	有+Ⅰ、+Ⅱ、+Ⅲ(3 种)	只有+Ⅰ(1 种)
化合物的键型和还原性	化合物有较明显的共价性，化合物主要是有颜色的，金属离子易被还原	化合物大多是离子型的，正离子一般是无色的，极难被还原
离子形成配合物的能力	由于 d、s、p 轨道能量相差较小，低能量空轨道较多，有很强的生成配合物的倾向	只能和极强的配合剂生成极少量的配合物
氢氧化物的碱性和稳定性	氢氧化物碱性较弱，易脱水成氧化物	氢氧化物是强碱，对热非常稳定

表 10-8 ⅡB 族元素和ⅡA 族元素性质的对比

	锌族元素（ⅡB 族）	碱土金属元素（ⅡA 族）
物理性质	金属的熔点、沸点较低，汞在常温下为液体，延展性、导电性和导热性较差，密度较大等	金属的熔点、沸点较锌族高，密度、硬度较小，延展性、导电性和导热性较差
化学活泼性和性质变化规律	是活泼的重金属，较ⅡA 差，同族内金属活泼性从上至下减弱	是极活泼的轻金属，比ⅠA 略差，同族自上而下金属性增强
氧化态	以+Ⅱ为特征、也有+Ⅰ	只有+Ⅱ1 种
与氧作用	室温下干燥空气中不反应	容易
与非氧化性酸作用	Zn、Cd 能置换酸中的氢，而汞不能	反应剧烈，放出氢气
氢氧化物碱性及变化规律	弱碱[$Zn(OH)_2$ 为两性]，自上而下依次增强	强碱[$Be(OH)_2$ 为两性]，自上而下依次增强
键型及形成配合物能力	共价性强，有较强的生成配合物的能力	离子型（Be 除外），不易形成配合物
盐的水解	在溶液中有一定程度的水解	强酸盐一般不水解

二、铜族元素

（一）单质的物理性质和化学性质

铜族元素中的铜和金是呈现特殊颜色的 2 种金属。金、银、铜的熔点和沸点较其他过渡元素低；铜族元素的导电性和传热性在所有金属中是最好的，其中银最好，铜次之；可能由于 d 电子参与成键的原因，铜族元素的密度、熔点、沸点、硬度均比相应的碱金属高；铜族元素也具有很好的延展性，其中金的延展性最好。

铜族的化学活泼性远低于碱金属，且按铜、银、金的顺序递减。室温下，铜、银、金不与氧气和水反应。铜在潮湿的空气中放置，其表面可逐渐生成一层绿色的铜锈（碱式碳酸铜）。

$$2Cu+H_2O+O_2+CO_2 = Cu(OH)_2 \cdot CuCO_3$$

铜、银、金在金属活动顺序表中均位于氢之后，它们不能与稀硫酸或稀盐酸等非氧化性稀酸反应放出氢气。铜能溶解在浓盐酸、硝酸及热的浓硫酸中；银能溶于硝酸和热的浓硫酸中；金能只溶于王水。

$$3Cu+2NO_3^-+8H^+ = 3Cu^{2+}+2NO\uparrow+4H_2O$$

$$2Cu+4HCl(浓) = 2H[CuCl_2]+H_2\uparrow$$

$$Cu+2H_2SO_4(浓) = CuSO_4+SO_2\uparrow+2H_2O$$

$$2Ag+2H_2SO_4(浓) = Ag_2SO_4+SO_2\uparrow+2H_2O$$

$$Au+4HCl+HNO_3 = HAuCl_4+NO\uparrow+2H_2O$$

铜族元素与卤素的作用由易到难，其活泼性按铜、银、金的顺序降低。常温下，铜可以与卤素直接化合生成卤化铜(CuX_2)。银的作用较慢，而金与卤素只有在加热的条件下才能反应。加热时，铜和银能与硫直接化合生成 CuS 和 Ag_2S，但金不能直接生成硫化物。

铜具有良好的导电性及延展性，常用于制造各种电气元件、电线，此外，还可用于制造各种合金，如青铜(含锡)、黄铜(含锌)等。铜在工业领域的应用十分广泛，铜及铜合金在计算机芯片、集成电路、晶体管、印刷电路板等器材器件中都占有重要地位。例如，晶体管引线常用高导电、高导热的铬锆铜合金。

(二) 铜的重要化合物

铜的价层电子结构为 $3d^{10}4s^1$，常见氧化数为+1 和+2，最高氧化数是+3。

铜的重要化合物有氧化亚铜(Cu_2O)、卤化亚铜(CuX)、氧化铜(CuO)、氢氧化铜[$Cu(OH)_2$]，以及硫酸铜($CuSO_4\cdot5H_2O$)、硝酸铜[$Cu(NO_3)_2$]和氯化铜($CuCl_2$)等可溶性盐类。

1. 铜(Ⅰ)的重要化合物

(1) 氧化亚铜：氧化亚铜(Cu_2O)由于晶粒大小不同，可以呈现黄色、橙色、红色、棕红色等。Cu_2O 为共价化合物，有毒，难溶于水，具有较好的热稳定性，广泛应用于制造船底漆。

1) 热稳定性：Cu_2O 对热十分稳定，加热到熔融温度 1 508K 以上时，可发生分解反应，生成单质 Cu 和 O_2。

$$2Cu_2O = 4Cu+O_2\uparrow$$

2) 歧化反应(在酸性环境中)：Cu_2O 呈弱碱性，溶于稀酸时易发生歧化反应，产物为 Cu^{2+} 和 Cu。

$$Cu_2O+H_2SO_4 = CuSO_4+Cu\downarrow+H_2O$$

3) 配合性：Cu_2O 溶于氨水和氢卤酸等溶剂中，可形成无色的配合物。

$$Cu_2O+4NH_3+H_2O = 2[Cu(NH_3)_2]OH$$

$$Cu_2O+4HX = 2H[CuX_2]+H_2O$$

$[Cu(NH_3)_2]^+$不稳定，空气中的氧气可以把它氧化成蓝色的$[Cu(NH_3)_4]^{2+}$。利用该反应可用于除去气体中的氧或一氧化碳。

$$4[Cu(NH_3)_2]^++2H_2O+O_2 = 4[Cu(NH_3)_2]^{2+}+4OH^-$$

(2) 卤化亚铜：卤化亚铜 CuX(X=Cl、Br、I)的外观呈白色或淡黄色，均难溶于水，溶解度按 CuCl→CuBr→CuI 的顺序依次减小。

CuX 都可用适当的还原剂在相应的卤素离子存在下还原 Cu(Ⅱ)得到。常用的还原剂有 $Na_2S_2O_4$(连二亚硫酸钠)、$SnCl_2$、Cu、Zn、Al 等。例如：

$$2CuCl_2+SnCl_2 = 2CuCl\downarrow+SnCl_4$$

笔记栏

CuX 与过量的 X^- 或拟卤素原子反应，生成配位数为 4 或 2 的配合物。由于 $[Cu(CN)_4]^{3-}$ 非常稳定（$K_s^{\ominus}=2\times10^{30}$），Cu（Ⅱ）与 CN^- 反应时被还原为 Cu（Ⅰ），并生成 Cu（Ⅰ）的配离子。

$$2Cu^{2+}10CN^- = 2[Cu(CN)_4]^{3-}+(CN)_2\uparrow$$

CuCl 的盐酸溶液能吸收气体 CO，生成氯化羰基铜（Ⅰ）$[Cu(CO)Cl\cdot H_2O]$。若 CuCl 过量，该反应几乎可以定量完成，因而利用此反应可以测定气体混合物中 CO 的含量。

2. Cu（Ⅱ）化合物

（1）氧化铜和氢氧化铜：CuO 为难溶于水的黑色粉末，碱性氧化物，可溶于酸生成相应的盐。热稳定性极高，当温度高于 1 273K 时才可分解为 Cu_2O 和 O_2，在高温下易被 C、H_2、NH_3 等还原为铜。

$$4CuO \xrightarrow{>1\,273K} 2Cu_2O+O_2\uparrow$$

Cu^{2+} 与碱作用生成的淡蓝色絮状沉淀就是 $Cu(OH)_2$。$Cu(OH)_2$ 微显两性，既能溶于酸又可溶于浓的强碱溶液，与浓碱反应时生成蓝紫色的 $[Cu(OH)_4]^{2-}$。

$$2Cu(OH)_2+2OH^- = [Cu(OH)_4]^{2-}$$

$[Cu(OH)_4]^{2-}$ 在溶液中能电离出少量的 Cu^{2+}，而 Cu^{2+} 可被含醛基（—CHO）的葡萄糖还原成红色的 Cu_2O。

$$2Cu^{2+}+4OH^-+C_6H_{12}O_6 = Cu_2O\downarrow+2H_2O+C_6H_{12}O_7$$

$Cu(OH)_2$ 在溶液中加热至 353K 时，即可脱水生成氧化铜。

$$Cu(OH)_2 \xrightarrow{\triangle} CuO+H_2O$$

（2）常见铜（Ⅱ）盐：重要的铜（Ⅱ）盐有 $CuSO_4\cdot H_2O$（俗称胆矾或蓝矾）、$CuCl_2$ 和 $Cu(NO_3)_2$ 等。硫酸铜可以用热硫酸溶解铜，或在空气充足的情况下用热的稀硫酸溶解铜来制得。

$$Cu+2H_2SO_4(浓) = CuSO_4+SO_2\uparrow+2H_2O$$

$$2Cu+2H_2SO_4(稀)+O_2 = 2CuSO_4+2H_2O$$

$CuSO_4\cdot 5H_2O$ 在加热条件下可逐步失去结晶水，生成无水 $CuSO_4$（白色粉末）。

$$CuSO_4\cdot 5H_2O \xrightarrow{375K} CuSO_4\cdot 3H_2O \xrightarrow{423K} CuSO_4\cdot H_2O \xrightarrow{523K} CuSO_4$$

无水 $CuSO_4$ 具有很强的吸水性，吸水后变成蓝色。故可用无水 $CuSO_4$ 检验无水乙醇、乙醚等有机溶剂中是否存在微量的水。无水 $CuSO_4$ 也可以用作干燥剂。无水 $CuSO_4$ 加热至 923K 时，将发生分解反应。

$$CuSO_4 \xrightarrow{923K} CuO+SO_3\uparrow$$

氯化铜（$CuCl_2$）是共价化合物，可以溶解在水、乙醇和丙酮等有机溶剂中。将 $CuCO_3$ 或 CuO 与盐酸反应可以制得 $CuCl_2$。

$$CuCO_3+2HCl = CuCl_2+H_2O+CO_2\uparrow$$

$CuCl_2$ 加热至 773K 时将发生分解反应。

$$2CuCl_2 \xrightarrow{773K} 2CuCl+Cl_2\uparrow$$

很浓的 $CuCl_2$ 溶液呈黄绿色，稀溶液呈蓝色。黄色是由于 $[CuCl_4]^{2-}$ 配离子存在，而蓝色是由于 $[Cu(H_2O)_4]^{2+}$ 配离子的存在，两者并存时溶液呈绿色。

Cu^{2+} 的主要性质如下：

1）氧化性：在酸性环境中，Cu^{2+} 具有一定的氧化性。例如，Cu^{2+} 可以氧化 I^- 为 I_2，而本身被还原成 Cu^+。此反应可以定量地完成，因此在分析化学上常用来测定 Cu^{2+} 的含量。

$$2Cu^{2+}+4I^- = 2CuI\downarrow+I_2$$

医学上常利用酒石酸钾钠的硫酸铜碱性溶液（称费林试剂，Fehling reagent）可将葡萄糖的醛基（—CHO）氧化成羧基（—COOH）的特点，来检验尿糖的含量。

$$2Cu^{2+}+CH_2OH(CHOH)_4CHO+4OH^- = Cu_2O\downarrow+CH_2OH(CHOH)_4COOH+2H_2O$$

2）沉淀反应：Cu^{2+} 与一些阴离子如含氧酸根 CO_3^{2-}、$C_2O_4^{2-}$、PO_4^{3-} 以及 S^{2-} 等反应时，均会生成难溶性化合物。其中，Cu^{2+} 与 S^{2-} 反应可以生成 CuS，为棕黑色的沉淀，且 CuS 只能溶解于热的 HNO_3 溶液（发生了氧化还原）或浓氰化钠溶液（生成了配离子）。

$$3CuS+2NO_3^-+8H^+ = 3Cu^{2+}+2NO\uparrow+3S\downarrow+4H_2O$$

$$2CuS+10CN^- = 2[Cu(CN)_4]^{+}+2S^{2-}+(CN)_2\uparrow$$

Cu^{2+} 与 CO_3^{2-} 反应可以生成碱式碳酸铜沉淀。

$$2Cu^{2+}+2CO_3^{2-}+H_2O = Cu_2(OH)_2CO_3\downarrow+CO_2\uparrow$$

3）配合性：Cu^{2+} 能与 NH_3、X^-（卤素）、$S_2O_3^{2-}$、$P_2O_7^{4-}$ 以及许多有机配体形成配合物，配位数多为 4 和 6。Cu^{2+} 的一些有机配合物可用作催化剂，如 $[Cu(en)_2]^{2+}$ 可以催化 H_2O_2 的分解反应。

向含有 Cu^{2+} 的溶液中加入适量的氨水，溶液中有淡蓝色的絮状沉淀 $Cu(OH)_2$ 生成，继续加入过量的氨水，沉淀溶解，生成含有 $[Cu(NH_3)_4]^{2+}$ 的深蓝色溶液。此反应可以用来鉴定溶液中 Cu^{2+} 的存在。

$$Cu^{2+}+2NH_3\cdot H_2O = Cu(OH)_2\downarrow+2NH_4^+$$

$$Cu(OH)_2+4NH_3 = [Cu(NH_3)_4]^{2+}+2OH^-$$

3. Cu(Ⅱ)和 Cu(Ⅰ)的相互转化　从铜的价电子结构和电离能数值来看，铜(Ⅰ)($3d^{10}$)应该比铜(Ⅱ)($3d^9$)更稳定。事实上，气态或固态的铜(Ⅰ)化合物比铜(Ⅱ)化合物确实稳定得多，这点可以从自然界有 Cu_2O 和 Cu_2S 的矿物存在，以及 CuO 或 CuS 受热分解生成 Cu_2O 或 Cu_2S 得到证实。但由于铜的 3d 电子与 4s 电子能量差较小，失去 1 个 3d 电子较容易，另一方面 Cu^{2+} 比 Cu^+ 半径小、电荷高，Cu^{2+} 的极化作用大于 Cu^+，使得 Cu^{2+} 的水合热（2 121kJ/mol）比 Cu^+ 的水合热（582kJ/mol）大得多，而且也大于 Cu 的第二电离能（1 970kJ/mol），综合整个过程的能量变化来考虑，在水溶液中，Cu^{2+} 比 Cu^+ 更稳定。

Cu(Ⅱ)和 Cu(Ⅰ)的相互转化

从铜的电极电势图可看出，Cu^+ 在溶液中易发生歧化反应，生成 Cu^{2+} 和 Cu。

标准电极电势/V　　$Cu^{2+}\underline{\ +0.159\ }Cu^+\underline{\ +0.521\ }Cu$

Cu^+ 在溶液中易发生歧化反应，生成 Cu^{2+} 和 Cu。

笔记栏

$$2Cu^{+} \xlongequal{} Cu^{2+}+Cu$$

该歧化反应的平衡常数相当大($K^{\ominus}=1.31\times10^{6}$,293K),而且歧化反应进行得比较彻底,$Cu^{+}$几乎可以全部转化为$Cu^{2+}$和Cu。当溶液中有与$Cu^{+}$可形成难溶物和稳定配合物的阴离子如$Cl^{-}$、$I^{-}$等时,Cu(Ⅰ)才能存在,此时溶液中$Cu^{+}$的浓度很小,反应可以向生成Cu(Ⅰ)化合物的方向进行。

由于Cu^{2+}的极化作用大于Cu^{+},因此,高温条件下Cu(Ⅱ)的化合物不稳定,较易分解成Cu(Ⅰ)的化合物,如前面提到的CuO受热分解生成Cu_2O和O_2。

(三)银的化合物

银有+1、+2、+3氧化值的化合物,但Ag(Ⅰ)的化合物最稳定,种类也较多。下面重点讨论Ag(Ⅰ)的化合物。

1. 氧化物和氢氧化物　Ag_2O为暗棕色粉末,微溶于水,溶液呈微碱性,易溶于氨水和硝酸。Ag_2O不稳定,加热可分解为Ag和O_2。Ag_2O还具有一定的氧化性,可将CO氧化成CO_2。

若用$AgNO_3$的90%乙醇溶液与KOH溶液反应,则可得到白色的AgOH沉淀。常温下AgOH极不稳定,很快脱水生成暗棕色的Ag_2O。

$$AgNO_3+NaOH \xlongequal{} AgOH+NaNO_3$$

$$2AgOH \xlongequal{} Ag_2O+H_2O$$

$$Ag_2O+CO \xlongequal{} 2Ag+CO_2$$

$$Ag_2O+H_2O_2 \xlongequal{} 2Ag+O_2\uparrow+H_2O$$

2. 硝酸银　$AgNO_3$可通过将银溶于硝酸,蒸发结晶而制得。纯净的$AgNO_3$是无色晶体,易溶于水,可溶于乙醇,加热或见光易分解。因此,$AgNO_3$固体或溶液都应储存在棕色玻璃瓶内。

$$2AgNO_3 \xrightarrow{713K或光} 2Ag+2NO_2\uparrow+O_2\uparrow$$

Ag^{+}的主要性质如下:

(1) 氧化性:在酸性溶液中,Ag^{+}具有一定的氧化性,可被许多中强或强还原剂还原成Ag。例如,羟氨和亚磷酸都可以将Ag^{+}还原成Ag。

$$Cu+2Ag^{+} \xlongequal{} Cu^{2+}+2Ag\downarrow$$

$$2NH_2OH+2AgBr \xlongequal{} N_2\uparrow+2Ag\downarrow+2HBr+2H_2O$$

$$H_3PO_3+2AgNO_3+H_2O \xlongequal{} H_3PO_4+2Ag\downarrow+2HNO_3$$

固体$AgNO_3$或溶液都具有氧化性,可与许多有机物反应生成黑色的银,皮肤和衣物接触$AgNO_3$后也会变黑。$AgNO_3$对有机组织有腐蚀和破坏作用,在医药上用作消毒剂和腐蚀剂。

(2) 沉淀反应:Ag^{+}与一些阴离子如Cl^{-}、Br^{-}、I^{-}以及S^{2-}等反应时,均会生成难溶性化合物。生成的AgCl、AgBr和AgI的溶解度依次降低,且颜色依次加深。生成的Ag_2S为黑色的沉淀,能溶解于热的HNO_3溶液或浓氰化钠溶液。

$$3Ag_2S+2NO_3^{-}+8H^{+} \xlongequal{} 6Ag^{+}+2NO\uparrow+3S\downarrow+4H_2O$$

$$Ag_2S+4CN^{-} \xlongequal{} 2[Ag(CN)_2]^{-}+S^{2-}$$

（3）配合性：Ag^+具有d^{10}电子构型，可以与X^-（卤素，除F^-外）、$S_2O_3^{2-}$、NH_3、CN^-等配体形成配位数为2的配离子。形成配离子的稳定性顺序如下：

$$[Ag(CN)_2]^- > [Ag(S_2O_3)_2]^{3-} > [Ag(NH_3)_2]^+ > [AgCl_2]^-$$

$[Ag(NH_3)_2]^+$溶液又叫托伦试剂（Tollen reagent），可被醛类或葡萄糖还原，生成银镜。保温瓶胆的制作和镜子的镀银就是利用该原理。该反应也常用于醛类化合物的检验。

$$HCHO+2Ag(NH_3)_2OH \rightleftharpoons HCOONH_4+2Ag\downarrow+3NH_3+H_2O$$

三、锌族元素

（一）单质的物理性质和化学性质

锌族包括锌、镉、汞3种元素，其结构特征为$(n-1)d^{10}ns^2$。锌族元素均为低熔点金属，其熔点、沸点低于铜族元素，并按Zn、Cd、Hg的顺序下降。**汞是金属中熔点最低的**，也是室温下唯一的液态金属，有流动性。

室温下汞的蒸气压很低，而且在273~573K之间体积膨胀系数很均匀，同时也不润湿玻璃，可以用来制作温度计、气压计等。基于汞的导电性、流动性和高密度性，常在实验工作中用其作液封和大电流断路继电器。

汞蒸气吸入人体会产生慢性中毒。空气中汞蒸气的最大允许浓度为$0.1mg/m^3$。汞若不慎洒落在实验桌或地面上，务必尽量收集起来，并在洒落的地方撒上硫粉，使之转化为HgS。

锌和镉在物理性质和化学性质方面都比较相近。锌在加热条件下可以和绝大多数的非金属发生化学反应。在1 273K时，锌在空气中燃烧成氧化锌；锌与含CO_2的潮湿空气接触，生成碱式碳酸盐；锌与卤素作用缓慢；锌粉与硫黄共热形成硫化锌。

锌与铝一样都是两性金属，但锌与铝又有不同之处，如锌不但能溶于酸，还能溶于强碱形成锌酸盐；锌可以与氨水形成配合离子而溶于氨水，而铝则不溶于氨水。

$$Zn+2H_2O+2NaOH = Na_2[Zn(OH)_4]+H_2\uparrow$$

$$Zn+2H_2O+4NH_3 = [Zn(NH_3)_4](OH)_2+H_2\uparrow$$

锌主要以硫化物或含氧化合物形式存在于自然界，如ZnS（闪锌矿）、$ZnCO_3$（菱锌矿）、ZnS（红锌矿）等，并常与铅矿共生而称为铅锌矿。汞常以HgS（辰砂）形式存在，有时也以游离态存在。将辰砂在873~973K的空气中焙烧，或与氧化钙、铁一起焙烧，都可得到汞。

（二）锌的重要化合物

1. 氧化锌和氢氧化锌　向含有Zn^{2+}的溶液中加入适量的碱，可生成$Zn(OH)_2$沉淀（白色）。$Zn(OH)_2$显两性，既可以溶于酸生成相应的盐，也能溶于碱生成$[Zn(OH)_4]^{2-}$离子。

$$Zn(OH)_2+2OH^- = [Zn(OH)_4]^{2-}$$

把$Zn(OH)_2$溶于NH_3-NH_4Cl溶液中即生成$[Zn(NH_3)_4]^{2+}$，可促进$Zn(OH)_2$的溶解。

$Zn(OH)_2$在加热条件下，脱水生成ZnO（俗称锌白）。ZnO为共价化合物，其核间距与共价半径之和接近，常用作白色颜料，其优点是遇H_2S不会变成黑色（ZnS为白色）。ZnO还可用作催化剂，制造药膏辅料、收敛剂，在医药上有一定的用途。

2. 锌（Ⅱ）盐　重要的可溶性锌（Ⅱ）盐有氯化锌、硫酸锌。$ZnCl_2$是溶解度最大的固体盐（283K，333g/100g H_2O），也具有一定的共价性，因此，$ZnCl_2$可溶于乙醇等有机溶剂中，在水溶液中有较弱的水解反应。

笔记栏

$$ZnCl_2+H_2O = Zn(OH)Cl+HCl$$

在 $ZnCl_2$ 的浓溶液中，可形成酸性很强的配合物——二氯·羟基合锌(Ⅱ)酸。

$$ZnCl_2+H_2O = H[ZnCl_2(OH)]$$

$H[ZnCl_2(OH)]$具有显著的酸性，能溶于金属氧化物，故在金属焊接时，常用它清洗金属表面的氧化物，而不损害金属，且在热焊时，水分蒸发，熔化物覆盖金属，使之不再氧化，可使焊接金属直接接触。如氧化亚铁的清除：

$$FeO+2H[ZnCl_2(OH)] = Fe[ZnCl_2(OH)]_2+H_2O$$

无水 $ZnCl_2$ 吸水性很强，在有机合成中常用作脱水剂。浸过 $ZnCl_2$ 溶液的木材不易腐烂。

Zn^{2+}的主要性质如下：

(1) 沉淀反应：往 Zn^{2+}的溶液中通入 H_2S 或加入$(NH_4)_2S$ 试剂，均会生成白色的 ZnS 沉淀。该沉淀可溶于稀盐酸，不溶于乙酸或 NaOH 溶液。利用此现象可以鉴定溶液中是否存在 Zn^{2+}。

$$Zn^{2+}+S^{2-} = ZnS\downarrow$$

$$ZnS+HCl = ZnCl_2+H_2S\uparrow$$

ZnS 可用作白色颜料。ZnS 同 $BaSO_4$ 共沉淀所形成的混合物叫锌钡白(又称立德粉)，是一种优良的白色颜料。无定形的 ZnS 在 H_2S 气氛中灼烧，能转化成晶体 ZnS。晶体 ZnS 中若掺杂少量的铜和银，在紫外光或可见光照射后，在黑暗处可以发出不同颜色的荧光，掺杂银的为蓝色，掺杂铜的为黄绿色，因此 ZnS 可作为荧光粉用于涂布荧光屏幕。

(2) 配合性：Zn^{2+}能与 X^-、SCN^-、CN^-及许多有机配体形成配位数为 4 的配合物，并且这些配合物通常是无色的。

利用锌配合物的性质，还可以定性鉴定溶液中的 Zn^{2+}。例如，在溶液中加入亚铁氰化钾，有白色沉淀(亚铁氰化锌)生成，再加入过量的 NaOH 溶液，白色沉淀溶解，则说明 Zn^{2+}的存在。

$$2Zn^{2+}+[Fe(CN)_6]^{4-} = Zn_2[Fe(CN)_6]\downarrow$$

$$Zn_2[Fe(CN)_6]+8OH^- = 2[Zn(OH)_4]^{2-}+[Fe(CN)_6]^{4-}$$

(三) 汞的重要化合物

汞的价层电子构型为 $5d^{10}6s^2$，常见氧化数有+1 和+2。

汞通常以 $6s^2$ 电子参加成键。由于 $6s^2$ 电子具有显著的惰性电子对效应，汞中金属键的作用力很弱，金属的内聚力比较小，因此常温下 Hg 为液态，单质汞的化学性质非常稳定。亚汞离子在酸性溶液中可以稳定地存在。亚汞离子为双原子离子$[Hg:Hg]^{2+}$，2 个 Hg(Ⅰ)共用 1 对 6s 电子，都达到了稳定的电子构型。Hg_2^{2+} 与 Cu^+不同，在溶液中不易发生歧化反应。在溶液中，Hg^{2+}和 Hg 反应可以生成 Hg_2^{2+}，反应达平衡时基本都可以转化成为 Hg_2^{2+}。

$$Hg^{2+}+Hg \rightleftharpoons Hg_2^{2+} \qquad (K^\ominus=69.4)$$

$$Hg^{2+} \underline{+0.911} Hg_2^{2+} \underline{+0.7986} Hg$$

当溶液中的 Hg^{2+}生成难溶性沉淀或生成稳定的配合物时，Hg^{2+}的浓度降低，平衡将向生成 Hg^{2+}和 Hg 的方向移动。

1. 氧化汞　氧化汞难溶于水。根据制备方法和条件的不同，氧化汞有红色和黄色 2 种变体，且都有毒。加热条件下，氧化汞可分解成汞和氧气。

$$2HgO \overset{720K}{\rightleftharpoons} 2Hg+O_2$$

黄色的 HgO 可用汞盐与碱反应得到；红色的 HgO 可由 $Hg(NO_3)_2$ 加热分解，或 Na_2CO_3 与 $Hg(NO_3)_2$ 反应，或在 620K 左右于氧气中加热汞制得。黄色 HgO 在低于 573K 时加热可转变成红色的 HgO，二者晶体结构相同，但晶粒大小不同，颜色不同，较大晶粒 HgO 呈红色，较小晶粒 HgO 呈黄色。

2. 氯化汞和氯化亚汞　$HgCl_2$ 俗称升汞，也叫白降丹。$HgCl_2$ 是熔点低(549K)、易升华、可溶于水、有剧毒的白色固体。$HgCl_2$ 的稀溶液具有杀菌作用，外科可用作消毒剂。$HgCl_2$ 常通过将氧化汞溶于盐酸中，或将 $HgSO_4$ 和 NaCl 的混合物共热制得。

$$HgSO_4+2NaCl \xrightarrow{\triangle} HgCl_2+Na_2SO_4$$

$HgCl_2$ 是直线形的共价分子，难电离，易溶于有机溶剂，在水中会有水解，同样在氨中也会氨解。$HgCl_2$ 在过量 Cl^- 存在下可形成配离子 $[HgCl_4]^{2-}$ 而溶解。

Hg_2Cl_2 是重要的亚汞盐，微溶于水，见光易分解；因味略甘，俗称甘汞，为白色粉末，是中药轻粉的主要成分。本品可外用治疗慢性溃疡和皮肤病。Hg_2Cl_2 可通过汞和氯化汞在一起研磨得到，或用 SO_2 作为还原剂与 $HgCl_2$ 反应制备。

$$HgCl_2+Hg = Hg_2Cl_2$$

$$2HgCl_2+SO_2+2H_2O = Hg_2Cl_2\downarrow+H_2SO_4+2HCl$$

$$Hg_2Cl_2 \overset{光}{=} HgCl_2+Hg$$

3. 硝酸汞和硝酸亚汞　硝酸汞和硝酸亚汞都易溶于水，可以水解；对热不稳定，易分解成 HgO 或单质 Hg。

$$Hg(NO_3)_2+H_2O = Hg(OH)NO_3(白色)\downarrow+HNO_3$$

$$2Hg(NO_3)_2 = 2HgO(红色)+4NO_2\uparrow+O_2\uparrow(低温时)$$

$$Hg(NO_3)_2 \overset{\triangle}{=} Hg(黑色)+2NO_2\uparrow+O_2\uparrow(高温时)$$

$$Hg_2(NO_3)_2+H_2O = Hg_2(OH)NO_3(白色)\downarrow+HNO_3$$

$$Hg_2(NO_3)_2 \overset{\triangle}{=} 2HgO+2NO_2\uparrow$$

4. Hg^{2+} 和 Hg_2^{2+} 的重要反应

(1) Hg^{2+} 和 Hg_2^{2+} 与 KI 反应：Hg^{2+} 与适量 I^- 反应生成 HgI_2 沉淀(橙红色)，当 I^- 过量时可生成无色 $[HgI_4]^{2-}$。而 Hg_2^{2+} 与适量的 I^- 反应生成黄绿色的 Hg_2I_2 沉淀，当 I^- 过量时则发生歧化反应。

$$Hg^{2+}+2I^- = HgI_2\downarrow(橙红)$$

$$HgI_2+2I^- \rightleftharpoons [HgI_4]^{2-}(无色)$$

$$Hg_2^{2+}+2I^- = Hg_2I_2\downarrow(黄绿)$$

$$Hg_2I_2+2I^- = [HgI_4]^{2-}+Hg\downarrow(灰黑)$$

笔记栏

(2) Hg^{2+}和Hg_2^{2+}与S^{2-}反应：Hg^{2+}可以与H_2S反应生成HgS沉淀，Hg_2^{2+}与H_2S作用则生成HgS和Hg。HgS是金属硫化物中溶解度最小的一个，不溶于浓硝酸，只溶于王水或浓Na_2S溶液。

$$3HgS+12HCl+2HNO_3 = 3H_2[HgCl_4]+3S\downarrow+2NO\uparrow+4H_2O$$

$$HgS+Na_2S = Na_2[HgS_2]$$

天然硫化汞矿物呈朱红色，也称朱砂、辰砂或丹砂，具有镇静安神和解毒的功效。硫化汞也可由汞和硫加热升华来制备。

$$Hg+S = HgS$$

(3) Hg^{2+}和Hg_2^{2+}与氨水反应：Hg^{2+}和Hg_2^{2+}均可与氨水反应，但产物有所不同。Hg^{2+}与氨水反应可以生成白色的氨基汞盐沉淀；而Hg_2^{2+}与氨水反应，会发生歧化，生成氨基汞盐沉淀和灰黑色的单质汞沉淀。

例如，氯化汞、硝酸汞加氨水可分别得到氯化氨基汞($HgNH_2Cl$)和硝酸氨基汞($HgNH_2NO_3$)沉淀，二者均可溶解于NH_3-NH_4NO_3混合溶液中，生成$[Hg(NH_3)_4]^{2+}$。

$$HgCl_2+2NH_3 = HgNH_2Cl\downarrow(\text{白色})+NH_4^++Cl^-$$

$$Hg(NO_3)_2+2NH_3 = HgNH_2NO_3\downarrow(\text{白色})+NH_4^++NO_3^-$$

$$HgNH_2NO_3+2NH_3+NH_4^+ \rightleftharpoons [Hg(NH_3)_4]^{2+}+NO_3^-$$

(4) Hg^{2+}和Hg_2^{2+}与碱反应：Hg^{2+}与碱反应可生成HgO沉淀（黄色）。Hg_2^{2+}与碱反应则歧化为HgO和Hg。

$$Hg^{2+}+2OH^- = HgO\downarrow(\text{黄色})+H_2O$$

$$Hg_2^{2+}+2OH^- = HgO\downarrow(\text{黄色})+Hg\downarrow(\text{灰黑})+H_2O$$

(5) Hg^{2+}和Hg_2^{2+}与$SnCl_2$反应：当加入少量$SnCl_2$时，Hg^{2+}与之反应生成白色的Hg_2Cl_2沉淀，若存在过量$SnCl_2$，则继续与Hg_2Cl_2作用生成灰黑色的Hg沉淀。该反应可用于定性鉴定Hg^{2+}、Hg_2^{2+}和Sn^{2+}。

$$2HgCl_2+SnCl_2(\text{少量}) = Hg_2Cl_2\downarrow(\text{白色})+SnCl_4$$

$$Hg_2Cl_2+SnCl_2 = 2Hg\downarrow(\text{灰黑})+SnCl_4$$

四、ds区元素在医药中的应用

（一）铜的生物学效应及常用药物

铜是人体必需的微量元素。正常成人体内含铜总量为80~120mg/70kg。铜在人体中主要以血浆铜蓝蛋白的形式存在，而细胞色素c氧化酶和超氧化物歧化酶(SOD)等生物大分子也都是由铜组成的化合物。人体内许多涉及氧的电子传递和氧化还原反应都是由含铜的酶催化的。铜在保护血管、心脏健康，维护脑、神经细胞的发育，以及促进皮肤结缔组织合成等过程中发挥着重要作用。如果铜缺乏会导致免疫功能低下、机体应激能力降低、小细胞低色素性贫血、肝脾肿大、骨骼病变、白癜风等。人体内的铜以从食物中摄取为主，摄取量大约每日2~5mg，过量会中毒。急性铜中毒的临床表现主要为消化道症状，中毒严重者可因肾衰竭而死亡。

硫酸铜是中药胆矾的主要成分，具有较强的杀灭真菌的能力，可外用治疗真菌感染引起的皮肤病，在眼科方面则可用于治疗沙眼引起的眼结膜滤泡，在内服方面可用作催吐药。

（二）锌的生物学效应及常用药物

锌是人体最重要的生命元素之一，在人体中的含量仅次于铁。成人体内含锌的总量约为 2 300mg，主要分布在肌细胞和骨骼中。人体内的锌主要与生物大分子配体如核酸、蛋白质形成金属蛋白、金属核酸等配合物。这些配合物以酶的形式参与机体的大多数生理生化反应。目前，已发现 80 多种酶的生物活性与锌有关，如碳酸酐酶、羧肽酶、碱性磷酸酶等，它们在机体的新陈代谢中都发挥着极其重要的生理功能。人体日摄取量为 12~16mg。锌的吸收主要在肠道内，经粪便和尿液排出体外。动物性食物中锌的生物利用度较高，而且锌含量也高出植物性食物。成人缺锌时，可造成人体的免疫功能低下，易感染病毒和细菌，消化系统和心血管系统病变等。儿童缺锌可造成生长发育不良（如侏儒症）、智力低下，还可引起严重的贫血、嗜睡及眼科疾患等。虽然锌的毒性较小，但补锌也要掌握适度。长期大剂量服用含锌制剂，也会产生中毒反应。

硫酸锌是最早使用的补锌剂，可用于治疗锌缺乏引起的食欲差、贫血、生长发育迟缓及营养性侏儒等疾病。近年来，硫酸锌逐步被葡萄糖酸锌、甘草酸锌、乳清酸-精氨酸锌等替代。氧化锌是中药煅炉甘石的主要成分，俗称锌白粉，具有生肌收敛、促进创面愈合的功能；一般可作为配制复方散剂、混悬剂、软膏剂和糊剂的原料，治疗患者的皮炎和湿疹等疾病。

（三）镉和汞的生物毒性及常用药物

镉和汞是明确的有害元素。镉有剧毒，主要积累在人的骨骼、肾和肝中，会导致肾功能不良。镉对钙的吸收及在骨骼中的沉积还有拮抗作用。镉中毒会导致骨钙流失，引起骨骼软化和骨质疏松，而产生疼痛。镉还可以置换锌酶中的锌从而破坏锌酶的生物学效应，引起高血压、心血管疾病等。人体镉的主要来源是水污染。

人体中，汞主要积累在人的大脑、肾和肝组织中。汞中毒主要因呼吸道呼入或皮肤直接吸收汞蒸气，或经消化道误食所致。慢性汞中毒主要以消化系统和神经系统症状为主，出现口腔黏膜溃烂、记忆力衰退、头痛，严重者可有精神障碍。急性汞中毒的症状主要为严重口腔炎、恶心呕吐、腹痛腹泻、尿量减少或尿闭，会很快引起死亡。

我国是汞污染较为严重的国家。有机汞化合物中毒更加危险，如甲基汞离子中毒。有机汞易被动植物吸收而富集在食物链中，严重危害人类健康。因此，含汞的废液的处理应引起各级政府及所有化学、环境科学和医药工作者的高度重视。

氯化汞（升汞）是中药白降丹的主要成分，具有很强的杀菌作用和毒性，可用于非金属外科手术器械的消毒。氯化亚汞（甘汞）是中药轻粉的主要成分，不溶于水，内服用作缓泻剂，外用可杀虫。氯化氨基汞俗称白降汞，也具有较强的杀菌功能，外用可治疗皮肤感染，如 2.5%~5%的白降汞软膏可以治疗皮肤真菌感染和脓皮病。硫化汞是朱砂的主要成分，具有镇静安神和解毒的作用，在中医药中常用于一些复方制剂，可以内服也可外用。黄色的氧化汞也叫黄降汞，有较强的杀菌功能。对于眼部炎症，可用 1%黄降汞眼膏治疗。

笔记栏

学习小结

1. 学习内容

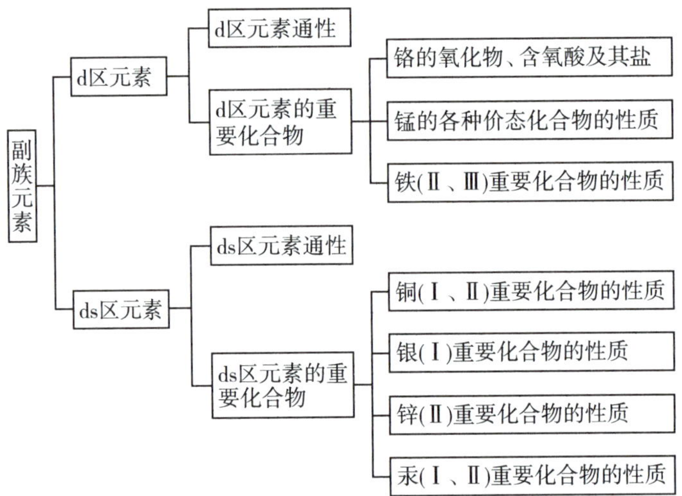

2. 学习方法　本章的学习应以元素周期表为主线，以基础结构理论为指导；充分利用学过的四大平衡原理和化学动力学、热力学知识，在理解共性的基础上，重点掌握重点元素的重要化合物的重要性质。结构决定性质，通过比较主族元素与副族元素价电子结构区别，归纳副族元素的理化性质，抓住共性，学习个性，寻找规律性。理论和事实相结合，可以加深理解，帮助记忆。通过本章的学习，不仅要掌握副族元素及其化合物的重要性质，还要更好地理解原子、分子以及配合物结构理论在实际中的应用，从而巩固无机化学各种理论知识的学习。

扫一扫，测一测

（黎勇坤　郭　惠　林　舒　付　强）

复习思考题与习题

一、单项选择题

1. d区元素中同族第五、六周期元素性质相似的原因是（　　）

A. 电子层数增加　　B. 镧系收缩　　C. 原子半径增大

D. 核电荷增多　　E. 屏蔽效应

2. 下列各组元素中，性质最相似的是（　　）

A. Ag和Au　　B. Fe和Co　　C. Cr和Mo

D. Zr和Hf　　E. Cr和Mn

3. 锌钡白是指ZnS与下列哪种物质共沉淀后的混合物（　　）

A. Na_2CO_3　　B. $BaSO_4$　　C. Li_2CO_3

D. AgCl　　E. $MnSO_4$

4. 灰锰氧的主要成分是（　　）

A. MnO_2　　B. $KMnO_4$　　C. Mn_2O_7

D. K_2MnO_4　　E. $MnCl_2$

5. 下列选项中不能将Mn^{2+}氧化成MnO_4^-的是（　　）

笔记栏

A. $(NH_4)_2S_2O_8$　　B. $NaBiO_3$　　C. PbO_2
D. Na_2SO_3　　E. $K_2S_2O_8$

6. 黄铁矿的主要成分是(　　)
A. FeS_2　　B. $FeCl_3$　　C. Fe_3O_4
D. Fe_2O_3　　E. $FeSO_4$

7. 下列叙述中正确的是(　　)
A. $FeCl_3$ 是高熔点的离子化合物
B. $FeCl_3$ 难溶于水
C. Fe^{3+}溶液配制时要加 Fe 单质以防止氧化
D. $FeSO_4$ 溶液配制时要加 Fe 单质以防止水解
E. Fe^{3+}是一种常见的氧化剂

8. Cu_2O 溶于稀酸时的产物为(　　)
A. Cu　　B. Cu^{2+}　　C. Cu^{2+}和 Cu
D. Cu^{+}　　E. 都不对

9. $Zn(OH)_2$ 在加热条件下生成(　　)
A. ZnO　　B. $ZnCO_3$　　C. Zn
D. $Zn(HCO_3)_2$　　E. H_2

10. 监测司机酒后开车可用 $K_2Cr_2O_7$,是因为(　　)
A. 生成乙醇合物　　B. 重铬酸钾分解　　C. 重铬酸钾被还原
D. 生成黄色的铬酸钾　　E. 生成紫色过铬酸

二、填空题

1. 副族元素是指电子未完全充满__________轨道或__________轨道的元素。副族元素包括__________区、__________区和__________区元素。副族元素又称__________元素或__________金属。

2. d 区元素是指元素周期表中__________到__________的元素,价电子层结构为__________($Pd,4d^{10}5s^0$ 例外)。d 区元素性质呈现出一定的__________相似性。d 区元素同族中第五、六两周期元素的原子半径非常接近,是由于__________的影响。

3. ⅠB 族和ⅡB 族元素位于元素周期表中的__________区,又称__________元素和__________元素,价电子层结构分别为__________和__________,它的原子结构特征是__________全充满,__________上有 1~2 个电子。由于次外层为__________电子层构型,对核的屏蔽作用较 8 电子层构型小,所以其电离能__________,金属活泼性__________碱金属和碱土金属。

4. f 区元素包括第六周期的__________和第七周期的__________元素。它们的最后一个电子填充在__________亚层上。它们属于元素周期表中的__________族元素,又称__________。

5. 在酸性介质中,$Cr_2O_7^{2-}$ 是一个强__________,其还原产物为__________。溶液中 CrO_4^{2-} 和 $Cr_2O_7^{2-}$ 的浓度受酸度控制,酸性溶液中主要以__________形式存在,呈__________色,在碱性溶液中则主要以__________形式存在,呈__________色。

6. AgOH 极不稳定,很快脱水生成暗棕色的__________。

7. $KMnO_4$ 的氧化能力与介质酸碱性有关,在酸性溶液中是强氧化剂,其还原产物为__________;在近中性溶液中作氧化剂,其还原产物为__________;在强碱性介质中作氧化剂,其还原产物为__________。

笔记栏

8. $Fe(OH)_2$ 不稳定，与空气接触后很快变成____________，继而生成棕红色____________沉淀。

9. $CuSO_4$ 溶液中逐滴加入浓氨水，先生成____________色的____________沉淀，后沉淀溶解生成____________色的____________溶液。

10. Cr 位于元素周期表____________，价层电子构型为____________；Fe 位于元素周期表____________，价层电子构型为____________。

11. 密度最大的金属是____________，熔点最高的金属是____________，硬度最大的金属是____________。

12. Cr_2O_3 和 $Cr(OH)_3$ 的最重要性质是____________，与酸作用可生成____________的铬(Ⅲ)盐，与碱作用则生成____________的亚铬酸盐。

13. Cu^{2+} 与浓碱反应时生成蓝紫色的____________。

14. $PtCl_2(NH_3)_2$ 的空间构型为____________，有____________种几何异构体，其中具有抗癌活性的为____________式结构。

三、简答题

1. 写出下列物质的化学式

(1) 铬酐　(2) 红矾钾　(3) 代赭石　(4) 铜锈

(5) 胆矾　(6) 辰砂　(7) 锌白

2. 在盐酸介质中，用锌还原 $Cr_2O_7^{2-}$ 时，溶液颜色由橙色经绿色而成蓝色，放置时又变绿色，请写出各颜色对应的物质和相应的方程式。

3. 在 $AgNO_3$ 溶液中依次加入 NaCl、NH_3、KBr、$Na_2S_2O_3$、KI、KCN 和 Na_2S，会发生什么现象？请写出各步反应的方程式。

4. 在 Fe^{3+} 溶液中加入 KCNS 溶液时出现了血红色，但加入少许铁粉后，血红色立即消失，这是什么原因？

5. 用化学方法如何鉴别升汞和甘汞？

6. 铬的某化合物 A 是橙红色溶于水的固体，将 A 用浓盐酸处理产生黄绿色刺激性气体 B 和生成暗绿色溶液 C，在 C 中加入 KOH 溶液，先生成灰蓝色沉淀 D，继续加入过量的 KOH 溶液则沉淀消失，变为绿色溶液 E，在 E 中加入双氧水，加热则生成黄色溶液 F，F 用稀酸酸化，又变为原来的化合物 A 的溶液。问：A、B、C、D、E、F 各为何物？写出各步方程式。

7. 为什么在 Fe^{3+} 溶液中，加入 I^- 不能得到 FeI_3，而在 Cu^{2+} 溶液中加入 I^- 也不能得到 CuI_2？写出反应方程式。

8. 有一无色溶液 A，分别取溶液 A 做以下实验：

(1) 在 A 溶液中加入氨水时有白色沉淀生成。

(2) 在 A 溶液中加入氢氧化钠有黄色沉淀生成。

(3) 在 A 溶液中加入适量碘化钾溶液时有红色沉淀生成，在过量的碘化钾溶液情况下，红色沉淀消失，生成无色溶液。

请指出该无色溶液 A 中含有哪种化合物，并写出相关的化学方程式。

9. 试从原子结构方面说明副族元素与主族元素的化学性质有何不同。

10. 为什么 d 区过渡金属的化合物、水合离子和配离子通常都有颜色？

11. 什么叫镧系收缩？产生的原因是什么？

12. 已知标准电极电势 $E^{\ominus}_{MnO_2/Mn^{2+}} < E^{\ominus}_{Cl_2/Cl^-}$，为什么实验室却用 MnO_2 与浓盐酸反应制取氯气？（已知 $E^{\ominus}_{MnO_2/Mn^{2+}} = 1.224V$，$E^{\ominus}_{Cl_2/Cl^-} = 1.36V$）

13. 实验室常用的铬酸洗液如何配制？使用时应该注意哪些问题？

14. 试用价键理论解释$[Fe(H_2O)_6]^{3+}$是顺磁性，$[Fe(CN)_6]^{4-}$是反磁性的。
15. 为什么铁钉放在重铬酸钾溶液中仅被氧化为二价铁而不是三价铁？

四、完成并配平下列反应式

1. $MnO_2+H_2SO_4 \longrightarrow$
2. $FeCl_3+Cu \longrightarrow$
3. $Cr_2O_3+H_2SO_4 \longrightarrow$
4. $BaCl_2+K_2Cr_2O_7+H_2O \longrightarrow$
5. $K_2Cr_2O_7+H_2O_2+H_2SO_4 \longrightarrow$
6. $KMnO_4+H_2S+KOH \longrightarrow$
7. $NaCrO_2+H_2O_2+NaOH \longrightarrow$
8. $Hg_2Cl_2+NH_3 \longrightarrow$
9. $K_2Cr_2O_7+KI+H_2SO_4 \longrightarrow$
10. $CuSO_4+KI \longrightarrow$
11. $MnO_4^-+C_2O_4^{2-}+H^+ \longrightarrow$
12. $HgCl_2+SnCl_2$(适量)$\longrightarrow$

附　　录

附录一　国际单位制的基本单位（SI）

量的名称	单位名称	单位符号		定义
		中文	国际	
长度	米 meter	米	m	米：光在真空中 $\frac{1}{299\,792\,458}$ 秒的时间间隔内所进行的路程的长度
质量	千克 kilogram	千克	kg	千克：是质量单位，等于国际千克原器的质量
时间	秒 second	秒	s	秒：是^{133}铯原子基态的 2 个超精细能级之间跃迁所对应的辐射的 9 192 631 770 个周期的持续时间
电流	安[培] ampere	安	A	安培：是一恒定电流，若保持处于真空中相距 1 米的两无限长而圆截面可忽略的平行直导线内，则此两导线之间在每米长度上产生的力等于 2×10^{-7} 牛顿
热力学温度	开[尔文] kelvin	开	K	热力学温度：是水三相点热力学温度的 $\frac{1}{273.16}$
物质的量	摩[尔] mole	摩	mol	摩尔：是系统的物质的量，该系统中所包含的基本单元数与 0.012 千克^{12}C 的原子数目相等
发光强度	砍[德拉] candela	坎	cd	坎：是一光源发出的频率为 540×10^{12}Hz 的单色辐射，且在给定方向上的辐射强度为 $\frac{1}{683}$W/Sr(瓦特每球面度)

附录二　常用无机酸、碱的解离常数（298.15K）

弱酸或弱碱	分子式	分步	$K_a^\ominus$（或 $K_b^\ominus$）	$pK_a^\ominus$（或 $pK_b^\ominus$）
砷酸	H_3AsO_4	1	6.30×10^{-3}	2.20
		2	1.05×10^{-7}	6.98
		3	3.16×10^{-12}	11.50
亚砷酸	H_3AsO_3	1	6.03×10^{-10}	9.22
硼酸	H_3BO_3	1	5.75×10^{-10}	9.24
碳酸	H_2CO_3	1	4.17×10^{-7}	6.38
		2	5.62×10^{-11}	10.25
氢氰酸	HCN		6.17×10^{-10}	9.21
铬酸	H_2CrO_4	1	1.05×10^{-1}	0.98
		2	3.16×10^{-7}	6.50

续表

弱酸或弱碱	分子式	分步	$K_a^\ominus$（或$K_b^\ominus$）	$pK_a^\ominus$（或$pK_b^\ominus$）
氢氟酸	HF		6.61×10^{-4}	3.18
亚硝酸	HNO_2		5.13×10^{-4}	3.29
过氧化氢	H_2O_2	1	2.24×10^{-12}	11.65
		2	1.0×10^{-25}	
磷酸	H_3PO_4	1	7.59×10^{-3}	2.12
		2	6.31×10^{-8}	7.20
		3	4.37×10^{-13}	12.36
亚磷酸	H_3PO_3	1	5.01×10^{-2}	1.30
		2	2.51×10^{-7}	6.60
氢硫酸	H_2S	1	1.32×10^{-7}	6.88
		2	7.08×10^{-15}	14.15
硫酸	H_2SO_4	2	1.02×10^{-2}	1.99
亚硫酸	H_2SO_3	1	1.26×10^{-2}	1.90
		2	6.31×10^{-8}	7.18
硫氰酸	$HSCN$		1.41×10^{-1}	0.85
偏硅酸	H_2SiO_3	1	1.70×10^{-10}	9.77
		2	1.60×10^{-12}	11.80
次氯酸	$HClO$		2.90×10^{-8}	7.54
次溴酸	$HBrO$		2.82×10^{-9}	8.55
次碘酸	HIO		3.16×10^{-11}	10.50
硫代硫酸	$H_2S_2O_3$	1	2.52×10^{-1}	0.60
		2	1.90×10^{-2}	1.72
甲酸（蚁酸）	$HCOOH$		1.80×10^{-4}	3.74
乙酸	HAc		1.75×10^{-5}	4.756
草酸	$H_2C_2O_4$	1	5.37×10^{-2}	1.27
		2	5.37×10^{-5}	4.27
氨水	$NH_3\cdot H_2O$		1.74×10^{-5}	4.76
羟胺	$NH_2OH\cdot H_2O$		9.12×10^{-9}	8.04
氢氧化钙	$Ca(OH)_2$	1	3.72×10^{-3}	2.43
		2	3.98×10^{-2}	1.40
氢氧化银	$AgOH$		1.10×10^{-4}	3.96
氢氧化锌	$Zn(OH)_2$		9.55×10^{-4}	3.02

录自：John R. Rumble. *CRC Handbook of Chemistry and Physics*. 101st ed. 2020.

附录三　难溶化合物的溶度积（291~298K）

难溶化合物	$K_{sp}^\ominus$	难溶化合物	$K_{sp}^\ominus$	难溶化合物	$K_{sp}^\ominus$
卤化物		BaF_2	1.84×10^{-7}	Hg_2Cl_2	1.43×10^{-18}
$AgCl$	1.77×10^{-10}	$CuBr$	5.3×10^{-9}	Hg_2I_2	5.2×10^{-29}
$AgBr$	5.35×10^{-13}	CaF_2	5.9×10^{-9}	MgF_2	5.16×10^{-11}
AgI	8.52×10^{-17}	CuI	1.27×10^{-12}	$PbBr_2$	4.0×10^{-5}
BiI_3	7.71×10^{-19}	$CuCl$	1.72×10^{-7}	PbI_2	9.8×10^{-9}

续表

难溶化合物	$K_{sp}^{\ominus}$
PbF_2	3.3×10^{-8}
$PbCl_2$	1.6×10^{-5}
SrF_2	2.5×10^{-9}
MgF_2	5.16×10^{-11}
PbI_2	9.8×10^{-9}
氢氧化物	
$AgOH$	2.0×10^{-8}
$Al(OH)_3$	1.3×10^{-33}
$Bi(OH)_3$	4.0×10^{-31}
$Co(OH)_2$新析出	5.92×10^{-15}
$CuOH$	1×10^{-14}
$Cu(OH)_2$	2.2×10^{-20}
$Cr(OH)_3$	6.3×10^{-31}
$Ca(OH)_2$	5.5×10^{-6}
$Cd(OH)_2$新析出	2.5×10^{-14}
$Co(OH)_3$	1.6×10^{-44}
$Fe(OH)_3$	2.79×10^{-39}
$Fe(OH)_2$	4.87×10^{-17}
$Hg(OH)_2$	3.2×10^{-26}
$Hg_2(OH)_2$	2.0×10^{-24}
$Mg(OH)_2$	5.61×10^{-12}
$Mn(OH)_2$	1.9×10^{-13}
$Ni(OH)_2$新析出	5.48×10^{-16}
$Pb(OH)_2$	1.43×10^{-15}
$Pb(OH)_4$	3.2×10^{-66}
$Sn(OH)_2$	5.45×10^{-28}
$Sn(OH)_4$	1×10^{-56}
$Zn(OH)_2$	3×10^{-17}
$Zn(OH)_2$晶，陈	1.2×10^{-17}
$Ti(OH)_3$	1.68×10^{-44}
硫化物	
PbS	8.0×10^{-28}
As_2S_3	2.1×10^{-22}
Ag_2S	6.3×10^{-50}
Bi_2S_3	1.0×10^{-97}
CuS	6.3×10^{-36}
Cu_2S	2.5×10^{-48}
α-CoS	4.0×10^{-21}
β-CoS	2.0×10^{-25}
FeS	6.3×10^{-18}
Hg_2S	1.0×10^{-47}
HgS 红色	4×10^{-53}
HgS 黑色	1.6×10^{-52}
MnS 结晶形	2.5×10^{-13}
MnS 无定形	2.5×10^{-10}
α-NiS	3.0×10^{-19}
β-NiS	1.0×10^{-24}
γ-NiS	2.0×10^{-26}
PbS	8.0×10^{-28}
α-ZnS	1.6×10^{-24}
β-ZnS	2.5×10^{-22}
Sb_2S_3	1.5×10^{-93}
α-ZnS	1.6×10^{-24}
β-ZnS	2.50×10^{-22}
碳酸盐	
Ag_2CO_3	8.46×10^{-12}
$BaCO_3$	2.58×10^{-9}
$CaCO_3$	2.8×10^{-9}
$CoCO_3$	1.4×10^{-13}
$CuCO_3$	1.4×10^{-10}
$FeCO_3$	3.13×10^{-11}
Hg_2CO_3	3.6×10^{-17}
$MnCO_3$	2.34×10^{-11}
$MgCO_3$	6.82×10^{-6}
$NiCO_3$	1.42×10^{-7}
$PbCO_3$	7.4×10^{-14}
$SrCO_3$	5.6×10^{-10}
$ZnCO_3$	1.46×10^{-10}
铬酸盐	
Ag_2CrO_4	1.12×10^{-12}
$BaCrO_4$	1.17×10^{-10}
$Ag_2Cr_2O_7$	2.0×10^{-7}
$CaCrO_4$	7.1×10^{-4}
$PbCrO_4$	2.8×10^{-13}
$SrCrO_4$	2.2×10^{-5}
氰化物及硫氰化物	
$AgSCN$	1.0×10^{-12}
$AgCN$	5.97×10^{-17}
$CuCN$	3.47×10^{-20}
$CuSCN$	1.77×10^{-13}
$Hg_2(CN)_2$	5×10^{-40}
$Hg_2(SCN)_2$	2.0×10^{-20}
硫酸盐	
Ag_2SO_4	1.20×10^{-5}
$BaSO_4$	1.08×10^{-10}
$CaSO_4$	4.93×10^{-5}
Hg_2SO_4	6.5×10^{-7}
$PbSO_4$	2.53×10^{-8}
$SrSO_4$	3.44×10^{-7}
草酸盐	
$Ag_2C_2O_4$	5.40×10^{-12}
$BaC_2O_4\cdot H_2O$	2.3×10^{-8}
BaC_2O_4	1.6×10^{-7}
$CaC_2O_4\cdot H_2O$	4.0×10^{-9}
$CdC_2O_4\cdot 3H_2O$	9.1×10^{-8}
磷酸盐	
Ag_3PO_4	8.89×10^{-17}
$AlPO_4$	6.3×10^{-19}
$Ba_3(PO_4)_2$	3.4×10^{-23}
$BiPO_4$	1.26×10^{-23}
BaP_2O_7	3.2×10^{-11}
$Ca_3(PO_4)_2$	2.07×10^{-29}
$CaHPO_4$	1.0×10^{-7}
$Co_3(PO_4)_2$	2.05×10^{-35}
$CoHPO_4$	2.0×10^{-7}
$Cu_3(PO_4)_2$	1.40×10^{-37}
$FePO_4$	1.3×10^{-22}
$MgNH_4PO_4$	2.5×10^{-13}
$Mg_3(PO_4)_2$	1.04×10^{-24}
$Ni_3(PO_4)_2$	4.74×10^{-32}
$Pb_3(PO_4)_2$	8.0×10^{-43}
$PbHPO_4$	1.3×10^{-10}
$Sr_3(PO_4)_2$	4.0×10^{-28}
$Zn_3(PO_4)_2$	9.0×10^{-33}
其他	
$AgAc$	4.4×10^{-3}
$BiOCl$	1.8×10^{-31}
$K[B(C_6H_5)_4]$	2.2×10^{-8}
$K_2[PtCl_6]$	7.48×10^{-6}
$KClO_4$	1.05×10^{-2}
$Zn_2[Fe(CN)_6]$	4.1×10^{-16}

录自：Speight,James G. *Lange's Handbook of Chemistry*. 17th ed. 2016.

附录四　标准电极电势表（298.15K）

1. 在酸性溶液中

电极反应	$E_A^{\ominus}/V$	电极反应	$E_A^{\ominus}/V$
$Li^{+}+e^{-}=Li$	-3.045	$I_2(s)+2e^{-}=2I^{-}$	+0.535 5
$K^{+}+e^{-}=K$	-2.931	$H_3AsO_4+2H^{+}+2e^{-}=H_3AsO_3+H_2O$	+0.560
$Ba^{+}+2e^{-}=Ba$	-2.912	$MnO_4^{-}+e^{-}=MnO_4^{2-}$	+0.558
$Sr^{2+}+2e^{-}=Sr$	-2.899	$2HgCl_2+2e^{-}=Hg_2Cl_2(s)+2Cl^{-}$	+0.63
$Ca^{2+}+2e^{-}=Ca$	-2.868	$O_2(g)+2H^{+}+2e^{-}=H_2O_2$	+0.695
$Na^{+}+e^{-}=Na$	-2.714	$Fe^{3+}+e^{-}=Fe^{2+}$	+0.771
$Mg^{2+}+2e^{-}=Mg$	-2.372	$Hg_2^{2+}+2e^{-}=2Hg$	+0.798 6
$Al^{3+}+3e^{-}=Al$	-1.662	$Ag^{+}+e^{-}=Ag$	+0.799 6
$Mn^{2+}+2e^{-}=Mn$	-1.185	$AuBr_4^{-}+e^{-}=AuBr_2+2Br^{-}$	+0.805
$Se+2e^{-}=Se^{2-}$	-0.924	$AuBr_4^{-}+3e^{-}=Au+4Br^{-}$	+0.854
$Cr^{2+}+2e^{-}=Cr$	-0.913	$Cu^{2+}+I^{-}+e^{-}=CuI(s)$	+0.86
$Zn^{2+}+2e^{-}=Zn$	-0.761 8	$NO_3^{-}+3H^{+}+2e^{-}=HNO_2+H_2O$	+0.934
$Cr^{3+}+3e^{-}=Cr$	-0.744	$AuBr_2^{-}+e^{-}=Au+2Br^{-}$	+0.957
$Ag_2S(s)+2e^{-}=2Ag+S^{2-}$	-0.691	$HIO+H^{+}+2e^{-}=I^{-}+H_2O$	+0.99
$Ga^{3+}+3e^{-}=Ga$	-0.56	$HNO_2+H^{+}+e^{-}=NO(g)+H_2O$	+0.99
$As+3H^{+}+3e^{-}=AsH_3$	-0.608	$VO_2^{+}+2H^{+}+e^{-}=VO^{2+}+H_2O$	+1.00
$H_3PO_3+2H^{+}+2e^{-}=H_3PO_2+H_2O$	-0.499	$AuCl_4^{-}+3e^{-}=Au+4Cl^{-}$	+1.002
$2CO_2+2H^{+}+2e^{-}=H_2C_2O_4$	-0.49	$Br_2(l)+2e^{-}=2Br^{-}$	+1.066
$S+2e^{-}=S^{2-}$	-0.476	$Br_2(aq)+2e^{-}=2Br^{-}$	+1.087
$Fe^{2+}+2e^{-}=Fe$	-0.447	$ClO_4^{-}+2H^{+}+2e^{-}=ClO_3^{-}+H_2O$	+1.189
$Cr^{3+}+e^{-}=Cr^{2+}$	-0.407	$IO_3^{-}+6H^{+}+5e^{-}=1/2I_2+3H_2O$	+1.195
$Cd^{2+}+2e^{-}=Cd$	-0.403	$MnO_2(s)+4H^{+}+2e^{-}=Mn^{2+}+2H_2O$	+1.224
$Se+2H^{+}+2e^{-}=H_2Se$	-0.36	$O_2(g)+4H^{+}+4e^{-}=2H_2O$	+1.229
$PbSO_4(s)+2e^{-}=Pb+SO_4^{2-}$	-0.358 8	$Cr_2O_7^{2-}+14H^{+}+6e^{-}=2Cr^{3+}+7H_2O$	+1.33
$In^{3+}+3e^{-}=In$	-0.338 2	$ClO_4^{-}+8H^{+}+7e^{-}=1/2Cl_2+4H_2O$	+1.339
$Tl^{+}+e^{-}=Tl$	-0.336 3	$Cl_2(g)+2e^{-}=2Cl^{-}$	+1.358 3
$Co^{2+}+2e^{-}=Co$	-0.280	$HIO+H^{+}+e^{-}=1/2I_2+H_2O$	+1.45
$H_3PO_4+2H^{+}+2e^{-}=H_3PO_3+H_2O$	-0.276	$ClO_3^{-}+6H^{+}+6e^{-}=Cl^{-}+3H_2O$	+1.451
$Ni^{2+}+2e^{-}=Ni$	-0.257	$PbO_2(s)+4H^{+}+2e^{-}=Pb^{2+}+2H_2O$	+1.455
$AgI(s)+e^{-}=Ag+I^{-}$	-0.152 2	$ClO_3^{-}+6H^{+}+5e^{-}=1/2Cl_2+3H_2O$	+1.47
$Sn^{2+}+2e^{-}=Sn$	-0.137 5	$HClO+H^{+}+2e^{-}=Cl^{-}+H_2O$	+1.485
$Pb^{2+}+2e^{-}=Pb$	-0.126 2	$BrO_3^{-}+6H^{+}+6e^{-}=Br^{-}+3H_2O$	+1.484 2
$Fe^{3+}+3e^{-}=Fe$	-0.041	$Mn^{3+}+e^{-}=Mn^{2+}$（7.5mol/L H_2SO_4）	+1.488
$2H^{+}+2e^{-}=H_2$	0.000	$Au^{3+}+3e^{-}=Au$	+1.498
$AgBr(s)+e^{-}=Ag+Br^{-}$	+0.071 3	$MnO_4^{-}+8H^{+}+5e^{-}=Mn^{2+}+4H_2O$	+1.51
$S_4O_6^{2-}+2e^{-}=2S_2O_3^{2-}$	+0.08	$BrO_3^{-}+6H^{+}+5e^{-}=1/2Br_2+3H_2O$	+1.52
$TiO^{2+}+2H^{+}+e^{-}=Ti^{3+}+H_2O$	+0.1	$HBrO+H^{+}+e^{-}=1/2Br_2+H_2O$	+1.596
$S+2H^{+}+2e^{-}=H_2S(g)$	+0.142	$H_5IO_6+H^{+}+2e^{-}=IO_3^{-}+3H_2O$	+1.601
$Sn^{4+}+2e^{-}=Sn^{2+}$	+0.151	$HClO+H^{+}+e^{-}=1/2Cl_2+H_2O$	+1.611
$Cu^{2+}+e^{-}=Cu^{+}$	+0.159	$HClO_2+2H^{+}+2e^{-}=HClO+H_2O$	+1.645
$SbO^{+}+2H^{+}+3e^{-}=Sb+H_2O$	+0.212	$MnO_4^{-}+4H^{+}+3e^{-}=MnO_2+2H_2O$	+1.679
$SO_4^{2-}+4H^{+}+2e^{-}=H_2SO_3+H_2O$	+0.217 2	$Au^{+}+e^{-}=Au$	+1.68
$AgCl(s)+e^{-}=Ag+Cl^{-}$	+0.222 3	$PbO_2(s)+SO_4^{2-}+4H^{+}+2e^{-}=PbSO_4(s)+2H_2O$	+1.691
$HAsO_2+3H^{+}+3e^{-}=As+2H_2O$	+0.247 5	$Ce^{4+}+e^{-}=Ce^{3+}$	+1.72
$Hg_2Cl_2(s)+2e^{-}=2Hg+2Cl^{-}$	+0.268 1	$H_2O_2+2H^{+}+2e^{-}=2H_2O$	+1.776
$BiO^{+}+2H^{+}+3e^{-}=Bi+H_2O$	+0.302	$Co^{3+}+e^{-}=Co^{2+}$	+1.92
$VO^{2+}+2H^{+}+e^{-}=V^{3+}+H_2O$	+0.337	$S_2O_8^{2-}+2e^{-}=2SO_4^{2-}$	+2.01
$Cu^{2+}+2e^{-}=Cu$	+0.340	$O_3+2H^{+}+2e^{-}=O_2+H_2O$	+2.076
$[Fe(CN)_6]^{3-}+e^{-}=[Fe(CN)_6]^{4-}$	+0.36	$FeO_4^{2-}+8H^{+}+3e^{-}=Fe^{3+}+4H_2O$	+2.1
$2H_2SO_3+2H^{+}+4e^{-}=S_2O_3^{2-}+3H_2O$	+0.40	$F_2(g)+2e=2F^{-}$	+2.866
$4H_2SO_3+4H^{+}+6e^{-}=S_4O_6^{2-}+6H_2O$	+0.51	$F_2(g)+2H^{+}+2e^{-}=2HF$	+3.053
$Cu^{+}+e^{-}=Cu$	+0.521		

2. 在碱性溶液中

电极反应	$E_B^{\ominus}/V$	电极反应	$E_B^{\ominus}/V$
$Ca(OH)_2 + 2e^- = Ca + 2OH^-$	-3.02	$Co(OH)_2 + 2e^- = Co + 2OH^-$	-0.73
$Ba(OH)_2 + 2e^- = Ba + 2OH^-$	-2.99	$SO_3^{2-} + 3H_2O + 4e^- = S + 6OH^-$	-0.66
$La(OH)_3 + 3e^- = La + 3OH^-$	-2.76	$PbO + H_2O + 2e^- = Pb + 2OH^-$	-0.576
$Mg(OH)_2 + 2e^- = Mg + 2OH^-$	-2.69	$Fe(OH)_3 + e^- = Fe(OH)_2 + OH^-$	-0.56
$H_2BO_3^- + H_2O + 3e^- = B + 4OH^-$	-2.5	$S + 2e^- = S^{2-}$	-0.508
$SiO_3^{2-} + 3H_2O + 4e^- = Si + 6OH^-$	-1.697	$NO_2^- + H_2O + e^- = NO + 2OH^-$	-0.46
$HPO_3^{2-} + 2H_2O + 2e^- = H_2PO_2^- + 3OH^-$	-1.65	$Cu(OH)_2 + 2e^- = Cu + 2OH^-$	-0.224
$Mn(OH)_2 + 2e^- = Mn + 2OH^-$	-1.56	$O_2 + H_2O + 2e^- = HO_2^- + OH^-$	-0.146
$Cr(OH)_3 + 3e^- = Cr + 3OH^-$	-1.3	$CrO_4^{2-} + 4H_2O + 3e^- = Cr(OH)_3 + 5OH^-$	-0.13
$[Zn(CN)_4]^{2-} + 2e^- = Zn + 4CN^-$	-1.26	$HgO + H_2O + 2e^- = Hg + 2OH^-$	+0.0977
$ZnO_2^{2-} + 2H_2O + 2e^- = Zn + 4OH^-$	-1.215	$[Co(NH_3)_6]^{3+} + e^- = [Co(NH_3)_6]^{2+}$	+0.108
$As + 3H_2O + 3e^- = AsH_3 + 3OH^-$	-1.21	$IO_3^- + 2H_2O + 4e^- = IO^- + 4OH^-$	+0.15
$CrO_2^- + 2H_2O + 3e^- = Cr + 4OH^-$	-1.2	$IO_3^- + 3H_2O + 6e^- = I^- + 6OH^-$	+0.26
$2SO_3^{2-} + 2H_2O + 2e^- = S_2O_4^{2-} + 4OH^-$	-1.12	$O_2 + 2H_2O + 4e^- = 4OH^-$	+0.401
$PO_4^{3-} + 2H_2O + 2e^- = HPO_3^{2-} + 3OH^-$	-1.05	$IO^- + H_2O + 2e^- = I^- + 2OH^-$	+0.485
$[Zn(NH_3)_4]^{2+} + 2e^- = Zn + 4NH_3$	-1.04	$MnO_4^- + 2H_2O + 3e^- = MnO_2 + 4OH^-$	+0.59
$SO_4^{2-} + H_2O + 2e^- = SO_3^{2-} + 2OH^-$	-0.93	$MnO_4^{2-} + 2H_2O + 2e^- = MnO_2 + 4OH^-$	+0.60
$P + 3H_2O + 3e^- = PH_3(g) + 3OH^-$	-0.87	$ClO_3^- + 3H_2O + 6e^- = Cl^- + 6OH^-$	+0.62
$2NO_3^- + 2H_2O + 2e^- = N_2O_4 + 4OH^-$	-0.85	$ClO^- + H_2O + 2e^- = Cl^- + 2OH^-$	+0.89
$S_2O_3^{2-} + 3H_2O + 4e^- = 2S + 6OH^-$	-0.74	$O_3 + H_2O + 2e^- = O_2 + 2OH^-$	+1.24

录自：John R. Rumble.*CRC Handbook of Chemistry and Physics*. 101st ed. 2020.

附录五　配合物的稳定常数*（293~298K，*I*=0）

配位体	金属离子	n	$\log\beta_n$
Cl^-	Ag^+	1，2，4	3.04；5.04；5.30
	Cd^{2+}	1，2，3，4	1.95；2.50；2.60；2.80
	Co^{3+}	1	1.42
	Cu^+	2，3	5.5；5.7
	Cu^{2+}	1，2	0.1;-0.6
	Hg^{2+}	1，…，4	6.74；13.22；14.07；15.07
	Pt^{2+}	2，3，4	11.5；14.5；16.0
	Sb^{3+}	1，…，6	2.26；3.49；4.18；4.72；4.72；4.11
	Sn^{2+}	1，…，4	1.51；2.24；2.03；1.48
	Tl^{3+}	1，…，4	8.14；13.60；15.78；18.00
	Zn^{2+}	1，…，4	0.43；0.61；0.53；0.20
Br^-	Ag^+	1，…，4	4.38；7.33；8.00；8.73
	Bi^{3+}	1，…，6	2.37；4.20，5.90，7.30，8.20，8.30
	Cd^{2+}	1，…，4	1.75；2.34；3.32；3.70

续表

配位体	金属离子	n	$\log\beta_n$
NH_3	Ag^+	1，2	3.24；7.05
	Cd^{2+}	1，…，6	2.65；4.75；6.19；7.12；6.80；5.14
	Co^{2+}	1，…，6	2.11；3.74；4.79；5.55；5.73；5.11
	Co^{3+}	1，…，6	6.7；14.0；20.1；25.7；30.8；35.2
	Cu^+	1，2	5.93；10.86
	Cu^{2+}	1，…，5	4.31；7.98；11.02；13.32；12.86
	Fe^{2+}	1，2	1.4；2.2
	Hg^{2+}	1，…，4	8.8；17.5；18.5；19.28
	Ni^{2+}	1，…，6	2.80；5.04；6.77；7.96；8.71；8.74
	Pt^{2+}	6	35.3
	Zn^{2+}	1，…，4	2.37；4.81；7.31；9.46
CN^-	Ag^+	2	21.1
	Au^+	1，2	—；38.3
	Cd^{2+}	1，…，4	5.48；10.60；15.23；18.78
	Cu^+	2，3，4	24.0；28.59；30.30
	Fe^{2+}	6	35.0
	Fe^{3+}	6	42.0
	Hg^{2+}	4	41.4
	Ni^{2+}	4	31.3
	Zn^{2+}	4	16.70
F^-	Al^{3+}	1，…，6	6.11；11.12；15.00；18.00；19.40；19.80
	Fe^{2+}	1	0.8
	Fe^{3+}	1，2，3，5	5.28；9.30；12.06；15.77
	Sb^{3+}	1，…，4	3.0；5.7；8.3；10.9
	Sn^{2+}	1，2，3	4.08；6.68；9.50
I^-	Ag^{2+}	1，2，3	6.58；11.74；13.68
	Bi^{3+}	1，…，6	3.63；—；—；14.95；16.80；18.80
	Cd^{2+}	1，…，4	2.10；3.43；4.49；5.41
	Cu^+	2	8.85
	Hg^{2+}	1，…，4	12.87；23.82；27.60；29.83
	Pb^{2+}	1，…，4	2.00；3.15；3.92；4.47
SCN^-	Ag^+	1，…，4	4.6；7.57；9.08；10.08
	Cu^+	1，2	12.11；5.18
	Cd^{2+}	1，…，4	1.39；1.98；2.58；3.6
	Fe^{3+}	1，…，6	2.21；3.64；5.00；6.30；6.20；6.10
	Hg^{2+}	1，…，4	9.08；16.86；19.70；21.70

续表

配位体	金属离子	n	$\log\beta_n$
$S_2O_3^{2-}$	Ag^+	1，2	8.82；13.46
	Cd^{2+}	1，2	3.92；6.44
	Cu^+	1，2，3	10.27；12.22；13.84
	Hg^{2+}	2，3，4	29.44；31.90；33.24
$EDTA^{4-}$	Al^{3+}	1	16.11
	Bi^{3+}	1	22.8
	Ca^{2+}	1	11.0
	Cd^{2+}	1	16.4
	Co^{2+}	1	16.31
	Co^{3+}	1	36.0
	Cr^{3+}	1	23.0
	Cu^{2+}	1	18.7
	Fe^{2+}	1	14.83
	Hg^{2+}	1	21.80
	Mg^{2+}	1	8.64
	Ni^{2+}	1	18.56
	Pb^{2+}	1	18.3
	Sn^{2+}	1	22.1
	Zn^{2+}	1	16.4
en	Ag^+	1，2	4.70；7.70
	Cd^{2+}	1，…，3	5.47；10.09；12.09
	Co^{2+}	1，…，3	5.91；10.64；13.94
	Co^{3+}	1，…，3	18.7；34.9；48.69
	Cu^+	2	10.80
	Cu^{2+}	1，…，3	10.67；20.00；21.00
	Fe^{2+}	1，…，3	4.34；7.65；9.70
	Hg^{2+}	1，2	14.3；23.3
	Mn^{2+}	1，…，3	2.73；4.79；5.67
	Ni^{2+}	1，…，3	7.52；13.84；18.33
	Zn^{2+}	1，…，3	5.77；10.83；14.11
$C_2O_4^{2-}$	Co^{2+}	1，…，3	4.79；6.7；9.7
	Cu^{2+}	1，2	6.23；10.27
	Fe^{2+}	1，…，3	2.9；4.52；5.22
	Fe^{3+}	1，…，3	9.4；16.2；20.2
	Mn^{2+}	1，2	3.97；5.80
	Mn^{3+}	1，2，3	9.98；16.57；19.42
	Ni^{2+}	1，…，3	5.3；7.64；~8.5

* 摘自：Speight,James G. *Lange's Handbook of Chemistry*. 17th ed. 2016.

说明：β_n 为配合物的累积形成常数，即

$\beta_n = K_1 \times K_2 \times K_3 \times \cdots \times K_n$　　　$\log\beta_n = \log K_1 + \log K_2 + \log K_3 + \cdots + \log K_n$

例如：Ag^+与 NH_3 的配合物

$\log\beta_1 = 3.24$ 即 $\log K_1 = 3.24$　　　$\log\beta_2 = 7.05$ 即 $\log K_1 = 3.24$ $\log K_2 = 3.81$

复习思考题
答案要点

模拟试卷及
答案

元素周期表

（根据国际纯粹化学和应用化学联合会2018年12月1日发布的元素周期表改编）

原子序数 → 3　Li ← 元素符号
锂 ← 元素汉语名称
外层电子排布 → $2s^1$
6.941 ← 标准原子量

周期	IA 1	IIA 2	IIIB 3	IVB 4	VB 5	VIB 6	VIIB 7	VIII 8	VIII 9	VIII 10	IB 11	IIB 12	IIIA 13	IVA 14	VA 15	VIA 16	VIIA 17	VIIIA (0) 18	电子层	0族电子数
1	1 H 氢 $1s^1$ 1.008																	2 He 氦 $1s^2$ 4.003	K	2
2	3 Li 锂 $2s^1$ 6.941	4 Be 铍 $2s^2$ 9.012											5 B 硼 $2s^22p^1$ 10.81	6 C 碳 $2s^22p^2$ 12.01	7 N 氮 $2s^22p^3$ 14.01	8 O 氧 $2s^22p^4$ 16.00	9 F 氟 $2s^22p^5$ 19.00	10 Ne 氖 $2s^22p^6$ 20.18	L K	8 2
3	11 Na 钠 $3s^1$ 22.99	12 Mg 镁 $3s^2$ 24.31											13 Al 铝 $3s^23p$ 26.98	14 Si 硅 $3s^23p^2$ 28.09	15 P 磷 $3s^23p^3$ 30.97	16 S 硫 $3s^23p^4$ 32.07	17 Cl 氯 $3s^23p^5$ 35.45	18 Ar 氩 $3s^23p^6$ 39.95	M L K	8 8 2
4	19 K 钾 $4s^1$ 39.10	20 Ca 钙 $4s^2$ 40.08	21 Sc 钪 $3d^14s^2$ 44.96	22 Ti 钛 $3d^24s^2$ 47.87	23 V 钒 $3d^34s^2$ 50.94	24 Cr 铬 $3d^54s^1$ 52.00	25 Mn 锰 $3d^54s^2$ 54.94	26 Fe 铁 $3d^64s^2$ 55.85	27 Co 钴 $3d^74s^2$ 58.93	28 Ni 镍 $3d^84s^2$ 58.69	29 Cu 铜 $3d^{10}4s^1$ 63.55	30 Zn 锌 $3d^{10}4s^2$ 65.39	31 Ga 镓 $4s^24p^1$ 69.72	32 Ge 锗 $4s^24p^2$ 72.61	33 As 砷 $4s^24p^3$ 74.92	34 Se 硒 $4s^24p^4$ 78.96	35 Br 溴 $4s^24p^5$ 79.90	36 Kr 氪 $4s^24p^6$ 83.80	N M L K	8 18 8 2
5	37 Rb 铷 $5s^1$ 85.47	38 Sr 锶 $5s^2$ 87.62	39 Y 钇 $4d^15s^2$ 88.91	40 Zr 锆 $4d^25s^2$ 91.22	41 Nb 铌 $4d\ 5s^1$ 92.91	42 Mo 钼 $4d^55s^1$ 95.94	43 Tc 锝 $4d^55s^2$ [99]	44 Ru 钌 $4d^75s^1$ 101.1	45 Rh 铑 $4d^85s^1$ 102.9	46 Pd 钯 $4d^{10}$ 106.4	47 Ag 银 $4d^{10}5s^1$ 107.9	48 Cd 镉 $4d^{10}5s^2$ 112.4	49 In 铟 $5s^25p^1$ 114.8	50 Sn 锡 $5s^25p^2$ 118.7	51 Sb 锑 $5s^25p^3$ 121.8	52 Te 碲 $5s^25p^4$ 127.6	53 I 碘 $5s^25p^5$ 126.9	54 Xe 氙 $5s^25p^6$ 131.3	O N M L K	8 18 18 8 2
6	55 Cs 铯 $6s^1$ 132.9	56 Ba 钡 $6s^2$ 137.3	57-71 La-Lu 镧系	72 Hf 铪 $5d^26s^2$ 178.5	73 Ta 钽 $5d^36s^2$ 180.9	74 W 钨 $5d^46s^2$ 183.8	75 Re 铼 $5d^56s^2$ 186.2	76 Os 锇 $5d^66s^2$ 190.2	77 Ir 铱 $5d^76s^2$ 192.2	78 Pt 铂 $5d^96s^1$ 195.1	79 Au 金 $5d^{10}6s^1$ 197.0	80 Hg 汞 $5d^{10}6s^2$ 200.6	81 Tl 铊 $6s^26p^1$ 204.4	82 Pb 铅 $6s^26p^2$ 207.2	83 Bi 铋 $6s^26p^3$ 209.0	84 Po 钋 $6s^26p^4$	85 At 砹 $6s^26p^5$	86 Rn 氡 $6s^26p^6$	P O N M L K	8 18 32 18 8 2
7	87 Fr 钫 $7s^1$	88 Ra 镭 $7s^2$	89-103 Ac-Lr 锕系	104 Rf 𬬻 $6d^27s^2$	105 Db 𬭊 $6d^37s^2$	106 Sg 𬭳 $6d^47s^2$	107 Bh 𬭛 $6d^57s^2$	108 Hs 𬭶 $6d^67s^2$	109 Mt 鿏 $6d^77s^2$	110 Ds 𫟼 $6d^87s^2$	111 Rg 𬬭 $6d^97s^2$	112 Cn 鿔	113 Nh 鿭	114 Fl 𫓧	115 Mc 镆	116 Lv 𫟷	117 Ts 鿬	118 Og 鿫		

镧系	57 La 镧 $5d^16s^2$ 138.9	58 Ce 铈 $4f^15d^16s^2$ 140.1	59 Pr 镨 $4f^36s^2$ 140.9	60 Nd 钕 $4f^46s^2$ 144.2	61 Pm 钷 $4f^56s^2$ [147]	62 Sm 钐 $4f^66s^2$ 150.4	63 Eu 铕 $4f^76s^2$ 152.0	64 Gd 钆 $4f^75d^16s^2$ 157.3	65 Tb 铽 $4f^96s^2$ 158.9	66 Dy 镝 $4f^{10}6s^2$ 162.5	67 Ho 钬 $4f^{11}6s^2$ 164.9	68 Er 铒 $4f^{12}6s^2$ 167.3	69 Tm 铥 $4f^{13}6s^2$ 168.9	70 Yb 镱 $4f^{14}6s^2$ 173.0	71 Lu 镥 $4f^{14}5d^16s^2$ 175.0
锕系	89 Ac 锕 $6d^17s^2$ 227.0	90 Th 钍 $6d^27s^2$ 232.0	91 Pa 镤 $5f^26d^17s^2$ 231.0	92 U 铀 $5f^36d^17s^2$ 238.0	93 Np 镎 $5f^46d^17s^2$	94 Pu 钚 $5f^67s^2$	95 Am 镅 $5f^77s^2$	96 Cm 锔 $5f^76s^17s^2$	97 Bk 锫 $5f^97s^2$	98 Cf 锎 $5f^{10}7s^2$	99 Es 锿 $5f^{11}7s^2$	100 Fm 镄 $5f^{12}7s^2$	101 Md 钔 $5f^{13}7s^2$	102 No 锘 $5f^{14}7s^2$	103 Lr 铹 $5f^{14}6d^17s^2$